SULIAO CHENGXING MUJU SHEJI

# 塑料成型模具设计

姚军燕 晁 敏 寇开昌 编著

西北工業大學出版社

【内容简介】“塑料成型模具设计”是针对高校高分子材料与工程、材料成型及控制类、工业设计专业的学科而开设的一门必修专业课程。本书结合塑料成型现代工业发展中塑料模具的基本原理和新技术，重点讲述了注塑、压制、挤出等成型塑料制品的模具设计原理和方法，并介绍了模具零件的尺寸计算方法和技术要求。

本书可供高等院校高分子化学与物理、高分子材料工程等专业研究生和高年级本科生使用，也可作为相关工程技术人员的参考书。

**图书在版编目(CIP)数据**

塑料成型模具设计/姚军燕，晁敏，寇开昌编著．—西安：西北工业大学出版社，2016.4
ISBN 978-7-5612-4762-4

Ⅰ.①塑… Ⅱ.①姚… ②晁… ③寇… Ⅲ.①塑料模具—塑料成型—设计 Ⅳ.①TQ320.66

中国版本图书馆 CIP 数据核字(2016)第 037698 号

**出版发行**：西北工业大学出版社
**通信地址**：西安市友谊西路 127 号　　邮编：710072
**电　　话**：(029)88493844　88491757
**网　　址**：www.nwpup.com
**印 刷 者**：兴平市博闻印务有限公司
**开　　本**：787 mm×1 092 mm　　1/16
**印　　张**：17.125
**字　　数**：418 千字
**版　　次**：2016 年 4 月第 1 版　　2016 年 4 月第 1 次印刷
**定　　价**：45.00 元

# 前　言

塑料是20世纪迅速发展起来的一种材料，具有密度低、比强度高、耐腐蚀性和绝缘性好的特点，在短短几十年时间内在机械仪表、电子电器、建筑、包装、交通等工业领域迅猛发展，因此塑料成型成为现代工业生产的重要手段之一。塑料原材料、塑料成型设备、塑料成型工艺条件、塑料成型模具是使塑料成型为制品的关键因素。塑料模具是使塑料变成使用中所需要的形状、尺寸的一种装备，塑料制件必须通过塑料模具的模塑过程制成一定形状后才能使用。塑料成型模具设计和制造的技术水平直接影响了塑料制品的质量和生产效率。在现代塑料制品的成型加工中，合理的加工工艺、高效率的设备和先进的模具成为现代塑料制品成型技术的“三大支柱”。高效全自动化的设备只有与具有自动化生产能力的先进模具相配合，才能发挥其应有的效能。近年来，塑料成型模具技术得到了迅速发展。

本书共10章，首先介绍塑料制品的结构、工艺性与模具设计之间的关系，然后详述塑料模具设计基础理论以及注塑模具、压制成型模具、挤出模具的组成结构和设计思路，最后介绍模具零件的尺寸计算方法和技术要求。

本书由姚军燕(第2,3,4,5,9章)，晁敏(第7,8,10章)和寇开昌(第1,6章)共同编写完成。全书由姚军燕统稿。书中的部分图表由钱一梦、张世杰、权博博等协助绘制。

由于水平有限，编写内容难免会有纰漏之处，敬请读者批评指正。

**编　者**

2016年1月

# 目　录

# 第1章 绪 论

## 1.1 概 述

塑料是20世纪迅速发展起来的一种材料，而塑料制品是以树脂为主要成分，加入能够改善其加工和使用性能的助剂(如增塑剂、稳定剂、着色剂、阻燃剂、发泡剂、填料、润滑剂及抗静电剂等)，在特定温度、压强的作用下成型为具有一定形状、能够承担一定使用功能的制件。与金属材料相比较，塑料材料及其制品具有密度低、比强度高、耐腐蚀性和绝缘性好的特点，在短短几十年时间内在机械仪表、电子电器、建筑、包装、交通等工业领域迅猛发展，塑料制品几乎覆盖所有的工业产品以及人们的日常生活用品领域，塑料成型成为现代工业生产的重要手段之一。

塑料材料得到广泛应用的另一原因是它具有良好的可加工性能，可以通过注射、挤出、压制等多种成型方法高效生产制品。从塑料原材料到塑料制品，需要经过三道生产流程:原材料(树脂)的生产、塑料材料的生产和塑料制品的生产。塑料原材料、塑料成型设备、塑料成型工艺条件、塑料成型模具是塑料成型为制品的关键因素。塑料成型设备和塑料成型模具是用于成型塑料制品的"硬件"，其中塑料模具是使塑料变成使用中所需要的形状、尺寸的一种装备，塑料制件必须通过塑料模具的模塑过程制成一定形状后才能使用，而且，塑料制品的生产和产品的更新均以模具设计制造和更新为前提。因此塑料模具实现了塑料材料的使用价值。

在现代塑料制品的成型加工中，合理的加工工艺、高效率的设备和先进的模具成为现代塑料制品成型技术的"三大支柱"，尤其是塑料模具对实现制品加工工艺的要求、制品的使用和外观造型，起着非常关键的作用。模具水平的高低影响着生产效率的高低，同时还直接决定了所生产制品质量水平的高低。高效全自动化的设备只有与具有自动化生产能力的先进模具相配合，才能发挥其应有的效能。因此，塑料模具是现代工业生产中的重要装备，而模具工业是国民经济各部门发展的重要基础之一。塑料成型设备与塑料成型模具在现代工业生产中举足轻重，它们的发展状况将制约或推进现代工业的发展。

## 1.2 塑料成型模具技术的发展与现状

近年来，由于塑料制品在工业和日用品中的需求量很大，因此对模具也提出了越来越高的要求，从而促进了塑料成型模具技术的迅速发展。塑料成型模具设计和制造的技术水平直接影响了塑料制品的质量和生产效率。模具的结构、型腔的精度、表面粗糙度、分型面位置、脱模方式会影响到塑件的尺寸精度、定位精度、外观质量。模具的温度控制、充模速度、浇口位置、排气槽大小与塑件内分子取向、结晶形态等凝聚态结构以及由此决定的力学性能、残余应力、光学性能、电学性能以及气泡、凹陷、烧焦、冷疤、银纹等各种制品缺陷有着重要的关系。塑料成型模具的脱模结构和抽芯机构的驱动方式、动作简繁、运动速度、冷却快慢对成型效率有决定性的影响。从模具制造和使用角度出发，要求模具零件经久耐用，易于加工，选材合理，制造容易，造价低廉。因此，对塑料成型模具的设计要求是多方面的。在过去的几十年里，人们对模具的各方面进行了深入和全面的研究，使模具的产量和水平迅速发展，高效率、自动化、大型、微型、精密化、长寿命塑料成型模具在模具总产量中所占比例不断增大。塑料成型模具及其设计技术的发展趋势主要体现为以下几个方面。

**1. 高速、高效自动化模具**

现在的塑料成型模具基本上都能实现自动脱出产品、自动脱出浇注系统、自动坠落、自动抽型芯、自动旋螺纹，大型制品或不能自动坠落的制品则采用机械手或机器人取出制品。注射成型模具采用各种高效冷却结构，如热管冷清、逻辑密封冷却等结构，可显著缩短成型周期。热浇道模具结构不需要脱出浇注系统，模具更容易实现全自动操作。高效率、自动化的模具配合以高速运行、全自动化操作的成型设备，同时采用先进合理的工艺条件，能够实现产品高质量、高效率、低成本地生产。

**2. 高精度注塑模具**

高精度塑件的生产取决于模具、机器、原料、工艺和环境五大因素，其中模具精度高是最关键的因素。精密注射成型模具的特征是模具型腔成型尺寸精度高、定位精度高、配合精度高、运行精度高，同时兼具模温均匀、模温精确易控制、型腔内压强梯度小、高压成型时型腔弹性变形小、长期使用型腔磨损小，所以必须选用高强度、高模量、耐磨性好的金属来制造高精度注塑模具。

**3. 大型塑料模具**

随着塑料制品应用领域的日益扩大，大型塑料制品在建筑、机械、汽车、仪器、仪表、家用电器上的广泛应用，对大型模具，特别是大型注射成型模具提出了更高的要求。大型注射成型模具物料流程长、弹性变形大、自重大，对模具的设计和制造有着严格的要求。

**4. 计算机技术在模具技术中的应用**

模具计算机辅助设计(CAD)、计算机辅助工程(CAE)、计算机辅助制造(CAM)于 20 世纪 70 年代迅速发展，到 80 年代已进入实用化，成为模具技术发展的一项重要里程碑，从根本上改变了模具生产的面貌。CAD 软件如 Pro/E，UG 等可以对挤塑、注塑、压制、压铸、中空等模具的结构和产品质量进行结构和力学分析，完成模具设计的绘图工作。CAE 软件包括充模流动软件、冷却分析软件、内应力分析软件等模块，可以分别模拟熔体在模内的流动和熔接痕的形成、模拟熔体冷却凝固过程和模内温度变化、预知制品缺陷等，使设计结果进一步优化。计算机通过数据库和图形库，能大量储存并方便地查找各种设计数据和标准件图形，并辅助绘制出模具的零件图和装配图，不仅使设计质量提高，还加快了设计速度。

美国 ACT 公司 1998 年推出的 C－Mold 系统软件标志着塑料成型模具 CAD 已进入实用化阶段。我国“八五”期间开发出了 CAD/CAM/CAE 集成系统软件，包括八个部分的软件，即复杂曲面几何造型图像软件，轴数控加工编程软件，注射级塑料物性数据库软件，流动仿真模拟分析软件，模温分析模拟软件，模具应力应变计算分析软件，CAD/CAM/CAE 集成系统软件和注射成型模具设计实用专家系统软件。

**5. 模具标准化**

目前模具标准化程度达到模具加工量的30%以上，标准系列包括零件标准和模架标准，正在逐步完善。国际标准化组织已制定了国际模具系列标准，标准件已实现商品化，具有品种多、规格全、质量高的特点。我国在塑料成型模具方面现已制定塑料注塑模零件标准、塑料注塑模零件技术条件、塑料注塑模模架标准、塑料注塑模技术条件等。模板、垫块、推杆、导柱、导套等零件已实现标准化，由专业生产厂成套、成批生产、出售。模具标准化使得模具的设计和制造周期大为缩短，成本下降，并且质量得到保证。当前我国正在大力推广模具标准化，以提高模具标准化程度，扩大模具标准件新系列。

**6. 特种塑料成型模具的研制**

随着塑料成型新工艺的发展，相应地开发研制出一些特种塑料成型模具，如气体辅助注塑成型模具、低发泡制品注塑模具、反应注塑成型模具、多层多腔注塑模具、多色注塑模具、低发泡挤出机头、多层复合挤出机头等。

**7. 简易制模工艺的研究**

当进行更新产品花色品种试生产或小批量生产时，为降低成本，需要开展简易制模工艺的研究。模具所用材料可以是木材、石膏、陶瓷、塑料等非金属，也可以是铸钢、铜合金、铝合金、锌合金、易熔合金等金属。制模方法有浇铸、喷涂、交联固化等。这些模具虽然精度较差，寿命短，但制模周期短，成本低，有一定的适用范围。

## 1.3　塑料模具的分类与组成

不同的塑料成型方法采用原理和结构特点各不相同的成型模具。按照成型加工方法的不同，可将塑料成型模具分为以下几类。

**1. 压塑成型模具(压模)**

压塑成型是将塑料原料直接加在敞开的模具型腔中，再将模具闭合，使塑料在热和压力的作用下流动并充满型腔，发生化学或物理变化而硬化成型。压塑成型所用的模具叫作压塑成型模具。多数压塑模的成型腔由上凸模和下凹模构成，根据两者间配合结构不同分为不溢式、溢式、半溢式三类。压塑模具多用于成型热固性塑料，这时压模的上、下模分别用电热元件加热，使固化反应能顺利进行。如果压塑模用于热塑性塑料，上、下模需要同时设加热元件和冷却通道，在成型后用冷却水进行冷却定型。用于聚四氟乙烯等材料坯件的冷压成型压塑模不需要设计加热或冷却元件。

**2. 注射成型模具(注塑模)**

塑料注射成型是塑料在注塑机的高温料筒内受热熔融后在螺杆或柱塞的输送、推动下，经过喷嘴，进入模具的浇注系统和型腔而后硬化定型的过程。注射成型所用的模具即为注塑模具。注塑模具主要包括型腔、浇注系统、冷却系统或加热系统、推出系统、侧抽芯机构等。注塑模具可以用于热塑性塑料以及热固性塑料，其中热塑性塑料的成型模具含冷却系统用于熔体的冷凝硬化，热固性塑料的成型模具含加热系统用于热固性塑料的交联固化。

**3. 挤塑成型模具**

塑料挤塑成型是将塑料材料加入挤出机高温料筒内，使其在挤出机螺杆的旋转推动作用下受热熔融，转化为黏流态的物料在高温高压下经过具有特定截面形状的机头口模和温度较低的定型模后冷却硬化，成为具有所需截面形状的连续型材、管材、棒材等制品的过程。用于塑料挤塑成型的模具叫挤塑成型模具。挤塑成型模具包括挤出机头和定型模两部分。

**4. 铸压成型模具(传递成型模具，铸压模)**

传递成型(铸压成型)是将塑料原料加入预热的加料室，通过压柱的压力使塑料在高温高压下熔融并进入模具的浇注系统和型腔而后硬化定型的过程。传递成型所用的模具即为传递成型模具(铸压模)。铸压模多用于热固性塑料的成型，可以安装在包含锁模机构和加料室的专用压机上，也可以在普通压机上进行，这时需要在模具上设计加料室和压料柱塞。

**5. 热成型模具**

热成型是将塑料片材坯件夹持、预热软化后，在机械力、真空或压缩空气的作用下，使其发生塑性变形而紧贴在模具上，冷却定型后即得制品的过程。热成型模具受力较小，强度要求不高，甚至可以用橡胶等非金属材料制作。

除了上述几种塑料模具外，工业上还使用了中空制品吹塑成型模具、搪塑成型模具、反应注塑成型模具、泡沫塑料成型模具等多种类型的模具。

# 第2章　塑料制品的设计与优化

塑料制品(塑件)是指塑料原料经过一段的成型工艺成型后,所获得的具有一定尺寸、形状和性能的塑料零件。在现代工业中,塑料制品的成型方法有注射、挤出、压制、热成型等。要生产出高质量、高效益的塑料制品,必须具备高质量、高精度的塑料成型模具,而要设计、制造出高质量模具,要求设计出的塑料制品符合使用要求和成型工艺。

## 2.1　塑料制品的设计原则和方法

塑件的设计内容包括:①塑件立体空间的设计,包括几何结构、尺寸及精度;②塑件表面的设计,包括标记、符号、文字、表面图案、色彩及粗糙度;③塑件的静态、动态性能,如机械、物理、化学等性能;④环境、人机工程,即关于塑件与周围环境、使用环境以及与人之间的协调性;⑤塑料材料的选择;⑥塑件制造成本及价格等。此外,塑件的设计还应考虑到成型模具及成型方法实现的可能性。

由于塑料材料组成的多样性以及结构、形状、性能、成型方法的多变性,使得塑件的设计更加复杂和具有挑战性。合理地设计塑件结构是保证塑件符合使用要求和满足成型条件的一个关键性问题。塑件的成型,需要考虑以下两方面:

(1)塑件的成型会受到一定条件的限制,在许多情况下,塑件的设计需要从塑料的成型工艺性如流动性方面考虑。只有设计合理的塑件才可以从模具中生产出来。

(2)塑件的结构与所用塑料材料的物理、力学性能有关,它将在很大程度上影响到塑件的成型和尺寸精度。一个塑料制品结构的产生,既要考虑到必须充分发挥所用塑料性能上的优点,避免或补偿其缺点,还应考虑到塑件在模具中成型时的特点,并力求简化塑件的结构,以利于塑件和模具制造的简约。

### 2.1.1　制品的设计原则

在塑料制品的设计中,需要遵循以下四条基本原则:

(1)塑料制品在使用期限内应保证其功能和性能。因此,在对塑料制品失效分析的基础上,还要对其进行理论设计计算和校核,并进行实验测试。

(2)在保证制品使用功能和性能(如几何尺寸和精度、物理、机械性能等)的前提下,应尽量选择加工低廉和成型性能好的塑料,同时考虑加工的可行性,力求使制品形状、结构简单,壁厚均匀。

(3)对于经过对材料加热、流动后硬化定型的塑件成型方法,需要考虑材料的流变过程和形态变化对塑件的影响。制品形状应有利于模具分型、排气、补缩和冷却。

(4)所设计的塑料制品必须符合模塑原则,使模具制作容易,成型及后加工易于实现。

## 2.1.2 制品的设计过程

一个成功的塑料制品设计方案需要外观设计师、机构工程师、制图员、模具制造者、成型厂、材料供应厂的密切合作，在过程中不仅涉及制图、公差配合与技术测量、工程力学和机械设计方面的知识和技能，还涉及塑料材料与配方、塑料成型加工科学、塑料成型模具和成型机械的知识。以下为塑料制品设计的一般流程：

(1)确定产品的功能需求和外观，初步确定塑料材料的种类和成型加工方式。

(2)对制品进行结构设计，绘制预备性的设计图，并进行初期估价。塑料制品结构设计包括功能结构、工艺结构和造型结构三方面。

(3)设计的修正。对预备设计的塑件制作原型模型，经过成型评估和产品性能测试后，对塑件结构设计进行再核对与修正。

## 2.1.3 制品材料的选择

塑料在常温下通常是玻璃态，在加热条件下则变为高弹态，进而变为黏流态，由此具有优良的可塑性。选择塑料成型材料时，不仅需要考虑材料在一定期限内的功能和性能，还要考虑成型加工、成本和供应方面的问题。在制品设计初期要详细了解有关塑料材料的性能、物理力学状态，这样才能设计、制造出满足使用要求的制品。

**1. 收缩率**

收缩率是指塑料从热的模具中取出并冷却到室温后，其尺寸发生变化的特性。由于收缩率不仅取决于树脂本身的热胀冷缩，而且还与各种成型因素有关，因此成型后塑件的收缩称为成型收缩。

收缩率用尺寸相对收缩的百分数来表示。收缩率分为实际收缩率和计算收缩率。实际收缩率表示模具或塑件在成型温度时的尺寸与塑件在室温时的尺寸之间的差别，而计算收缩率则表示室温时模具尺寸与塑件尺寸的差别。

**2. 比体积和压缩率**

比体积是单位质量的松散塑料所占的体积；压缩率是塑料的体积与塑件的体积之比，其值恒大于1。比体积和压缩率用于表示粉状或短纤维状塑料的松散性。它们都可用来确定模具或加料量的大小。比体积和压缩率大，则需要的加料量大。

**3. 流动性**

流动性是指塑料在一定温度和压力下填充型腔的能力。常用塑料的流动分为三类：流动性好的，如尼龙、聚乙烯、聚苯乙烯、聚丙烯、醋酸纤维素等；流动性中等的，如改性聚苯乙烯、ABS、AS、有机玻璃、聚甲醛、聚氯醚等；流动性差的，如聚碳酸酯、聚氯乙烯、聚苯醚、聚砜、氟塑料等。

**4. 吸湿性、热敏性及挥发物含量**

塑料中的水分及挥发物来自两方面：一方面是塑料在制造中未能全部除净水分，或在储存、运输过程中，由于包装或储存条件不当而吸收的水分；另一方面来自于成型过程中发生化学反应或热敏分解等而生成的副产物。

根据塑料对水分亲疏程度的差别，塑料大致可以分为两种：①易于吸湿或黏附水分的，如尼龙、纤维素酯、聚碳酸酯、聚砜、聚苯醚、酚醛塑料、氨基塑料等；②不吸湿或黏附水分的，如聚乙烯、聚苯乙烯、聚丙烯、氟塑料等。

热敏性塑料是指具有热稳定性差，在成型过程中易于出现变色、分解现象特性的塑料。这种情况多是由于在高温下受热时间较长或熔体通过小截面尺寸通道流动及剪切作用过大，料温增高而造成的热分解。

**5. 结晶性**

塑料可分为半结晶塑料（结晶性塑料）和无定形塑料（非结晶性塑料）两大类。前者有聚乙烯、聚四氟乙烯、聚丙烯、聚甲醛、聚酰胺、聚氯醚等，后者有聚苯乙烯、聚甲基丙烯酸甲酯、聚碳酸酯、ABS 等。

**6. 应力开裂及熔体破裂**

有些塑料（如聚苯乙烯、聚碳酸酯、聚砜等）在成型时易产生内应力而使塑件质脆、易变形、易开裂，在外力作用下即发生开裂现象。

熔体破裂是指一些塑料在成型过程中通过小尺寸通道时，如流速过大，料条表面会发生明显的横向裂纹的现象。

**7. 定型速度**

热塑性塑料在成型过程中熔体经冷却而确定形状，热固性塑料单体或预聚体在高温下完成交联反应而固化，这两种变化过程被称为塑料的硬化定型。热固性塑料定型速度通常以塑料试样硬化 1 mm 厚度所需的秒数来表示。此值越小，定型速度就越快。

# 2.2　塑料制品的设计及结构工艺性

塑料制品设计的主要内容包括塑件的形状、斜度、壁厚、尺寸精度、表面粗糙度以及塑件上加强筋、支承面和凸台、圆角、嵌件、孔、螺纹等的设置，即制品设计既应考虑所用塑料的性能特点，也应考虑模具的结构特点。从事模具设计的人员必须善于对塑件的结构进行分析，并能提出符合模具设计及制造要求的工艺结构，以便设计出合理的模具结构。

一副成功的模具，既能保证塑件顺利成型、防止产生缺陷，又能达到降低成本、提高生产率的目的。因此，模具设计人员必须熟悉塑件工艺性方面的要求。

## 2.2.1　塑料制品的精度

塑件的精度比金属零件低，这是由塑料材料的性能和加工工艺特征决定的。影响塑件尺寸精度的因素有以下几方面，而最显著的影响因素是塑料材料的收缩性及模具的制造误差。

**1. 塑件尺寸精度的影响因素**

（1）成型材料的因素。塑料材料的线膨胀系数是金属线膨胀系数的 3～10 倍。不同的塑料有着不同的成型收缩率。通常热塑性塑料成型时经历高温熔融、压力流动及冷却定型阶段，其成型收缩率较大，而无定形和热固性塑料的成型收缩率较小。常用塑料的成型收缩率见表 2-1。

**表 2-1 常用塑料的成型收缩率**

| 塑料 | 成型收缩率/(%) | 塑料 | 成型收缩率/(%) |
| --- | --- | --- | --- |
| 聚苯乙烯 | 0.2～0.6 | 聚甲醛 | 2.0～2.5 |
| 高抗冲聚苯乙烯 | 0.2～0.6 | 玻纤增强聚甲醛 | 1.3～1.8 |
| ABS | 0.3～0.8 | 高密度聚乙烯 | 2.0～5.0 |
| AS | 0.2～0.7 | 低密度聚乙烯 | 1.5～5.0 |
| 聚甲基丙烯酸甲酯 | 0.2～0.8 | 聚酰胺 6 | 0.7～1.4 |
| 聚碳酸酯 | 0.5～0.7 | 玻纤增强聚酰胺 6 | 0.4～0.8 |
| 玻纤增强聚碳酸酯 | 0.1～0.3 | 聚酰胺 66 | 1.5～2.2 |
| 聚氯乙烯 | 0.2～0.5 | 玻纤增强聚酰胺 66 | 0.7～1.0 |
| 醋酸纤维素 | 0.3～0.8 | 聚酰胺 610 | 1.0～2.0 |
| 聚苯醚 | 0.7～1.0 | 玻纤增强聚酰胺 610 | 0.3～1.4 |
| 苯乙烯改性聚苯醚 | 0.5～0.7 | 聚酰胺 1010 | 1.0～2.5 |
| 聚砜 | 0.5～0.7 | 玻纤增强聚酰胺 1010 | 0.3～1.4 |
| 聚丙烯 | 1.0～2.5 | 聚对苯二甲酸乙二醇酯 | 1.2～2.0 |
| 玻纤增强聚丙烯 | 0.4～0.8 | 玻纤增强聚对苯二甲酸乙二醇酯 | 0.3～0.6 |
| 碳酸钙填充聚丙烯 | 0.5～1.5 | 聚对苯二甲酸丁二醇酯 | 1.4～2.7 |
| 酚醛塑料(注射级) | 0.8～1.1 | 玻纤增强聚对苯二甲酸丁二醇酯 | 0.4～1.3 |

(2)模具的因素。对于小尺寸的塑件,模具的制造误差占塑件公差的 1/3。成型零件误差占塑件公差的 1/6,它是由模具型腔与型芯的磨损,包括型腔表面的修磨和抛光造成的。多型腔模具的成型制品精度较单型腔模具的低。成型塑件的收缩不均匀、制品顶出变形等也会影响塑件的精度。

(3)塑件结构的因素。塑件的壁厚、几何形状也会影响成型时的收缩。壁厚均匀一致、形体对称的塑件在成型时收缩均衡。提高塑件的刚性,如加强筋的合理设置、金属嵌件的采用等,都能减小塑件的翘曲变形,从而有利于提高塑件的精度。

(4)成型方法和工艺的因素。不同的成,型方法及不同的成型工艺条件,由于成型温度、压力等会影响塑件的收缩、取向和残余应力,成型时需优化工艺参数获得符合塑件精度要求的最佳工艺,而保证塑件精度最重要的是工艺参数的稳定性。成型条件的波动所造成的误差占塑件公差的 1/3。

(5)成型后的测量及存放条件。测量误差是由测量工具、测量方法、测量条件不稳定造成的。制品成型后如果存放不当,可能使塑件发生弯曲、扭曲等变形。存放和使用时的温度和湿度对塑件精度也有影响。

(6)使用过程。塑料材料及塑料制件对时间、温度、湿度和环境条件非常敏感,导致塑件的尺寸和形位精度的稳定性差。对塑件成型后进行失效、退火和调湿等方法处理,可提高制品在使用过程中的精度。

**2. 收缩率的计算**

塑料经成型后所获得的制品从热模具中取出后,因冷却及其他原因而引起尺寸减小或体积缩小的现象称塑料的收缩性。收缩性是塑料的固有特性之一,因塑料的种类以及模塑条件的不同而不同。影响收缩性的因素非常复杂,塑料性质、塑件结构、模具结构、成型工艺等均会对收缩性产生影响。在设计模具时,必须把试件的收缩量补偿到模具相应的尺寸当中去。

收缩率是表示塑料收缩性大小的一个数字指标。塑料在成型过程中产生的实际收缩率是设计模具型腔的一个重要依据，同时也是影响塑件尺寸精度的一个重要参数。收缩率越小越有利于提高制品的尺寸精度、防止制品的变形。

确定收缩率的方法是在一个标准试验模具(型腔尺寸为 $\phi100\pm0.3$ mm、厚为 $4\pm0.2$ mm 的圆片模具或边长为 $25\pm0.5$ mm 的立方体模具)里，选用适应该塑料所要求的工艺条件进行模塑，计算出模具与塑件在室温下测定的直线尺寸的差除以模具尺寸。收缩率的计算公式如下：

$$Q=\frac{A-B}{A} \tag{2-1}$$

$$A=\frac{B}{1-Q} \tag{2-2}$$

式中　$Q$——塑料的收缩率；

$A$——室温下模具的实际尺寸；

$B$——室温下塑件的实际尺寸。

而由数学可知

$$\frac{1}{1-Q}=1+Q+Q^2+Q^3+\cdots$$

当塑料的收缩率 $Q$ 很小时，则 $Q^2+Q^3+\cdots$ 就可以被忽略，由此可得

$$A=B(1+Q) \tag{2-3}$$

当用收缩性较小的塑料来模塑中、小型塑件时，模具尺寸可以用式(2-3)进行计算。如用收缩性较大的塑料模塑大型塑件时，则仍建议采用式(2-2)进行计算。

收缩率通常以百分数表示。塑料的收缩数据是以标准试样测得的，设计模具时，由于塑件形状各异，设计者虽力图将收缩率取准，但所取收缩率与实际收缩率不可能完全符合，这将造成塑件尺寸精度降低。因此，在选用塑料生产厂的收缩数据时，必须根据过去经验加以调整，同时，还必须考虑各种影响收缩的因素。

如果塑件的一个或几个尺寸必须很精确，就应该首先设计、制造出一个试用模具，根据试压成的样品尺寸对模具加以修改，最后做成实际生产所需模具，其中应考虑模具由小修改大的可能性。

**3. 塑件尺寸精度的确定**

塑件尺寸精度是指所获得的塑件尺寸与图纸中尺寸的符合程度，即所得塑件尺寸的准确度。一般来说，塑件尺寸精度取决于塑料因材质和工艺条件引起的塑料收缩率变动范围大小，模具制造精度、型腔磨损情况以及工艺控制等因素。而模具的某些结构特点又在相当大程度上影响塑件的尺寸精度。既然影响塑件尺寸精度的因素十分复杂，那么，确定塑件的精度应该合理，尽可能选用低精度等级。

一般塑件尺寸精度为 MT7～8 级，若将模具型腔、型芯尺寸的制造公差提高，又选用收缩率小、且变化范围小的塑料，则成型塑件尺寸精度可达 6 级，在特殊情况下，塑件上各项单独尺寸精度可达 4 级。

GB14486—2008 制订的塑件尺寸公差可作为选定公差的主要资料，见表 2-2。该标准是根据我国目前塑件成型水平提出来的，它将塑件分成 8 个精度等级，每种塑料可选其中 3 个等级，即高精度、一般精度和低精度。其中，1，2 级精度要求较高，目前一般不采用。

表 2-2 中只列出公差值，而具体的上、下偏差可根据塑件的配合性质进行分配。对于受

模具活动部分影响甚大的尺寸，例如压制件的高度尺寸，受水平分型面溢边厚薄影响，其公差值取表中值再加上附加值。2 级精度的附加值为 0.05 mm，3～5 级精度的附加值为 0.1 mm，6～8 级精度的附加值为 0.2 mm。

**表 2－2　塑料制品尺寸公差数值表**　　　　**单位：mm**

| 塑件尺寸 | 精度等级 | | | | | | | |
|---|---|---|---|---|---|---|---|---|
| | 1 | 2 | 3 | 4 | 5 | 6 | 7 | 8 |
| | 公差数值 | | | | | | | |
| ～3 | 0.04 | 0.06 | 0.08 | 0.12 | 0.16 | 0.24 | 0.32 | 0.48 |
| 3～6 | 0.05 | 0.07 | 0.08 | 0.14 | 0.18 | 0.28 | 0.36 | 0.58 |
| 6～10 | 0.06 | 0.08 | 0.10 | 0.16 | 0.20 | 0.32 | 0.40 | 0.61 |
| 10～14 | 0.07 | 0.09 | 0.12 | 0.18 | 0.22 | 0.36 | 0.44 | 0.72 |
| 14～18 | 0.08 | 0.10 | 0.12 | 0.20 | 0.24 | 0.40 | 0.48 | 0.80 |
| 18～24 | 0.09 | 0.11 | 0.14 | 0.22 | 0.28 | 0.44 | 0.56 | 0.88 |
| 24～30 | 0.10 | 0.12 | 0.16 | 0.24 | 0.32 | 0.48 | 0.64 | 0.96 |
| 30～40 | 0.11 | 0.13 | 0.18 | 0.26 | 0.36 | 0.52 | 0.72 | 1.04 |
| 40～50 | 0.12 | 0.14 | 0.20 | 0.28 | 0.40 | 0.56 | 0.80 | 1.20 |
| 50～65 | 0.13 | 0.16 | 0.22 | 0.32 | 0.46 | 0.64 | 0.92 | 1.40 |
| 65～80 | 0.14 | 0.19 | 0.26 | 0.38 | 0.52 | 0.76 | 1.04 | 1.60 |
| 80～100 | 0.16 | 0.22 | 0.30 | 0.44 | 0.60 | 0.88 | 1.20 | 1.80 |
| 100～120 | 0.18 | 0.25 | 0.34 | 0.50 | 0.68 | 1.00 | 1.36 | 2.00 |
| 120～140 | | 0.28 | 0.38 | 0.56 | 0.76 | 1.12 | 1.52 | 2.20 |
| 140～160 | | 0.31 | 0.42 | 0.62 | 0.84 | 1.24 | 1.68 | 2.40 |
| 160～180 | | 0.34 | 0.46 | 0.68 | 0.92 | 1.36 | 1.84 | 2.70 |
| 180～200 | | 0.37 | 0.50 | 0.74 | 1.00 | 1.50 | 2.00 | 3.00 |
| 200～225 | | 0.41 | 0.56 | 0.82 | 1.10 | 1.64 | 2.20 | 3.30 |
| 225～250 | | 0.45 | 0.32 | 0.90 | 1.20 | 1.80 | 2.40 | 3.60 |
| 250～280 | | 0.50 | 0.68 | 1.00 | 1.30 | 2.00 | 2.60 | 4.00 |
| 280～315 | | 0.55 | 0.74 | 1.10 | 1.40 | 2.20 | 2.80 | 4.40 |
| 315～355 | | 0.60 | 0.82 | 1.20 | 1.60 | 2.40 | 3.20 | 4.80 |
| 355～400 | | 0.65 | 0.90 | 1.30 | 1.80 | 2.60 | 3.60 | 5.20 |
| 400～450 | | 0.70 | 1.00 | 1.40 | 2.00 | 2.80 | 4.00 | 5.60 |
| 450～500 | | 0.80 | 1.10 | 1.60 | 2.20 | 3.20 | 4.40 | 6.40 |

注：标准中规定的数值以塑件成型后或经必要处理后，在相对湿度为 65%、温度为 20℃环境下放置 24h 后，以塑件和量具为 20℃时进行测量为准。

此外，对于塑件图上无公差要求的自由尺寸，建议采用标准中的 8 级精度。对孔类尺寸可取表中数值冠以(＋)号、对于轴类尺寸可取表中数值冠以(－)号；对于中心距尺寸可取表中数值之半冠以(±)号。

由于塑料收缩偏差的存在，提高塑件公差，必然使塑件的废品率增加，成本提高。一般较小尺寸易达到高精度。

对塑件的精度要求要具体分析，根据装配情况来确定尺寸公差。一般配合部分尺寸精度高于非配合部分尺寸精度。产品质量第一，但不是所有零件或塑件所有部位的尺寸精度愈高愈好。在材料和工艺条件一定的情况下，塑件精度很大程度上取决于模具的制造公差。而精度愈高，模具制造工序就愈多，加工时间愈长，从而模具的制造成本增高。表 2－3 是塑件通常选用精度等级的参考值。

**表 2-3　塑件尺寸精度选用的参考值**

| 类别 | 塑件材料 | 建议采用的精度等级 | | |
|---|---|---|---|---|
| | | 高精度 | 一般精度 | 低精度 |
| 1 | 聚苯乙烯<br>ABS<br>聚甲基丙烯酸甲酯<br>聚碳酸酯<br>聚砜<br>聚苯醚<br>酚醛塑料<br>氨基塑料<br>30%玻纤增强塑料 | 3 | 4 | 5 |
| 2 | 聚酰胺 6,66,610,9,1010<br>氯化聚醚<br>聚氯乙烯(硬) | 4 | 5 | 6 |
| 3 | 聚甲醛<br>聚丙烯<br>聚乙烯(高密度) | 5 | 6 | 7 |
| 4 | 聚氯乙烯(软)<br>聚乙烯(低密度) | 6 | 7 | 8 |

注:①其他材料可按加工尺寸稳定性,参照上表选择精度;②1,2 级精度为精密技术级,只有在特殊条件下采用;③选用精度等级时应考虑脱模斜度对尺寸公差的影响。

## 2.2.2　出模斜度

由于塑料冷却后会产生收缩,使塑件很紧地包住型芯或型腔中凸出的部分,如何使脱模容易便是很重要的问题。为了便于使塑件从模具内取出或从塑件内抽出型芯,防止塑件与模具成型表面的黏附,以及塑件表面被划伤、擦毛等情况产生,塑件的内、外表面沿脱模方向都应有倾斜角度(即出模斜度或脱模斜度)。

出模斜度还没有精确的计算方法或公式,但所取数值必须在制造公差范围内,而所取斜度的方向,对轴来讲应保证大端斜度向小的方向取,对孔来讲应保证小端斜度向大的方向取。

塑件出模斜度的大小与塑料性质、收缩率大小、塑件的壁厚和几何形状有关,亦应随塑件的深度不同而改变。型芯长度及行腔深度增大,斜度应适当缩小,反之亦然。一般最小斜度为15′,通常 0.5°即可,如图 2-1 所示。

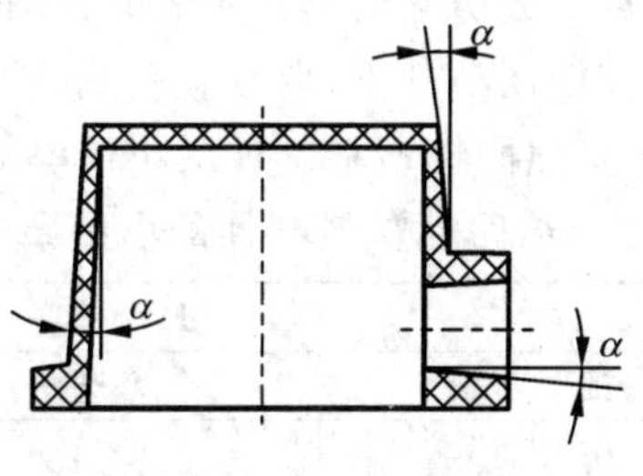


**图 2-1　出模斜度**

只有塑件高度不大时才允许不设计斜度。一般情况下,若斜度不妨碍制品的使用,则可将斜度值取得大一些。

热固性塑料收缩率一般较热塑性塑料收缩率要小一些，故出模斜度也相应小一些，复杂及不规则形状的塑件，其斜度应大一些。一般为了更便于使塑件从模内取出，其内表面的斜度设计得比外表面的斜度更大一些。有时也需根据塑件预留的位置（是希望留在型芯，还是希望留在型腔？）来确定出模斜度。为了在开模后让塑件留在凸模上，则有意将凸模斜度减小而将阴模斜度放大；反之亦然。

总括起来，选取出模斜度既要考虑脱模方便，又要考虑塑件尺寸的公差要求，在满足塑件尺寸公差要求的前提下，出模斜度可以取得大一些，这样有利于脱模。表 2-4 给出了塑件高度与光滑成型零件脱模斜度间的关系。

**表 2-4　光滑成型零件斜度的最小允许值**　　单位：mm

| 制件高度 | | <10 | 10～20 | 20～40 | 40～60 | 60～80 | 80～100 | 100～120 | 120～150 |
|---|---|---|---|---|---|---|---|---|---|
| 斜度最小允许值 | 凸模 | | 0.04 | 0.10 | 0.15 | 0.20 | 0.25 | 0.30 | 0.40 |
| | 凹模 | | | 0.05 | 0.08 | 0.10 | 0.12 | 0.15 | 0.20 |

## 2.2.3　壁厚

塑件都必须有一定的壁厚，这不仅使塑料在成型时有良好的流动状态，而且也使得塑件在使用中有足够的强度和刚度。有时塑件在使用中需要的强度虽然很小，但是为了便于从模具里脱出以及部件的装配操作，仍须有适当的厚度，因此合理地选择塑件壁厚是很重要的。一般来说，结构是决定壁厚的一个最重要的因素，而模塑条件，如流动性、硬化和顶出要求对选择壁厚也都有影响，因此，在设计时，必须对上述各种条件的相互关系加以考虑，以便得到最理想的壁厚设计。

塑料的收缩与硬化是同时发生的，厚度不同就造成收缩不一致。在塑件脱模时，薄的部分比厚的部分冷却快，厚的部分比薄的部分收缩多；而厚的部分还由于中心变硬时发生的内收缩，不是形成凹陷即“沉陷点”，就是产生翘曲。为了解决这个问题，在可能的条件下，常常是将厚的部分挖空，使壁厚尽量均匀一致。如果结构要求必须有不同壁厚时，不同壁厚的比例不应超过 1∶3，且不同壁厚应采用适当的修饰半径以缓慢过渡厚薄部分空间的突然变化。

热固性塑料制品的厚度一般在 1～6 mm 范围选择，最大不得超过 13 mm。壁过厚，则既要增加塑压时间，又促使塑件内部不易压实与多气孔，并很难达到完全固化，而且其强度并不随其壁厚的增加而增加，还造成原料的浪费。壁过薄，则塑件刚度差，不易承受住内应力的作用，同时，卸模及放置时，稍不注意即会引起变形。再者塑件对湿度的敏感性大，易于吸湿而使形状不规则。因此，在保证成型和使用条件下，要求塑件有均匀的截面和最小的壁厚，以得到快速、完全的固化。表 2-5 给出了热固性塑料制件最小壁厚的参考值。

**表 2-5　热固性塑料制件最小壁厚参考值**　　单位：mm

| 塑件高度 | 最小壁厚 | | |
|---|---|---|---|
| | 酚醛塑料 | 氨基塑料 | 纤维素塑料 |
| <40 | 0.7～1.5 | 0.9～1.0 | 1.5～1.7 |
| 40～60 | 2.0～2.5 | 1.3～1.5 | 2.5～3.5 |
| >60 | 5.0～6.5 | 3.0～3.5 | 6.0～8.0 |

热塑性塑料制件的最大壁厚，希望尽可能控制在 2～4 mm 范围。如果壁太厚，则易产生气泡和因收缩不均匀引起凹痕，这在较厚的尼龙、聚乙烯等塑件上尤为明显，同时，壁太厚也增加冷却时间，从而降低生产效率。如果强度不够时，可设置加强筋来加强。表 2－6 给出了热塑性塑料制件最小壁厚的参考值。

**表 2－6 热塑性塑料制件壁厚参考值** 单位：mm

| 塑件材料 | 流程小于 50 mm 的制件壁厚最低限值 | 一般塑件壁厚 | 大型塑件壁厚 |
|---|---|---|---|
| 尼龙 | 0.45 | 1.75～2.60 | ＞2.4～3.2 |
| 聚苯乙烯 | 0.75 | 2.25～2.60 | ＞3.2～5.4 |
| 改性聚苯乙烯 | 0.75 | 2.29～2.60 | ＞3.2～5.4 |
| 聚甲基丙烯酸甲酯 | 0.80 | 2.50～2.80 | ＞4.0～6.5 |
| 聚甲醛 | 0.80 | 2.40～2.60 | ＞3.2～5.4 |
| 软质聚氯乙烯 | 0.85 | 2.25～2.50 | ＞2.4～3.2 |
| 聚丙烯 | 0.85 | 2.45～2.75 | ＞2.4～3.2 |
| 氯化聚醚 | 0.85 | | ＞2.5～3.4 |
| 聚碳酸酯 | 0.95 | 2.60～2.80 | ＞3.0～4.5 |
| 硬质聚氯乙烯 | 1.15 | 2.60～2.80 | ＞3.2～5.8 |
| 聚苯醚 | 1.20 | 2.75～3.10 | ＞3.5～6.4 |
| 聚乙烯 | 0.60 | 2.25～2.60 | ＞2.4～3.2 |

如模塑带有金属嵌件或虽不带金属嵌件，但以后需与金属嵌件紧紧地装配在一起的塑件，则设计壁厚时，需考虑热膨胀系数。很多塑料的热膨胀系数是黄铜或钢的 3～12 倍，如金属嵌件附近的塑料厚度太小，就会产生辐射状的裂纹。

## 2.2.4 加强筋

加强筋的作用是在不增加整个模塑件厚度的条件下，加强模塑件的刚度和强度。适当地使用加强筋，常可克服扭歪现象。在某些情况下，加强筋还使塑料在模塑时易于流动。设计加强筋时，必须考虑加强筋的布置以减小因壁厚不均而产生的内应力，或在塑料局部产生缩孔、气泡。而且，加强筋底部的宽度应当比它所附着的壁厚小，如图 2－2 所示。

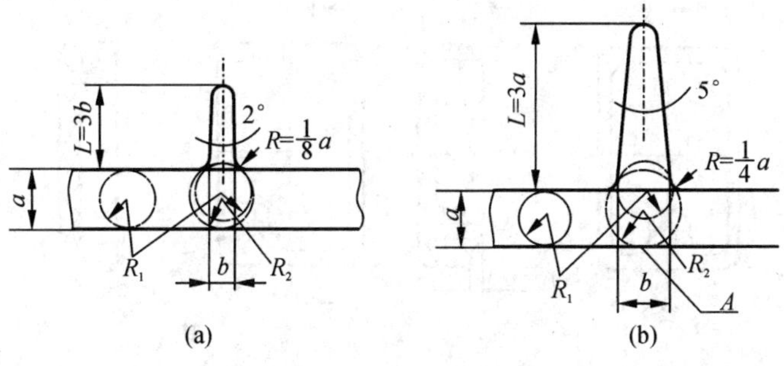


图 2－2 加强筋比例设计

图 2-2(a)中所标明的加强筋比例，不易产生“沉陷点”。图 2-2(b)中 $b>a$，在 $A$ 处表面易产生“沉陷点”。

加强筋以设计得矮一些、多一些为好。加强筋之间中心距离不应小于 $2b$。加强筋的端面，不应与支承面相平，至少应低于支承面 0.5 mm，如图 2-3 所示。

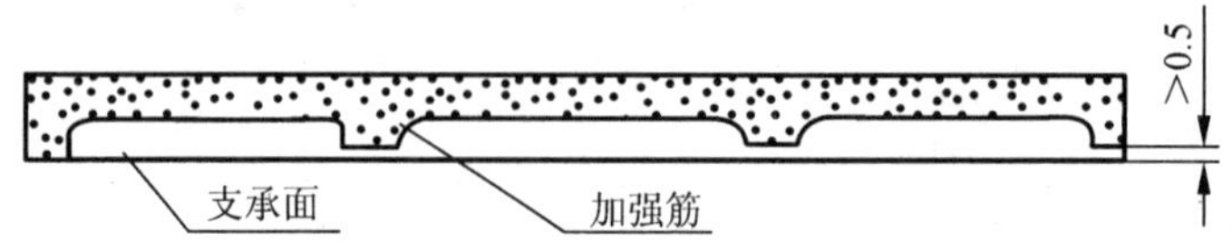


**图 2-3　加强筋与塑件支承面**

除了采用加强筋外，薄壳状的塑件可做成球面或拱曲面，这样可以有效地增加刚性和减少变形，如图 2-4 所示。对于薄壁容器的边缘，可按图 2-5 所示设计来增加刚性和减小变形。

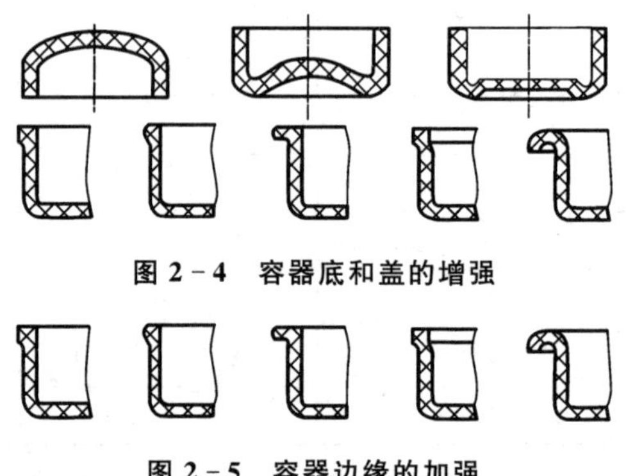

**图 2-4　容器底和盖的增强**

**图 2-5　容器边缘的加强**

## 2.2.5　支承面和凸台

使用单独的凸缘或底部边缘代替整体支承面，其效果较好，因为实际上不可能达到塑件的整个平面绝对平直，故以塑件的整个平面作为支承面是不适宜的。

凸台是用来增强孔或装配附件的凸出部分。设计凸台时，应考虑在可能范围内将凸台放置于边角部位，其几何尺寸应小，高度不应超过其直径的两倍，并应具有足够的倾斜角度以便脱模。设计固定用的凸台时，除应保证有足够的强度以承受紧固时的作用力外，在转折处不应有突变。如图 2-6 所示。

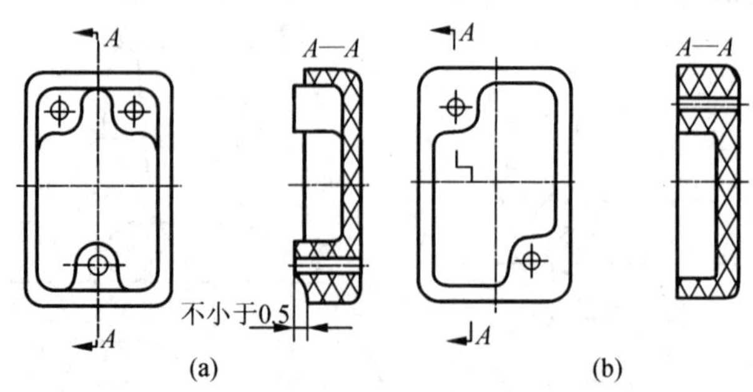


**图 2-6　支承面和凸台**

## 2.2.6 圆角和边缘修饰

塑件的边缘和边角带有圆角，可以增加塑件某部位或整个塑件的机械强度，造成成型时塑料在模具内流动的有利条件，也有利于塑件的顶出，因此，塑件除了使用上要求采用尖角或者由于不能成型出圆角之外，应尽可能采用圆角。塑件上采用圆角还可以使模具成型零件加强，排除模具成型零件热处理或使用时可能产生的应力集中。

从图 2-7 可以看出，应力趋向于集中在两个部位的交接点上，边缘修饰对减小应力集中的效用表现为，当内圆角半径小于厚度的 1/4 时应力集中表现很明显，而当采用大于厚度 3/4 的半径时，对进一步减小应力集中效果并不明显。因此，理想的内圆角半径应大于 1/4 壁厚。

在两部位交接处的外角上采用圆弧过渡能进一步减小应力的集中，如图 2-8 所示。外圆弧半径应是厚度的 1.5 倍，这样就使这部分的厚度一致。

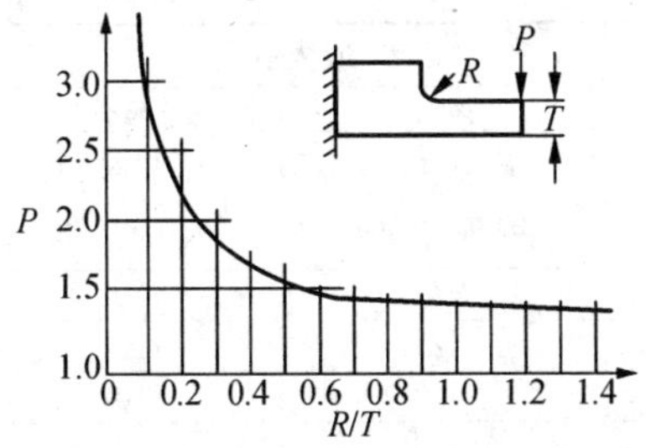


图 2-7　边缘修饰与应力集中

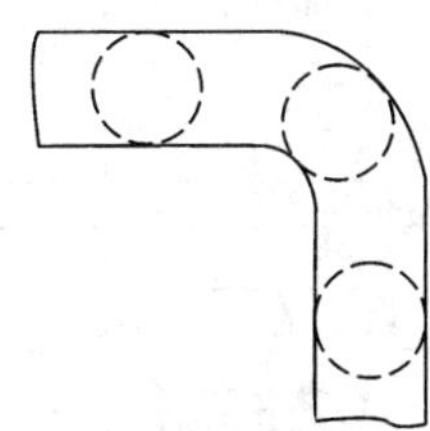

图 2-8　圆弧过渡

一般即使采用 0.4 mm 的半径也可避免从尖角处开始破裂，从而使强度大为增加。因此，所有塑件内表面上的尖角都应该避免。

## 2.2.7 孔的成型

塑件上孔的形状是多种多样的，由于孔的使用范围很广，且塑件结构多样，塑件上的孔可用于各种目的。常见的孔有通孔、盲孔、形状复杂的孔、螺纹孔等（螺纹孔将在后面讨论）。对于塑件上的各种孔，尽可能设置在最不易削弱塑件强度的地方——一般在相邻孔之间以及孔到边缘之间，均应保留适当的距离并尽可能使壁厚一些，以防止在孔眼处因装置零件而破裂。一般孔边壁的塑件层厚度不应小于该孔的直径，如图 2-9 所示。

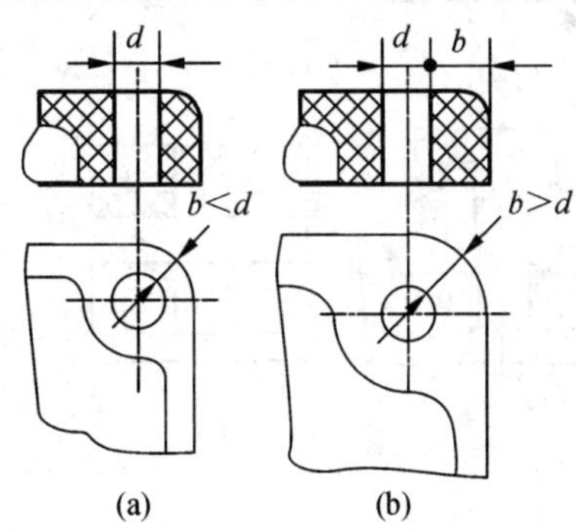


图 2-9　孔与边缘间的最小距离

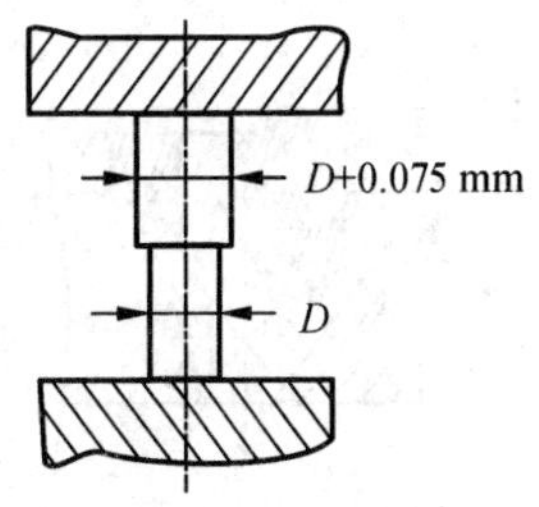


图 2-10　对接型芯成型孔

塑件孔有以下四种成型方法。

(1)通孔或盲孔成型时可直接完成。通孔成型型芯也可以在中间对接,即两个型芯可以分别由两端进入模具使两端支撑来成型。通常用两个型芯在中间对接起来以成型深孔,并使一个型芯直径比另一个型芯大 0.075 mm,以补偿模具的磨损和两个型芯的偏移和不同心,如图 2-10 所示。

(2)太深的孔采用先成型一部分,另一部分由机械加工完成。

(3)直径小(如 $d<1.5$ mm)而深的孔,且中心距离要求精度高的,应以钻孔为宜。一般应在模塑时在钻孔位置压出定位浅孔,以使钻孔方便,而无须使用钻模。成型孔的深度、直径及其最小孔边壁厚度推荐值可见表 2-7。

(4)对于斜孔或形状复杂的孔可采用拼合的型芯来成型,以避免侧抽型芯。如图 2-11 所示。

**表 2-7　孔的极限尺寸推荐值**　　**单位:mm**

| 成型方法 | 塑料品种 | 孔的最小直径 $d$ | 最大孔深 | | 最小孔边壁厚度 $b$ |
|---|---|---|---|---|---|
| | | | 盲孔 | 通孔 | |
| 压制或铸压成型 | 压塑粉 | 3.0 | 压制时:$2d$<br>铸压时:$4d$ | 压制时:$4d$<br>铸压时:$8d$ | $1d$ |
| | 纤维塑料 | 3.5 | | | |
| | 碎布压塑料 | 4.0 | | | |
| 注射成型 | 聚酰胺 | 0.2 | $4d$ | $10d$ | $2d$~$2.5d$ |
| | 聚乙烯 | 0.2 | $4d$ | $10d$ | $2d$~$2.5d$ |
| | 软质聚氯乙烯 | 0.2 | $4d$ | $10d$ | $2d$~$2.5d$ |
| | 聚甲基丙烯酸甲酯 | 0.25 | $4d$ | $10d$ | $2.5d$ |
| | 氯化聚醚 | 0.3 | $3d$ | $8d$ | $2d$ |
| | 聚甲醛 | 0.3 | $3d$ | $8d$ | $2d$ |
| | 聚苯醚 | 0.3 | $3d$ | $8d$ | $2d$ |
| | 硬质聚氯乙烯 | 0.3 | $3d$ | $8d$ | $2d$ |
| | 改性聚苯乙烯 | 0.25 | $3d$ | $8d$ | $2d$ |
| | 聚碳酸酯 | 0.3 | $2d$ | $6d$ | $2.5d$ |
| | 聚砜 | 0.35 | $2d$ | $6d$ | $2d$ |

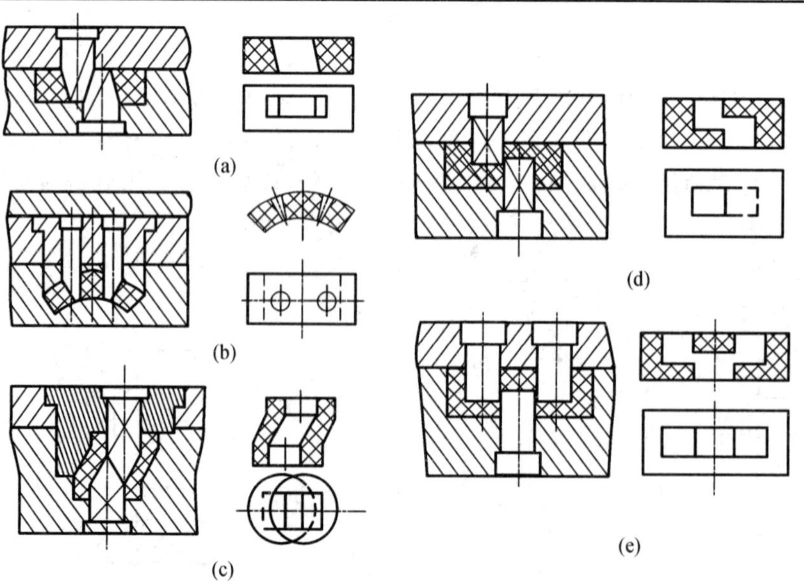


**图 2-11　用拼合型芯成型复杂孔**

## 2.2.8　侧孔和侧凹

当塑件有侧孔和侧凹时，由于塑件的侧孔是垂直于压制方向或开模方向的，因此这种形状的塑件不可能从单块模腔中脱出。要模塑这种塑件并保证塑件成型后顺利脱出，模具必须设置滑块或其他复杂的侧抽芯机构，这就造成模具结构复杂、成本增加、模具制造周期延长，甚至会出现由于模具制造得不好，引起成型塑件脱模困难等问题。因此，改进塑件结构，以达到简化模具结构、缩短生产周期、提高塑件质量的目的。

图 2－12 所示塑件内壁的凹槽就难以模塑成型，必须在成型后，再机械加工或者将需要有内侧凹的塑件重新设计为两个塑件的组合件。因此，这种内凹槽应尽量避免。

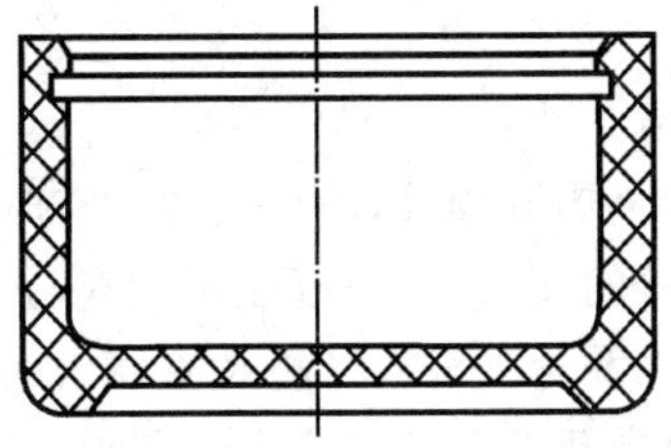

**图 2－12　塑件内壁的凹槽**

图 2－13 所示为改进塑件结构后，使模具结构简化的实例。各分图中，右边的图是改进塑件结构后便于脱模、使模具结构简化的结构图。

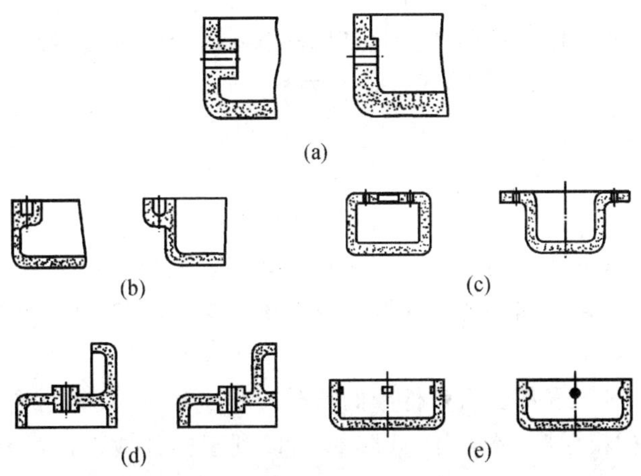


**图 2－13　塑件结构举例**

带有整圈内侧凹槽的塑件组合凸模制造困难。但当内侧凹较浅并允许带有圆角时，则可以用整体式凸模而采取强制脱模的方法使凸模脱出塑件，这时塑料在脱模温度下应具有足够的弹性，使塑件在强制脱出时不会引起变形，如图 2－14 所示。塑件外侧浅的凹陷也可以强制脱模，但是多数情况下塑件侧凹不可能强制脱出，而需采用侧抽芯结构的模具来进行模塑。通常对聚乙烯、聚丙烯、聚甲醛等塑料可以采用这种设计。图 2－14(a)所示为具有内侧凹、内侧凸可强制脱出的塑件结构。图 2－14(b)所示为具有外侧凹、外侧凸可强制脱出的塑件结构。

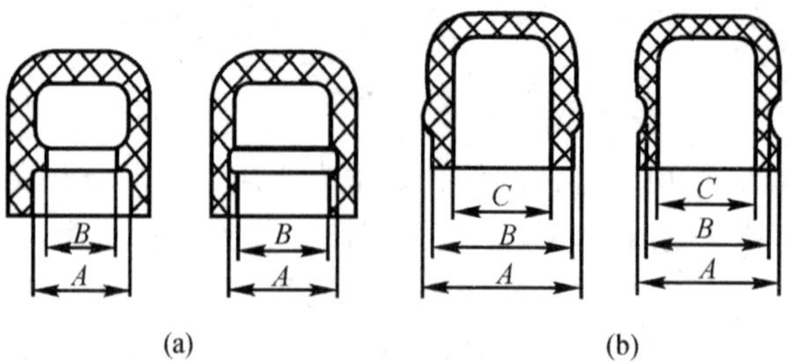


(a) (b)

**图 2-14 可强制脱出的浅侧凹和浅侧凸**

(a)$\frac{A-B}{B}\leqslant 5\%$；(b)$\frac{A-B}{C}\leqslant 5\%$

## 2.2.9 金属嵌镶件

模塑在塑件里的金属件称为金属嵌镶件，简称嵌件。有时为了满足塑件的强度、硬度以及抗法性、抗磨性、导磁性、导电性等的要求，以适应在不同场合下使用，或者为了弥补因塑件结构工艺性的不足而带来的缺陷，以及为了解决特种技术要求的工艺问题，采用与嵌件同时成型为整体的方法。采用嵌件还能提高塑件尺寸的稳定性和制造精度，降低材料消耗。

为达到使嵌件与塑件牢固地结合成一个整体，可采用多种方法，如用粘接的方法将嵌件镶装在已生产好的塑件中，也有利用塑料的收缩作用将嵌件压入制好的塑件中，而用得最多也最简单的方法是将嵌件模压在压塑件中，在塑件成型时直接实现结合。为保证嵌件与塑件牢固连接，在设计嵌件时应注意以下几个问题。

(1)金属嵌件的边棱应倒成圆弧或倒角，以避免嵌件损伤周围塑料。如图 2-15 所示。

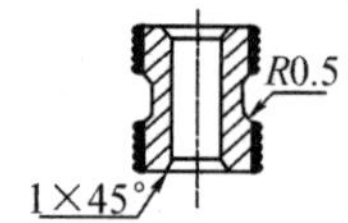


**图 2-15 压制用的嵌件**

(2)嵌件压入塑件部分的表面应尽可能粗糙些，以增加接触面积。同时，为防止金属嵌件从塑件中拔出或转动，可在金属件的表面制环形凹槽或滚花纹(圆柱形嵌件)，或采用将其压入的方法，如图 2-16 所示。

但需要说明的是，对于嵌件压入塑件中的部分应尽量粗糙，而对嵌件伸出塑件外的部分，则应尽可能达到较小的粗糙度(不低于 MT6 级)，以利于塑件成型后易从嵌件上除去毛边和达到外观要求。

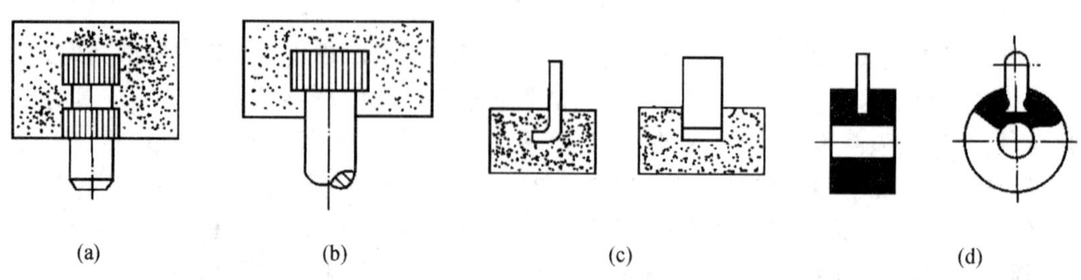

(a) (b) (c) (d)

**图 2-16 嵌件形式**

(3)包在金属嵌件外面的塑料层应有足够的厚度，以克服在收缩时产生的应力，免致破裂。而塑料层最小许可厚度见表 2－8。表中介绍的最小壁厚尺寸，可供热固性塑料和部分热塑性塑料(如改性聚苯乙烯、ABS、聚甲醛、尼龙、聚乙烯等)作设计时参考。对应力较大和工作环境带冲击负荷的塑料还应适当加厚，以防开裂。

**表 2－8　金属嵌件周围塑料层数小许可厚度　　单位：mm**

| 金属嵌件直径 $D$ | 周围塑料层最小厚度 $C$ | 顶部塑料层最小厚度 $H$ |
|---|---|---|
| ≤4 | 1.5 | 0.8 |
| 4～8 | 2.0 | 1.5 |
| 8～12 | 3.0 | 2.0 |
| 12～16 | 4.0 | 2.5 |
| 16～25 | 5.0 | 3.0 |

(4)金属嵌件应牢靠地固定在模具上，并保证按照图纸上的规定准确地装入。为此，在金属嵌件上应有凸缘，其凸缘的凸出部分为 1.5～2 mm，用来定位，如图 2－17 所示。

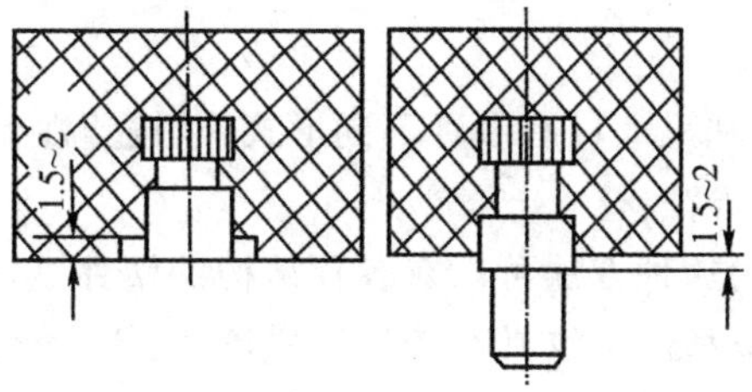


**图 2－17　固定嵌件的示例**

(5)如果嵌件的自由伸出长度超过直径 2 倍，垂直压制方向的嵌件应有支承，如图 2－18 所示。

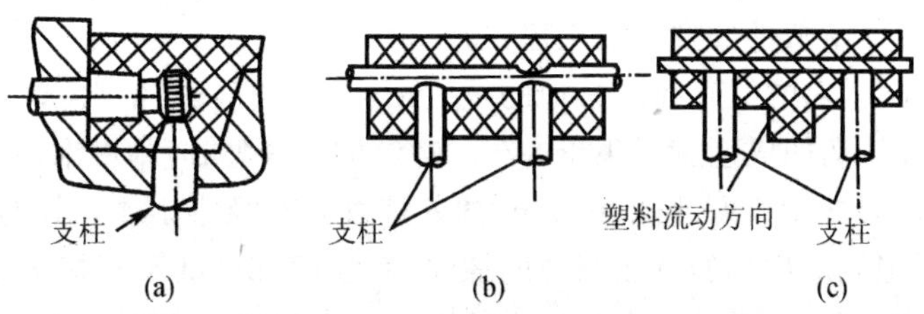


**图 2－18　嵌件的支承**

图 2－19 所示为在压入细长的金属嵌件时，应另设有支柱，以减少成型时塑料使嵌件产生弯曲形。

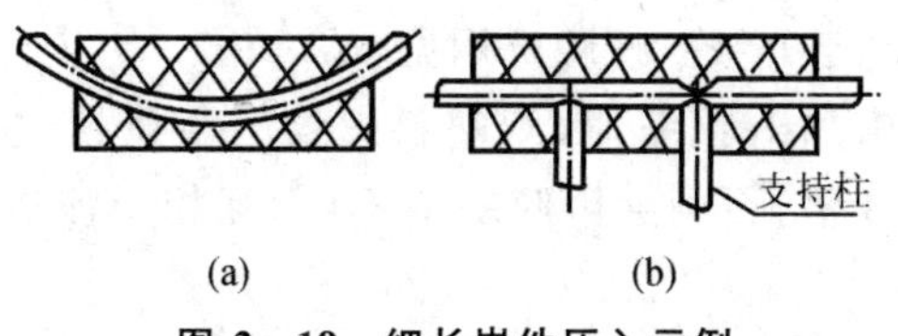


**图 2－19　细长嵌件压入示例**
(a)错误的；(b)正确的

(6)为保证金属嵌件精确地装在模具里，金属嵌件的装固与定位部分应具有一定精度的配合(H9/h9 或 H9/f9)，如图 2－20 所示。

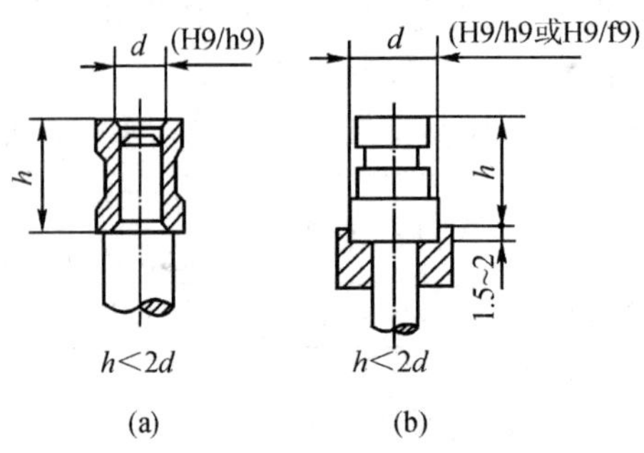


**图 2－20　嵌件定位部分的配合**

应注意的是，生产带嵌件的塑件会降低生产效率，使塑件生产不易实现自动化。因此，在设计塑件时，能避免的嵌件应尽可能不用。

## 2.2.10　螺纹设计

塑件上的螺纹除按形状和尺寸可有多种不同形式外，按塑件上制得螺纹的方法，也可有所不同。最常用的有以下三种方法：

(1)模塑时直接成型。用这种方法可以在各种结构的塑件上成型出各种断面和形状的螺纹。一般来说，用直接模塑成型出螺纹具有较好的质量，大部分螺纹的精度低于 8 级。对于外径小于 3 mm 或螺距小于 0.7 mm 的螺纹是不宜用直接模塑成型的方法来得到螺纹的，因为对于这样小螺距的螺纹，成型零件很难达到所要求的粗糙度。

(2)在经常装拆和受力较大的地方，则通常采用带螺纹的金属零件(称金属螺纹嵌件)，在塑件成型时或成型后压入塑件的方法。采用这种方法虽可提高螺纹强度、增加耐磨性，但却提高了塑件成本，也增加了塑件成型时的工序。

(3)当螺纹件配合，对螺纹直径或其他的螺纹配合尺寸有较高的要求，或成型螺纹的模具零件机械强度不高时，例如成型直径小于 3 mm 螺纹的螺纹型芯，则可采用机械加工法加工螺纹。应当指出，当需要成型直径小于 12 mm 的外螺纹和直径小于 4 mm 的内螺纹时，应该用机械加工的方法。用机械加工的方法制得的螺纹，其强度总是低于直接成型出的同种螺纹强度。切割螺纹时，特别是三角螺纹，螺纹断面的顶角处常常产生裂纹，不仅引起螺纹断裂，也会使塑件开裂。

塑料螺纹由于机械强度为金属螺纹强度的 1/10～1/5，成型过程中螺距易变化，因此，塑件螺纹成型孔的直径有一定要求，即注射成型螺纹直径一般不得小于 2 mm，压制成型螺纹直径不得小于 3 mm，精度不高于 8 级。螺距选用见表 2－9。

如果模具的螺纹牙距未加上收缩值，则塑料螺纹与金属螺纹的配合长度就不能太长，一般不大于螺纹直径的 1.5 倍，否则会因收缩值不同，互相干涉造成附加内应力，使连接强度降低。

**表 2-9　塑料制件螺纹螺距的选用**

| 螺纹直径/mm | 螺纹种类 | | | | |
|---|---|---|---|---|---|
| | 公制标准螺牙 | 1 级细牙螺纹 | 2 级细牙螺纹 | 3 级细牙螺纹 | 4 级细牙螺纹 |
| ≤3 | + | - | - | - | - |
| 3～6 | + | - | - | - | - |
| 6～10 | + | + | - | - | - |
| 10～18 | + | + | + | - | - |
| 18～30 | + | + | + | + | - |
| 30～50 | + | + | + | + | + |

注:“+”表示可以选用的螺纹;“-”表示不宜选用的螺纹。

为了防止最外圈塑料螺纹的破坏,必须规定模具螺纹进刀与退刀处的尺寸以增强螺纹口的强度。具体可参阅图 2-21 及表 2-10。

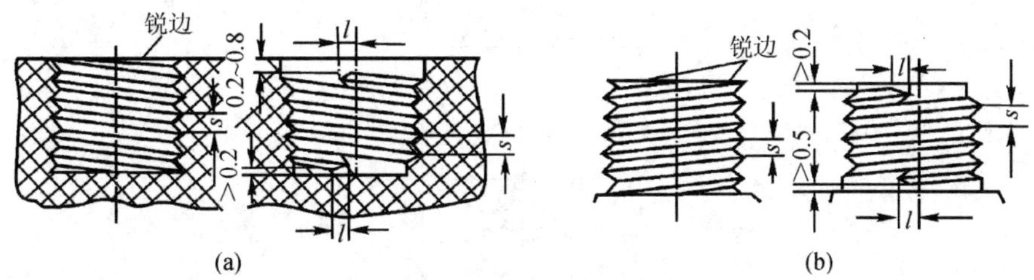


**图 2-21　螺纹的进刀与退刀处的结构尺寸图**

(a)错误的;(b)正确的

**表 2-10　型芯、型腔上螺纹成型部分的退刀尺寸　单位:mm**

| 螺纹直径/mm | 螺距 $s$ | | |
|---|---|---|---|
| | ≤1 | 1～2 | >2 |
| | 退刀尺寸 $l$ | | |
| ≤10 | 2 | 3 | 4 |
| 10～20 | 3 | 4 | 5 |
| 20～30 | 4 | 6 | 8 |
| 30～40 | 6 | 8 | 10 |

必须注意,同一个塑件直径不同的两段螺纹其螺距与旋向必须相同,否则无法将塑件从螺纹型芯(或型环)上拧下。当螺距不等或旋向不同时,就要将两段型芯(或型环)组合在一起,成型后再分段拧下,如图 2-22 所示。

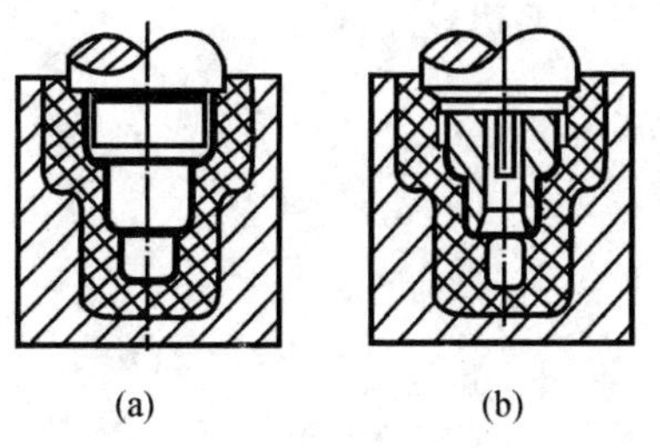


**图 2-22　两段同轴螺纹的设计**

## 2.2.11 标记和符号

由于装璜或某些特殊要求，塑件上常常要求有标记、符号，如要求有名字、文字、数字、说明等等，但必须使模塑标记、符号不致引起脱模困难。

塑件的标记、符号有凸形和凹形两类。标记、符号在塑件上为凸形，在模具上就为凹形；标记、符号在塑件上为凹形，在模具上就为凸做。模具上的凹形标记、符号易于加工，可用比较方便的雕刻法作出。模具上的凸形标记、符号难于加工，且型腔上直接做出凸形时，成型表面粗糙度难以保证。因此，可采用电火花、电铸或冷挤压成型。另外，有时为了便于更换标记、符号，也可以利用在模型里(阳模或阴模)嵌入将标记、符号成型的部件制成嵌件的办法来达到，但在塑件上会留下凹或凸的痕迹。在某种场合下，也可以采用图 2－23 所示凹坑凸字的形式。

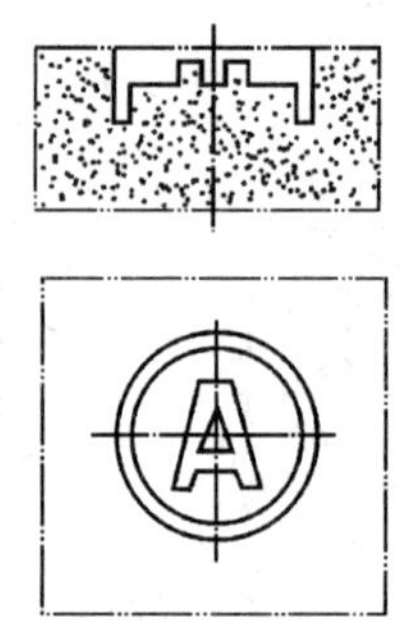


图 2－23 凹坑凸字的形式

这种方法是在有文字的地方，在模具上镶上刻有字迹的镶块，为了避免镶嵌的痕迹而将镶块周围的结合线作为边框，则凹坑里的凸字无论在塑件研磨抛光或塑件使用时，都不会因碰撞而损坏。

## 2.2.12 分型面毛边

塑件的形状决定模具的分型面，而毛边即指在分型面上及模具内活动成型零件的间隙中溢出的多余塑料。此毛边的存在除直接影响塑件的尺寸精度外，在去除毛边后也难免使塑件表面质量有所降低，故毛边位置的选择也就显得很重要。通常，既应考虑毛边易于去除，又要考虑毛边位置勿露于塑件表面，以避免毛边痕迹损坏塑件外观质量。

毛边产生的方向直接取决于模具结构的类别、密闭式压模使塑件产生垂直方向的毛边，半密闭式压模使塑件产生水平方向的毛边；垂直分模面压模在其两半凹模分型面处产生毛边。

铸压模和注射成型模一般产生毛边较小。

# 第 3 章　塑料模具设计基础理论

塑料成型模具的种类繁多，塑件结构和尺寸的不同决定了需要选用不同种类和结构的模具，而成型同一个塑件也可以采用多种结构的模具来实现。在模具设计中，确定模具的结构是很重要的一个环节。设计模具所采用的种类和结构不同，模具在制造成本、成型周期、塑件的质量、生产效率、材料的利用率等方面会产生差异。因此，要求模具的设计者应从中选择最佳的设计方案，以获得最佳的制品结果和效率。

## 3.1　塑料成型模具的结构简介

模具是塑件成型的主要工具，了解模具结构及其常用标准件是设计塑料成型模具的基础。根据塑料成型模具类型的不同，模具具有不同的结构形式。组成其结构的零件包括两大类型，即成型零件和结构零件。成型零件是指直接与塑料相接触并成型塑件某些部分的零件，主要包括凸模、凹模、型芯、镶块等。成型零件决定塑件的形状，是塑料模具的主要部分。结构零件是为保证塑件的质量、使组成模具的零件装配成一体，实现彼此的配合、定位与固定的零件，主要包括导柱、导套、顶出装置、支撑零件等，还包括模具内部加热或冷却系统，连接用螺栓、手柄、分模器等。图 3－1～图 3－4 所示是不同塑料成型方法所对应的典型模具的结构和零件名称，以此为例来初步了解模具的结构和组成部分。

图 3－1 和图 3－2 所示分别为典型的注射成型模具的三维、二维图形。

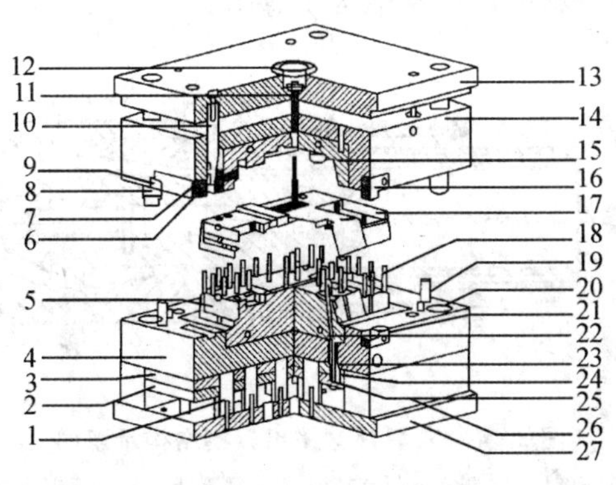


**图 3－1　典型注射成型模三维图形模架结构**

1—支承柱；2—顶出板垫板；3—顶出板；4—凸模固定板；5—凸模；6—滑块；7—耐磨块；8—导柱；9—压板；10—垫块；11—浇口套；12—定位环；13—定模板；14—型腔板；15—凹模；16—上定位块；17—成型零件；18—顶杆；19—圆柱销；20—导套；21—下定位块；22—斜销；23—引导块；24—斜销座；25—耐磨块；26—模脚；27—动模块

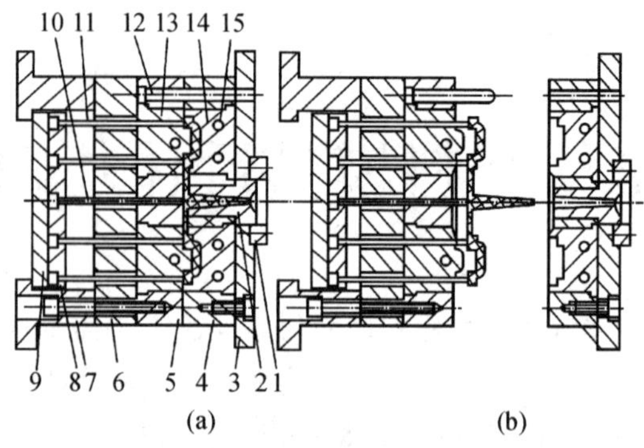


**图 3-2　典型注射成型模基本结构示意图**

(a)单分型面注射模具合模状态;(b)开模顶出制品状态

1—定位环;2—主流道衬套;3—定模底板;4—定模板;5—动模板;6—动模垫板;7—模脚;8—顶出板;9—顶出底板;10—拉料杆;11—顶杆;12—导柱;13—凸模;14—凹模;15—冷却水通道

图 3-3 所示为典型的压制成型模具结构示意图。

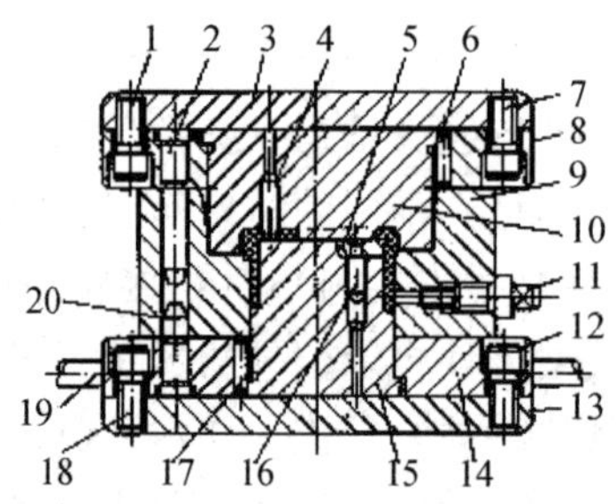


**图 3-3　典型压制成型模结构示意图**

1—螺钉;2—导柱;3—上模板;4—镶件;5—内活动成型快;6—圆柱销;8—固定板;9—模套;10—上模;11—侧螺纹型芯;12—螺钉;13—下模板;14—固定板;15—下模;16—定位销;17—圆柱销;18—螺钉;19—扳手;20—导柱

图 3-4 所示为典型的管材挤出口模结构示意图。

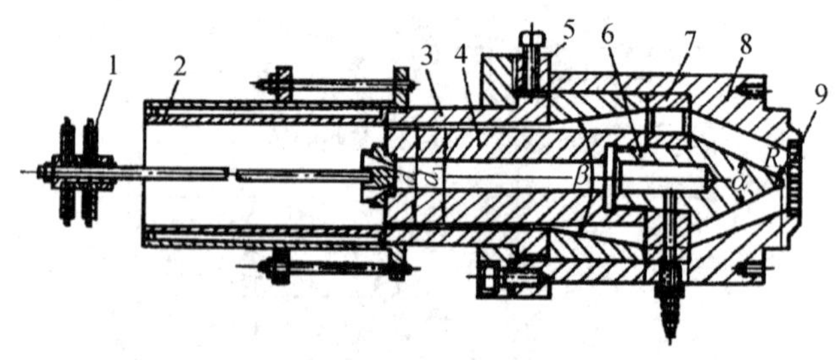


**图 3-4　典型管材挤出口模结构示意图**

1—堵塞;2—定径套;3—口模;4—芯棒;5—调节螺钉;6—分流器;7—分流器支架;8—机头体;9—过滤板

## 3.2　塑料成型模具主要零件的设计

组成塑料成型模具结构的零件包括成型零件和结构零件两大类型,其中凹模、凸模、型芯和导向机构是模具零件的重要组成部分，下面详细介绍这些零件的设计方法。

### 3.2.1　凹模的结构设计

凹模(又称阴模)是模具的主要零件之一，是用于成型塑料外表面形状和尺寸的部件。在注塑模具中，凹模多被安装在注射机的定模底板上，习惯被称作定模(或静模)；在压制成型中，凹模一般位于压模的下部，习惯被称作下压模，其内腔的形状、尺寸和结构取决于塑件的结构、压模的形式和材料的种类。为便于制造，一般凹模的外形是圆形或矩形的，而凹模的内腔可分为两部分，上部分是加料室，下部分是成型塑件的型腔。

凹模的结构形式可分为整体式凹模、组合式凹模和装配式凹模。

**1. 整体式凹模**

整体式凹模由整块金属做成，形式如图 3 - 5 所示。整体式凹模的优点是使用牢固，强度高，塑件上不会产生拼接缝痕迹。一般中小型凹模采用整体式。大型模具采用整体式凹模的缺点：不便于机械加工，切削量大造成钢材浪费，热处理不便，搬运不便，损伤后较难修理，延长制模周期，成本增高。

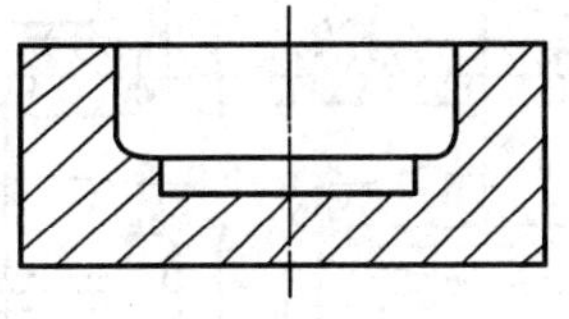

**图 3 - 5　整体式凹模**

**2. 组合式凹模**

组合式凹模由两个或两个以上的零部件组合而成。当外形尺寸大或凹模复杂时，为便于模具机械加工、热处理，一般可做成组合式的凹模。采用组合式凹模，可简化复杂凹模的加工工艺，减少热处理变形。同时，由于拼合处有间隙，更利于排气，便于模具的维修，节省模具材料。为保证组合后凹模尺寸的精度和装配的牢固，减少塑件的镶拼痕迹，要求镶块的尺寸、形位公差等级较高，组合结构牢固。按组合方式不同，组合式凹模结构可分为整体嵌入式、局部镶嵌式、侧壁镶嵌式和四壁拼合式。组合式凹模结构形式如图 3 - 6 所示。这种形式的凹模是借螺钉与下面垫板彼此联结成一体，用销钉定位。图 3 - 6(a)形式不正确，因在压塑过程中，处在很高压力下的熔化物料易挤到凹模和模套连接处的间隙里去，其作用像楔一样，使二者间的连接螺栓经不住加大的负荷，开始拉长。模套上升，间隙增大，塑料可继续挤入，结果造成塑件毛边加厚、尺寸超差或塑件成型后难以取出等问题。改为图 3 - 6(b)所示形式，就可避免上述缺点，但它不适于成型底部有圆角的塑件。若在图 3 - 6(a)所示形式的基础上将模具改进为图 3 - 6(c)所示形式，减少外框四周平面间的接触，使模套与凹模的联结面间隙减到最小，则可避免塑料的挤入。图 3 - 6(d)所示为常用的组合式凹模，结构形式较好，但其制造较复杂。对于复杂形状塑件采用图 3 - 6(e)(f)所示的组合式凹模，机械加工较方便，既便于热处理，又节约优质钢材。

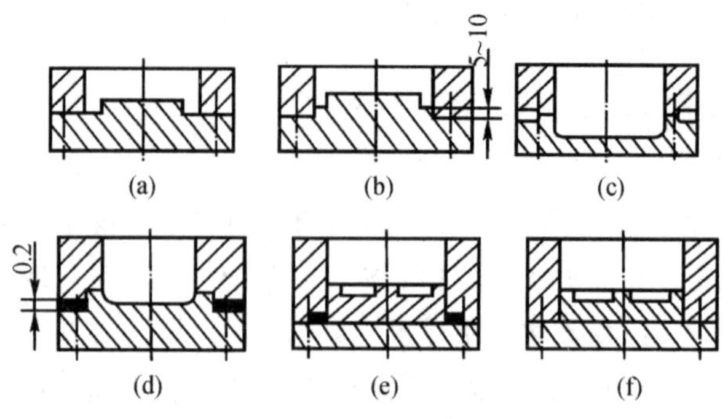


图 3-6 组合式凹模

### 3. 装配式凹模

装配式凹模各块板之间不用螺钉进行连接，而是靠它们之间互相扣锁而后压入模套形成。对大型模具来讲，为了易于机械加工及调质处理，并节约模具材料，建议做成装配式凹模，如图 3-7 所示。由图可见，其表面上易于加工出较复杂的凸出、凹进或其他的形状，以满足塑件分侧成型的需要。此装配式模套可以用一般碳钢制造。

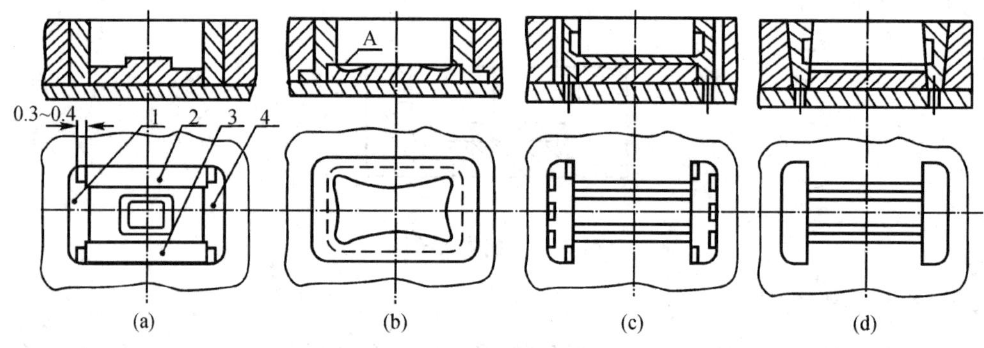


图 3-7 装配式凹模

采用图 3-7(a)所示形式可成型直角或直角的矩形塑件，其凹模由四块侧板 1,2,3,4 组成。四块侧板彼此扣锁，在压入模套后，由于扣锁机构保证装配的紧密性，可减少塑料挤入连接处的间隙中去。在侧板连接处外侧做成 0.3～0.4 mm 的间隙，主要是使内接缝处更加紧密。

图 3-7(b)所示形式的压模是装配式凹模，既能机械加工 A 处，又保证了塑件成型的质量，克服了采用整体凹模难于加工的困难。

采用图 3-7(c)所示形式的压模，可成型两侧壁有凸筋的塑件，模套的两侧板是可卸的。当压塑好取件时，两侧板连同塑件一起被顶出。这种结构的缺点是当可卸式的侧板与模套的配合不精确时，塑料很容易挤入配合处的接缝中去，造成顶出困难。若侧板未进行热处理增加其硬度，就更易于与模套咬死。改用图 3-7(d)所示形式，则可避免上述缺点，但配合斜度采用 10°以上。这样虽顶出容易，但模套的壁厚必须增加。

在多型腔压模中，通常采用冷压法制成多个同样的凹模，然后镶入模套中。镶的形式可分为无垫板式与有垫板式两种。

无垫板式结构如图 3-8 所示。这种结构只适用于小型移动式模具，其优点是结构简单、轻便。

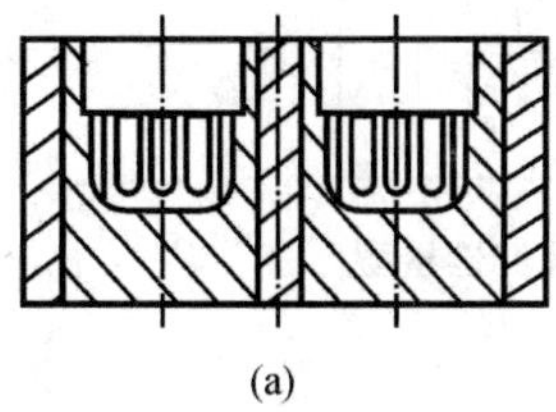
(a)

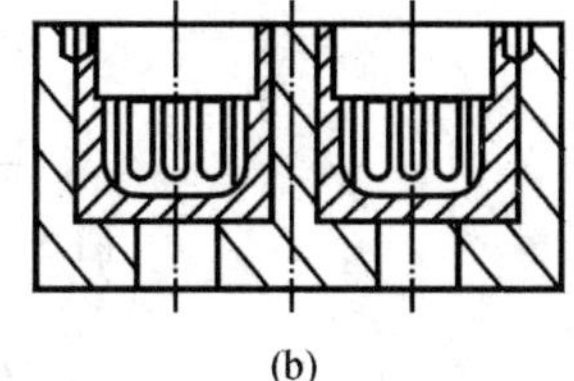
(b)

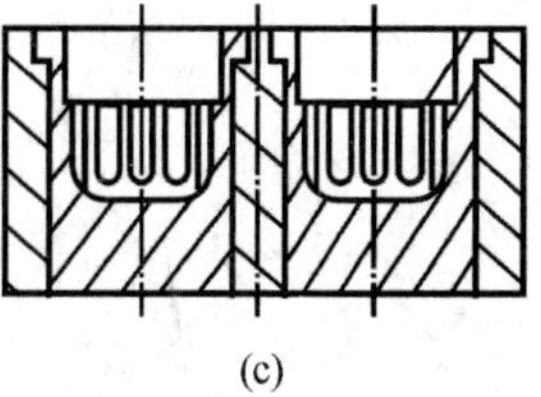
(c)

图 3-8　无垫板镶入式圆形凹模

图 3-8(a)所示为凹模镶入模套后,在下部用电焊焊牢,然后将底面磨平。其缺点是在电焊过程中凹模发热会引起成型腔表面变色发毛,以后还需进行抛光。

为避免镶入凹模在压塑过程中由于压机下热板表面不平而产生下沉,可采用图 3-8(b)所示结构。这种结构的模套是不车穿的,中间的小孔作为在装配过程中顶出凹模之用,凹模以紧配合镶入模套,有时再加止动螺钉,以防止阳模上升时将凹模拉起。图 3-8(c)所示结构制造也较简单,压塑时由于凹模上有台肩的存在也不会下沉。

有垫板式结构如图 3-9 所示。它可适用于较大的固定式压模,垫板位于凹模的下面,支住凹模不使其下沉。其垫板表面应具有足够硬度;凹模通常以紧配合压入,一般情况下不会旋转。要求凹、凸模有严格定位时,可将凹模用定位销或平键固定在模套上。

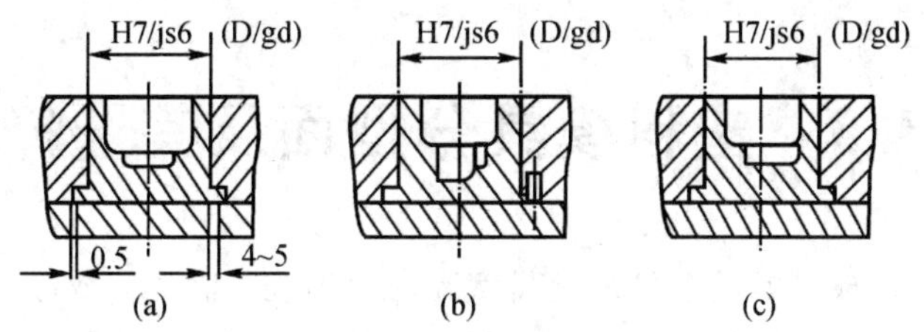


图 3-9　有垫板镶入式凹模

## 3.2.2　凸模的结构设计

凸模(又称阳模),是成型塑件内表面的部件。在注塑模具中,凸模通常装在注射机的动压板上,习惯被称为“动模”;在压制成型模具中,凸模多安装在压机的上压板上,习惯被称作“上模”,其作用是在压塑成型过程中,将压机的压力传递到塑料上并成型塑件的内表面。

凸模由两部分组成:上口部分为导向部分,此部分用于阻止熔化的塑料向外溢出;另一部分为塑件成型部分,其壁带有斜度,以利于脱件。大多数凸模为整体式结构,即凸模模体和凸模底板做成一体,如图 3-10 所示。整体式凸模结构牢固,加工便利,在分模时,虽遭卸模架经常撞击,但对塑件尺寸影响较小。这种凸模整体结构强度大,但只适小型模具用于成型凸度不高和形状简单、加工方便的塑件。

在大型模具中,整体式凸模会造成钢材浪费,并延长模具加工时间,此时可采用组合式凸模。组合式凸模借助螺钉、销钉将凸模与凸模固定板连接成一体的结构,它多用于大型固定式压模,其结构如图 3-11～图 3-13 所示。

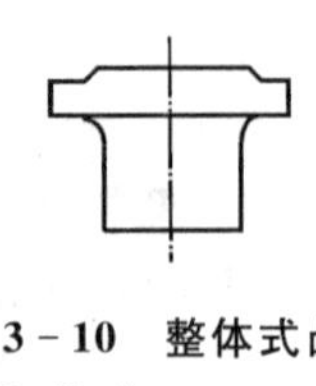

图 3－10　整体式凸模

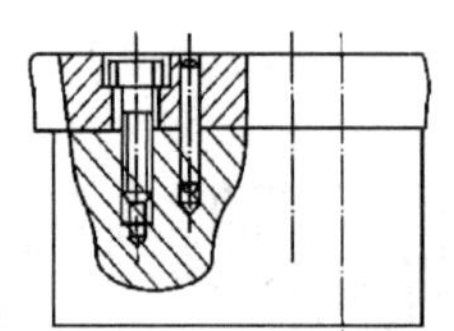

图 3－11　螺钉连接型凸模

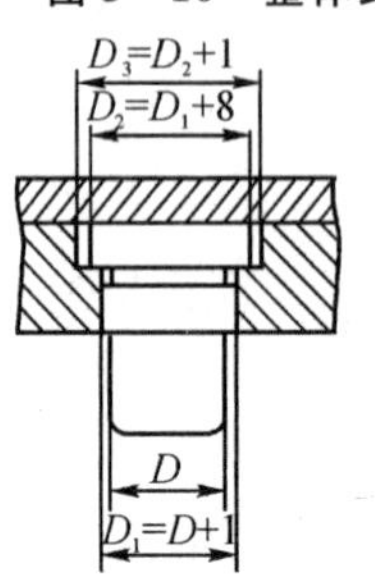


图 3－12　突肩结构型凸模

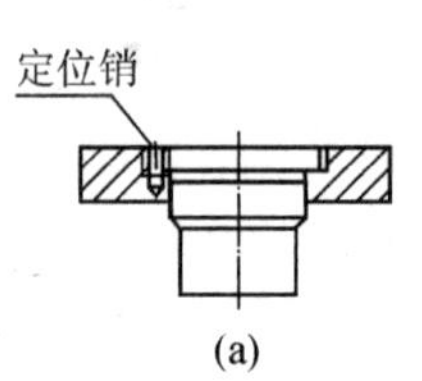


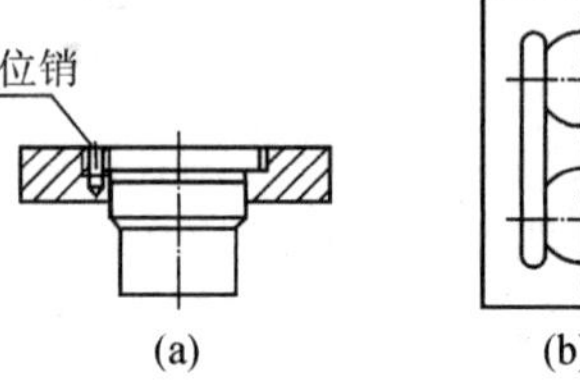


图 3－13　定位销、键型凸模

突肩结构型凸模是用镶入法使凸模与凸模固定板连接，凸模上部有突肩，并在凸模固定板上覆以垫板，以防止凸模上升。这种结构牢固，装卸方便，使用广泛。

有时因成型的要求，需要保证凸模装配在一定位置时，则可采用定位销，如图 3－13(a)所示，或采用键，如图 3－13(b)所示，以紧配合形式固定，键可用于两个或两个以上成排布置时的定位。

# 3.3　塑料模具分型面及其选择

分型面是为了将已成型好的塑件从模具型腔内取出或为满足安放嵌件及排气等成型的需要，根据塑件的结构，将直接成型塑件的那一部分模具分成若干部分的接触面。为使产品和浇注系统凝料能从模具中取出，模具必须设置分型面。分型面是决定模具结构形式的重要因素，分型面的设置决定了模具的结构和制造工艺，并影响熔体的流动及塑件的脱模。分型面的位置要有利于模具加工，排气、脱模及成型操作，塑料制件的表面质量等。

分型面可分为三类，即水平分型面、垂直分型面和复合分型面。分型面的表示方法如图 3－14所示。其中，图(a)为铸压模分型面，模具打开，分型面两边的模板都作移动；图(b)为注射模分型面，模具打开时，其中一方模板不动，另一方模板作移动；图(c)为压制成型模复合分型面，模具有两个或两个以上分型面时，应根据模具分型的先后次序，在分型面符号旁边用罗马数字Ⅰ，Ⅱ，Ⅲ，…分别表示出来。

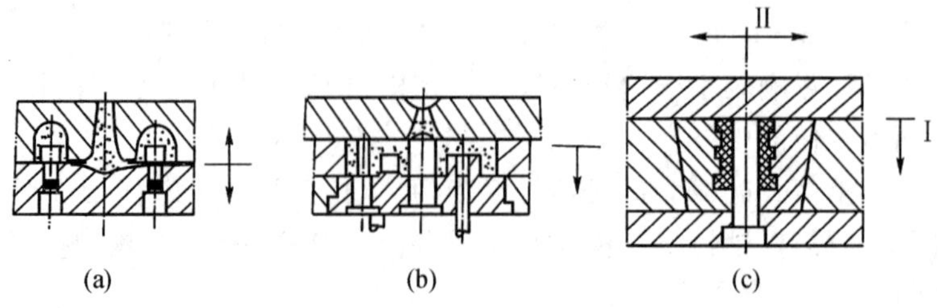


图 3－14 分型面的表示方法

水平分型面是指模具分型面平行于压机工作台面(压制成型模和铸压模)或垂直于机床的工作压力方向(注射模);垂直分型面是指模具的分型面垂直于压机的工作台面(或平行于机床的工作压力方向);复合分型面是指模具的分型面既有平行于压机工作台面的,又有垂直于压机工作台面的。典型的模具分型面如图 3－15 所示。

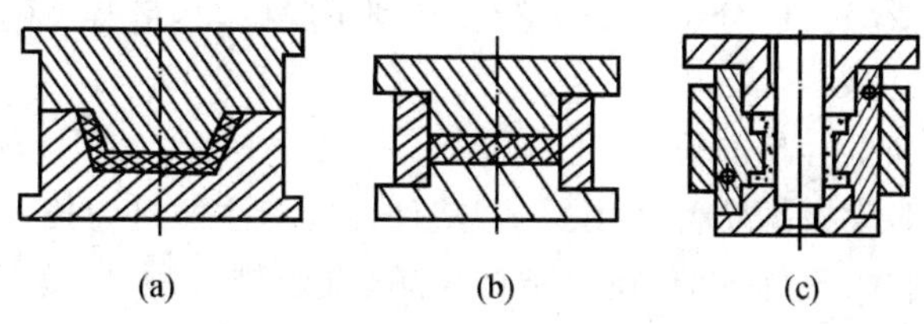

**图 3－15　水平分型面和垂直分型面**

(a)压模,一个水平分型面,将压模分成阳模和阴模两部分;
(b)压模,两个水平分型面,将压模分成阳模、阴模和模套三部分;(c)压模,垂直分型面

另外,还有多层分型面压模。这种模具具有两个以上的分型面,垂直(或平行)于压机的工作压力方向,将模具分成数个部分。多层水平分型面压模,每一层板都成型塑件的某一部分,压模板间的相互定位是由导柱来实现的。这种结构的优点是压模易于制造,适于平的和薄的有嵌件塑件,且嵌件固定方便。

注射成型模的分型面是动、定模或瓣合模的接触面,模具分开后由此可取出塑件和浇注系统。分型面与成型塑件型腔的相对位置有三种基本形式,如图 3－16 所示。具体采用哪种形式要根据塑件的几何形状、浇注系统的合理安排,是否便于顶出,是否利于排气以及对塑件同心度和外观质量要求的高低等因素综合加以考虑。

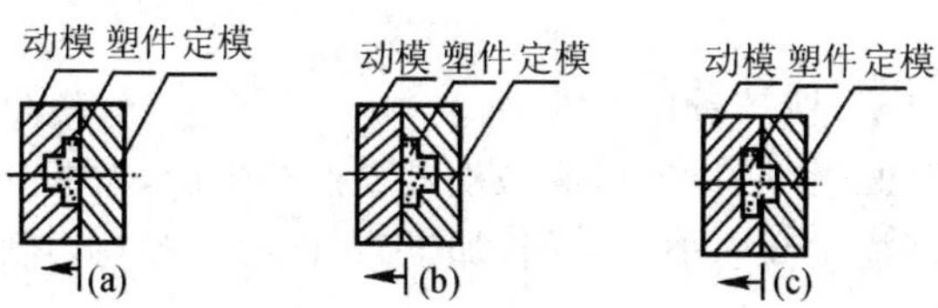


**图 3－16　注射模分型面与型腔的相对位置**

(a)塑件全部在动模内成型;(b)塑件全部在定模内成型;(c)塑件在动、定模内同时成型

分型面的形状如图 3－17 所示。

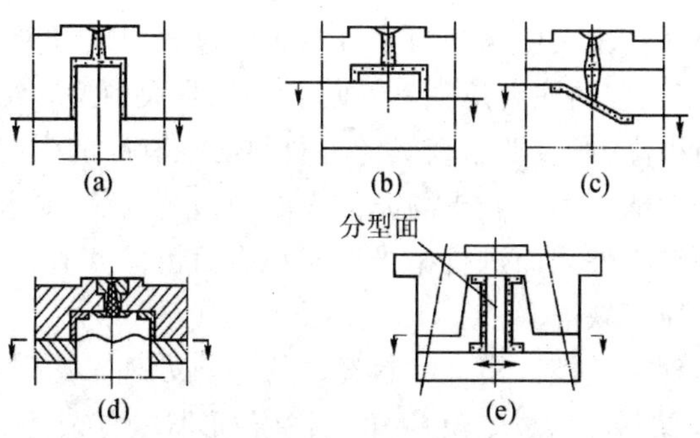


**图 3－17　常见分型面的形状**

(a)与开模方向垂直;(b)阶梯形分型面;(c)斜分型面;(d)异型分型面;(e)对合分型面

选择分型面位置的基本原则是应将分型面开设在塑件断面轮廓最大的部位,以便顺利脱

模。此外，还应根据塑件的使用要求和几何形状及结构特点加以综合考虑。选择时综合考虑以下因素：

(1)不得位于明显位置上或影响形状。分型面不可避免地会在塑件上留下痕迹，最好不要选在产品光滑的外表面。

(2)不得由此形成低陷。即分型面的选择要有利于脱模，尽量避免侧抽芯机构。为此分型面要选择在塑件尺寸最大处。

(3)分型面应位于加工容易的位置。

总之，设计分型面时应根据塑件使用要求、塑件性能和注射机的技术参数以及模具加工等因素综合考虑，以达到脱出塑件方便、模具结构简单、型腔排气顺利、确保塑件质量、无损塑件外观和设备利用合理的目的。

## 3.4　塑料模具材料的选择及处理方法

制造模具零件的材料会直接影响其使用寿命、加工成本及制品的质量。因此，在选择模具材料时应根据模具的类型和工作条件，从技术和经济两方面加以综合考虑。

目前，制模材料仍以钢材为主，另外在特殊的成型工艺中，可选用低熔点合金、低压铸铝合金、铍铜和其他非金属材料，如环氧树脂，硅橡胶等。

### 3.4.1　塑料成型模具材料的基本性能

制造模具所采用的材料，应具备以下性能。

(1)具有良好的机械加工性能。塑料成型模具零件的生产，大部分由机械加工完成。良好的机械加工性能能够实现模具高速加工，延长加工刀具寿命，提高切削性能，减小表面粗糙度，以获得高精度的模具零件。

(2)具有足够的表面硬度和耐磨性。塑料制品的表面粗糙度和尺寸精度、模具的使用寿命等，都与模具表面的粗糙度、硬度和耐磨性有直接的关系。因此，要求塑料的模具成型表面有足够的硬度，其淬火硬度应不低于55HRC，以便获得较高的耐磨性，延长模具的使用寿命。

(3)具有足够的强度和韧性。由于塑料模具在成型过程中反复受到压应力(注射机的锁模力)和拉压力(注射成型模型腔的注射压强)的作用，特别是大中型和结构形状复杂的注射成型模具，成型时受到的压力很高，所以要求模具零件材料必须有高的强度和良好的韧性。

(4)具有良好的抛光性能。为了获得高光洁表面的塑料制品，要求模具成型零件表面的粗糙度值小，因而要求对成型零件表面进行抛光以减小表面粗糙度值。为保证抛光性，所选用的材料不应有气孔，粗糙杂质等缺陷。

(5)具有良好的热处理工艺性。模具材料经常依靠热处理来达到必要的硬度，这就要求材料的淬硬性及淬透性好。塑料注射成型模具的零件往往形状较复杂，淬火后进行加工较为困难，甚至根本无法加工，因此模具零件应尽量选择热处理变形小的材料，以减少热处理后的加工量。

(6)具有良好的耐腐蚀性。一些塑料及其添加剂在成型时会产生腐蚀性气体，因此选择的模具材料应具有一定的耐腐蚀性，另外还可以采用镀镍、铬等方法提高模具型腔表面的抗蚀能力。

(7)表面加工性能好。塑料制品要求外面美观,花纹装饰时,则要求对模具型腔表面进行化学腐蚀花纹,因此要求模具材料蚀刻花纹容易,花纹清晰、耐磨损。

## 3.4.2 塑料模具材料常用品种

**1. 钢材**

(1)碳素结构钢。碳素结构钢分为普通含锰钢和较高含锰钢。普通含锰钢在塑料模具制造中,常用的有15,20,40,45,50等牌号,常用的较高含锰钢有15Mn,20Mn,10Mn,40Mn,45Mn,50Mn等牌号。

碳素结构钢中应用最广泛的一种是45号钢,这种钢的优点是具有良好的切削性能,缺点是热处理后变形大。15号钢和20号钢经渗碳和淬火处理,可制造导柱、导套和其他一些耐磨零件。

(2)碳素工具钢。碳素工具钢分为优质钢和高级优质钢。模具制造时常应用的优质钢有T7,T8,T9,T10,T12等牌号,常用的高级优质钢有T7A,T8A,T9A,T10A,T12A等牌号。

碳素工具钢中的T8,T10经常用来制造导柱和导套,有时也用来制造简单的成型零件。这类钢的缺点是热处理后变形大。因此,凡是采用这类钢制成的零件,热处理后都必须经过磨削加工。

(3)模具钢。

1)3Cr2Mo(P20)钢。这是一种可以预硬化的塑料模具钢,预硬化后硬度为36～38HRC,适用于制造塑料注射成型模具型腔,其加工性能和表面抛光性较好。

2)10Ni3CuAlVS(PSM)钢。此种钢为析出硬化钢。预硬化后时效硬化,硬度可达40～45HRC,可做镜面抛光,特别适用于腐蚀精细花纹。可用于制作尺寸精度高,生产批量大的塑料注射成型模具。

3)06Ni7Ti2Cr钢。马氏体时效钢,在未加工前为固熔体状态,易于加工。精加工后以480～520℃进行时效,硬度可达50～57HRC,用于制作尺寸精度高的小型塑料注射成型模具,可做镜面抛光。

4)25CrNi3MoAl钢。适用于型腔腐蚀花纹,属于时效硬化钢。调质后硬度可达23～25HRC,时效后硬度38～42HRC,氮化处理后表层硬度可达100HV1。

5)Cr16Ni4Cu3Nb(PCR)钢,耐腐蚀钢。可以空冷淬火,属于不锈钢类型。空冷淬硬可达42～53HRC的聚氯乙烯类塑料制品的注射成型模具。

此外,常用的还有铬锰钼钢(5CrMnMo)、铬钨钒钢(3Cr2W8V)、铬钨锰钢(CrWMn,9CrWMn)、铬钼钒钢(Cr12MoV)、铬镍钼钢(5CrNiMo)等。其中,5CrMnMo和5CrNiMo钢在热处理后变形较小,适用于制造各种复杂的塑料模;同时,这类钢在热处理后的耐磨性和耐热性也比较好。另外,CrWMn和3Cr2W8V也可以用来制造复杂的模具,这种钢在热处理后变形也很小,复杂的嵌镶件、侧滑动成型芯、固定式成型芯、螺纹成型环和螺纹成型芯等都可以用这种钢来制造。

**2. 其他材料**

有色金属材料和非金属材料也是塑料注射成型模具中经常用到的材料。

(1)铍铜合金。铍铜合金是在铜中加入3%以下的铍(Be)而形成的合金。铍铜合金通常采用精密铸造或者压力铸造来制造精密、复杂型腔。可采用此种方法方便、迅速地复制机械加工无法制作的复杂型腔。铍铜合金机械性能好,热处理硬度可达40～50HRC,尺寸精度高并且导热性能好。铍铜合金价格较高，因此，一般仅用其制造型腔镶件，镶入模具中。

(2)锌基合金。常用的锌基合金是把锌作为主要成分并加入 Al，Cu，Mg 等元素形成合金。锌基合金材料熔融温度低，能简单的用砂型铸造、石膏型铸造、精密铸造等方法成型。由于其熔融温度低，表面质量较好，加工周期短，经常被用在注射次数少的试模模具和小批量生产的注射成型模具。因锌基合金铸造后产生收缩较大，所以在铸造后用放置 24h 使其尺寸稳定后再进行加工。锌基合金的使用温度较低，当温度高于 150℃～200℃时容易引起变形。所以锌基合金仅适用于模具温度较低的塑料注射成型模具。

(3)环氧树脂。环氧树脂应用在试制及重新批量很少的模具上。纯环氧树脂中一般加铝粉等填料以改善其强度、硬度、收缩率等性能。采用环氧树脂制模时，只要有模型，就能在相当短的时间内制造出模具，因此对于试制产品是非常有利的。塑料注射成型模具零件所使用的材料可以根据实际情况选用。表 3－1 列出了常用塑料模具零件材料的选用与热处理条件。

**表 3－1　常用塑料模具零件材料的选用与垫处理**

| 模具零件 | 使用要求 | 模具材料 | 热处理 | | 说明 |
|---|---|---|---|---|---|
| 成型零部件 | 强度高、耐磨性好、热处理变形小，有时还要求耐腐蚀 | 5CrMnMo，5CrNiMo，3CrW8V | 淬火、中温回火 | ≥46HRC | 用于成型温度高、成型压强大的模具 |
| | | T8，T8A，T10，T10A，T12，T12A | 淬火、低温回火 | ≥55HRC | 用于制品形状简单、尺寸不大的模具 |
| | | 45，50，55，40Cr，42CrMo，35CrMo，40MnB，40MnVB，33CrNi3MoA，37CrNi3A，30CrNi3A | 调质、淬火（或表面淬火） | ≥55HRC | 用于耐磨性要求高并能防止热咬合的活动成型零件 |
| | | 10，15，20，12C，Ni2，12CrNi3，12CrNi4 20CrMnTi，20CrNi4 | 渗碳淬火 | ≥55HRC | 易切削加工或制作小型模具的成型零件 |
| | | 铍铜 | | | 导热性优良，可铸造 |
| | | 锌基合金、铝合金 | | | 试制或中小批量的模具成型零件，可铸造 |
| | | 球墨铸铁 | 正火 | 正火 ≥200HRC | 用于大型模具 |
| 主流道衬套 | 耐磨性好，有时要求耐腐蚀 | 45，50，55 以及可用于成型零件的其他模具材料 | 表面淬火 | ≥55HRC | |
| 推杆、拉料杆等 | 一定的强度和耐磨性 | T8，T8A，T10，T10A | 淬火、低淬温回火 | ≥55HRC | |
| | | 45，50，55 | 淬火 | ≥45HRC | |
| 导柱、导套 | 表面耐磨、有韧性、抗弯曲、不易折断 | 20，20MnB | 渗碳淬火 | ≥55HRC | |
| | | T8A，T10A | 表面淬火 | ≥55HRC | |
| | | 45 | 调质、表面淬火 | ≥55HRC | |
| | | 黄铜 H162，青铜合金 | | | 用于导套 |
| 模板、推板、固定板、模座等 | 一定的强度和刚度 | 45，50，40Cr，40MnB | 调质 | ≥200HRC | |
| | | 结构钢 Q235～Q237 | | | |
| | | 球墨铸铁 | | | 用于大型模具 |
| | | HT200 | | | 仅用于模座 |

### 3.4.3 模具零件的热处理方法

所谓钢的热处理就是将钢在固态范围内施以不同的加热，保温和冷却，以改变其性能的一种工艺。这主要是由于钢在固态范围内，随着加热温度和冷却速度的变化，组织结构发生变化，因此利用不同的加热温度和冷却速度来控制或者改变钢的组织结构，便可以得到不同的性能。

一些重要的模具零件在加工过程中，要合理安排热处理工序（退火或者正火、调质处理等）。为了提高模具成型零件的耐磨性，一般需要进行淬火处理，并且要求硬度达到 52～57HRC。结构零件如型芯垫板、顶杆垫板等垫板一类零件在成型或者顶出塑料制件时，要承受较大的挤压力，所以也需要淬火处理，用 45 号钢做的零件要求硬度达到 40～45HRC。其他零件如导柱、导套为延长其使用寿命，也要进行淬火处理。

有些复杂的模具零件，尺寸不好控制，在塑料制件产量不大的情况下，允许把调质处理作为最后热处理工序，精加工后不再进行淬火处理。

选择低碳钢（如 20 号钢）或者合金钢（如 38CrMoAlA）做成型零件时，要进行渗碳或者渗氮等表面热处理。

**1. 预备热处理——退火和正火**

将钢加热到相转变点以上的某一温度，保温一定的时间，然后随炉缓慢地冷却至 500℃以下，最后在空气中冷却，从而得到近似平衡组织，把这样的工艺过程就叫作退火。所谓正火就是将钢件加热至相变点以上的某一温度，保温后从炉中取出在空气中冷却。

正火冷却速率快，退火冷却速率慢。退火可以降低材料的硬度，正火可以提高材料的硬度。退火或正火和零件使用状态下的技术要求无直接关系，而只是为了改善上一道工序所带来的缺陷，并且为下一道工序做好组织准备。退火处理可降低零件硬度，便于机械加工；正火、退火处理可使晶粒细化，消除内应力，为下一步淬火处理做准备。

经过正火的钢件硬度比退火的钢件硬度高，因此为了便于切削加工，对于含碳量较高的材料如碳素工具钢采用退火处理，以降低其硬度。对于低、中碳量结构钢以正火处理较为合适，借以提高材料的硬度。至于合金钢，由于合金元素的加入，钢的硬度有所提高，因此在大多数情况下，中碳以上的合金钢都需要退火而不适宜正火。

**2. 最后热处理——淬火与回火**

所谓淬火是指为了提高钢的硬度或者增加其强度，将钢件加热到相变温度以上，保温一定时间，而后在适当的液体（水、油或者盐水）中急速冷却，从而得到马氏体组织。淬火后可以得到较高的硬度、强度、抗磨性，但是淬火后会引起内应力使钢变脆，所以淬火后必须及时回火。

所谓回火就是将已淬火的钢件加热至一定温度（低于相变点），保持一定时间，然后以一定速度冷却至室温。回火的目的是为了消除淬火时所造成的内应力，提高材料的塑性和韧性。

通常把淬火和随后的高温回火总称为钢的调质处理.调质处理的硬度范围为 25～32HRC。

**3. 表面热处理**

表面热处理就是通过改变零件表面层组织或者同时改变表面层化学成分的办法，使零件表面层获得与芯部不同的性能，即就是得到外硬内韧的性能的一种热处理方法。表面处理分为表面淬火和化学热处理两大类。

(1)表面淬火。

表面淬火通常可用高频淬火和火焰淬火。高频淬火就是用高频感应电流使钢件表面急热,在达到淬火温度的瞬时停止加热,利用适当的冷却剂进行急冷的操作。高频淬火通常适用于中碳钢件,但是用具有淬火的含碳量的碳素钢、合金钢制作的零件都可以使用。此种方法可以用于强韧而需要耐磨的零件,如导柱、复位杆、斜导柱等。

火焰淬火是用氧-乙炔火焰急速地加热被处理的零件表面使其达到淬火温度,接着以水急冷而使其淬硬的方法。淬火变形小,可以用于任何形状的钢制零件。

(2)化学热处理。

1)渗碳。低碳钢件难以通过淬火变硬,必须先进行表面渗碳,然后再作淬火。渗碳就是碳原子渗入钢件的表面层,从而使零件表面层获得高的硬度、耐磨性,而芯部韧性好。

2)氮化。所谓氮化(又称渗氮)是指为了使钢件的表面硬化,在氨气中或者在含有氮的媒剂中加热而使氮原子渗入钢件表面层的方法。

氮化的目的是提高零件表面硬度和耐磨性。氮化与渗碳、淬火相比,处理温度低,变形小。氮化后的零件一般不要进行任何机械加工,只需精磨和研磨抛光即可。

3)氰化。氰化,又称碳、氮共渗,氰化是同时把碳原子和氮原子渗入钢件的表面层中,共渗层兼有渗碳层和氮化层的性能。

一般塑料模具的成型零件和与塑料接触的零件如型腔、型芯(凸模)、浇口套、分流器、拉料杆、脱件板等,以及起导滑作用的滑块、导柱、导套等的淬火硬度为 52～57HRC,或者通过氮化、渗碳后达到上述硬度。常用 45 号钢制造的大部分模具结构零件,要求淬火硬度达到 40～45HRC。至于用 A3,A5 制造的模具结构零件,一般都不需要淬火。冷挤压型腔用的阳模及塑料冷坯用的压模的型腔、阳模等,需要淬火硬度达 60～64HRC。

# 3.5 模具零件加工性能

模具各组成零件的加工难易程度,对模具的制造时间、制造费用、模具零件的加工精度,塑料制件的质量以及生产率有很大的影响,因此应在设计模具时选择合理的模具结构,并充分考虑模具零件的加工性能。

## 3.5.1 设计模具时应该注意的几个问题

### 1. 退刀槽与砂轮越程槽

图 3－18(a)所示为进行研磨时的砂轮越程槽,而图 3－18(b)所示为车制螺纹的退刀槽。设计模具零件时如果忘记画出,就会造成意外的麻烦。

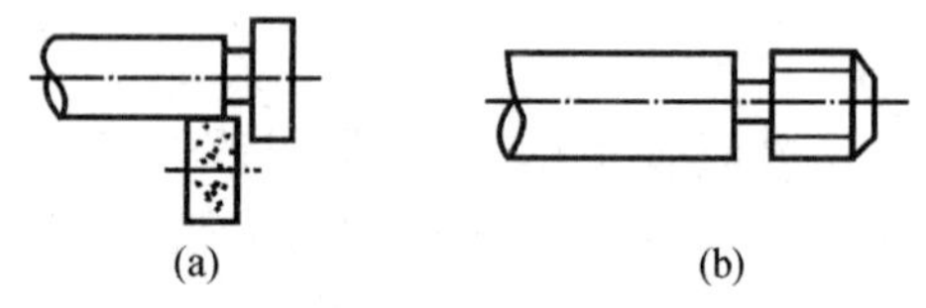


**图 3－18 退刀槽与越程槽**

**2. 尺寸标注**

在图纸上一般都是以中心线为中心标注尺寸，但是常常在进行加工时要以加工基准面为基准进行换算。如果在设计时预先就按加工基准面进行尺寸标注，则在加工时找中心、定位就会容易些，既可节省工时，又可以提高加工精度。

**3. 加工基准面**

在图 3 - 19 中，图(a)所示零件有基准面，可以正确地画线和加工；图(b)所示零件在左端没有基准面，基准成为一条线，如此难以定位画线，加工精度不易提高；图(c)所示为在圆柱形零件上加工非圆形的孔时，需要在圆柱形的一部分上设置加工基准，以便找中心画线。

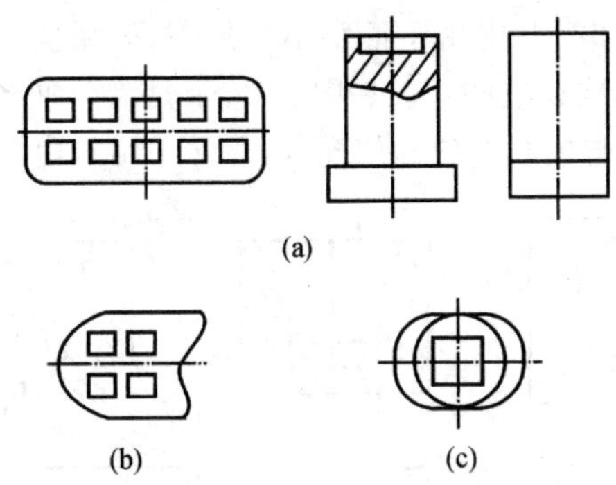


**图 3 - 19　加工基准面**

**4. 把模具零件设计成能采用标准工具加工的形状**

如图 3 - 20 所示，图(a)中浇口套的主绕道锥孔，图(b)中的点浇口锥孔，图(c)中的角隅 $R$ 处等均为能采用标准工具加工的形状。

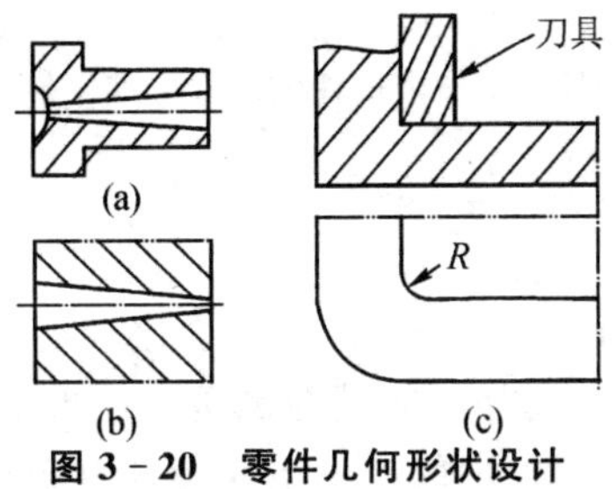


**图 3 - 20　零件几何形状设计**

**5. 组合加工**

在加工各模板上的对应型腔孔、导柱孔、导套孔、销钉孔等时，常常把几个模板重叠起来，进行组合加工，这样可以保证同心度又节省工时。图 3 - 21(a)所示的几层模板，孔径大小一致，便于加工和测量，量规、钻头、铰刀等工具的品种可以减少。图 3 - 21(b)所示的几层模板的孔径逐渐减小，容易加工各孔，而图 3 - 21(c)所示的中间模板上的大孔，无法测量孔径，加工困难。

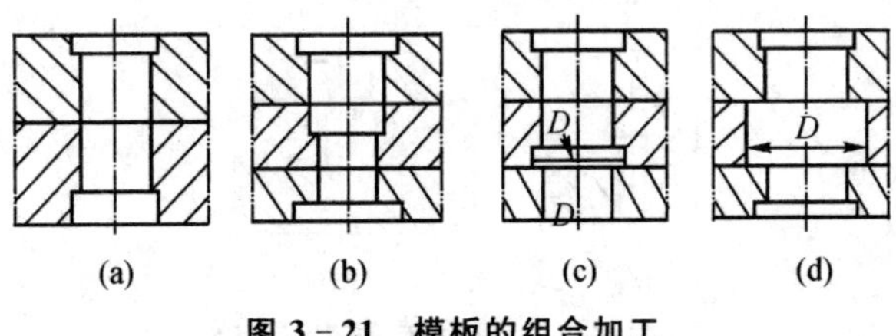


**图 3 - 21　模板的组合加工**

## 3.5.2 采用镶拼件

遇到加工困难的零件时，可以把零件分割成几个部分进行加工，然后通过局部镶嵌、整体镶嵌、拼合组装而达到要求形状的零件。这样使加工简便，容易提高模具零件的尺寸精度，并节省工时。

在图 3－22 中，图(a)所示的异形型腔，可以先钻周围小孔，再在小孔内镶入芯棒，并且加工大孔，加工完毕后把这些芯棒取出，调换芯棒镶入。图 3－22(b)所示是利用局部镶嵌的办法而构成的圆形筋槽型腔。图 3－22(c)所示型腔底部形状复杂，故把单独制造的底部零件镶入后，用螺钉固定。在图 3－22(d)中由于槽小不好加工，采用镶件嵌入的办法使加工变得容易。图 3－22(e)所示为整体式镶嵌的型腔。图(f)所示是为了便于加工和热处理而采用墙板拼合镶入模套的办法。墙板与模套以斜面相配合，通常采用斜角 0.3°～0.5°。

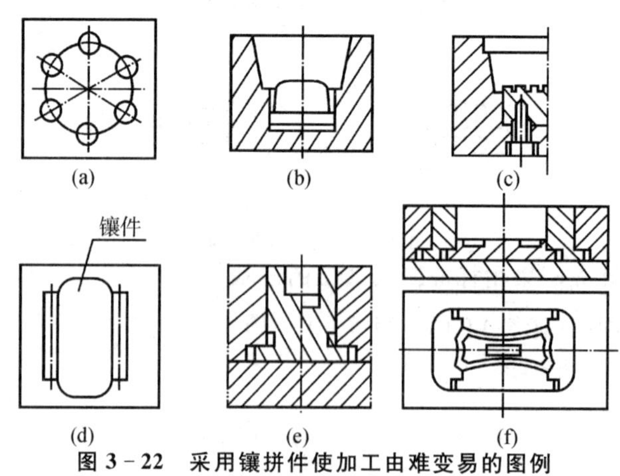

**图 3－22　采用镶拼件使加工由难变易的图例**

## 3.5.3 便于安装拆卸的措施

如果在零件的配合部分进行倒角处理，安装就会比较容易，如图 3－23(a)所示。在设计图纸上若所示不做特别标记，通常在加工时就会倒角。如果不允许倒角，应当在设计图纸上加以说明，如图 3－23(b)。在图 3－23(c)的柱件下面设计有顶出该零件的孔，在图 3－23(d)上设计有拔出上面零件的螺孔，这些都是为了便于更换、修理模具零件而采取的措施。

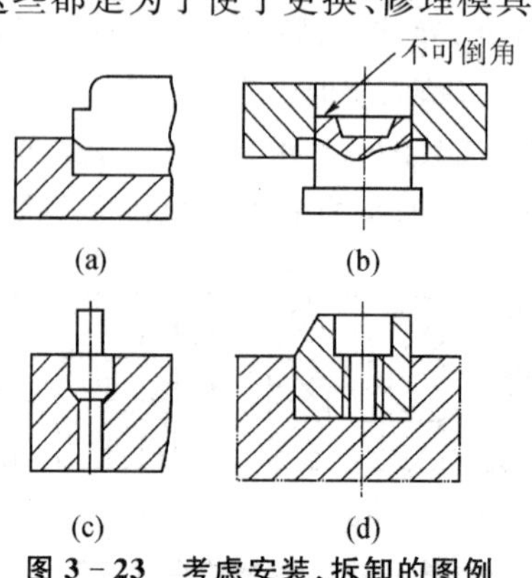

**图 3－23　考虑安装、拆卸的图例**

## 3.5.4　易于加工的方法

**1. 减少定位凸边**

对于决定镶入零件的位置来说，图 3－24(a)仅在一个方向设置凸边，这样可以减少加工时间，而没有必要像图 3－24(b)那样在四周设置凸边。

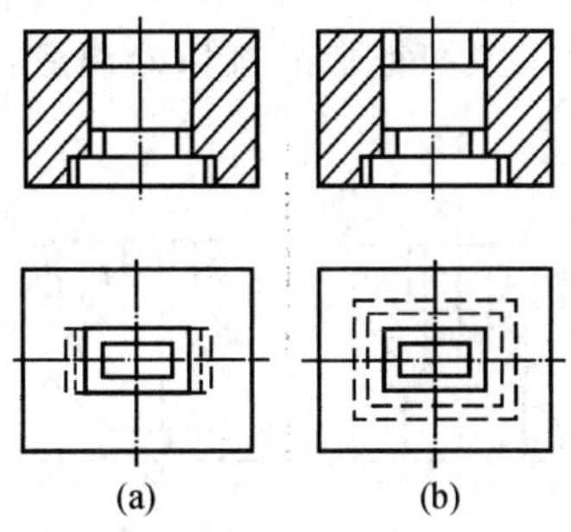

图 3－24　减少定位凸边

**2. 设计成有利于加工的形状**

在满足使用要求的前提下，尽量把杆、孔等设计成便于加工的形状，例如圆形、矩形。图 3－25 所示为在角处或者在外面上钻孔时钻头容易打滑，加工困难，因此应该设计出一部分平面来，作为加工孔时的定位用。

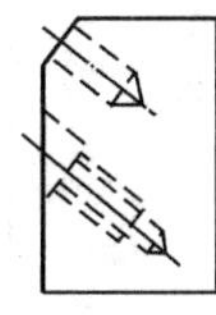

图 3－25　加工定位面的设计

**3. 外形加工**

一般来说，外形加工比内形加工容易，因此某些能用外形加工的形状，设计时就不要把模具零件设计成需进行内形加工的形状。如图 3－26 所示的组合件，在两件之间有一段顶出塑料制件用的沟槽，两件的配合面若在虚线处，则需要在型板内形上加工沟槽，加工困难。若两件的配合面在图示的实线处，则沟槽处于柱状零件的外形上，加工就方便多了。

**4. 采用共用安装沉孔**

如图 3－27 所示，图(a)是多窝孔模具，型腔间距离狭窄，采用共同的嵌入孔，加工方便，节省工时。当型芯、顶杆之间间隙狭窄时，也可以采用共同的安装孔。图 3－27(b)和图 3－27(c)所示为多个互相靠近的小型芯，当用轴肩连接固定时可以把其固定板的安装沉孔车削成大圆孔或者钻削成长方形槽，而把小型芯轴肩相碰的一部分磨去。

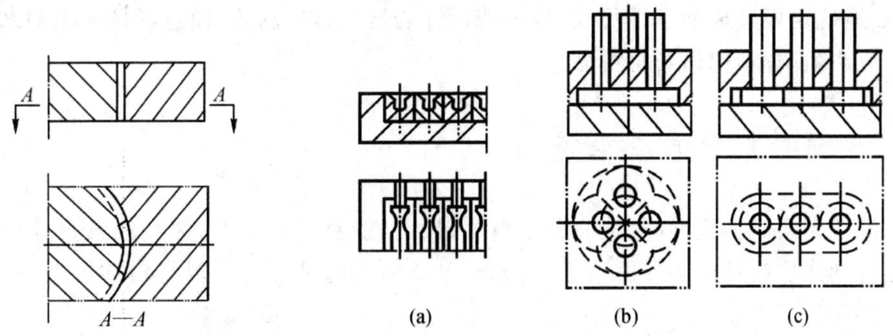


图 3－26　变内型加工为外形加工

图 3－27　共用安装沉孔

**5. 减少精加工部分**

模具精加工的特点是镶入配合部分多，因此使配合加工部分减少就成为使加工由难变易，加工工时由多变少的因素之一。例如图 3-28(a)是带有圆柱形凸边嵌入形式。凸边部分没有必要精密配合，应该予以避免。图 3-28(b)所示是非圆形的嵌入件，右图的配合部分长，加工困难，若像左图那样，使非配合部分的凸边加长，用以减少非圆形配合面的加工，加工较容易。图 3-28(c)所示是侧型芯的断面图，为了减少精加工部分应该把配合面限制到最小限度。图(d)是兼顾防止位移，进行定位和补强的接口处构造，在这里仅设计出最小的配合面，其余部分放弃配合。

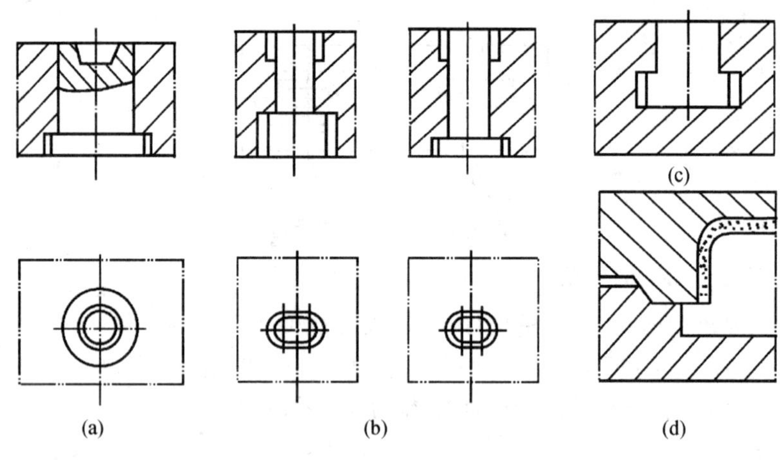


**图 3-28 减少配合加工**

另外，为了防止零件在热处理中发生变形、开裂、歪曲等缺陷，设计模具零件时，在模具零件的转接处应该做成圆角，避免尖角处内应力集中。截面变化较大的零件最好采用组合的办法，而不要用整体式结构。在某些情况下可以采用开孔和加边的办法，使截面变化均匀。

# 3.6 塑料成型模具的设计流程

设计塑料成型模具时，要首先了解塑料材料的成型特性，根据塑件结构选择合理的模具结构，正确地确定模具成型零件尺寸，尽量使设计的模具容易制造，模具零件应当耐磨耐用，设计的模具应当效率高，使用安全可靠。

## 3.6.1 塑料材料的成型特性

在设计塑料成型模具时，应充分了解塑料的性能及成型特性，并在模具设计中加以利用，这也是得到优质制件的必要因素之一。表 3-2 列出的是常用塑料材料的成型特性及其成型模具的设计注意事项。

**表 3－2　常用塑料材料的成型特性及其模具设计**

| 塑料名称 | 塑料成型特性 | 设计模具的注意事项 |
|---|---|---|
| 聚乙烯 | (1)收缩率大，易发生变形；<br>(2)冷却时间长；<br>(3)对浅的侧凹可以强行脱模；<br>(4)收缩率受模具温度影响大 | (1)应设计树脂快速充模的浇注系统；<br>(2)应采用均匀冷却速度的冷却系统；<br>(3)最好采用螺杆式注射机；<br>(4)成型收缩率：料流方向 2.75％，垂直方向 2.0％；<br>(5)应作防止歪、翘、斜等变形的设计 |
| 聚丙烯 | (1)成型性能好；<br>(2)易发生翘曲变形；<br>(3)可以作为塑料铰链；<br>(4)尺寸稳定性好 | (1)成型收缩率：1.3％～1.7％；<br>(2)应作防止缩孔、变形的设计；<br>(3)注意有"铰链"制件的内浇口设计 |
| 聚酰胺 | (1)熔融黏度低，流动性良好，易产生溢边；<br>(2)收缩率稳定性差；<br>(3)熔融温度以下质硬，易损伤模具和螺杆；<br>(4)在主浇道和型腔上易出现粘模现象 | (1)为防止溢边，模具尺寸精度要高；<br>(2)防止缩孔，保证尺寸稳定，注意顶出机构；<br>(3)成型收缩率：1.5％～2.5％；<br>(4)提高模具温度，注意结晶化的问题 |
| 聚甲醛 | (1)流动性差，易分解；<br>(2)在进料口处易出现留痕；<br>(3)易发生缩孔变形 | (1)内浇口设计为无流痕分浇道，防止产生气孔；<br>(2)成型收缩率：2.5％ |
| AS | (1)流动性、成型性好；<br>(2)容易产生裂纹；<br>(3)不易出现溢料 | (1)选择适当的脱模机构，防止裂纹；<br>(2)脱模斜度＞1°，避免侧凹；<br>(3)成型收缩率：0.45％ |
| ABS | (1)流动性较差；<br>(2)制件性能稳定；<br>(3)熔接痕明显；<br>(4)高温有利于制件精度的提高； | (1)设计分浇道、内浇口尺寸要稍大；<br>(2)进料口位置不要选择在致命明显处；<br>(3)高压成型，脱模斜度＞2°；<br>(4)成型收缩率＞0.5％ |
| 聚甲基丙烯酸甲酯 | (1)流动性差；<br>(2)易出现填充不足、缩孔；<br>(3)需要高压成型 | (1)脱模斜度尽可能大；<br>(2)设计浇道要通畅；<br>(3)成型收缩率：0.35％ |
| 聚氯乙烯（硬质） | (1)热敏性塑料，热稳定性差；<br>(2)流动性差；<br>(3)对模具有腐蚀作用； | (1)设计流动阻力小的分浇道、内浇口；<br>(2)模具表面镀铬处理，防腐蚀；<br>(3)成型收缩率：0.7％ |
| 聚碳酸酯 | (1)熔融黏度高，需要高温高压成型；<br>(2)易出现因残余应力而形成裂纹；<br>(3)质硬，易损伤模具；<br>(4)不易出现溢料 | (1)设计流动阻力小的分浇道、内浇口；<br>(2)制件尽量壁厚均匀，避免金属嵌件；<br>(3)脱模斜度＞2°；<br>(4)成型收缩率：0.6％ |

## 3.6.2 塑料成型模具设计步骤

**1. 接受任务书**

成型塑料制件的任务书通常由制件设计者提出，其内容如下：

(1)经过审签的正规制件图纸，并注明采用塑料的牌号、透明度等。

(2)塑料制件说明书或技术要求。

(3)生产数量。

(4)塑料制件样品。

通常模具设计任务书由塑料制件工艺员根据成型塑料制件的任务书提出，模具设计人员以成型塑料制件任务书、模具设计任务书为依据来设计模具。

**2. 收集、分析原始资料**

收集整理有关制件设计、成型工艺、成型设备、机械加工及特殊加工资料，以备设计模具时使用。

(1)根据塑料制件图，了解制件的用途，分析塑料制件的工艺性，尺寸精度等技术要求。例如塑料制件在表面形状、颜色透明度、使用性能方面的要求，塑件的几何结构、斜度、嵌件等情况，熔接痕、缩孔等成型缺陷的允许程度，有无涂装、电镀、胶接、钻孔等后加工。选择塑料制件尺寸精度最高的尺寸进行分析，了解成型公差是否低于塑料制件的公差、能否成型出合乎要求的塑料制件来。此外，还要了解塑料的塑化及成型工艺参数。

(2)分析工艺任务书所提出的成型方法、设备型号、材料规格、模具结构类型等要求是否恰当。成型材料应当满足塑料制件的强度要求，具有好的流动性、均匀性和各向同性、热稳定性。根据塑料制件的用途，成型材料应满足染色、镀金属的条件、装饰性能、必要的弹性和塑性、透明性或者相反的反射性能、胶接性或者焊接性等要求。

(3)熟悉工厂实际情况。这方面的内容很多，主要是成型设备的技术规范，模具制造车间的情况，标准资料、设计参考资料等，不要超越现有条件而进行模具设计。

**3. 成型方法和成型设备的确定**

根据塑件结构、材料种类以及生产数量，首先确定成型方法和成型设备，根据成型设备的种类来进行模具设计。例如对于注射机来说，在规格方面应当了解以下内容：注射容量、锁模压强、注射压强、模具安装尺寸、顶出装置及尺寸、喷嘴孔直径和喷嘴球面半径、浇口套定位圈尺寸、模具最大厚度和最小厚度、模板行程等。

要初步估计模具外形尺寸，判断模具能否在所选的注射机上安装和使用。

**4. 确定模具结构方案**

首先确定模具类型，如压制成型模(敞开式、半闭合式、闭合式)、铸压模、注射成型模等，再确定模具类型的主要结构。需要确定模具结构的内容包括型腔的布置、分型面、浇注系统(主浇道、分浇道及内浇口的形状、位置、大小)和排气系统(排气方法、排气槽位置、大小)、顶出方式(顶杆、顶管、推板、组合式顶出)，侧凹处理方法、抽芯方式，冷却、加热方式，主要成型零件、结构件的结构形式，成型零件工作尺寸。

选择理想的模具结构在于确定必需的成型设备，理想的型腔数，在绝对可靠的条件下能使模具本身的工作满足该塑料制件的工艺技术和生产经济的要求。对塑料制件的工艺技术要求是要保证塑料制件的几何形状，表面光洁度和尺寸精度。生产经济要求是要使塑料制件的成本低，生产效率高，模具能连续地工作，使用寿命长，节省劳动力。

**5. 绘制模具图**

绘制模具图要求按照国家制图标准执行，同时结合本厂标准和国标未规定的工厂习惯画法。在画模具总装图之前，应绘制工序图，并要符合制件图和工艺资料的要求。由下道工序保证的尺寸，应在图上标写注明“工艺尺寸”字样。如果成型后除了修理毛刺之外，不再进行其他机械加工，那么工序图就与制件全相同。

在工序图下面最好标出制件编号、名称、材料、材料收缩率、制图比例等。通常就把工序图画在模具总装图上。

(1)绘制总装结构图。绘制总装图尽量采用 1∶1 的比例，先由型腔开始绘制，主视图与其他视图同时画出。模具总装图应包括模具成型部分结构，浇注系统、排气系统的结构形式，分型面及分模取件方式，外形结构及所有连接件，定位、导向件的位置，标注型腔高度尺寸(不强求，根据需要)及模具总体尺寸，辅助工具(取件卸模工具，校正工具等)，按顺序将全部零件序号编出，并且填写明细表，标注技术要求和使用说明。

模具总装图的技术要求内容如下：

1)对于模具某些系统的性能要求。例如对顶出系统、滑块抽芯结构的装配要求。

2)对模具装配工艺的要求。例如模具装配后分型面的贴合间隙不大于 0.05 mm，模具上、下面的平行度要求，并指出由装配决定的尺寸和对该尺寸的要求。

3)模具使用，装拆方法。

4)防氧化处理，模具编号、刻字、标记、油封、保管等要求。

5)有关试模及检验方面的要求。

(2)绘制全部零件图。由模具总装图拆画零件图的顺序：先内后外，先复杂后简单，先成型零件，后结构零件。标注尺寸要求统一、集中、有序、完整。标注尺寸的顺序：先标主要零件尺寸和出模斜度，再标注配合尺寸，然后标注全部尺寸。在非主要零件图上先标注配合尺寸，后标注全部尺寸。表面粗糙度把应用最多的一种粗糙度标于图纸右上角。其他粗糙度符号在零件各表面分别标出。其他内容，如零件名称、模具图号、材料牌号、热处理和硬度要求、表面处理、图形比例、自由尺寸的加工精度、技术说明等都要正确填写。

**6. 模具图校对**

需要对模具图进行校对的内容如下：

(1)模具及其零件与塑件图纸的关系，即模具及其零件的材质、硬度、尺寸精度、结构等是否符合塑件图纸的要求。

(2)塑料制件方面，包括塑料熔体的流动、缩孔、熔接痕、裂口，脱模斜度等是否影响塑料制件的使用性能、尺寸精度、表面质量等方面的要求。图案设计有无不足，加工是否简单，成型材料的收缩率选用得是否正确。

(3)成型设备方面，包括注射量、注射压强、锁模力够不够，模具的安装、塑料制件的抽芯、脱模有无问题，注射机的喷嘴与浇口套能否正确地接触。

(4)模具结构方面，包括分型面位置，加工精度，脱模方式，模具温度调节，侧凹的处理方法，浇注、排气系统的位置和大小。

(5)校对设计图纸内容，复算主要零件、成型零件工作尺寸及配合尺寸。

在模具零件的制造过程中要加强检验，把检验的重点放在尺寸精度上。模具组装完成后，由检验员根据模具检验表对模具零件的性能情况进行全面检验，从而保证模具的制造质量。

**7. 试模及修模**

模具加工完成以后，往往需要进行试模检验，看成型的制件质量如何。发现问题后，进行排除错误性的修模。塑件出现不良现象的种类很多，原因也很复杂，有模具方面的原因，也有工艺条件方面的原因。在修模前，应当根据塑件出现的不良现象，进行细致地分析研究，找出造成塑件缺陷的原因后提出补救方法。一般的做法是先变更成型条件，当变更成型条件不能解决问题时，才考虑修理模具。

把由设计模具开始到模具加工成功，检验合格为止，在此期间所产生的技术资料，例如任务书、制件图、技术说明书、模具总装图、模具零件图、底图、模具设计说明书、检验记录表、试模修模记录等，按规定加以系统整理、装订、编号进行归档。

# 第4章　塑料压制成型模具设计

压制成型方法是将塑料原料(粉状、粒状、片状、碎屑状、纤维状等各种形态)直接加入具有规定温度的压模型腔和加料室,然后以一定的速度将模具闭合的方法。塑料在加热和加压下熔融流动,并且很快地充满整个型腔,在物理及化学的作用下固化定型,得到所需形状、尺寸及最佳性能的塑件,并开启模具取出塑件。压制成型方法主要用于成型热固性塑件,其压制成型模具用于成型热塑性塑件时,则将热塑性塑料加入模具型腔后,逐渐加热、加压使之转化成黏流态并充满整个型腔,然后冷却,使塑件硬化再将其顶出。由于模具需交替地加热、冷却,故生产周期长、效率低且劳动强度较大。

压制成型工艺成熟,适宜成型大型塑件,且塑件的收缩率较小,变形小,各向性能比较均匀。因此,在目前即使热固性塑料已有用注射的方法来进行生产的情况下,也不可完全将其取代。然而,除多层模,一般压制成型效率低,特别是厚壁塑件生产周期更长。另外,压制成型的不足之处还体现在自动化程度低,劳动强度大,厚壁塑件和带有深孔、形状复杂的塑件难于模塑,且常因溢边厚度的不同而影响塑件高度尺寸的准确性等等。

## 4.1　压制成型模具分类

目前,最常用的热固性塑料压制成型模具有以下分类方法。

### 4.1.1　按装固方式分类

**1. 移动式模具**

属机外装卸的模具。一般情况下,模具的分模、装料、闭合及成型后塑件由模具内取出等均在机外进行,模具本身不带加热装置且不固定在机床上,故称其为移动式模具。这种模具适用于成型内部具有很多嵌件、螺纹孔及旁侧孔的塑件、新产品试制以及采用固定式模具加料不方便等情况。

移动式模具其结构简单、制造周期短、造价低,但操作时劳动强度大,且生产效率低,因此,设计时应考虑模具尺寸和重量都不宜过大。

**2. 固定式模具**

属机内装卸的模具。它装固在机床上,且本身带有加热装置,整个生产过程即分模、装料、闭合、成型及成型后顶出塑件等均在机床上进行,故通称固定式模具。固定式模具使用方便、生产效率高、劳动强度小、模具使用寿命长,适于产量大、尺寸大的塑件生产。其缺点是模具结构复杂、造价高,且安装嵌件不方便。

### 3. 半固定式模具

这种模具介于上述两种模具之间，即阴模做成可移动式，阳模固定在机床上，成型后，阴模从导轨上拉至压机外的侧顶出工作台上进行顶件，安放嵌镶件及加料完成后，再推入压机内进行压制，而阳模就一直被固定在压机上(或相反)。这种模具适于成型带螺纹塑件或嵌件多、有侧孔等塑体。其中主要形式是使用通用模架，如图 4－1 所示。

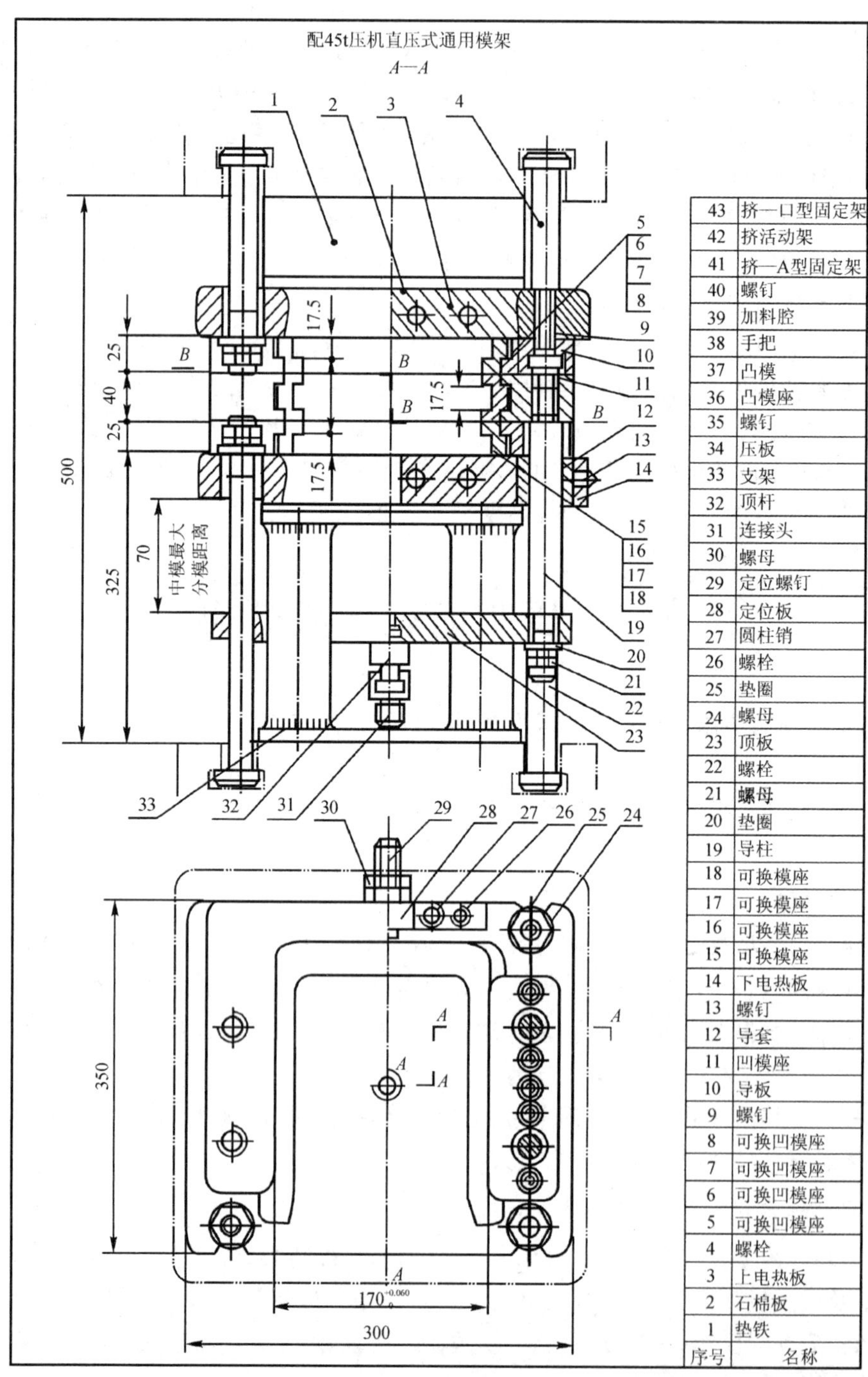


| 序号 | 名称 |
| --- | --- |
| 43 | 挤—口型固定架 |
| 42 | 挤活动架 |
| 41 | 挤—A型固定架 |
| 40 | 螺钉 |
| 39 | 加料腔 |
| 38 | 手把 |
| 37 | 凸模 |
| 36 | 凸模座 |
| 35 | 螺钉 |
| 34 | 压板 |
| 33 | 支架 |
| 32 | 顶杆 |
| 31 | 连接头 |
| 30 | 螺母 |
| 29 | 定位螺钉 |
| 28 | 定位板 |
| 27 | 圆柱销 |
| 26 | 螺栓 |
| 25 | 垫圈 |
| 24 | 螺母 |
| 23 | 顶板 |
| 22 | 螺栓 |
| 21 | 螺母 |
| 20 | 垫圈 |
| 19 | 导柱 |
| 18 | 可换模座 |
| 17 | 可换模座 |
| 16 | 可换模座 |
| 15 | 可换模座 |
| 14 | 下电热板 |
| 13 | 螺钉 |
| 12 | 导套 |
| 11 | 凹模座 |
| 10 | 导板 |
| 9 | 螺钉 |
| 8 | 可换凹模座 |
| 7 | 可换凹模座 |
| 6 | 可换凹模座 |
| 5 | 可换凹模座 |
| 4 | 螺栓 |
| 3 | 上电热板 |
| 2 | 石棉板 |
| 1 | 垫铁 |

**图 4－1　通用模架**

### 4.1.2　按成型型腔数分类

按成型型腔数对压制成型模具进行分类，可分为单型腔压模和多型腔压模两种。

单型腔压模是指在每一压制周期中，只能成型一个塑件的模具。而多型腔压模在每一压制周期中，成型两个以上乃至数十个塑件。

压模的型腔数取决于塑件的形状、所需的数量和压机的功率。此外，由于塑件形状或结构上的限制及生产中的需要，当不能在模具上设计出加料室，但又要求塑件组织紧密均匀时，可将塑料压成一定形状和大小的坯件，将坯件放入模具型腔再进行模塑。这种模塑坯件的模具称为压坯模。敞开式压制成型模多用这种坯件。压坯模的结构形式如图 4－2 所示。

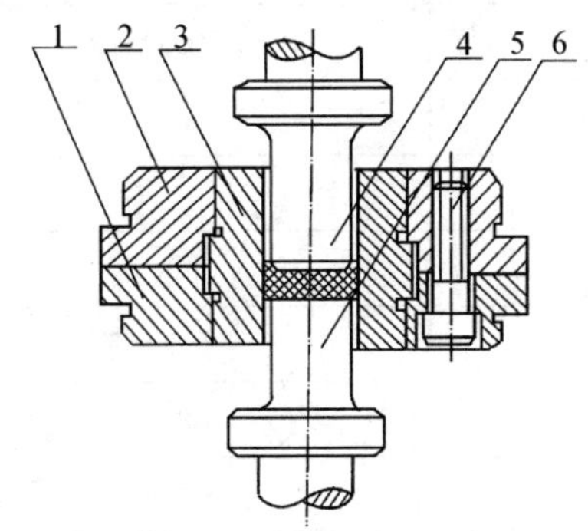


**图 4－2　压坯模**

1—下板；2—上板；3—型腔；4—上凸模；5—下凸模；6—螺钉

另外，按成型方法分类则有压制成型模、铸压模和注射成型模。在 4.3 节中将分别介绍按阴模、阳模合模形式分类的敞开式压模、闭合式压模、半闭合式压模和半闭合逆式压模四种压模结构形式。

## 4.2　压机有关工艺参数的校核

常用液压机（简称“压机”）型号有 $Y_A71-35$ 液压机、$Y_A71-45$ 液压机、Y71－63 液压机、Y71－100 液压机、Y71－250 液压机、Y33－100 液压机等。$Y_A71-45$ 液压机和 Y71－100 液压机的主要性能参数见表 4－1。

**表 4－1　$Y_A71-45$ 液压机和 Y71－100 液压机的主要性能参数**

| | $Y_A71-45$ | Y71－100 |
|---|---|---|
| 工作柱塞最大总力/kN | 450 | 1 000 |
| 油液最高压强/MPa | 32 | 32 |
| 工作柱塞最大回程力/kN | 1 290 | 500 |

续表

| | | |
|---|---|---|
| 顶出柱塞最大顶出力/kN | 60 | 200 |
| 顶出柱塞最大回程力/kN | 3.50 | |
| 上压板至工作台最大距离/mm | 750 | |
| 上压板行程/mm | 250 | 380 |
| 上压板移动速度/(mm·$s^{-1}$) | 2.9(高压下行) | 2.8(高压上行)<br>1.4(高压上行) |
| 上压板移动速度 | 18(高压回程) | 46(低压上行)<br>23(低压下行) |
| 顶出柱塞移动速度/(mm·$s^{-1}$) | 10(高压顶出) | |
| 顶出柱塞移动速度/(mm·$s^{-1}$) | 35(高压回程) | |
| 顶出杆最大行程(自动)/mm | | 160 |
| 顶出行最大行程(手动)/mm | | 280 |
| 蓄能器最高压强/MPa | 0.5 | |
| 高压柱塞泵流量/(L·$min^{-1}$) | 2.5 | |
| 高压柱塞泵工作压强/MPa | 32 | |
| 电动机功率/kW | 1.5 | |

设计模具时，必须熟悉压机的主要技术规范，才能保证所设计模具安装在与其相适应的压制机上正常进行生产。在设计压模时应对压机作以下几方面的校核。

**1. 压机最大吨位的校核**

要求压制塑件所需要的总成型力应小于或等于压机的吨位(总力)，即

$$F>AP \tag{4-1}$$

式中 $F$——设备允许的最大总成型力(N)；

$A$——塑件投影总面积($m^2$)(压模指加料腔投影面积，铸压模、注射成型模应包活浇注系统的投影面积)；

$P$——进入型腔的压强(Pa)。

考虑到设备柱塞运动时密封装置等的摩擦阻力，可将压机允许的最大总成型力进行修正，修正系数 $K$ 值可取 0.75～0.90。

**2. 塑件出模力的校核**

塑件出模力应小于设备顶出柱塞最大顶出力。设备顶出柱塞的顶出力的大小主要根据塑件的结构和形状确定。$Y_A71-45$ 液压机的顶出力可由调压阀调节。

**3. 压机、压模固定板有关尺寸校核**

模具外形尺寸应不受压机立柱或框架限制，可顺利安装固定在压机上、下固定模板之间。压机的上、下模板多设有“T”形槽，有的“T”形槽沿对角钱交叉开设，也有平行开设的。压模的上、下模可直接用四个方头螺钉分别固定在上、下模板上，压模脚上固定螺钉孔(或长槽、缺口)应与模板上“T”形槽位置相符合。压模也可用压板螺钉压紧固定，这时模脚尺寸比较自由，只

需设计有宽 15～30 mm 的凸缘台阶即可。

**4. 压模高度和开模行程的校核**

模具高度、开模行程、塑件高度要符合压机上、下固定模板之间最大和最小距离，如图 4－3 所示。

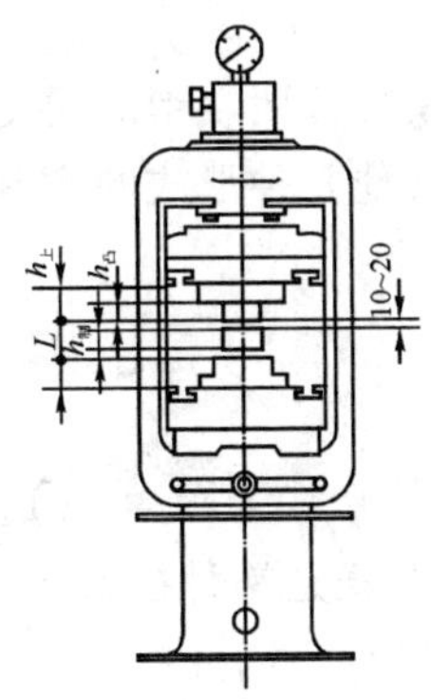


图 4－3　模具高度和开模行程的校核

$h_上$—上模部分全高；$h_下$—下模部分全高；$h_凸$—凸模高度(凸模伸入凹模部分的全高)；$h_制$—塑件高度；$h$—压模的总高度(闭模厚度 ＋即 $h_上-h_凸+h_下$)；$L$—最小开模距离

符合条件时，应使

$$H_{最小} \leqslant h$$

式中　$H_{最小}$——压机上、下模板之间最小距离(mm)；

　　$h$——压模的总高度(mm)。

若不能满足以下条件，则应在压机上、下模板间加垫模板解决。

对于固定式压模，应使

$$H_{最大} \geqslant h+L$$

即
$$H_{最大} \geqslant h+h_{制}+h_{凸}+(10\sim20)(\text{mm})$$

或
$$H_{最大} \geqslant h_{上}+h_{下}+h_{制}+(10\sim20)(\text{mm})$$

式中　$H_{最大}$——压机上、下模板之间最大开距(mm)；

　　$h_制$——塑件高度(mm)；

　　$h_凸$——凸模高度(凸模伸入凹模部分的全高)(mm)；

　　$h_上$——上模部分全高(mm)；

　　$h_下$——下模部分全高(mm)。

而 $h_制+h_凸=L$ 即为模具所要求的最小开模距离(mm)。

对于利用开模力完成侧向分型或侧向抽芯的模具，以及利用开模力脱出螺纹型芯等场合，模具所要求的开模距离可能还要长一些，视具体情况决定。移动式模具当采用卸模架安放在压机上脱模时，应考虑模具与上、下卸模架组合后的总高度，以能放入上、下加热板之间为宜。

**5. 模具中心与机床压力中心的关系**

模具的中心应和机床压力中心一致，否则模具不易合严，顶出时受力不均，易损坏模具。

# 4.3 压制成型模具的结构分析

压制成型模具依照模具的阴、阳模部分闭合形式可分为敞开式、闭合式、半闭合式及半闭合逆式等四种模具。除此之外，还有其他几种形式的模具，在此做一些简要介绍。

## 4.3.1 敞开式压模

敞开式压模具(溢料型模具)的结构形式如图 4-4 所示。这种模具没有特殊的装料室，模具型腔也就是加料室，模腔的总高度也就是塑件的高度，型腔的封闭仅在阴阳模闭合时形成，且阴阳模无配合部分。因此，过剩的余料在压塑时易溢出，有时由于塑料还在未压实前，余料已从挤压面四周自由的由模内溢出，形成压不实的塑件，故仅适于压塑高度不大的，外形简单的，质量要求不高的塑件。成型塑件具有水平方向的毛边。

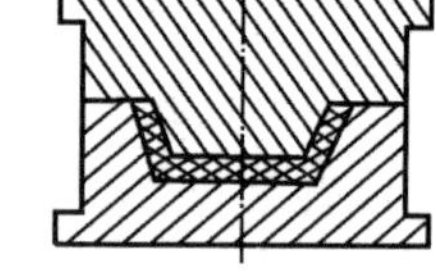

**图 4-4 敞开式压模**

敞开式压模结构简单，主要由阴阳模两部分组成，其定位靠导柱保证。压模操作简单，制作成本低，对塑件形状无特殊要求，只需压缩率较小。压塑时每次用料不需精确，但应稍过量，用以补偿在阳模压力下溢出的塑料损耗，由于压缩时用料要求不严，故对粉料和粒料压缩为适宜。也常用预压锭料进行压塑。

## 4.3.2 半闭合式压模

半闭合式模具(半全压型模具)的结构形式如图 4-5 所示。这种模具有加料室、挤压边，塑件有水平毛边。挤压边的宽度通常为 4～5 mm。阳模与加料室间的配合间隙或溢料槽可以让多余的塑料溢出，溢料槽还兼有排除气体的作用，阳模与加料室的单边配合间隙常取 0.025～0.075 mm。为减少阴模与阳模的磨损，加料室上壁做成锥形，即设计 15′～ 20′的锥形引导部分，引导部分高 10 mm 左右。

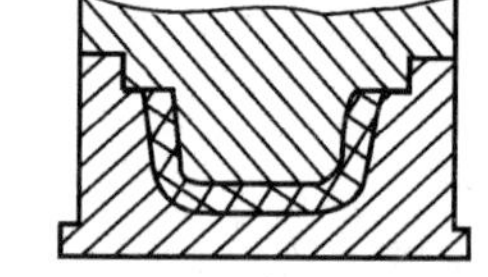

**图 4-5 半闭合式模具**

半闭合式压模使用广泛，适用于各种压塑场合，如单型腔、多型腔、大的、外形复杂的塑件等。采用半闭合式压模，其阳模与加料室在制造上较闭合式压模简单，因阳模的形状可不随塑件的外形而确定。由于有一定的溢料，故能获得较为紧密及高度上要求较为精确的塑件。又因加料室尺寸较塑件断面大，不划伤型腔壁表面，因此，顶出时也不再损伤塑件外表面。

半闭合式压模的缺点是对于流动性小的片状材料或纤维塑料的压塑会造成较厚的毛边。为了减薄毛边，无论在移动式压模或固定式压模中都可以做成带有挤压边缘的特殊封闭面，它的内轮廓线与塑件投影轮廓相符合，外轮廓线径向尺寸比塑件尺寸大 4～6 mm(单边大 2～3 mm)。挤压边的宽度不应太小，因为挤压边缘愈窄，则单位压力愈大，这会使型腔边缘变形(向里倾斜形成倒锥形)，妨碍塑件顺利取出。

## 4.3.3　闭合式模具

闭合式模具(全压型模具)的结构形式如图 4-6 所示。

模具的加料室是模具型腔的延续部分。阳模成型塑件的内表面。阳模与加料室之间不存在挤压面,其配合间隙不宜过小,一般每侧约有 0.07～0.08 mm 的间隙。间隙过小在压塑时型腔内的气体无法顺畅排除,因压模在高温下使用,由于金属膨胀,在压合模具时极易造成二者咬死,擦伤。但配合间隙也不宜过大,以免造成溢料过多,增加原材料消耗,且影响塑件质量,溢边亦不易除净。

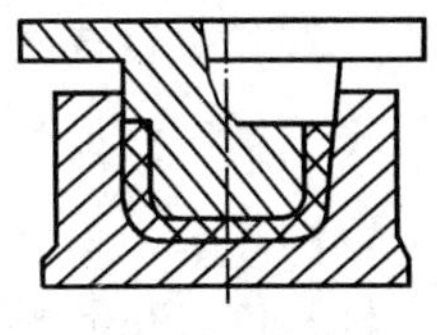

**图 4-6　闭合式模具**

由于闭合式模具没有挤压边,压塑时,压机压力全部传递到塑件型坯上,因此能获得组织紧密的塑件。故适于压塑比容大的、流动性低的、粉状的和层状的塑料,亦可成型某些形状比较复杂的塑件。它适于压塑棉布、玻璃布或长纤维填充的塑料,这是因为这些塑料的流动性差、要求单位压力高,模具又无挤压迫,压塑所得的塑件毛边不但极薄,而且毛边在塑件上呈垂直分布,可以用平磨等办法除去。

用闭合式模具成型塑件时,塑料加料量将直接影响塑件的厚度,如稍不准确时,会引起塑件高度尺寸的很大误差。另外,模具的阳模和阴模配合较精确,装卸时必须十分注意,否则会造成模具损伤或塑件缺料。为防止阴模型腔及阳模壁的磨损,要求使用较好的模具材料,且淬火后有较高硬度的材料。卸模时必须有顶出器,否则塑件很难取出。同时,由于阳模与加料室边壁摩擦,很容易擦伤加料室边壁,而加料室断面尺寸与型腔断面相同,在顶件时带有划伤痕迹的加料室就会划伤塑件外表面,而影响成品的外观质量。

闭合式模具一般不应设计成多型腔模,因为加料稍不均衡就会造成各型腔压力的不等,而引起一些塑件欠压,这是需要引起注意的。这种模具的成本费较敞开式模具为高,特别是塑件形状复杂时更是如此。

## 4.3.4　半闭合逆式压模

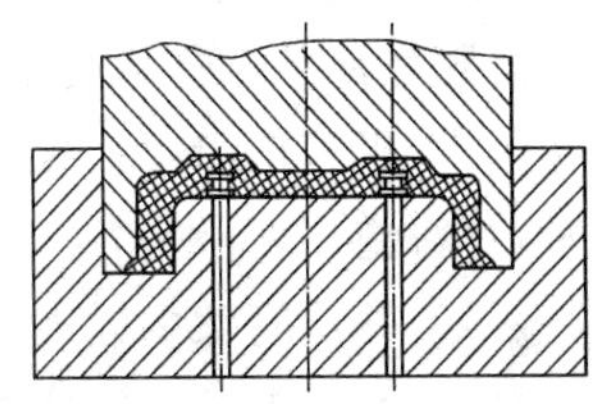

**图 4-7　半闭合逆式压模**

半闭合逆式压模的特点是阴模位于上面,阳模在下面,即压塑空心塑件时,其底朝上。它适用于压塑空心塑件及底部带有嵌件的塑件或成型大的盒形塑件,如图 4-7 所示。

这种形式的模具安装嵌件方便,模具制造简单,在许多情况下,不需要顶出装置,缺点是仅适于特别的塑料压片或坯料。

## 4.3.5　其他形式的压制成型模具

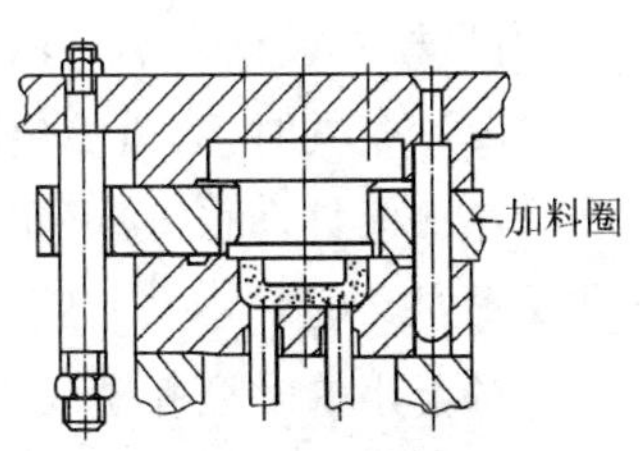


**图 4-8　带浮动装料圈模具**

### 1. 带浮动装料圈的模具

带浮动装料圈的模具是由阴模、阳模和加料圈(板)组成的,其模具结构形式如图 4-8 所示。阴模和加料圈合在一起构成加料室。加料圈是一块浮动板，开模时悬挂在阳模与型腔之间。这种模具其结构介于敞开式模具和半闭合式模具之间，它比敞开式模具优越的地方是可采用高压缩率的材料，且塑件密度较好。而与半闭合式模具相比，它开模后型腔较浅，便于取出塑件和安放嵌件，同时，开模后挤压边上的废料容易清除于净。由于增加了一块加料圈(板)，使得模具制造费用增加。

**2. 弹簧箱式模具**

弹簧箱式模具常用于成型带有嵌件的塑件，模具如图 4－9 所示。为避免压塑成型时塑料的流动产生的模腔力导致嵌件移动或被冲走，采用弹簧箱式模具结构，可有效避免装于下模的嵌件移位。在充模阶段让嵌件避开塑料流，当充模过程基本完成，塑料达到其塑性状态而固化尚未开始前，再让嵌件伸入塑料熔体，使塑料完成固化时嵌件保持在要求的位置上。

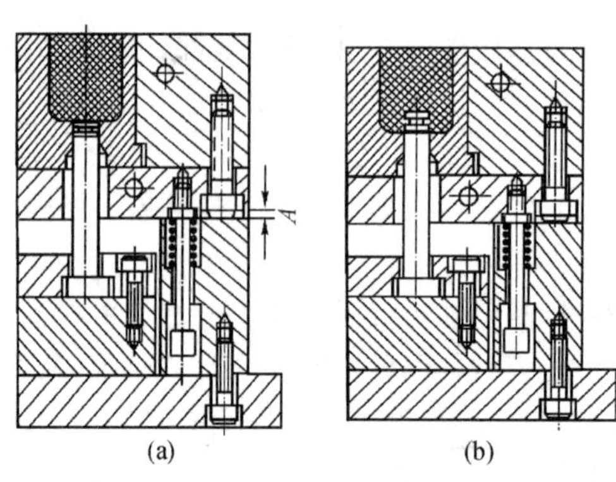


**图 4－9　弹簧箱式模具**

(a)开模位置；(b)闭模位置

图 4－9(a)所示是模具打开位置。在型腔板和模脚之间装有弹簧，弹簧将型腔板顶起，使二者间存在间隙 $A$。压塑前在间隙内放入垫模板，当嵌件和塑料配料已经用一般的方法加入模中后，再将上模压下，则塑料在热和压力作用下呈黏流态，迅速充满型腔。由于嵌件处在低于型腔底部的塑料流之下，则不会发生位移。当塑料达到其塑性状态而固化未开始前，瞬时解除压力，迅速取出垫模板，弹簧被压缩，间隙消失，使型腔向下移动，嵌件达到要求位置上。这时，重新施压，待塑料全部固化后，打开模具顶出塑件，则在弹簧作用下，型腔与模脚间的间隙 $A$ 恢复，并在间隙内插入垫模板，以准备下一循环。在整个成型周期中，嵌件始终停留在原来位置。

**3. 标准模框模具**

由于这种标准模框可以成批制造，则可以将时间和设备集中用于模腔和阳模的仔细加工上，而且模具设计者则可以根据工厂生产塑件所用设备的规格，定出通常要求的标准模框和种类。设计模具时，只需绘出模腔和阳模等部分零件图，其余按标准模框图制造，变换模框即可适用各种模具，而且还可先预制或备料。模具标准化对缩短设计和制造周期及降低造价是很有现实意义的。

对于小的多型腔模或中等尺寸的单型腔模可用标准手动模模框，但顶杆必须做得长度均一，以便使模框与放入模框内的任一副模具相适应。这实际上用于允许使用手动模作为半自动模的一个变换装置。

对一些形状简单、无活动侧型芯的一般塑件可采用模架生产。特别是对生产批量小，品种较多和急用的塑件，模架生产的优越性更为明显。

**4. 多型腔模具**

多型腔模具的每一压塑周期可成型数个或数十个塑件，其型腔数则由塑件的形状、投影面积，所需数量和压机吨位而确定，如图 4－10 所示。

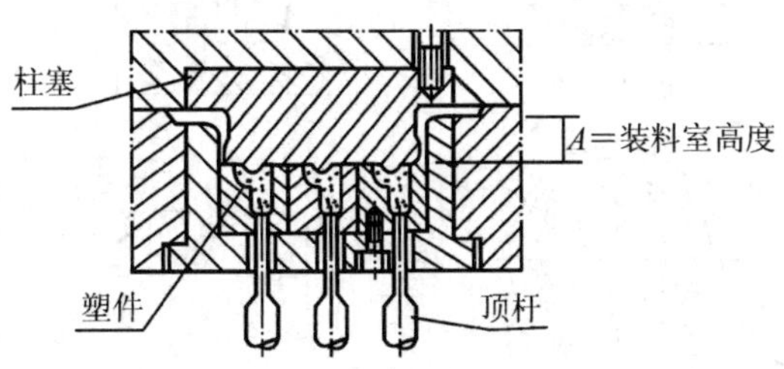


**图 4－10　多型腔模具**

多型腔模具可以是一个型腔用一个加料室，也可以是许多型腔共用一个加料室。多型腔模具对于小塑件特别有利，因为它可利用许多型腔同时成型和取件。

多型腔模具采用共用大面积加料室，就促使塑料流至端部或角落处需要较长的流程，因而生产的塑件密度低。对于许多中等尺寸的塑件，挤压边不能大于塑件总面积的一半，否则会使毛边过厚，这不仅增加模塑和修整费用，也增加废品数量。在模具强度允许范围内，尽可能地保持模腔靠近。

# 4.4　压制成型模具的组成零件及设计

塑料模具是由一些单个零件所组成的，其中直接与塑料相接触并成型塑件某些部分的零件被称为“成型零件”。成型零件决定塑件的形状，是塑料模具的主要部分。压模中的阳模、阴模、成型模套、型芯和镶块、螺纹型芯和螺纹型环等均是成型零件。

另一些为保证塑件的质量，使组成模具的零件装配成一体，实现彼此的配合、定位与固定的零件被称为“结构零件”，包括压模安装在压机上所需用的一些附属零件，移动式模具的卸开工具，拧出塑件的特殊工具等等。属于结构零件的还有定位销、导柱、导套、顶出杆、上下加热板、电加热管及板、支持板及承压板、固定式模具中的顶出机构、各种联结用螺栓、手柄、分模器、外加料室等等。

## 4.4.1　垂直分型面压制成型模具的设计

垂直分型面的阴模形式有两种：①移动式垂直分型面压模；②固定式垂直分型面压模。

移动式垂直分型面压模，例如线圈骨架类型塑件，可采用图 4－11 所示的结构。图 4－11(a)所示结构的优点是环形模套的上、下端面比阴模的上、下端面短，模套具有自紧作用，可使对拼阴模紧密闭合，压塑后模套亦易从阴模上脱下。而具有相反锥度的模套结构，如图 4－11(b)所示，使用情况就不够理想。这种结构虽然在底部留有 0.2～0.3 mm 的间隙以保证对拼阴模闭合，但卸模困难；当模具使用一段时间后，由于锥度配合面磨损，阴模下沉，当阴模下沉到与模套底面齐平还不能保证阴模两半模闭合的紧密性时，塑件就产生毛边，影响质量。

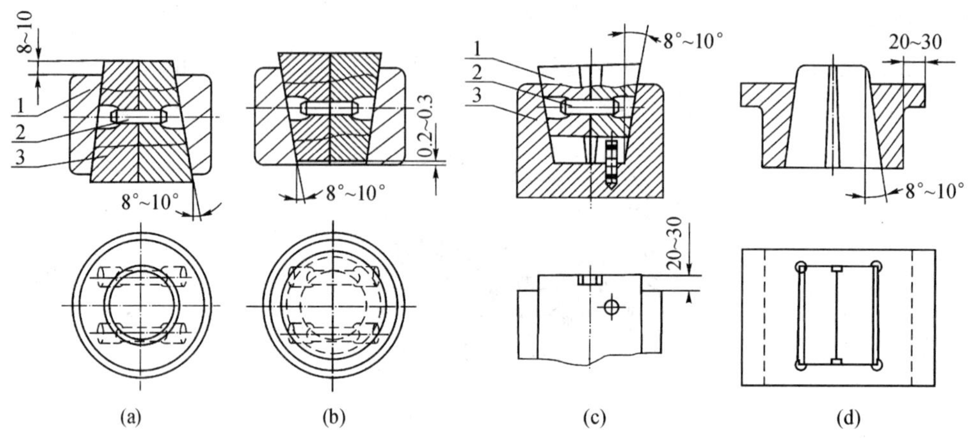


**图 4－11　移动式垂直分型面阴模的结构**

1—模套；2—定位销；3—对合阴模

单型腔模具适宜采用圆锥形对拼结构，其机械加工方便，且易得到较好配合，而多型腔模具则因模具外形尺寸将大大增加而不宜采用圆锥形对拼结构。

多型腔模具及矩形塑件成型模具可采用矩形结构，如图 4－11(d)所示结构，模套为封闭结构，可消除变形的缺点。模套与阴模具有同样的 8°～10°斜面。为便于加工及使两拼合组模有良好的配合，在模套的四角钻有四个圆孔，其直径按模套尺寸而定，而孔的外径应回入配合的壁内，伸出模套两外侧的凸缘作为卸掉模套之用。对拼阴模分型面两旁边缘上所开的槽，是为了便于卸模时用模棒撬开。图 4－11(c)所示模套两端面不封闭，压塑时易于变形，造成对拼阴模闭合不严，使塑件产生毛边，两端伸出模套单向 20～30 mm，有利于阴模从模套中顶出。

对于固定式垂直分型面压模，因模套固定在压机上，阴模需顶出杆顶出，故两半阴模只能采用图 4－12 所示结构。图 4－12(a)中圆锥形阴模 1 放在镶入模套里的衬套 2 中，压塑完毕后，阴模借压机的顶出装置从模套中取出。图 4－12(b)中阴模 1 的两个端面具有凸出部分，该凸出部分导入模套中的斜槽中，当压机顶出杆上升时，阴模沿着模套的斜槽平行分开，当阴模顶至模套上口时，要求能全部分开，这种结构可省去另外一套卸模工具。

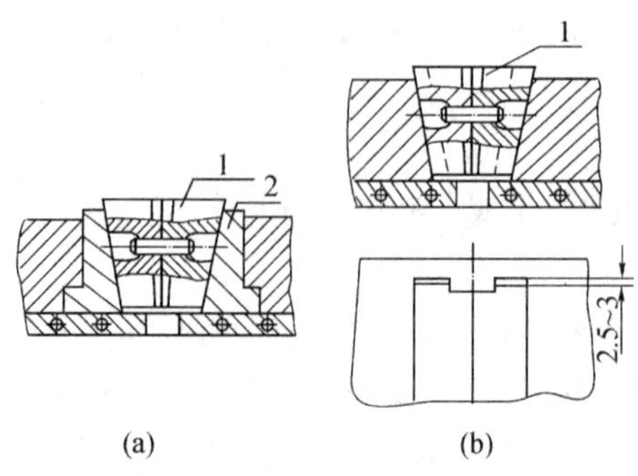


**图 4－12　固定式垂直分型面阴模结构**

## 4.4.2　阴、阳模的配合和导向

敞开式、闭合式、半闭合式压模的凸模和凹模配合结构各不相同，其配合形式及该处的尺寸是压模设计的关键问题。配合环带设计得好，能使塑件上的毛边变得很薄，去除毛边很方便，不致于损坏塑件的表面，多余的塑料能很顺利地通过排料槽而排出，压塑过程中所产生的废气也能很顺利地排出。

一般通过“称料”“放气”的步骤来控制余料及废气的排除。当通过压塑工艺控制不了时，才在阳模上补开一些特殊的排料槽，如图 4－13 所示。

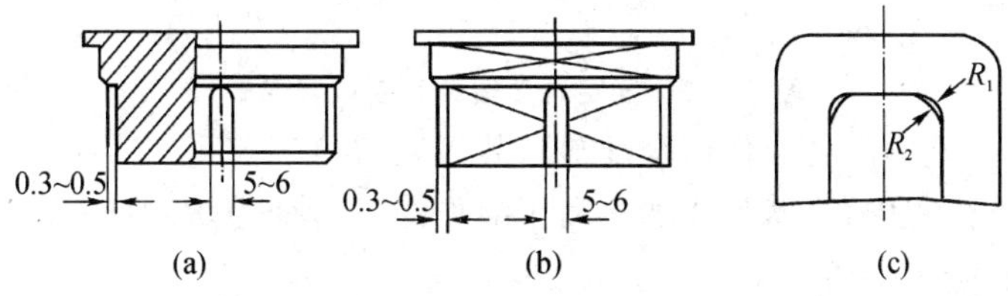


**图 4－13　各式余料排料槽**

多余的塑料及气体通过排料槽及阳模固定板与模套间所形成的间隙排出，因此，这些槽通常都是从阳模的成型面一直开至模套（阴模）的上口，在圆柱形阳模上做成深约为 0.3～0.5 mm的槽，在矩形阳模上做成宽约 5～6 mm，深约 0.3～0.5 mm 的槽，如图 4－13(a)(b)所示。图 4－13(c)所示为依靠阳模与模套配合圆角半径之差形成的间隙排气及溢出余料。

$$R_2 = R_1 + (0.2 \sim 0.3)$$

排气槽或排料槽必须开得适当，过大将增加塑料的损失及塑件不易压实而形成缺料现象。

阴、阳模的配合及导向部分的形式是根据塑件形状和要求而确定的，其形式有以下几种。

### 1. 敞开式压模配合形式

敞开式压模没有配合段，凸模与凹模在分型面水平接触。为了减少溢料量及减薄毛边的厚度，配合面应光滑平整，其面积不宜太大，多设计成紧紧围绕在塑件周边的环形，其宽度为 3～5 mm。过剩的塑料可经过环形面积溢出，故此面被称作溢料面或挤压面，如图 4－14(a)所示。考虑溢料面面积比较小，靠其承受压机的余压会导致挤压面的过早变形和磨损，可在挤压面之外再另外增加承压面，或在型腔周围距边缘 3～5 mm 处开成溢料槽，槽以内作为溢料面，槽以外作为承压面，如图 4－14(b)所示。

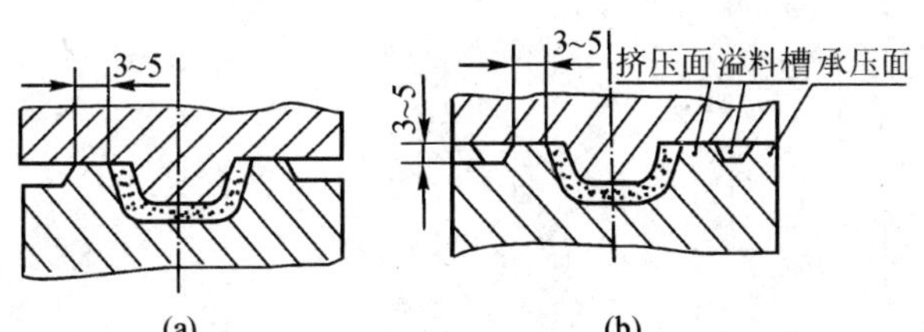


**图 4－14　敞开式压模型腔配合形式**

### 2. 闭合式压模配合形式

闭合式压模的型腔断面尺寸相同，二者之间无挤压面，阳模进入阴模配合部分并开始压制塑料之前，先经过高度不小于 10 mm 带锥面的导向部分，如图 4－15 所示。导向部分的斜度为 15′～20′，入口处做成 $R15$ 的圆角，以引导凸模正确地进入型腔，而阴、阳模配合部分则至少需 4～6 mm 的高度，以保证阴、阳模的正确配合，防止配合部分磨损。

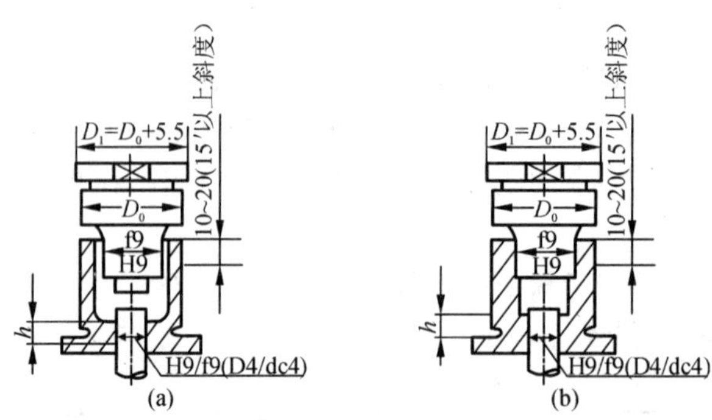


**图 4－15　固定式压模的型腔配合形式**

闭合式压模加料室的高度应保证全部塑料装入后，在其上口应留不小于 10 mm 高度的空间部分，这样在压塑过程中，当塑料在加热和压缩作用下转变为熔融状态时，阳模可以越过阴模圆锥部分，塑料不会大量向上溢出。

阴、阳模配合部分所采用的配合类别按模具的结构类型及所附加的技术条件而定。在移动式压模中，阴、阳模经过淬火，其配合选用 H7/f7(D/dc)，对未经热处理及配合部分形状复杂的阴、阳模则选用 H9/h9（D4/d4)配合；在固定式压模中，半闭合式压模选用 H9/h9(D4/d4)配合，闭合式压模则选用 H9/h9(D4/dc4)。不适当地提高配合类别，将造成阳模与阴模模壁的过度磨损及增大分模阻力。

闭合式压模配合形式的最大弱点是凸模和加料室壁摩擦，使加料室壁逐渐损伤。因加料室断面尺寸与塑件轮廓相同，塑件脱模时不但困难，而且外部会被变毛糙的加料室擦伤，为克服这一缺点，可采用改进的结构形式，如图 4－16 所示。

图 4－16(a)所示结构形式的阴模型腔内成型部分向上升高 0.8 mm 后，每面向外扩大 0.3～0.5 mm(小型模具采用 0.3 mm，大型模具采用 0.5 mm)，即与配合部分相连。这样除了减少摩擦，取出塑件方便外，还在阴、阳模间形成一个储料室，供排除余料之用。在成型流动性较差的塑料时，也要在阳模上开适当的排料槽。

当闭合式压模成型较高塑件时，必然使型腔高度也相应增加，而往往由于型腔高度的增加带来很多的不便，如型腔的内部几何形状比较复杂时，由于型腔高度过高，则加工不方便。采用图 4－16(b)所示形式，适当扩大加料室部分，在体积一定时，投影面积增大，高度随之降低。

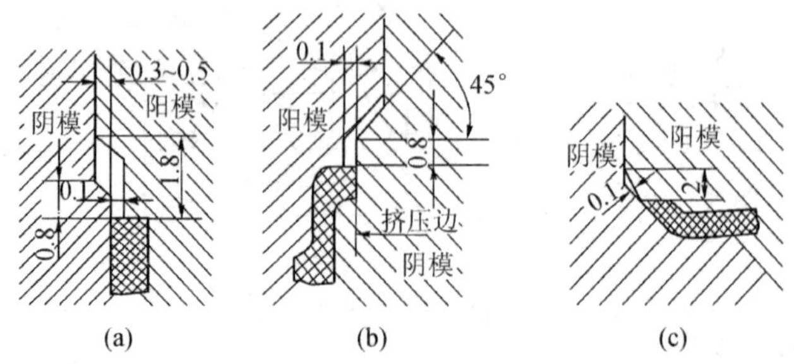


**图 4－16　改进的闭合式压模配合形式**

图 4－16(c)所示闭合式压模配合形式最适于压塑带斜边的塑件。将型腔上端(即加料

室)按塑件侧壁相同的斜度适当扩大,高度增加 2 mm 左右,而横向增加值由塑件壁斜度决定,这样塑件在脱出时不再与凹模壁相摩擦。

**3. 半闭合式压模配合形式**

为得到最薄的毛边,半闭合式压模的挤压边做成如图 4－17 所示形式。凸模与加料室间的配合间隙或溢料槽可以让多余的塑料溢出,溢料槽还兼有排除气体的作用。

凸模与加料室的单边配合间隙常取 0.025～0.075 mm。为了便于凸模进入加料室,阴模同样设有斜度为 15′～20′的锥形引导部分,引导部分高 10 mm 左右。

加料室的轮廓大多数与塑件的投影轮廓相符合,但为了简化加工,挤压边上部的加料室轮廓不按塑件的外形而以更简化的形状制造。图 4－17(a)所示为成型一个瓶盖,盖外带有直齿,则挤压边上部与上模配合部分做成圆柱体。

挤压边的尺寸根据塑件的外形、尺寸大小及模具使用的钢材质量而定。塑件尺寸大些,其挤压边座宽些;钢材质量好些,挤压边就可窄些。一般加料室单边尺寸应比塑件尺寸不大于 5 mm(大型固定式压模不在此列)。图 4－17(b)中阴模拐角处有 $R$ 0.4～0.5 mm 的圆角,其作用是便于清理废料。

为了使压机的余压不致全部承受在挤压边缘上,在压模上还必须设计承压面,如图 4－18 所示。移动式压模一般是用凸模固定板与加料室上平面接触作承压面。理想的情况是凸模与挤压边缘接触时承压面也同时接触,但加工误差可能会使压机的压力全部作用在挤压边缘上而导致该处更早损坏。为安全起见,可以使承压面接触时(图中 $A$ 处)挤压边缘处尚留有 0.03～0.05 mm间隙。这样的模具寿命长,但塑件的毛边较厚。

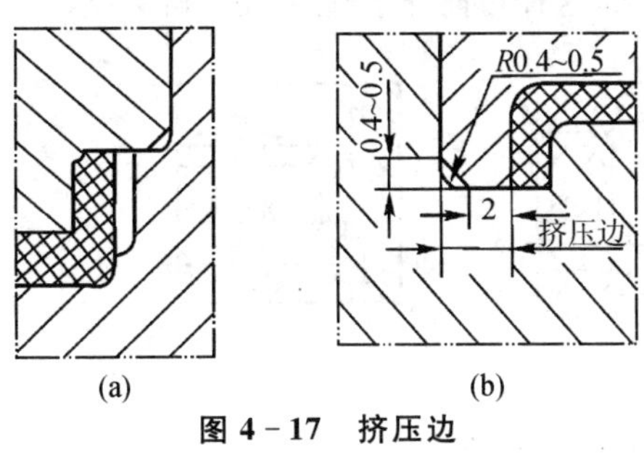


图 4－17　挤压边

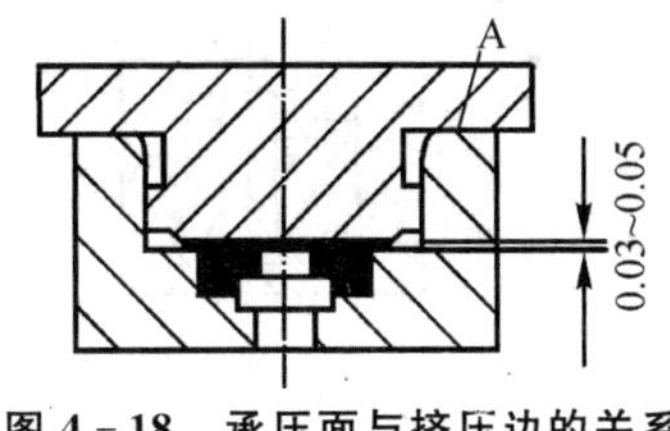


图 4－18　承压面与挤压边的关系

## 4.4.3　型芯和镶块的设计

**1. 型芯的设计**

型芯用于成型塑件上的孔,其固定方式有活动的和固定的两种,可根据成型孔径的大小及其深度而确定。图 4－19 所示为型芯固定方案。图 4－19(a)所示形式适用于型芯直径小于 15 mm 而成型深度不大或当压模没有垫板及被固定的零件其厚度较厚的情况。这种形式中,型芯的一端以 H7 /n6(D/ga)或 H7/r6(D/jf)配合,压入深度为型芯直径的 1.5～3 倍,防止型芯在塑件脱模时被拉出。当型芯直径小于 5 mm 时,采用图 4－19(b)所示形式较简单。图 4－19(c)(d)(e)所示结构形式较为常见。为了防止型芯在压塑过程中下沉,图 4－19(c)(d)所示两种结构在型芯下面设有垫板。图 4－19 (e)所示结构则系采用螺母来支承型芯,简单紧凑。图 4－19(f)所示为用销钉定位型芯的结构。

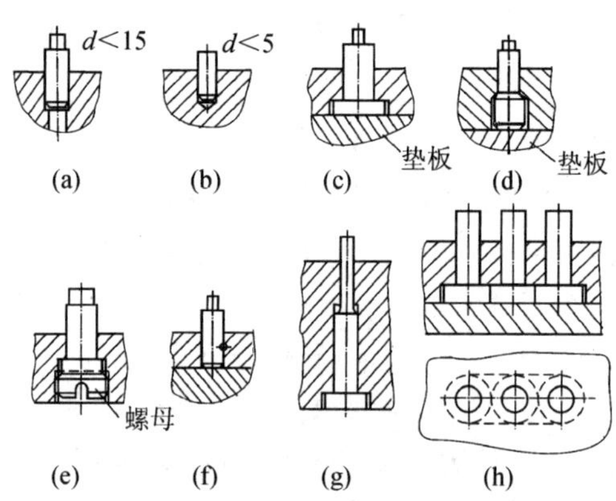


**图 4-19　型芯固定方式**

小型芯一般设计成突肩形式，并固定在型腔上，但有时固定部分很高，使小型芯又细又长，不便加工，可将小型芯固定部分加粗，如图 4-19(g)所示。当很多相互靠近的带凸肩的小型芯固定在一起时，则可将产生冲突的突肩部分磨去，而将固定板的凹坑制成连通的长槽，以避免模上出现尖角部分，如图 4-19(h)所示。

两个分型面压模中型芯的结构及连接方法，如图 4-20 所示。图 4-20(a)所示为型芯与下底板采用铆钉连接，可省去垫板，减轻模具的重量，图 4-20(b)(c)所示为型芯后尾带有台肩的圆柱体，台肩的直径较型芯直径大 5～10 mm，台肩镶入底板中，然后在底板上覆以垫板。

型芯的导向环高度可按型芯直径确定，而孔径其余部分可适当的扩大，如图 4-20(b)所示，或将孔径按圆锥形来扩大，如图 4-20(c)所示，这样可防止装配过程中碰坏型芯。

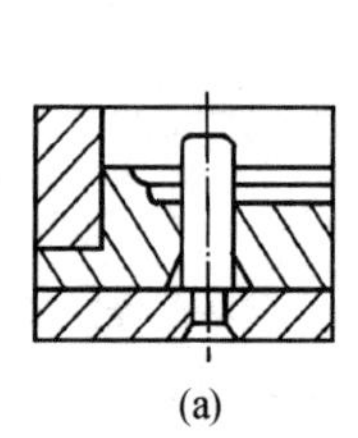
(a)

(b)

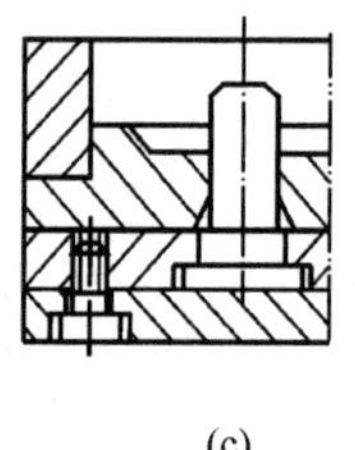
(c)

**图 4-20　两个分型面型芯连接方式**

型芯直径与导向环高度之间的关系见表 4-2。

**表 4-2　型芯直径与导向环高度的关系**　　　　**单位：mm**

| 型芯直径 $d$ | <5 | >5～10 | >10～50 | >15～25 | >25～50 |
|---|---|---|---|---|---|
| 导向环高度 $h$ | 3 | 5 | 6 | 8 | 10 |

单向成型深孔，需加长型芯，以便在压塑过程中型芯两端能给以定位，避免型芯的弯曲或倾斜，其结构形式如图 4-21 所示。

图 4-21(a)所示结构多用于铸压模成型深孔结构，合模时型芯穿过成型塑件两侧的成型零件而定位。在压制成型模中，图 4-21(b)所示单向型芯的长度，做成与加料室等高。压塑时，其上端先进入阳模的孔中而定位，而塑料不至于进入阳模孔中。型芯的上端部为圆锥形或球形，以便型芯能准确地进入阳模孔中。孔径较大而处于塑件中心位置的单个穿透孔的成型，采用图 4-21(a)结构比较合适。

对于同一塑件内有数量较多的通孔，其成型则可采用双面成型型芯结构，如图 4－21(c)(d)所示。图 4－21(c)所示结构，其孔的一半由阳模的型芯来成型，而另一半则由装在阴模的型芯来成型，但所成型的孔的同心度不高。图 4－21(d)所示结构是靠上、下型芯端部锥面自动定位，以保证两型芯的中心线一致，这样所成型的孔的同心度高。有些深孔可采用部分压塑成型，余下部分以机械加工完成。为了便于机械加工时钻头的定位，其型芯端部应做成锥形，如图 4－21(e)所示。

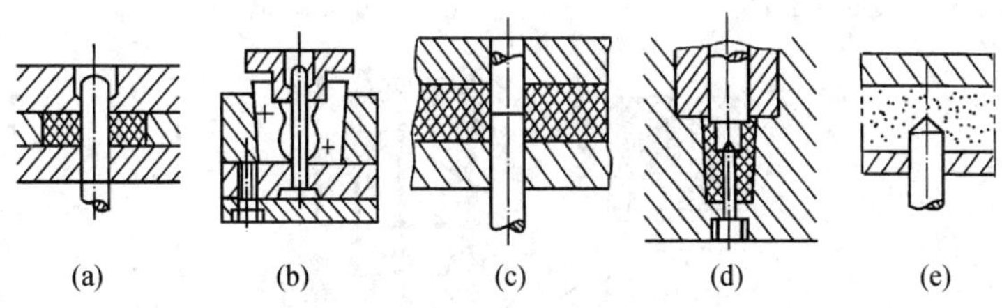


**图 4－21　单向及双面成型型芯**

型芯用孔的中心距以及型孔直径和型孔深度的关系见表 4－3。

**表 4－3　孔中心距、型孔直径和型孔深度的关系　　单位：mm**

| 型孔直径 | 最小中心距 | 成型深度 |
|---|---|---|
| ＞2.5 | 4 | 6 |
| ＞3 | 4.5 | 7.5 |
| ＞4 | 5.5 | 10 |
| ＞5 | 7 | 15 |
| ＞6 | 8.5 | 20 |
| ＞8 | 11 | 28 |
| ＞10 | 14 | 35 |
| ＞12 | 16 | 45 |

### 2. 镶块

镶块用于成型塑件的特殊形状的孔、凹坑和凸缘。用时装在阴、阳模上可以连接成固定的或者活动的两种形式。以镶块结构代替整体式结构来成型孔或凹坑，可以简化阴、阳模的加工工艺，既能以机械加工来代替钳工的手工操作，还可在热处理过程中减少其变形，便于在热处理后的精磨。镶块的缺点是结构的牢固性比整体式的要差些，此外，镶入部分易于挤入塑料，造成塑件上留有痕迹以及由于毛边造成拉毛现象，影响塑件外形美观。镶块结构形式如图 4－22 所示。

图 4－22(a)所示结构将复杂的阴模型腔分成两块，把型腔化为外表面加工，不但加工容易，且精度亦易保证；图 4－22(b)所示为组合镶块结构，采用 20 块镶件型芯叠合装配的组合镶块结构成型塑件中孔距很近的 20 个矩形孔，不仅有利于机械加工及保证制造质量，而且损坏后亦容易更换。图 4－22(c)所示为塑件外形有一凹槽，把凹槽部分分开，单独做成一个镶件 3，用 H7/n6(D/ga)配合装配入圆孔型腔件 1 内，使加工比较方便。图 4－22(d)所示为型芯中有两处长方形凹槽，整体式加工比较困难，若设计成三块镶件分开加工后用铆钉铆合，就比较方便；图 4－22(e)所示塑件体积较大，并且内形有两道中间隔板，外形有两道环形凸筋，对凸模、型腔的加工、热处理和成型后的脱模都比较困难，经采用凸模由三块镶件组成，就解决了上述困难——开模后下模顶出，型腔部分自动向外翻开，塑件即可取出。

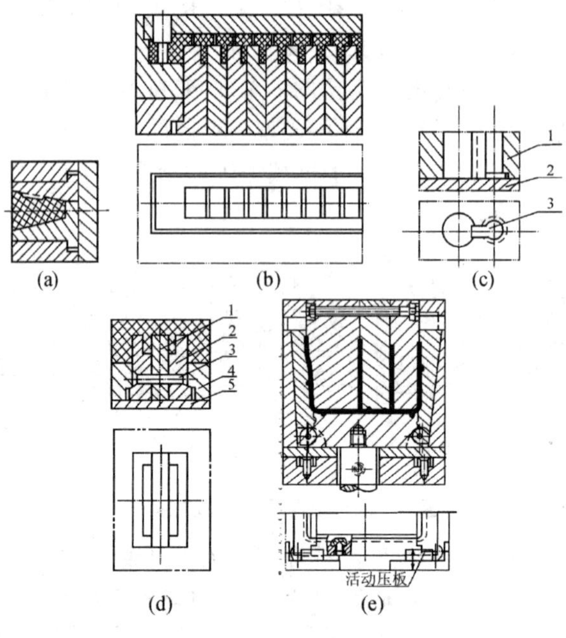


**图 4-22 成型镶块的形式**

(c)1—型腔；2—垫板；3—镶件；(d)1—型芯镶件；2—型芯镶件；3—铆钉；4—固定板；5—垫板

设计镶块还需要注意以下问题：

(1)镶块拼合处存在间隙，在长期使用中，受塑料的冲挤会形成塑件的溢边。如果溢边的方向与塑件出模方向不一致，就会影响塑件的取出。图 4-23(a)所示镶块的拼合是正确的，图 4-23(b)所示是不正确的。

(2)为保证镶块的强度和刚度，防止在加工及热处理时碎裂及变形，应尽量避免尖角与薄壁。图 4-24(a)所示为采用两个型芯镶入，由于型芯孔之间壁很薄，热处理时易开裂变形，改为图 4-24(b)所示结构，即将其中一个距边缘很近的小凸台的型芯和大型芯做成一体，另一个小型芯则采用单独加工后镶拼装入，则可避免上述情况。

(3)镶块不宜分得太多，否则会增加装配难度，同时也难保证尺寸精度。应在确保塑件质量的同时兼考虑其加工方便。

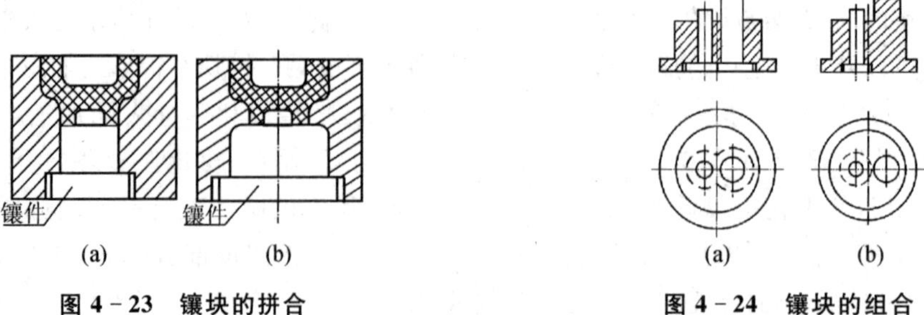


**图 4-23 镶块的拼合**　　**图 4-24 镶块的组合**

## 4.4.4 螺纹型芯和螺纹型环

塑件上螺纹孔是用螺纹型芯来成型的，而塑件外螺纹则是用螺纹型环成型的。有时因某种要求而需用金属螺纹嵌件，则在成型中必须用螺纹定位芯棒和螺纹定位环来固定金属螺纹嵌件。

成型塑件内、外螺纹的螺纹型芯和螺纹型环在设计其成型螺纹部分的尺寸时应考虑塑料的收缩率，且粗糙度应达 $R_a0.8$ 以上，而螺纹的始端和末端均应按螺纹设计原则设计，这样，螺纹型芯，螺纹型环在拧出时不致于将塑件中的螺纹拉毛或有咬死塑件的现象发生。固定金属螺纹嵌件用的螺纹定位芯棒、螺纹定位环在设计时则不需考虑塑件收缩率，按一般螺纹尺寸制造，粗糙度达 $R_a1.6$ 即可。

对螺纹型芯、螺纹型环在模具上安放主要要求：成型时要可靠定位，不因外界震动或料流的冲击而移位。开模时能随塑件一道方便地取出。

**1. 螺纹型芯及螺纹定位芯棒**

螺纹型芯在模具上有装于阴模的，有装于阳模的，也有装于模具侧面的，其结构形式如图 4 - 25 所示。图 4 - 25(a)(b)所示结构为装于阴模的螺纹型芯。图 4 - 25(a)所示为截锥形的配合体，使螺纹型芯能固定在一定位置上，以便定位准确，这种结构形式应用较多。图 4 - 25(b)所示结构为圆柱形的配合体，靠垫板或顶出杆使螺纹型芯固定在一定位置。螺纹型芯的配合柱直径(截锥体的大口部分)应比其成型的螺纹直径大。图 4 - 25(c)所示则是将螺纹型芯安装在阳模的结构形式，这种结构一般用于大直径的螺纹型芯，固定端做成内四方孔，备旋出螺纹型芯时用。图 4 - 25(d)所示是装于侧面的螺纹型芯，此结构中零件 3 为螺纹型芯，利用零件 2 和零件 3 的螺纹连接结构，手动旋出右端的螺纹型芯部分。设计时，要求左、右两段螺纹的螺距相同。

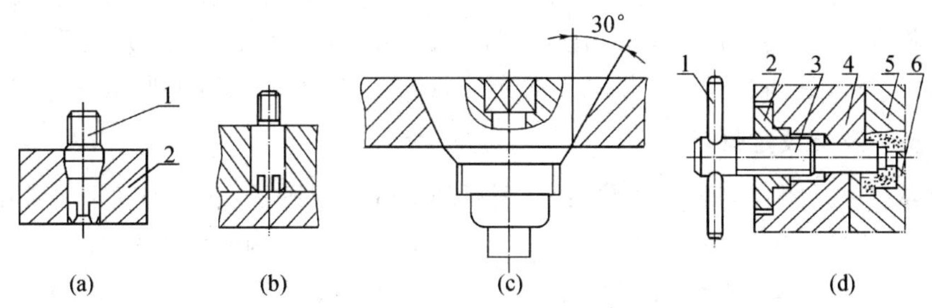


**图 4 - 25　螺纹型芯的安装形式**

此外，还有用带弹性连接的螺纹型芯来进行成型塑件的，如图 4 - 26 所示。

图 4 - 26(a)所示结构为带豁口柄的形式。豁口柄的弹力将型芯支撑在模具的孔内，成型后随塑件一起拉出。它适用于直径小于 8～10 mm 的型芯，其中台阶的设计不仅起定位作用，而且在直接成型螺纹时可防止塑料的挤入。当型芯直径较大时，考虑豁口柄的连接力较弱，则可用如图 4 - 26(b)所示结构，利用弹簧钢丝起连接作用，其结构类似雨伞柄上的弹簧装置，该图所示为用于直径 5～10 mm 的型芯，弹簧用 $\phi0.8$～$\phi1.2$ mm 的钢丝制成，图 4 - 26(c)所示结构较简单，将钢丝嵌入旁边的槽内，上端铆压固定，下端向外伸出。图 4 - 26(d)所示结构是用弹簧钢球固定螺纹型芯，它用在螺纹直径超过 10 mm 的情况，要求钢球的位置正好对准型芯杆上的凹槽。当型芯的直径大于 15 mm 时，则可采用图 4 - 26(e)所示结构。此结构可将钢球和弹簧反过来置于芯杆内，避免在模板上钻深孔，如图 4 - 26(f)所示。图 4 - 26(g)所示为用弹簧夹头进行连接的结构，它是很可靠的，缺点是制造复杂。

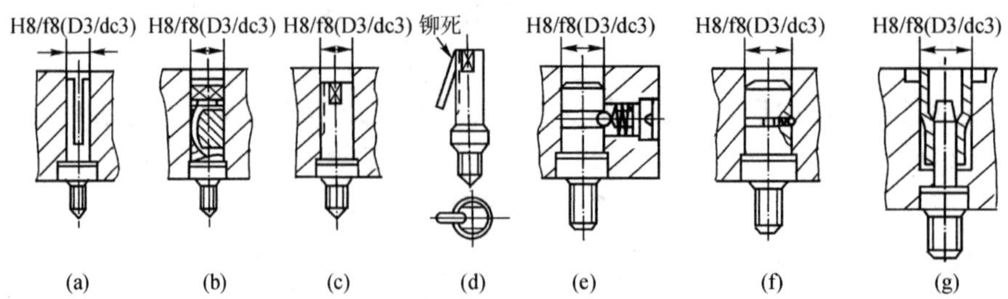


**图 4-26　带弹性连接的螺纹型芯安装形式**

螺纹定位芯棒在设计时常采用图 4-27 所示结构。

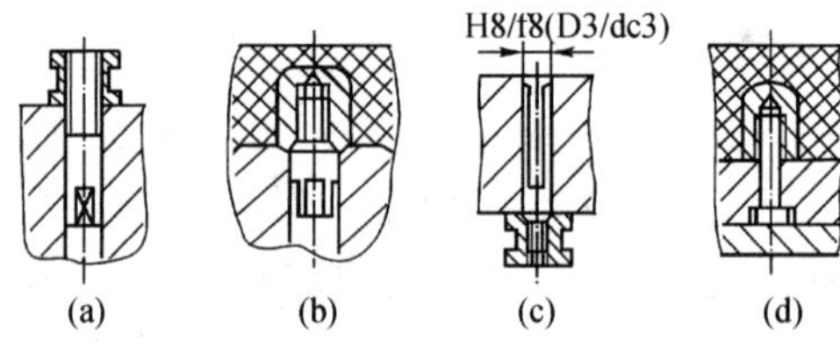


**图 4-27　螺纹定位芯棒的安装形式**

当螺纹金属嵌件的外径大于螺纹定位芯棒定位部分的直径时，常直接利用金属嵌件与模具的接触面来防止定位芯棒受压下沉，如图 4-27(a)所示。螺纹定位芯棒的尾部应做成四方形或将相对两边磨成两个平面，以便于夹持，将它从塑件上拧下。当螺纹定位芯棒的螺纹直径小于 3 mm 时，在塑料流的冲击下，螺纹定位芯棒容易弯曲，这时可将嵌件的下端嵌入模体，如图 4-27(b)所示，提高嵌件的稳定性，并阻止塑料挤入嵌件的螺纹孔中。对于直径小于 8 mm 的螺纹定位芯棒，可用豁口柄形式，如图 4-27(c)所示。若嵌件无通孔，并且受塑料的冲击力不大时，可直接将嵌件插在固定于模具上的光杆芯棒上，如图 4-27(d)所示。

**2. 螺纹型环及螺纹定位环**

螺纹型环在模具闭合前装在型腔内，成型后随塑件一起脱模，在模外卸下。常见的有两种结构，一种是整体式的螺纹型环，如图 4-28(a)所示。这种结构螺纹型环的外形直径与模具孔间采取 H8/f8(D3/dc3)的配合，配合高度 3～10 mm，其余可倒成 3°～5°的角，型环下部加工成台阶平面，以便用扳手将其从塑件上拧下来，台阶平面的高度可取 $H/2$。组合式螺纹型环结构如图 4-28(b)所示，它适用于精度要求不高的粗牙螺纹的成型，通常由两半块组成，两半之间采用小导柱定位，然后放入锥模套中。为便于分开两半型环取出塑件，可在结合面外侧开两条楔形槽，用尖劈状分模器分开。这种方式卸螺纹快而省力，但会在接缝处留下难以修整的溢边痕迹。

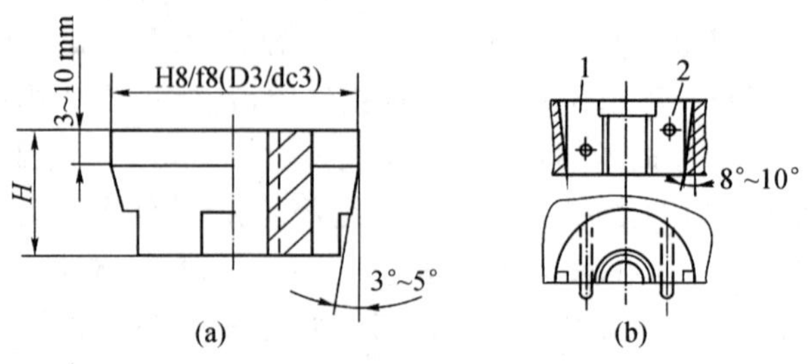


**图 4-28　整体式和组合式螺纹型环**

1—螺纹型环；2—定位销钉

## 4.4.5　结构零件的设计

为保证塑件质量,不仅需要合理地设计成型零件,还需要正确设计结构零件,特别是保证彼此配合的零件,如导向零件、定位零件、固定式模具中的顶出机构等。

**1. 导柱的设计**

各种类型的模具在阴(阳)模各自的位置上,都装有导柱及在其相对应的模具位置上都设有导柱孔,其作用是使阳模进入阴模(模套)时,具有准确的方向,防止阴、阳模边缘碰伤。另外,压制成型模成型时,塑件的形状如不对称,则可能造成阳模产生单向侧压力,此时,导柱能保证阳模与阴模不产生单面摩擦。导柱除了起导向作用外,通过布置位置使导柱起到定位作用。一般至少有两根导柱,以保证导向准确。

导向柱孔一般分带导向套的和不带导向套的两类。对于移动式压模或简单注射成型模具的小批量生产,一般不需要导套,导柱直接与模板中导柱孔配合。而固定式压模精度要求高、生产批量大的注射成型模具,就需设计导套,设计时应使导柱在模具中的固定孔与导套外径(即导套固定孔)一样大小,两孔可以同时加工,以保证同心度,导套内径则与导柱活动部分呈H7/f7(D/dc)配合。

对导柱结构的要求有以下几项:

(1)形状:为保证导柱毫无阻碍地进入各自对应的阳模(或阴模),导柱端都应作成圆锥形或球形,见图 4－29 所示。

(2)长度:导柱导向部分的长度应比阳模端面高出 3～5 mm,以免导柱尚未导正方向而阳模先进入型腔与型腔相碰而损坏,见图 4－30 所示。

(3)数量及布置:根据模具的不同形状及大小,分别在模具的空闲位置设置导柱(导柱孔)。移动式矩形模具通常为两导柱式,为避免阴、阳模搞错方向,其中一根导柱尺寸比另一根做得大些,如图 4－31(a)所示;而固定式压模则通常采用四导柱式,为避免认错方向,其中两根导柱做得要比其他两根导柱大些,如图 4－31(b)所示;若为方形模具时,一根或两根需与另外两根导柱错开 5 mm,如图 4－31(c)所示。圆形模具通常为三导柱式,其中一根导柱直径较大,如图 4－31(d)所示导柱的布置。

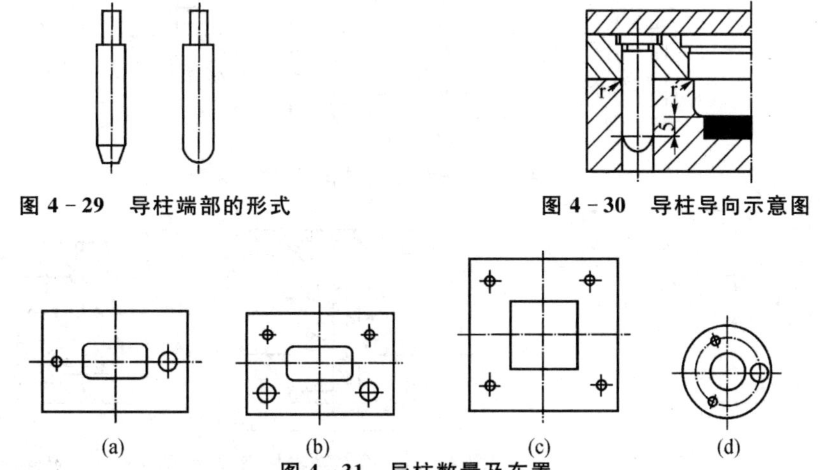


图 4－29　导柱端部的形式

图 4－30　导柱导向示意图

图 4－31　导柱数量及布置

(4)导柱应具有硬而耐磨的表面,坚韧而不易折断的内芯,多采用低碳钢(20 号)经渗碳淬火处理或碳素工具钢(T8,T10),经淬火处理,硬度为 50～55HRC 左右。

(5)固定形式及配合精度:图 4－32 所示为导柱常用的几种结构形式。图 4－32(a)(b)所示为铆合式导柱,其特点是结构简单,固定端用 H7/n6(D/ga)或 H7/m6(D/gb)配合装入固定板后将尾部铆牢于固定板上,以免使用时拉出,它适用于固定板后面不装垫板的模具,其中图 4－32(b)所示结构为增加导柱稳固性的形式,将导柱沉入固定板 1.5～2 mm。图 4－32(c)(d)(e)所示结构为台阶式导柱。其特点是装导柱的固定板后面必须有垫板或其他压紧块,以免导柱工作时向上松动。图 4－32(c)所示结构适用于移动式模具,固定端仍用 H7/n6(D/ga)或 H7/m6(D/gb)配合装入固定板,而因结构中不设置导套,故其活动部分采用 H9/f9(D4/dc4)或 H7/f7(D/dc)动配合与模具导柱孔相配。图 4－32(d)(e)所示形式的特点是导柱固定端直径做成和导套固定端直径同样尺寸,便于模具制造中导柱固定孔和导套固定孔叠合起来同时加工,以便保证两孔的同心。台阶式导柱形式的优点是拆装方便,便于维修,且因有垫板(或压紧块)则可防止工作时上、下窜动。配合部分的粗糙度均要求达到旧国标的表面光洁度。

在固定式模具中,有时采用带槽导柱,如图 4－33 所示。操作时,带槽导柱不加油,导柱上的沟槽可作灰尘、杂质的储槽,以减少导柱与导柱孔的摩擦。

有时,型芯可以兼作导柱。当塑件中需成型一个直径超过 10 mm 的穿通孔时,其型芯本身就能作为导柱,但型芯高度必须比型腔端面高出 6～8 mm,这样,可缩小模具的外形尺寸,如图 4－34 所示。

当模具为多分型面时则可采用阶梯形导柱。导柱阶梯数和分型面数相等.每阶高度要比它所固定的模板厚度低约 0.5 mm,每阶直径的差推荐选用 2 mm,如直径为 12 mm,10 mm,8 mm 等。结构如图 4－35 所示。

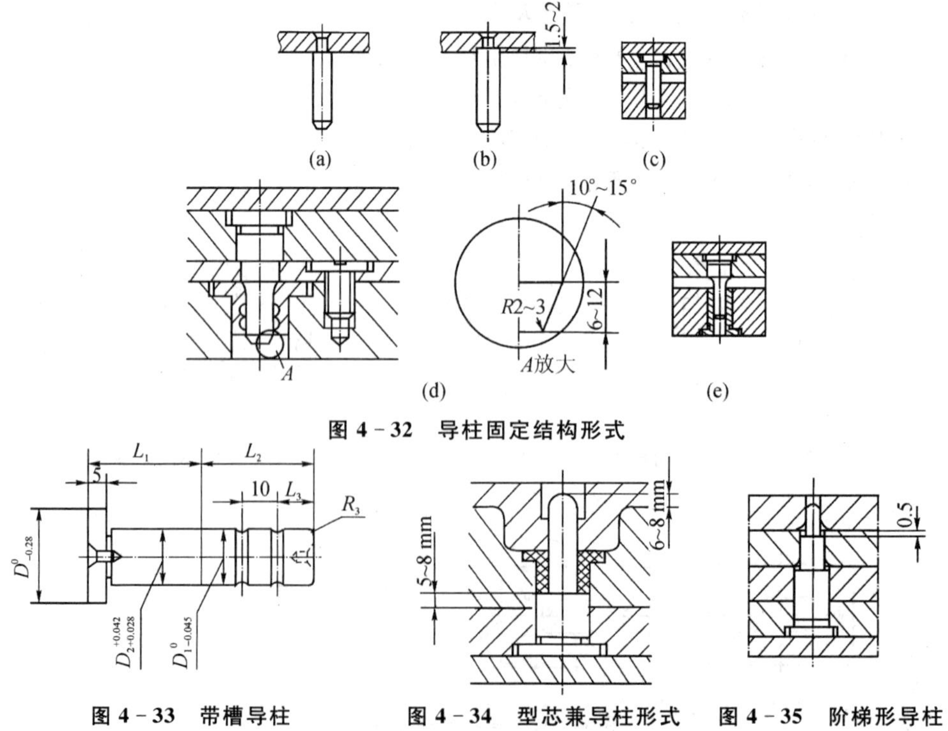


图 4－32 导柱固定结构形式

图 4－33 带槽导柱

图 4－34 型芯兼导柱形式

图 4－35 阶梯形导柱

### 2. 导柱孔的设计

导柱孔包括有导套或无导套两种。无导套导柱孔直接开设在模板上，这种形式的孔加工简单，适用于生产批量小、精度要求不高的模具。固定式压模或精度要求高批生产量大的注射成型模具则采用镶入导套的形式保证导向机构的精度，且检修更换方便。

为了使导柱能顺利地进入各自对应的阳模(或阴模)上的导柱孔内(无导套或有导套)，在阳模(或阴模)的导柱孔的上口边缘(或导套前端)应倒一圆角 $R$。

通常不设导套的模具中，导柱直接安插在相对应的阴(阳)模上导柱孔中，导柱孔则须作成通孔，以利于排除孔内空气及清除废料。如果阴(阳)模很厚，导柱孔必须做成盲孔时，就需要在盲孔侧面增加通气孔或在导柱侧壁及导柱孔开口端磨出排气槽，如图 4－36(a)所示结构。图 4－36(b)所示结构则表示在穿透的导柱孔中，按其直径大小需要一定长度的配合面外，其余部分孔径可以扩大，以减少配合精加工面，并改善其配合状况。

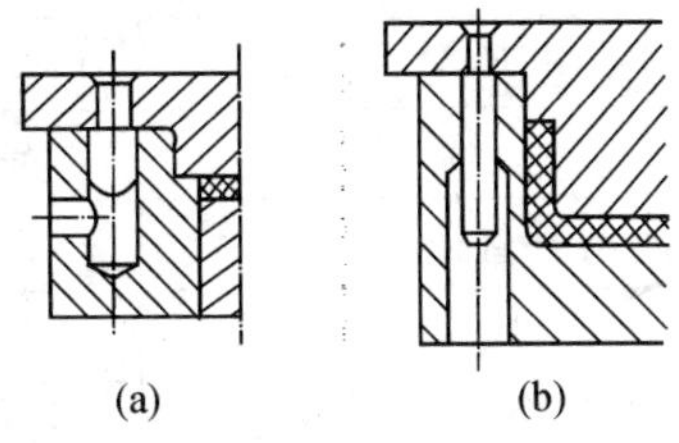


图 4－36　导柱的排气

导套可用淬火钢或铜等耐磨材料制造，但其硬度应低于导柱硬度，这样可以减轻摩损，以防止导柱或导套拉毛。

镶入模具中的导套形式基本上采用无台肩式和有台肩式两种，如图 4－37(a)所示，一般有台肩式导套用 H7/n6(D/ga)或 H7/m6(D/gb)配合镶入，而无台肩式导套则用 H7/r6(D/jf)配合镶入，如图 4－37(b)所示。对无台肩式导套，为增加镶入的牢固性，可再用上动螺钉紧固，如图 4－37(c)所示。

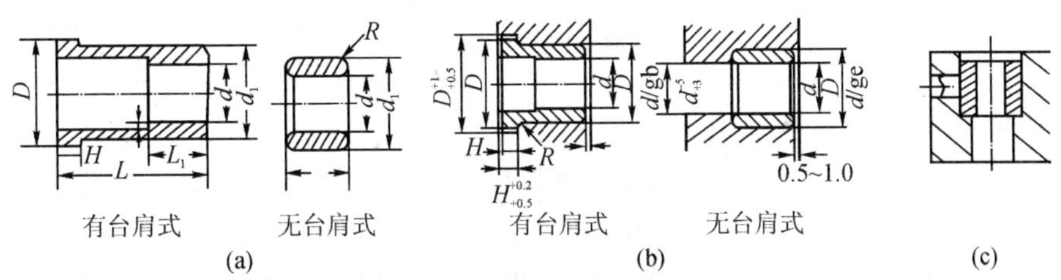


图 4－37　导套及其与固定孔的配合

移动式与固定式压模及注射成型模具所用导柱与导套尺寸可见表 4－4。

表 4－4　压模导柱及导套推荐尺寸　　单位：mm

| | 移动式压模导柱推荐尺寸 | | | | | |
|---|---|---|---|---|---|---|
| | 直径 $D$ | 8 | 10 | 12 | 14 | 16 |
| | 直径 $d$ | 6 | 8 | 10 | 12 | 14 |
| | $c$ | 3 | 3 | 4 | 4 | 6 |

续表

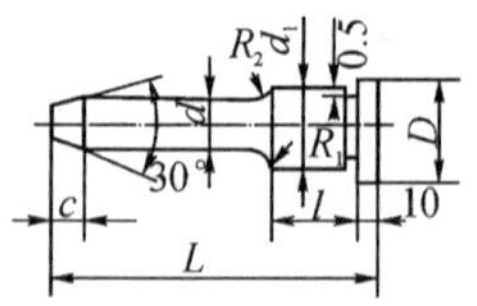

| | 固定式压模导柱推荐尺寸 | | | | | |
|---|---|---|---|---|---|---|
| | 直径 $d$ | 20 | 25 | 30 | 35 | 40 |
| | 直径 $d_1$ | 28 | 34 | 40 | 45 | 52 |
| | 直径 $D$ | 34 | 40 | 46 | 52 | 60 |
| | $c$ | 3 | 3 | 4 | 4 | 6 |
| | 固定式压模导套推荐尺寸 | | | | | |
| | 直径 $d$ | 20 | 25 | 30 | 35 | 40 |
| | 直径 $d_1$ | 28 | 34 | 40 | 45 | 52 |
| | 直径 $D$ | 34 | 40 | 46 | 52 | 60 |
| | 长度 $R$ | 40 | 50 | 60 | 70 | 80 |
| | $R$ | 2 | 2 | 3 | 3 | 4 |
| | 导套尺寸 | | | | | |
| | 导柱直径 $d$ | $d_1$ | $D$ | $H$ | $R$ | |
| | 12 | 18 | 22 | 4 | 2.5 | |
| | 16 | 24 | 28 | 5 | 2.5 | |
| | 18 | 26 | 32 | 5 | 2.5 | |
| | 20 | 30 | 35 | 6 | 3 | |
| A型　B型 | 25 | 35 | 40 | 6 | 3 | |
| | 30 | 42 | 47 | 8 | 3 | |
| | 35 | 48 | 54 | 8 | 4 | |
| | 40 | 55 | 61 | 10 | 4 | |
| | 50 | 70 | 76 | 10 | 4 | |
| | 60 | 80 | 86 | 12 | 4 | |

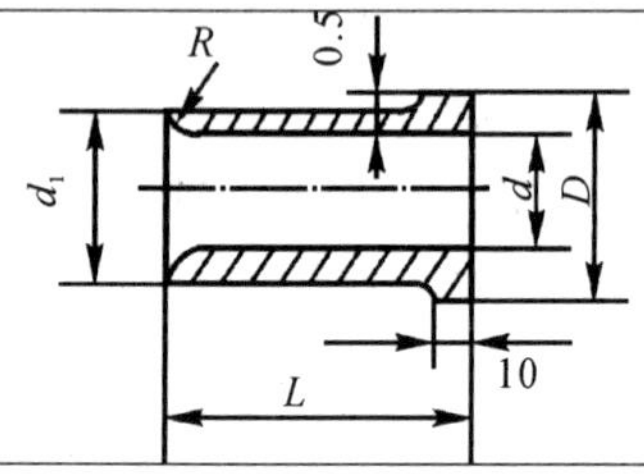

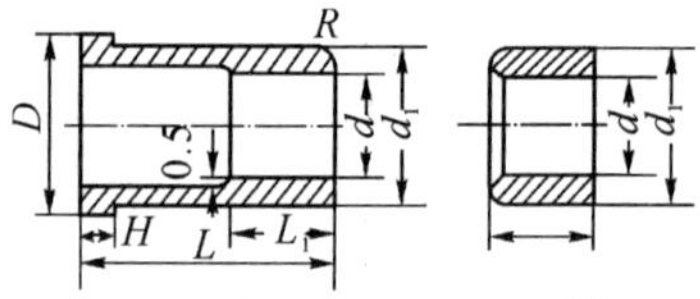

**3. 承压板和承压环(限制块)**

承压板和承压环又称限制块，它是安放在阳模固定板与型腔上平面之间起限制阳模行程作用的板(环)，它主要用在固定式压模中。

在固定式压模中，有了承压板(环)之后，就可通过磨削承压板(环)的顶面高度来调节阳模伸入型腔(模套)的深度，保证塑件高度及减少毛边厚度，同时也简化了模具加工工艺。承压板(环)的厚度一般为 8～10 mm，从而使模具的高度增加，如图 4－38 所示。

图 4－38(a)(b)(c)所示为承压板的形状，图 4－38(d)(e)(f )所示为承压板在固定式模具中的安装形式即承压板在模具中可以是单面安装，也可以上、下安装。此外，也有用承压钉的，如图 4－38(g)所示。

移动式压模，一般利用阳模固定板和型腔或型腔固定板(模套)两个平面接触来限制阳模进入型腔的深度，故一般不装设承压板(环)。

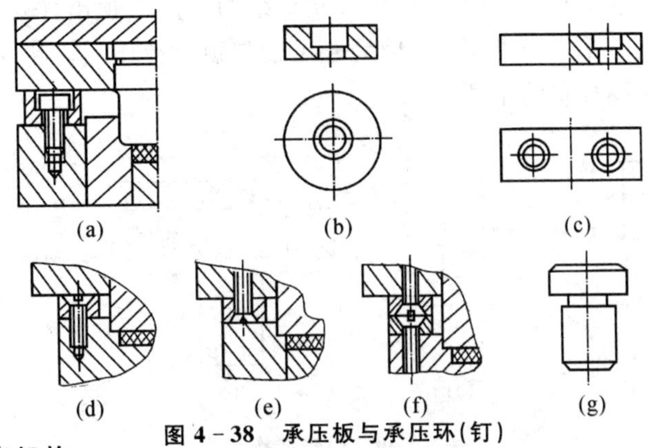

图 4－38　承压板与承压环(钉)

**4. 压模顶杆顶出机构**

在压塑成型的每一个循环中，塑件必须由模具型腔中取出，完成这个取出塑件动作的机构称为顶出机构或脱模机构，而取出塑件的动作实质上是使塑件对模具型腔产生相对位移。在固定式模具中，塑件是由脱模机构借助机床的开模力从模具中顶出的，常见的有顶杆顶出机构、顶管顶出机构、脱件板顶出机构等。顶杆顶出机构是压塑件最常用的脱模形式。顶杆顶出机构简单，制造容易，缺点是会在塑件上留下顶出痕迹。

在固定式模具中，顶出杆位于塑件顶出部位的下面，直接或间接与塑件接触，并固定在专用顶出板上面。压机的下顶出柱装在尾轴后，可直接顶在顶出板上，尾轴继续上升，塑件即被装于顶板上的顶出杆顶出。

实际生产中最广泛应用的模具结构是一种带有顶出底板的压模，如图 4－39 所示。在压机顶出柱上装有适当长度的尾轴，当压机顶出柱上升，尾轴伸入底板孔而与压制成型模顶出板接触，尾轴继续上升，塑件即被装于顶出板上的顶出杆顶出。

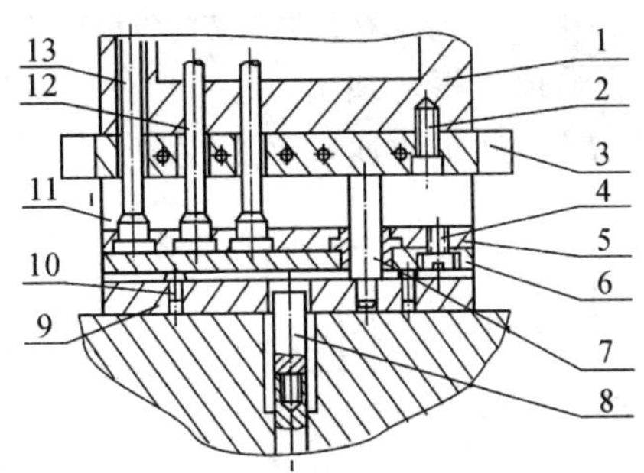

图 4－39　压模的顶出机构

1—模套；2—螺钉；3—下加热板；4—螺钉；5—上顶出板；6—下顶出板；7—支柱；8—尾轴；9—底板；10—挡钉；11—支持板；12—顶出杆；13—复位杆

压模底部顶出部分的结构是由很多零件组成的，这些零件按不同的要求而变，下面介绍其结构形式及特性。

(1)尾轴。尾轴将压机的顶出柱上顶的压力传递给压模的顶出板上。尾轴的结构形式如图 4－40 所示，其中图 4－40(a)所示结构用于顶出柱端部中心是螺孔的。在模具未装入压机时，可预先将尾轴旋在顶出柱上，由于尾轴沉入压机台而并不与压模相接触，故模具的安装较为方便。但这种形式的尾轴仅在顶出柱上升时发生作用，当顶出柱下降返回原处时尾轴与顶出板分离，复位杆保证顶出板的下降。图 4－40(b)结构适用于顶出柱端部带有“T”形槽的结构；图 4－40(c)所示是一种错误的连接，因为若尾轴与顶出板连在一起，必然会使尾轴伸出压模底板，造成模具安装及放置的不便。

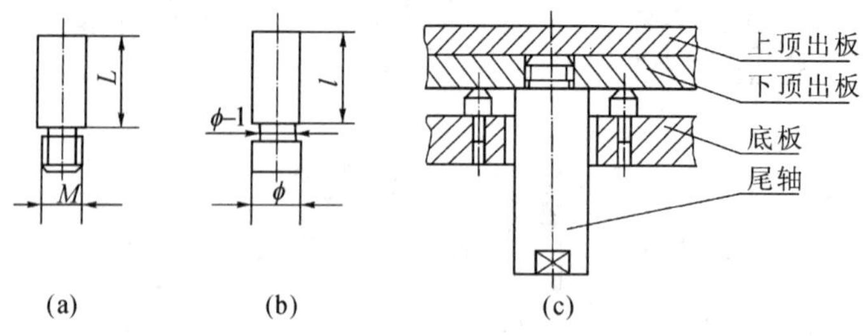


**图 4－40　尾轴结构形式**

(2)导向柱与导向套。压模中顶出杆位置的布置按塑件的形状确定。为避免顶出过程中顶出板倾斜，应设置导向零件以保证顶出板水平地上下移动。导向零件不应少于两个，布置时应尽量对称并靠近板边。图 4－41 所示为导向柱与导向套的两种结构形式。

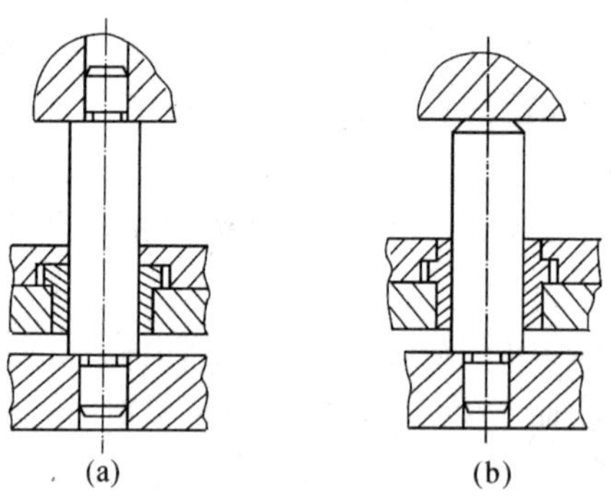


**图 4－41　导向柱与导向套的结构形式**

(3)模脚。为了形成可以容纳顶出板及顶出板上、下水平移动所需的空间，在下加热板与底板之间顶出板以外必须设置垫块，此垫块通常称为模脚。模脚的形式如图 4－42 所示。

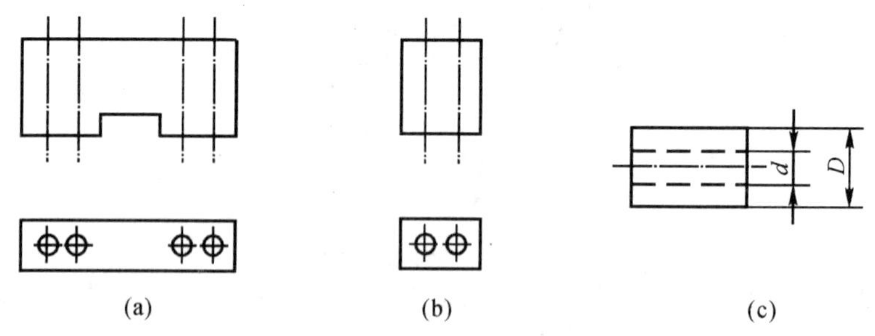


**图 4－42　模脚形式**

(4)顶出杆。顶出杆是位于塑件顶出部位的下面直接与塑件接触的零件，因而顶杆的截面形状可因塑件几何形状的不同而不同，常见的有圆形、矩形、方形、椭圆形、半圆形等各种截面形状，圆形截面较常采用。

(5)复位杆。复位杆与顶出杆一样，是安装在顶出板上使压模顶出板在顶出塑件后，利用阴、阳模的闭合使顶出板回复到初始位置的装置，而与注射模不同的是压模脱模机构是否要装复位杆，决定于该模具所选用的压机顶出系统的结构形式。图 4 - 39 所示为带有底板的压模，因尾轴与压模顶出机构并不连接，其顶出板则靠复位杆 13 进行复位。当压模的顶出系统（顶出板）通过尾轴与压机顶出油缸活塞杆连接在一起时，就不需要设置复位杆，如图 4 - 43 所示。

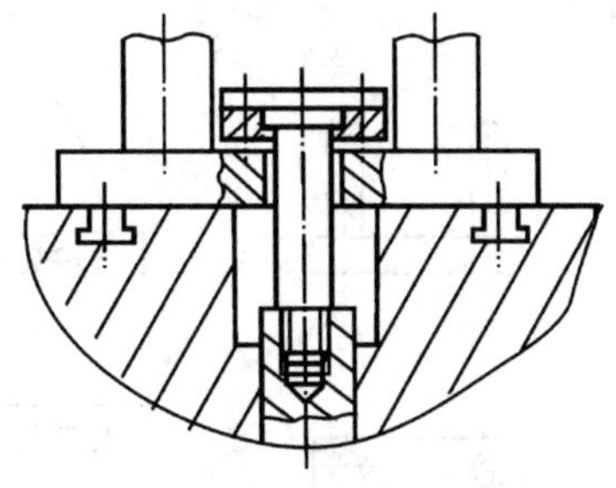

**图 4 - 43　尾轴与压机顶杆连接之一**

在移动式压模中，塑件是在卸模架的顶出杆的作用下从模具中顶出的，如图 4 - 44 所示。图 4 - 44(a)所示为圆锥头顶出杆，由于顶出杆与阴模是圆锥面配合，故配合间隙中塑料不易挤入，顶出亦省力。圆锥头顶出杆的尾部应距压模底部 1 mm 以上以保证锥面配合的紧密性，图 4 - 44(b)所示结构中，顶出杆支撑在底板 2 上，顶出杆下面有一比顶出杆直径小的孔（在底板 2 上），此顶出杆上部能直接成型塑件孔，还可放置嵌镶件。

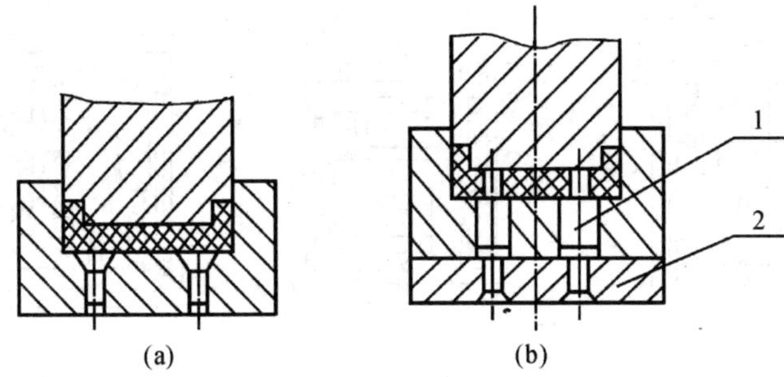


**图 4 - 44　移动式压模顶出杆结构形式**

图 4 - 44 所示两种形式的顶出杆在塑件顶出后，可由阴模中取出，清理模具型腔及顶出孔后再重新插入，因此，必须保证它们能完全互相置换。

**4. 卸模架**

卸模架专用于移动式压模的分模，这种分模形式是生产中应用最广泛的一种形式。按操作要求可分机外操作与机内操作两种。机外卸模架如图 4 - 45 所示。将已压塑好的模具在压机外放到卸模架上，用人工将上、下模击开。若是双分模面的压模则要进行两次。这种操作劳动量大，但简便，适合小的模具。图 4 - 45(b)所示形式为可调距的支架。

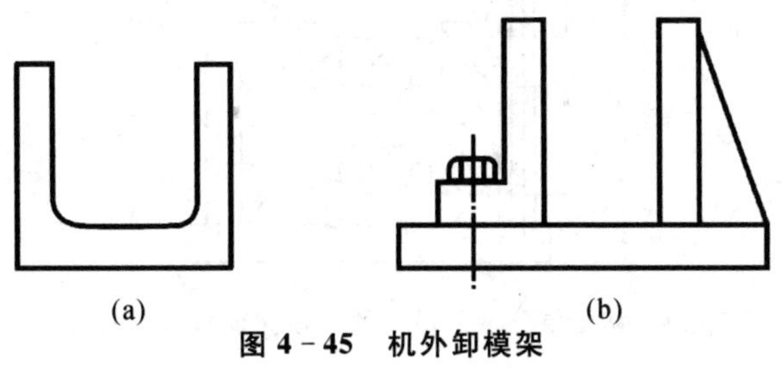


**图 4 - 45　机外卸模架**

机内卸模架如图 4－46 所示。图 4－46(a)(b)所示结构是将压塑好的模具拉出压机外，配上上、下卸模架后，又推至压机台面上，利用压机的压力分模。图 4－46(c)所示形式用于垂直分模面压模，4－46(d)所示形式用于多分型面压模。卸模架形式虽各有异，但其主要的组成零件是顶出杆和顶出板。

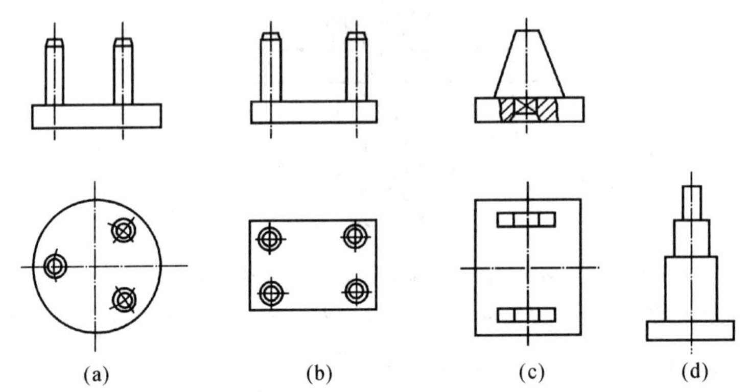


图 4－46　机内卸模架

单分型面、双分型面和垂直分型面的卸模架结构设计如图 4－47 所示。

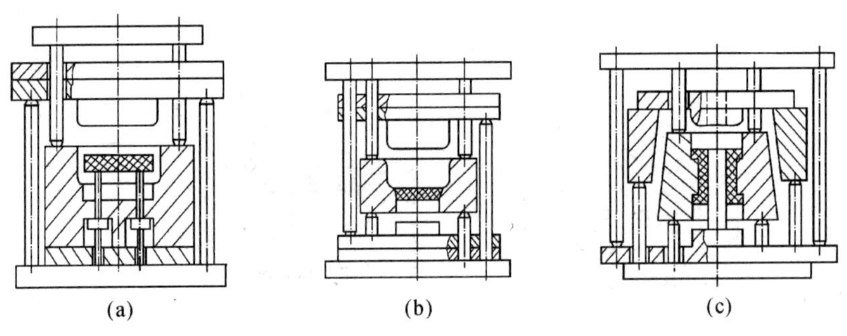


**图 4－47　卸模架结构设计**

(a)单分型面压模；(b)双分型面压模；(c)垂直分型面压模

顶出杆长度除满足分模的要求外，同时要求操作方便，适应压机上、下固定板距离之规格。下面以单分型面压模为例，简要介绍卸模架中顶出杆长度的计算方法。

对于一个分型面的模具，上、下卸模架顶杆长度可通过图 4－48 所示关系进行计算。

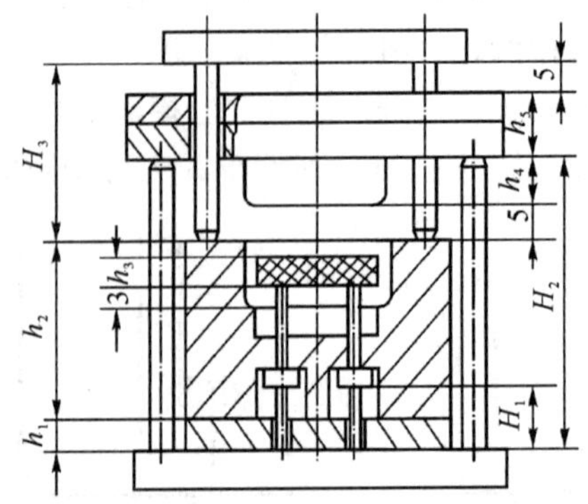


**图 4－48　单分型面模具的卸模架顶杆长度计算**

下卸模架顶出塑件的顶杆长度为

$$H_1 = h_1 + h_3 + 3 \quad (\text{mm}) \tag{4-2}$$

式中　$h_1$——卸模架顶杆从开始进入模具到顶杆互相接触的行程；

$h_3$——塑件脱开型腔的最小脱出距离，等于或小于型腔深度。

下卸模架分模顶杆长度为

$$H_2 = h_1 + h_2 + h_4 + 5 \quad (\text{mm}) \tag{4-3}$$

式中　$h_2$——凹模高度；

$h_4$——上凸模脱开塑件所需要的距离，等于或小于凸模高度。

上卸模架分模顶杆长度为

$$H_3 = h_4 + h_5 + 10 \quad (\text{mm}) \tag{4-4}$$

式中，$h_5$ 为上凸模底板厚度。

卸模架顶杆长度的计算原则比较简单，不论何种情况的模具，要想将已成型好的塑件从模具中取出，只需将上凸模、下凸模、凹模分开，然后，从凹模中顶出塑件。因此，使模具分开所需的卸模架顶杆长度则可根据模具的分模要求来进行运算，也可以用作图法确定卸模架各顶杆长度。每组同一高度顶出杆的尺寸必须保持一致，在分模时使卸模架上的每一顶出杆完全与模具接触。

顶出杆若直径小于 15 mm，可用铆接或螺纹连接的方法与其固定板（即卸模架顶板）连接；若直径大于 15 mm，可用压入法轴肩连接。

**5. 固定板**

固定板是用以固定型芯（阳模）或型腔、导柱、导套或顶杆等的。在移动式压模中，开模力一般作用在固定板上，因此，要求固定板有足够的强度，另外，为了保证型芯（阳模）或其他零件固定稳固，固定板也应有足够的厚度。

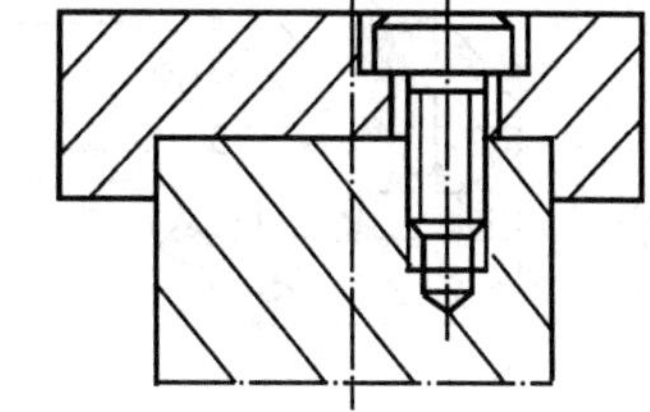

图 4-49　沉板固定法

固定板与阳模的连接方法常用的有台阶孔固定法、平面固定法以及沉板固定法。① 台阶孔固定法中固定部分采用 H7/n6(D/ga) 或 H7/m6(D/gb) 配合，这种形式拆装方便，适合中，小型阳模的固定，其缺点是加工与阳模配合的台阶孔略费工时。② 平面固定法只要平面连接，但必须有足够安装螺钉和圆柱销位置，故适用于大型阳模的固定。③ 沉板固定法如图 4-49 所示，其优点是可以节约一块垫板，但因加工沉孔，固定板需适当增厚一些，且沉孔底面和固定板端面必须平行。阳模外形靠沉孔内壁定位，阳模尾端靠螺钉与固定板连接。这种形式适用于中型阳模的固定。

**6. 垫板**

垫板是盖在固定板后面的平板，其作用是防止型腔或型芯（阳模）、导柱、导套或顶杆等脱出固定板并承受型腔或型芯（阳模）或顶杆的压力。因此，垫板要求有较高的平行度和硬度。

垫板与固定板的连接方法常用的有螺钉连接法和铆钉连接法，如图 4-50 所示。图 4-50(a)(b)(c)所示为螺钉连接法，适用于顶杆分模的移动式模具和机内卸模的固定式模具。为了增加连接强度，一般采用内六角螺钉（在某些特殊情况下，也可选用外六角头螺钉）。铆钉连接法如图 4-50(d)所示形式。此法不易松动，但拆装麻烦，维修不便。

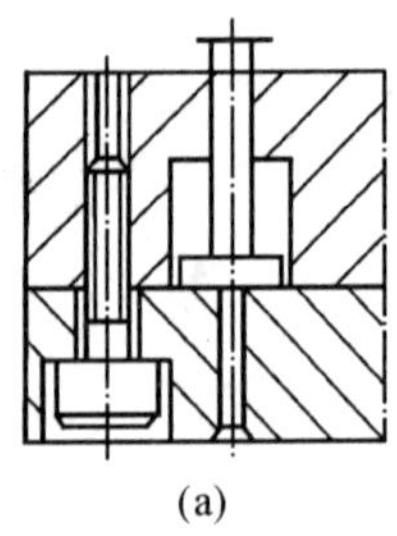
(a)

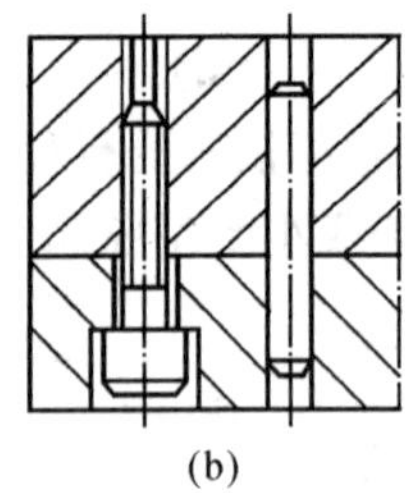
(b)

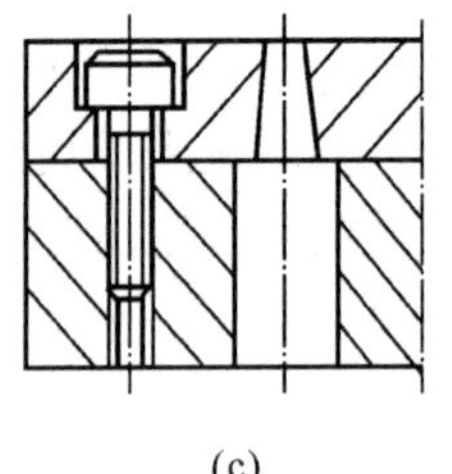
(c)

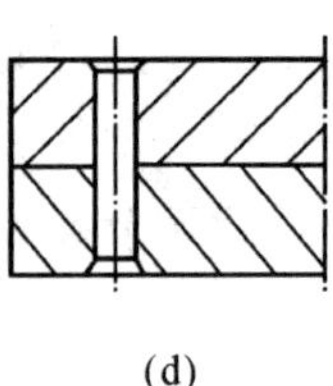
(d)

**图 4-50　垫板与固定板的连接方法**

对于大型固定式压模来讲，下模垫板尤其重要，有必要考虑其刚度，以免由于垫板厚度不够引起变形，严重影响塑件的精度。因为下模垫板是搁放在下模模脚上的一块垫板，主要承受型芯压力，并和型芯固定板一起又共同承受型腔内塑料受压情况下传递过来的压力，同时还起防止型芯受压后向后退的作用。此外，固定部分的不同形式会造成应力情况复杂。

**7. 手柄**

为使移动式压模操作工作方便，在模具的侧面装置手柄；在半固定式压模中，其中需要移动的模具零件亦需装置手柄。手柄主要要求是使用方便和连接得可靠结实。用撞击法卸模(即在特别的支架上将模具顺序撞开，然后，用手工或简易工具取出塑件的脱模法)的移动式压模向两边伸出的模板常常可以代替手柄，而不再另外安装手柄。对于小型塑料模生产中还采用平板形式的手柄，如图 4-51(a)所示；直柄形式的手柄如图 4-51(b)所示；丁字形式的手柄如图 4-51(c)所示。

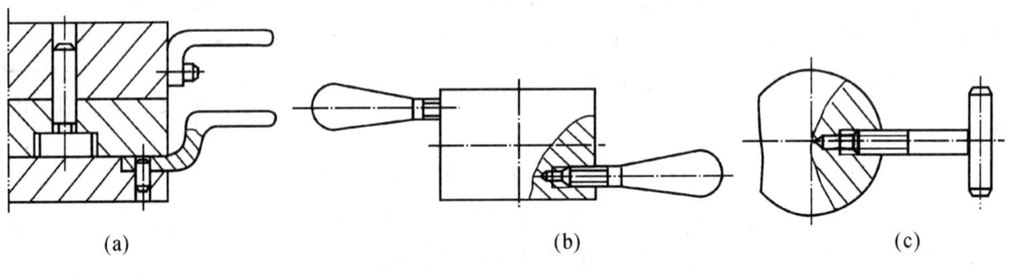
(a)　(b)　(c)

**图 4-51　手柄形式**

# 4.5　压制成型模具计算

## 4.5.1　型腔数量的确定

设计模具时，通常都是依据塑件的形状和大小及现有的设备能力来确定型腔数量的，一般计算从确定压制面积和必要的压制压力着手(压制面积指压模型腔在垂直于施压方向上的投影面积；压制压力指生产一个或同时生产几个塑件所需要的压力)，然后再转而确定型腔数量。

**1. 压制压力的计算**

压机压制压力可按下式进行计算：

$$N_{理论}=p_0\times A\times n$$

$$N_{实际}=N_{理论}(1+K)$$

$$N_{实际}=p_0\times A\times n(1+K) \tag{4-5}$$

式中　$N_{理论}$——成型塑件所需的理论压制压力(N)；

$p_0$——根据成型腔的构造、塑料类型、塑件的形状尺寸、预热程度选定的压制压强(Pa)，可参考表 4-5 选取；

$A$——压制面积($m^2$)，等于半闭合式压模加料室的水平投影面积，或等于闭合式、敞开式模具塑件的水平投影面积；

$n$——压模内成型型腔的数量。

$$N_{实际}=N_{理论}(1+K) \tag{4-6}$$

式中，$K$ 为在开、闭模方向因摩擦阻力而需增加的系数，一般 $K=0.1\sim0.2$。

$$N_{实际}=p_0\times A\times n(1+K) \tag{4-7}$$

对于半封闭式模具，在一个总加料室下有多个型腔，则式(4-15)或式(4-17)中，$n$ 应取为 1，而 $A$ 代表总加料室的水平投影面积。

**表 4-5　压制成型时的单位压强**　　　　**单位：$10^5$ Pa**

| 制件简图 | 制件特征 | 粉状酚醛塑料 | | 布层塑料 | 氨基塑料 |
|---|---|---|---|---|---|
| | | 不预热 | 预热 | | |
| | 扁平厚壁的制件 | 125～175 | 100～150 | 300～400 | 125～175 |
| | 高 20～40 mm，厚度(4～6 mm)制件 | 125～175 | 100～150 | 350～450 | 125～175 |
| | 高 20～40 mm，薄壁(2～4 mm)制件 | 150～200 | 125～175 | 400～500 | 125～200 |
| | 高 40～50 mm，厚度(4～6 mm)制件 | 175～225 | 125～175 | 500～700 | 125～175 |
| | 高 40～60 mm，薄壁(2～4 mm)制件 | 225～275 | 150～200 | 600～800 | 225～275 |
| | 高 60～100 mm，厚度(4～6 mm)制件 | 250～300 | 150～200 | | 225～300 |
| | 高 60～100 mm，厚度(2～4 mm)制件 | 275～350 | 175～225 | | 275～355 |
| | 薄壁而物料难充填的制件(没有空气排出)等 | 250～300 | 150～200 | 400～600 | 250～300 |

续表

| 制作简图 | 制作特征 | 粉状酚醛塑料 | | 布层塑料 | 氨基塑料 |
|---|---|---|---|---|---|
| | | 不预热 | 预热 | | |
| | 高 40 mm 以下，薄壁(2～4 mm)制件 | 250～300 | 150～200 | | 250～300 |
| | 高 40 mm 以上，厚度(4～6 mm)制件 | 200～350 | 175～225 | | 300～350 |
| | 滑轮型制件 | 125～175 | 100～150 | 400～600 | 125～175 |
| | 线轴型制件 | 225～275 | 150～250 | 800～100 | 225～275 |

**2. 压制成型模型腔数量的确定**

根据压制能力来确定型腔数量，可采用下式计算：

$$m=V_{制}\rho$$

$$V_0=nV_{制}\upsilon_V\rho \tag{4-8}$$

式中 $m$ ——塑件的质量(kg)；

$V_0$——所需塑料原料的体积($m^3$)；

$V_{制}$——塑件的体积($m^3$)；

$\upsilon_V$——塑料的比体积($m^3/kg$)；

$\rho$——塑件的密度($kg/m^3$)；

$n$——型腔数量。

由此可知，当规定模具的型腔数时，需验算所选压机的吨位是否合适则采用第一种计算方法；若选好已知吨位的压机时，则可采用第二种计算方法计算模具所能成型的型腔数。

## 4.5.2 加料室高度的计算

加料室是盛放塑料并使之加热塑化以进入型腔前的一个腔体，对于压制成型模来讲，加料室实际上就是属于型腔开口端的延续部分，即加料室和型腔是紧密相连的，因此，加料室尺寸的计算也是很重要的问题。

在确定加料室尺寸以前，先要知道成型该塑件所需塑料的体积，而加料室横截面积(即水平投影面积)等于塑件水平投影面积或塑件水平投影面积加挤压边面积，故只需计算加料室的高度即可。

成型塑件所需塑料的体积，可按下列公式求得：

$$m=V_{制}\ \rho \tag{4-9}$$

$$V_0=V_{制}\ \upsilon_V\rho \tag{4-10}$$

若是半封闭式模具，一个总加料室下有 $n$ 个塑件，则

$$V_0=nV_{制}\ \upsilon_V\rho \tag{4-11}$$

**1. 闭合式压模的加料室高度计算**

闭合式压模如图 4－52 所示，其加料室高度为

$$H=\frac{V_0}{A}+(1\sim2.5) \tag{4-12}$$

式中　$H$ ——加料室的高度(包括型腔部分)(cm)；

$A$ ——加料室的面积(塑件水平投影面积)($cm^3$)。

式(4－12)中后项增加加料室高度修正量 1～2.5cm，用来保证下列需要：① 使阳模能在与塑料接触之前进入阴模；② 将毛边及其他损失估计在内的较大塑料用量。

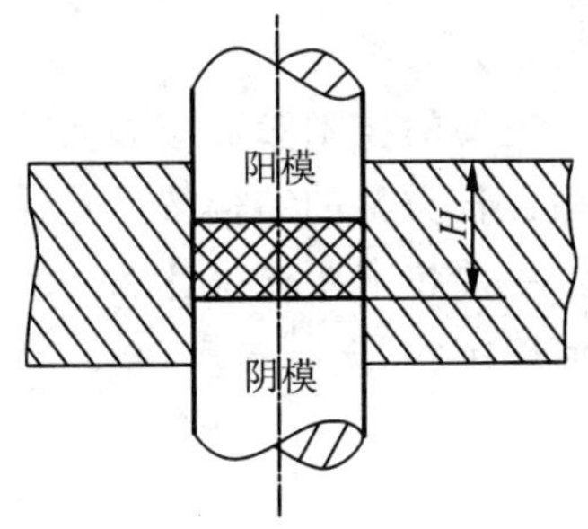


**图 4－52　闭合式压模**

**2. 半闭合式压模塑件在阴模成型的加料室高度计算**

半闭合式压模如图 4－53 所示，其加料室高度为

$$H=\frac{V_0-V_{ab}}{A}+(1\sim2.5) \tag{4-13}$$

式中　$V_{ab}$——在 AB 线下的阴模型腔体积($cm^3$)；

$A$ ——在 AB 线以上装料室的面积($cm^2$)。

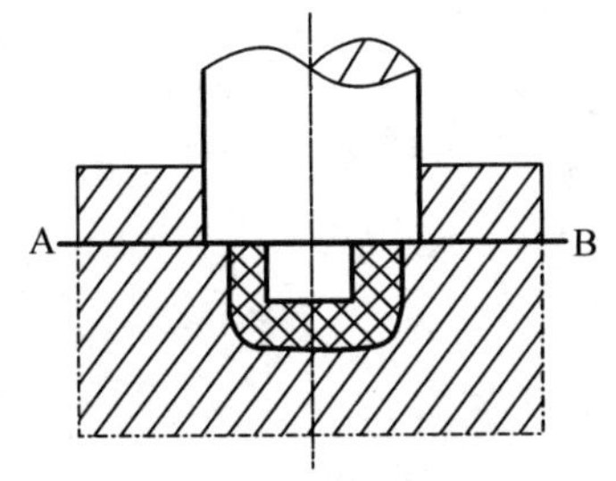

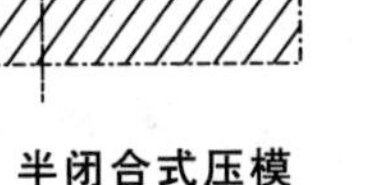

**图 4－53　半闭合式压模**

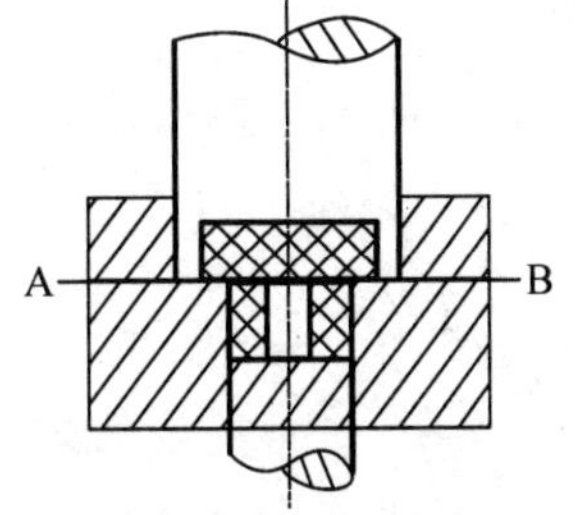


**图 4－54　阴、阳模均成型塑件的半闭合式压模**

**3. 半闭合式压模塑件同时在阴模和阳模成型的加料室高度计算**

阴、阳模均成型塑件的半闭合式压模如图 4－54 所示，其加料室高度为

$$H=\frac{V_0-(V_a+V_b)}{A}+(1\sim2.5) \quad (4-14)$$

式中 $V_a$——塑件在阴模内的体积($cm^3$)

$V_b$——塑件在阳模内凹入部分的体积($cm^3$);

$A$——在 AB 线以上加料室的面积($cm^2$)。

由于在未合模前，阳模内的凹入部分体积 $V_b$ 并不能起盛料的作用，故实际计算加料室高度时，不宜减去这部分体积 $V_b$，因而其计算式应为

$$H=\frac{V_0-V_a}{A}+(1\sim2.5) \quad (4-15)$$

为了简化设计过程中的计算，对于形状简单的塑件，其加料室的高度约采用塑件厚度的2～3 倍。

# 思 考 题

1. 压制模有几种类型？主要按什么分类？
2. 压制模与压机有什么关系？主要的技术参数应如何校核？
3. 压制模主要有哪些结构类型？各类型的结构特点是什么？
4. 压制模的组成零件有哪些？主要技术要求是什么？
5. 压制模的加料室高度应如何确定？

# 第5章　塑料注射成型模具设计

## 5.1　概　　述

注射成型被广泛用于成型热塑性塑料和热固性塑料制件，在塑料制品的生产中起着重要的作用。塑件的生产与更新都是以模具的制造和更新为前提的，所以注射成型模具设计的好坏直接影响着塑件的质量、生产效率、工人劳动强度、模具的使用寿命以及加工成本等。本章以热塑性塑料注射成型模的结构分析为主，着重于注射成型模的基本原理和设计原则、注射模的基本设计方法，为从事注射成型模设计工作奠定基础。

### 5.1.1　注射成型工艺

将塑料颗粒定量地加入到注射机的料筒内，通过料筒的传热，以及螺杆转动时产生的剪切摩擦作用使塑料逐步熔化呈流动状态，然后在柱塞或螺杆的推挤下，塑料熔体以高压和较快的速度通过喷嘴注入到温度较低的闭合模具的型腔中。由于模具的冷却作用，使模腔内的塑料熔体逐渐凝固并定型，最后开模取出塑件。上述过程大致可归纳为加料→塑料熔融→注射→冷却定型→塑件脱模。

### 5.1.2　注射成型模的分类

注射成型模的分类方法很多，按照成型机、材料品种和模具结构等可进行如下分类：

按塑料品种不同可分为热塑性塑料注射模和热固性塑料注射模。

按所用注射机类型不同可分为卧式注射模(见图5-1)、立式注射模(见图5-2)和角式注射模(见图5-3)。

按注射成型模的总体结构特征，可分为以下几种：

(1)单分型面注射模(也称为双板式注射模)。图5-4所示即为一种典型的单分型面注射模。

(2)双分型面注射模(也称为三板式注射模)与单分型面注射模相比，它增加了一块可移动一定距离的中间板，如图5-5所示。它适用于采用点浇口形式的注射模。开模时，中间板与定模板作定距分型，以便取出浇注系统凝料(也叫料把)。

(3)带有活动镶件的注射模。由于塑件的特殊要求，模具带有活动的螺纹型芯或侧向型芯及哈夫块等，如图5-6所示。开模时，这些成型零件不能简单地沿开模方向与塑件分离，必须连同塑件一起脱出模外，然后通过手工或简单工具将活动镶件与塑件分离。模具的这类活动镶件装入模具本体时，必须可靠定位，以免造成塑件报废或模具损伤的事故。

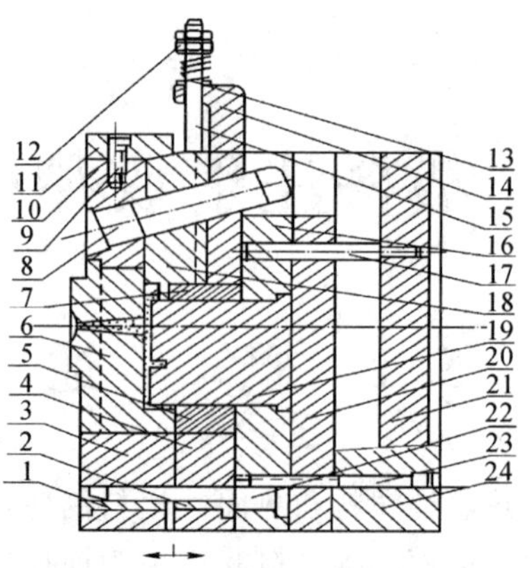


**图 5－1　卧式注射机用模具**

1—导套；2—导套；3—定模；4—动模；5—型芯拼块；6—型腔；7—型芯拼块；8—斜导柱；9—内六角螺钉；10—圆柱销；11—压板；12—六角螺母；13—弹簧；14—挡板；15—螺钉；16—固定板；17—顶杆；18—滑块；19—型芯；20—垫板；21—顶板；22—导柱；23—内六角螺钉；24—支架

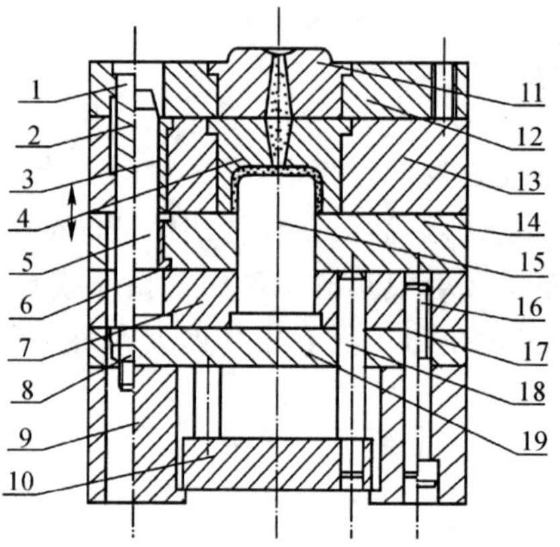


**图 5－2　立式注射机用模具**

1—连接杆；2—弹簧；3—导套；4—型腔；5—导柱；6—导套；7—固定板；8—六角螺母；9—支架；10—顶板；11—浇口套；12—定模座；13—定模；14—脱模座；15—型芯；16—内六角螺钉；17—圆柱销；18—顶杆；19—垫板

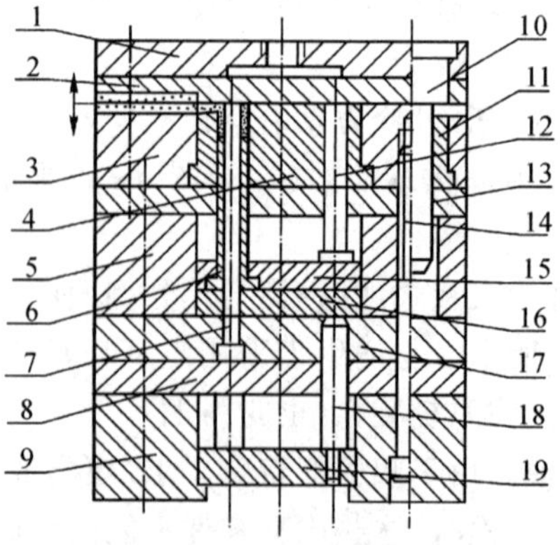


**图 5－3　直角式注射机用模具**

1—定模座；2—垫板；3—拼块；4—动模；5—动模拼块；6—顶管；7—底芯；8—垫板；9—支架；10—导柱；11—导套；12—复位杆；13—垫板；14—内六角螺钉；15—固定板；16—垫板；17—固定板；18—顶杆；19—顶板

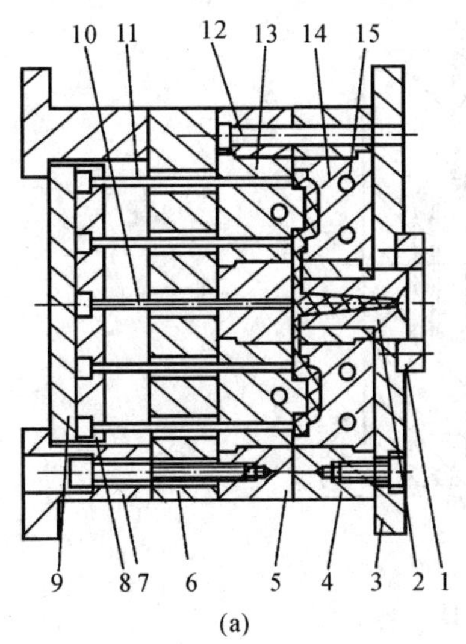


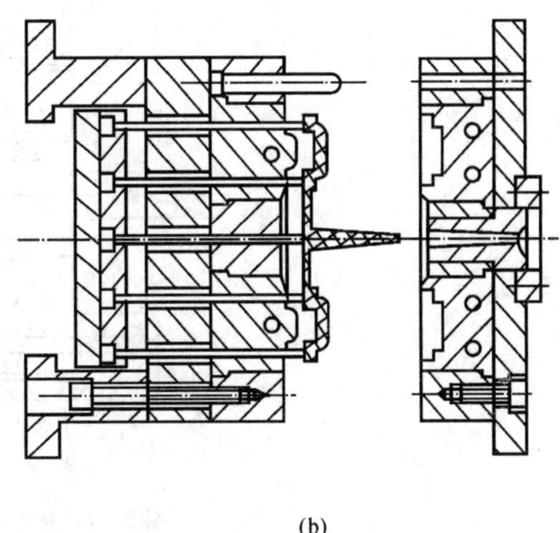


**图 5-4　单分型面注射模具**

1—定位环；2—主流道衬套；3—定模底板；4—定模板；5—动模板；6—动模垫板；7—模脚；8—顶出板；9—顶出底板；10—拉料杆；11—顶杆；12—导柱；13—凸模；14—凹模；15—冷却水通道

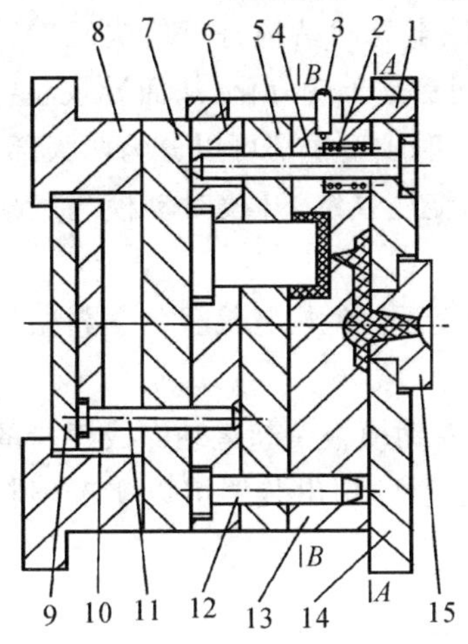


**图 5-5　双分型面注射模**

1—定距拉板；2—弹簧；3—限位钉；4—导柱；5—脱模板；6—型芯固定板；7—动模垫板；8—模脚；9—顶出底板；10—顶出板；11—顶杆；12—导柱；13—中间板；14—定模板；15—主流道衬套

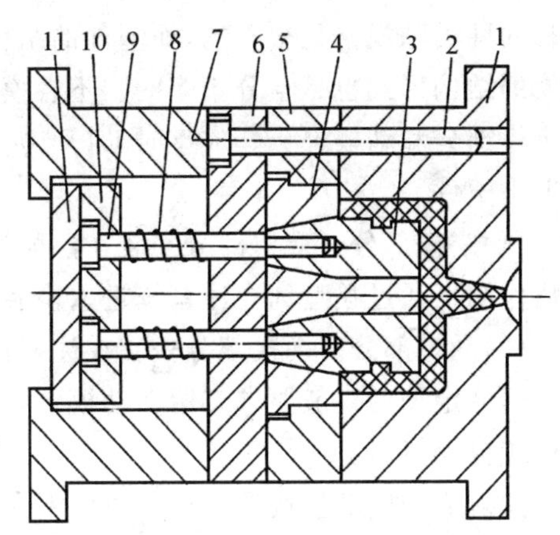


**图 5-6　带活动镶件的注射模**

1—定模板；2—导柱；3—活动镶件；4—型芯；5—动模板；6—动模垫板；7—模脚；8—弹簧；9—顶杆；10—顶出板；11—顶出底板

(4)带有侧向分型抽芯的注射模。当塑件上有侧孔或侧凹时，需采用可向侧向移动的侧型芯或哈夫块来成型。开模时，利用开模动力，通过斜导柱驱动侧型芯从塑件的侧孔或侧凹中抽出。

(5)自动卸螺纹注射模。对带有螺纹的塑件，当要求自动脱模时，在模内需设有可转动的螺纹型芯或型环。利用注射机的旋转运动(如角式机的合模丝杠)或往复运动通过齿条与齿轮将其转换为旋转运动，从而带动螺纹型芯或型环转动，使塑件从型芯或型环上退下，如图 5-7 所示。该模具用于角式注射机。此外，螺纹型芯或型环的转动也可通过专门设置的电机或液压马达带动传动装置来实现。

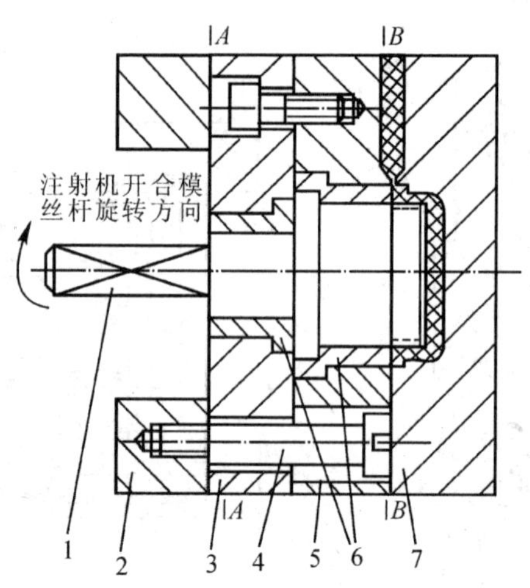


**图 5－7　自动卸螺纹模具**

1—螺纹型芯；2—模脚；3—动模垫板；4—定距螺钉；5—动模板；6—衬套；7—定模板

## 5.1.3　注射成型模的组成

注射成型模的结构是根据选用的注射机种类、规格和塑件本身的结构特点所决定的。注射机的种类和规格是很多的，而塑件的结构根据使用要求不同更是千变万化，从而导致注射成型模的结构形式也是十分繁多的。不管模具结构如何变化，注射成型模都可以分为两大部分，即定模部分和动模部分。成型时动模与定模闭合构成型腔和浇注系统，开模时动模与定模分离取出塑件。

(1)定模部分。定模部分安装在注射机的移动模板上，闭模后注射机料筒里的塑料熔体在高压作用下通过喷嘴和浇注系统进入模腔。

(2)动模部分。动模部分安装在注射机的移动模板上，随着动模板一起运动完成模具的开闭。塑件定型后一般要求其留在动模上，开模时借助设在动模上的顶出装置可以实现塑料的脱模或自动坠落。

注射成型模部件按作用可分成以下几个部分：

(1)成型零件。其作用是使被成型的塑件获得所需要的形状和尺寸，通常由阳模(凸模)或型芯、阴模(凹模)或型腔(构成塑件的外形)以及螺纹型芯或型环、镶块等组成。其中，阳模(凸模)或型芯用于构成塑件的内形，阴模(凹模)或型腔用于构成塑件的外形。

(2)浇注系统。浇注系统是将塑料熔体由注射机喷嘴引向闭合的模腔的通道。通常，浇注系统包括主浇道、分浇道、浇口和冷料井等几部分。

(3)导向部分。为确保动模和定模闭合时位置准确，必须设计导向部分。导向部分一般由导向柱(导柱)和导向套(导套)组成。此外对多型腔注射成型模，其顶出机构中也应设计导向装置，以避免顶出板运动时发生偏斜，造成顶杆的弯曲和折断或顶坏塑件。

(4)顶出机构。顶出机构是实现塑件脱模的装置。其结构形式很多，最常见的有顶杆式、顶管式和推板式等。

(5)抽芯机构。当塑件上带有侧孔或侧凹时，开模顶出塑件之前，需先将可作侧向运动的型芯从塑件中抽出，这个动作过程是由抽芯机构实现的。

(6)冷却和加热部分。为满足注射成型工艺对模具温度的要求，保证各种塑件的冷却定型，模具上需设有冷却或加热系统。冷却时，一般在模具型腔和型芯周围开设冷却水通道；加热时，需在模具内部或周围安装加热元件。

(7)排气系统。注射是为了将型腔内原有的空气以及塑料在受热和冷却过程中产生的气体排出，常在模具分型面处开设排气槽。因为这些气体如果不能顺利排出就会在塑件上形成缺陷，从而影响塑件质量。

一副模具的设计是否成功，其衡量标准首先是使用该设计图纸加工出的模具能否高效的成型出合格的塑件。此外，还要考虑模具结构是否合理，制造和装配模具是否方便等。因此，在设计模具前必须对以下几个问题加以全面地考虑：

(1)了解塑料熔体的流动行为，如流动阻力、流动速度和最大流动长度等。还要估计塑料在模具里的流动方向和充填顺序，考虑料流的重新熔合与排气等问题。

(2)通过模具设计来控制塑料在模具内的结晶、取向以及冷却过程中的收缩与补缩等问题，目的是减少制品中的内应力。

(3)根据塑件的形状和结构特点合理地选择分型面与浇口的位置、形式以及塑件的侧向抽芯和脱模顶出等。

(4)考虑模具冷却与加热系统的合理布局。

(5)考虑模具有关尺寸与选用注射机的关系。

(6)尽量使模具的总体结构和零件结构简单合理，并具有足够的尺寸精度、粗糙度、强度和刚度，同时还要便于加工制造与装配。

# 5.2　注射成型模相关注射机参数的校核

注射成型模是安装在注射机上使用的，在生产塑件时模具与机床是一个不可分割的整体。因此在设计模具时，除了应当了解注射成型的工艺过程外，还应对所选用注射机的有关技术规范和性能参数有全面的了解。只有这样，才能使设计出的模具便于在机床上安装和使用。从模具设计角度出发，需要对注射机性能进行校核的参数有注射机的最大注射量、最大注射压强、最大锁模力、最大成型面积、模具最大厚度和最小厚度、最大开模行程、机床顶出机构的位置以及机床模板安装模具的螺钉孔(或 T 形槽)的位置和尺寸等。

## 5.2.1　最大注射量的校核

设计模具时，成型塑件所需要的注射总量应小于所选注射机的最大注射量。即

$$M < G_1 \tag{5-1}$$

式中　$G_1$ ——注射机实际的最大注射量($cm^3$或 g)；

$M$ ——塑件成型时所需要的注射量($cm^3$或 g)。

$$M = nM_{塑} + M_{浇} \tag{5-2}$$

式中　$n$ ——型腔个数；

$M_{塑}$——每个塑件的质量或体积($cm^3$或 g)；

$M_{浇}$——浇注系统的质量或体积($cm^3$或 g)。

根据生产经验的总结,$G_1$ 应该是注射机公称注射量 $G$ 的 80%,即

$$M \leqslant G \times 80\% \tag{5-3}$$

## 5.2.2 锁模力的校核

为了保持动、定模闭合紧密,保证塑件的尺寸精度并尽量减小溢边厚度,同时也为了保障操作人员的人身安全,需要机床提供足够大的锁模力以克服塑料熔体充模时对模腔产生的胀模力。因此,分型面处胀模力必须小于注射机规定的锁模力,即

$$T \geqslant KAp \tag{5-4}$$

式中 $T$——注射机的额定锁模力(N);

$A$——塑件与浇注系统在分型面上的总投影面积($m^2$);

$p$——塑料熔体在模腔内的压强(Pa);

$K$——安全因数,通常取 1.1~1.2。

模腔压强 $p$ 是注射压强经喷嘴、浇道、型腔损耗后剩余的压强,约为注射压强的 25%~50%。成型塑件所需要的注射压强是由塑料品种、注射喷嘴的结构形式、塑件形状的复杂程度以及浇注系统的压力损失等因素决定的。根据经验,模腔压强通常取 20~40MPa。对于流动性差、形状复杂、精度要求高的塑件,成型时需要较高的模腔压强。但过高的模腔压强将对机床的锁模力和模具强度、刚度提出较高的要求,而且使塑件脱模困难,残余应力增大。常用塑料品种可选用的模腔压强值列于表 5-1。制品复杂程度不同或销度要求不高时,可选用的模腔压强值列于表 5-2。

**表 5-1 常用塑料可选用的模腔压强**

| 加工塑料 | 模腔平均压强/MPa | 加工塑料 | 模腔平均压强/MPa |
|---|---|---|---|
| 高压聚乙烯(PE) | 10~15 | AS | 30 |
| 低压聚乙烯(PE) | 20 | ABS | 30 |
| 中压聚乙烯(PE) | 35 | 聚甲基丙烯酸甲酯 | 30 |
| 聚丙烯(PP) | 15 | 醋酸纤维素酯 | 30 |
| 聚苯乙烯(PS) | 15~20 | | |

**表 5-2 制品形状和精度不同时可选用的模腔压强**

| 条件 | 模腔压强/MPa | 举 例 |
|---|---|---|
| 易于成型的制品 | 25 | 聚乙烯、聚苯乙烯等厚壁均匀的日用品、容器类等薄壁容器类 |
| 普通制品 | 30 | ABS、聚甲醛等工业机器零件、精度高的制品 |
| 高黏度塑料,制品精度高 | 35 | 精度高的机械零件 |
| 黏度特别大,制品精度高 | 40 | |

### 5.2.3　模具与注射机安装部分相关尺寸的校核

设计模具的长、宽方向尺寸时要与注射机模板尺寸和拉杆间距相适应，模具必须能够穿过拉杆间空间安装到模板上。模具安装在注射机上必须使模具主浇道中心线与料筒、喷嘴的中心线相重合，为此在注射机定模板上有一定位孔，要求模具的定模部分也设计一个与主浇道同心的凸台，叫定位环或定位圈。定位环与机床定模板上的定位孔之间采用较松的动配合。注射机喷嘴头的球面半径应与相接触的模具主浇道始端凹下的球面半径相匹配。

注射机的动、定模板上开有许多不同间距的螺钉孔，用来固定模具。设计模具紧固在相应的模板上。紧固方式可以采取在模脚上打孔穿过螺钉固定以及采用压板压紧模脚这两种方式。采用螺钉直接紧固时，模脚上钻孔的位置和尺寸应与机床模板上螺钉孔相吻合；而用压板固定模具时，只要模脚外侧附近有螺钉孔就能固紧，因此有更大的灵活性。采用螺钉直接紧固更为安全，适用于重量较大的模具。

### 5.2.4　模具尺寸与顶出装置的校核

需要校核的注射模具尺寸主要包括模具厚度和开模行程，针对不同锁模机构以及分型面结构和侧抽型机构分别计算开模行程。

**1. 模具厚度**

模具厚度($H_M$)(闭合高度)必须满足

$$H_{最小} \leqslant H_M \leqslant H_{最大} \tag{5-5}$$

式中　$H_{最小}$——注射机允许的最小模厚，即动、定模板间的最小开距；

$H_{最大}$——注射机允许的最大模厚。

**2. 开模行程($S$)**

模具要求的开模行程与锁模机构的类型有关。以下分别介绍液压-机械式锁模机构、全液压式合模机构和侧抽芯开模行程的校核方法。

(1) 液压-机械式锁模机构的开模行程。液压-机械式锁模机构的最大开模行程与模具厚度无关，由连杆机构的最大行程决定。

1) 单分型面注射成型模(见图 5-8)。

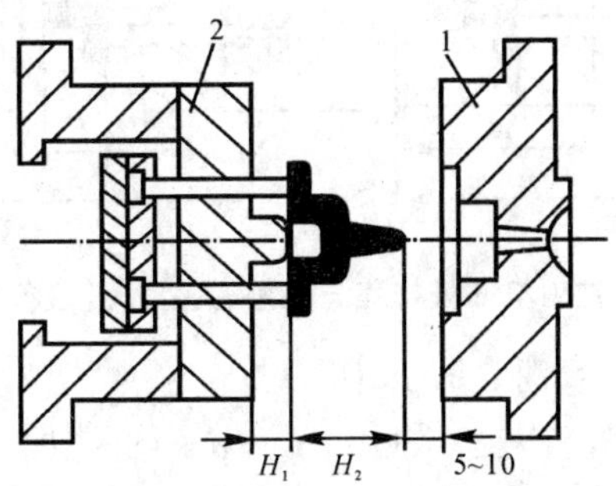


**图 5-8　单分型面模具开模行程的校核**

1—定模；2—动模

$$S \geqslant H_1 + H_2 + (5 \sim 10)\text{mm} \tag{5-6}$$

式中 $H_1$ ——顶出距离(脱模距离);

$H_2$ ——塑件高度(包括浇注系统在内);

$S$ ——注射机开模行程(移动模板行程)。

2)双分型面注射成型模(带点浇口)(见图 5-9)

$$S \geqslant H_1 + H_2 + a + (5 \sim 10)\text{mm} \tag{5-7}$$

开模行程中需增加模板与浇口板的分离距离 $a$,此距离应足以取出浇注系统凝料。

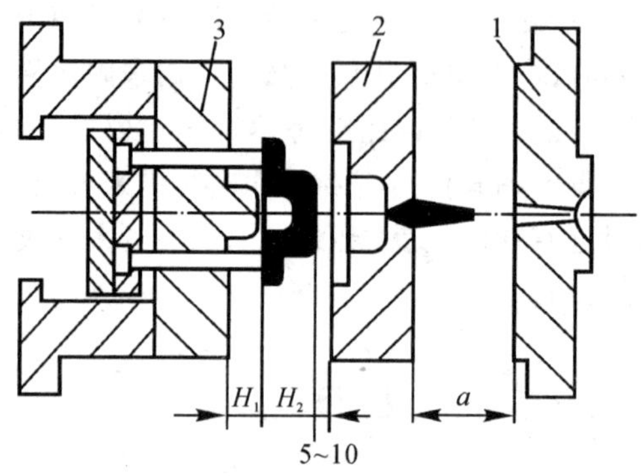


**图 5-9 双分型面模具开模行程的校核**

1—定模;2—型腔板;3—动模

(2)全液压式合模机构的开模行程。全液压式合模机构最大开模行程与模具厚度有关。此时最大开模行程等于注射机定模板、动模板之间的最大开距($S_K$)减去模厚($H_M$),如模具厚度加大则开模行程减小。

1)单分型面注射成型模(见图 5-10),有

$$S = S_K - H_M \geqslant H_1 + H_2 + (5 \sim 10)\text{mm} \tag{5-8}$$

即

$$S_K \geqslant H_M + H_1 + H_2 + (5 \sim 10)\text{mm} \tag{5-9}$$

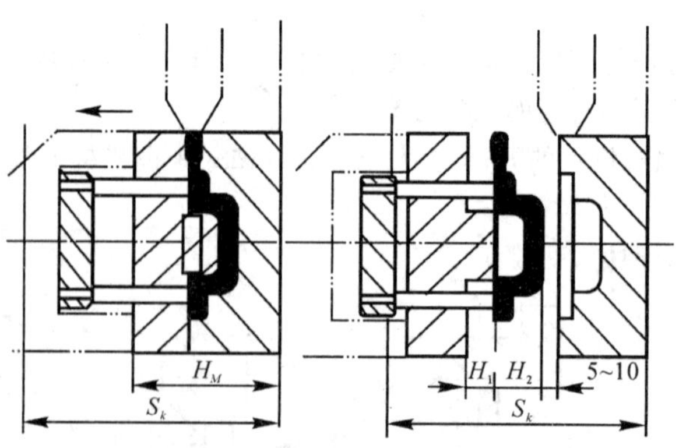


**图5-10 注射机开模行程与模厚有关时,开模行程的校核**

2)双分型面注射成型模(参看图 5-9),有

$$S = S_K - H_M \geqslant H_1 + H_2 + a + (5 \sim 10)\text{mm} \tag{5-10}$$

即

$$S_K \geqslant H_M + H_1 + H_2 + a + (5 \sim 10)\text{mm} \tag{5-11}$$

(3)侧向抽芯机构的开模行程。当模具需利用开模动作完成侧向抽芯时,开模行程的校核

还应考虑为完成抽芯距离所需增加的开模行程(见图 5-11)。

设为完成侧向抽芯距离所需的开模行程为 $H$。

1)当 $H_c \geqslant H_1 + H_2$ 时,则式(5-6)~式(5-11)中的 $H_1 + H_2$ 项均用 $H_c$ 代替,其他各项不变。

2)当 $H_c \leqslant H_1 + H_2$ 时,仍用原公式进行校核,不必考虑侧向抽芯对开模行程的影响。

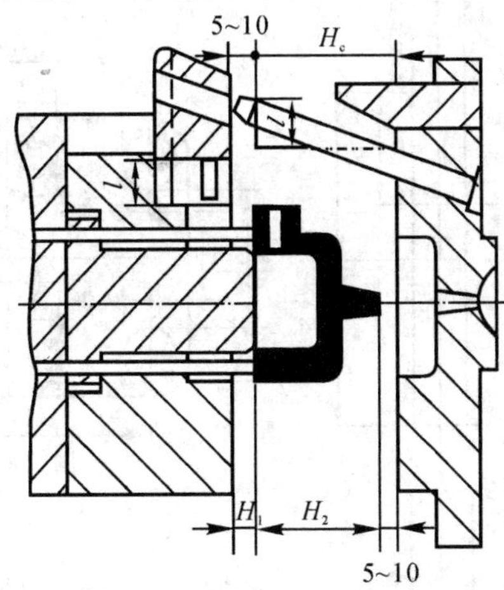


图 5-11　有侧向抽芯时开模行程的校核

除以上介绍的三种情况外,当成型带螺纹的塑件时,如需在机床上完成脱卸螺纹的动作,则校核开模行程时还需增加旋出螺纹型芯或型环的距离。

**3. 顶出装置的校核**

各种型号注射机其顶出装置、顶出形式和最大顶出距离等也各不相同,设计的模具亦应与之相适应。国产注射机的顶出机构大致可分为以下几类:

(1)中心顶杆机械顶出,如卧式 XS-Z-60 型、立式 SYS-30 型、角式 SYS-45 型、SYS-60 型等。

(2)两侧双顶杆机械顶出,如卧式 XS-ZY-125 型。

(3)中心顶杆液压顶出与两侧双顶杆机械顶出联合作用,如卧式 XS-ZY-250 型、XS-ZY-500 型。

(4)中心顶杆液压顶出与其他启模辅助油缸联合作用,如 XS-ZY-100 型。

设计模具时,顶出距离和双顶杆中心距以及顶杆直径等都是应该注意的参数。

## 5.2.5　国产注射机锁模部分的主要技术规范

注射机按结构形式可分为立式、卧式和角式三类,其特点如下:

(1)立式注射机。注射机的柱塞(或螺杆)垂直装设,锁模油缸推动模板也沿垂直方向移动。其主要优点是占地面积小,安装和拆卸模具方便,安放嵌件容易且嵌件不易移位或坠落。其缺点是机器重心高,稳定性差,加料困难而且不易实现全自动操作。故这种机型一般为小型注射机,最大注射量在 60g 以下。图 5-12 所示为立式注射机的锁模机构。

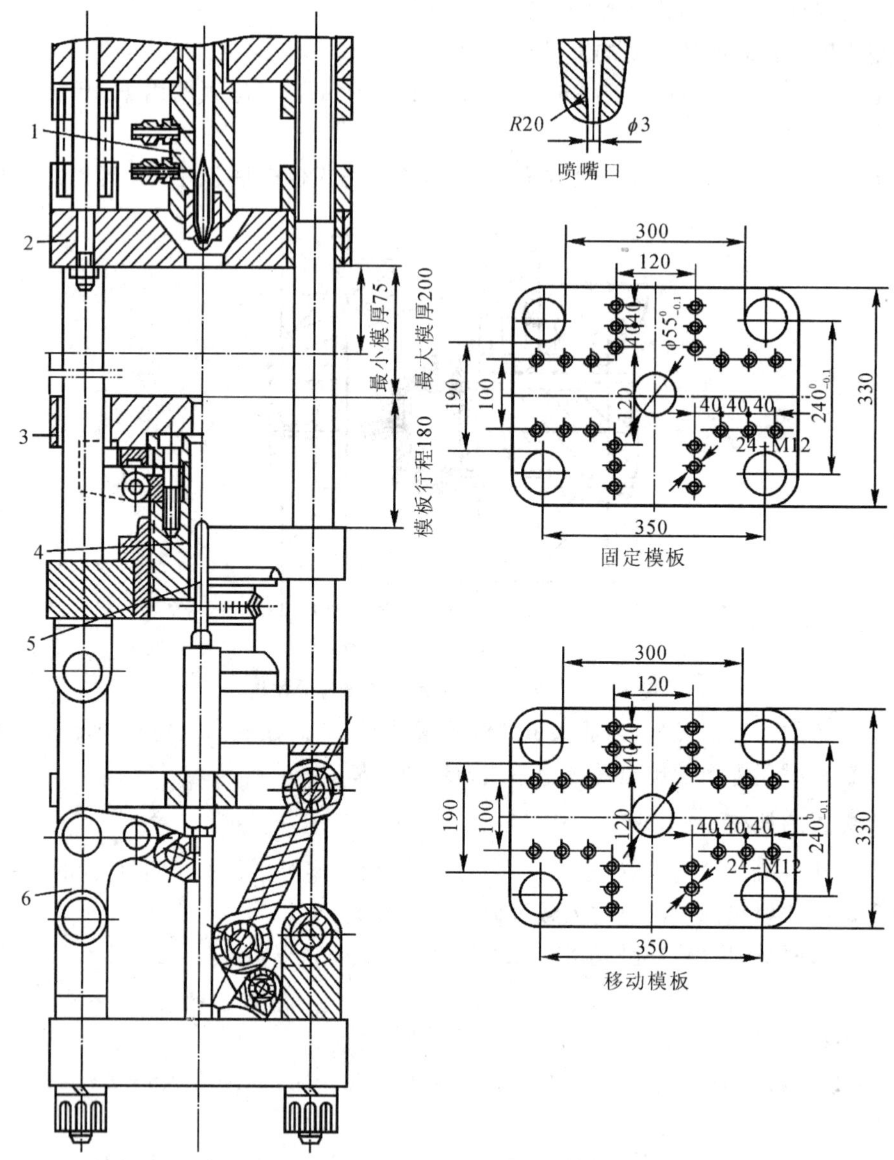


**图 5-12　SYS-30 型立式注射机锁模机构**

1—注射喷嘴；2—固定模板；3—移动模板；4—调节机构；5—顶杆；6—三连杆机构

(2)卧式注射机。这是目前应用最广、产量最大的注射机型。其柱塞或螺杆及锁模机构均沿水平方向装设，并且多数是在一条直线上(或互相平行)。这类注射机的优点是机体重心较低，加料容易，塑件被顶出模具后可自行坠落，容易实现全自动操作，机床安装平稳，一般大、中型以及部分小型注射机均采用这种形式，如图 5-13～图 5-16 所示为卧式注射机销模机构。其主要缺点是模具安装较麻烦，模板移动时嵌件有移位或脱落之可能，且机床占地面积较大。

(3)直角式注射机。此类注射机的柱塞或螺杆与闭模运动的方向相互垂直，如图 5-17 所示。目前使用最多的是沿水平方向闭模，沿垂直方向注射。这种注射机的主要优点是结构简单，便于制造；它的主要缺点是采用机械传动，无准确可靠的注射和保压压强及锁模力，模具受冲击和震动较大。如果改为液压传动，则可克服上述缺点。

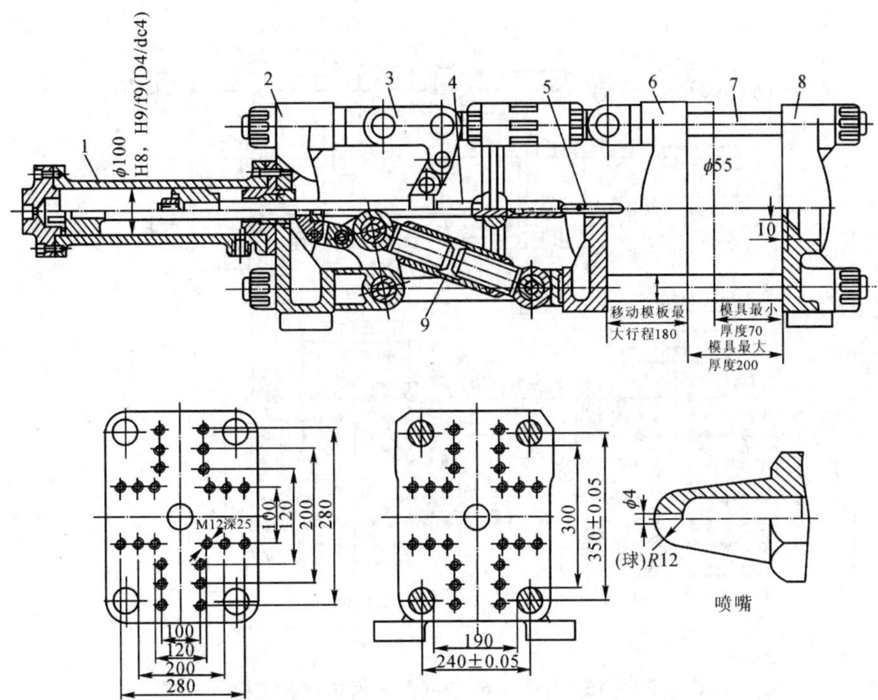


**图 5-13　XS-Z-60 型注射机锁模机构**

1—移动油缸；2—后模板；3—三连杆机构；4—支杆；5—顶出杆；6—移动模板；7—拉杆；8—固定模板；9—调节螺母(每转 3 mm)

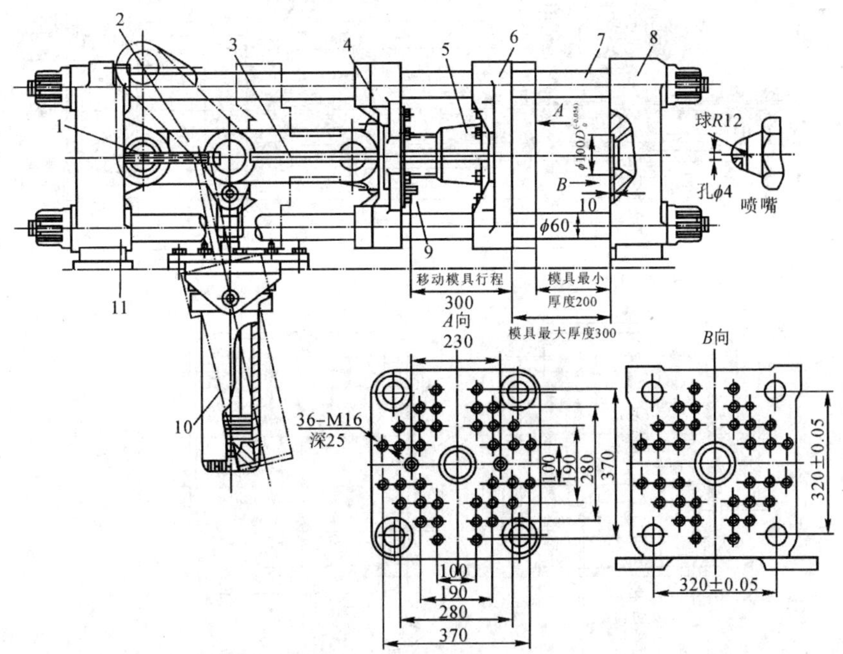


**图 5-14　XS-ZY-125 型注射机锁模构机构**

1—顶出距离调节螺杆；2—三连杆机构；3—顶出杆；4—支架；5—调节大螺母；6—移动模板；7—拉杆；8—固定模板；9—大螺母调节轴；10—闭模油缸；11—后模板

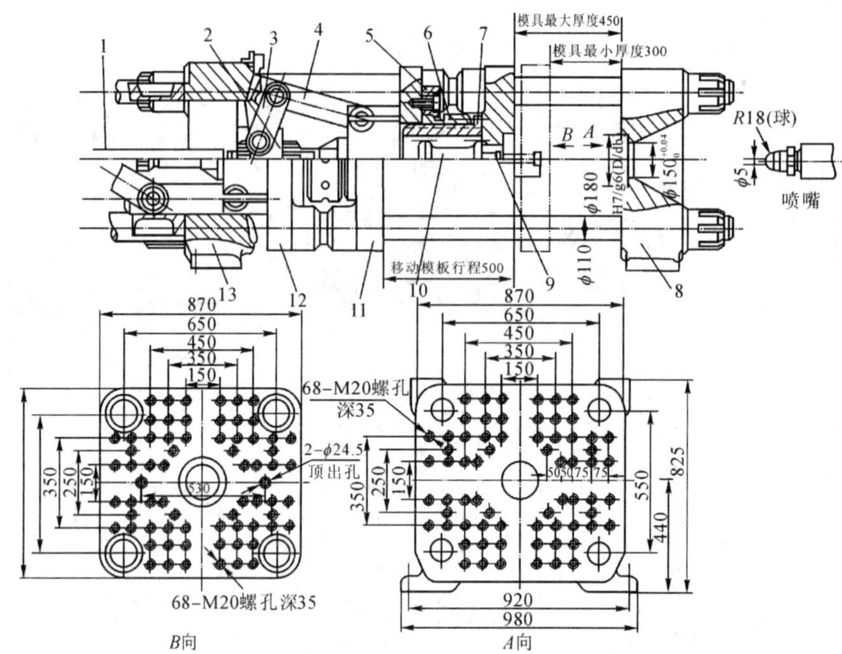


**图 5-15　XS-ZY-500 型注射机锁模机构**

1—活塞杆；2—肘板座；3—连接撑板；4—撑板；5—压紧块；6—调节螺母；7—调节螺钉；8—固定模板；9—顶出杆；10—顶出油缸；11—移动模板；12—后移动模板；13—后固定模板

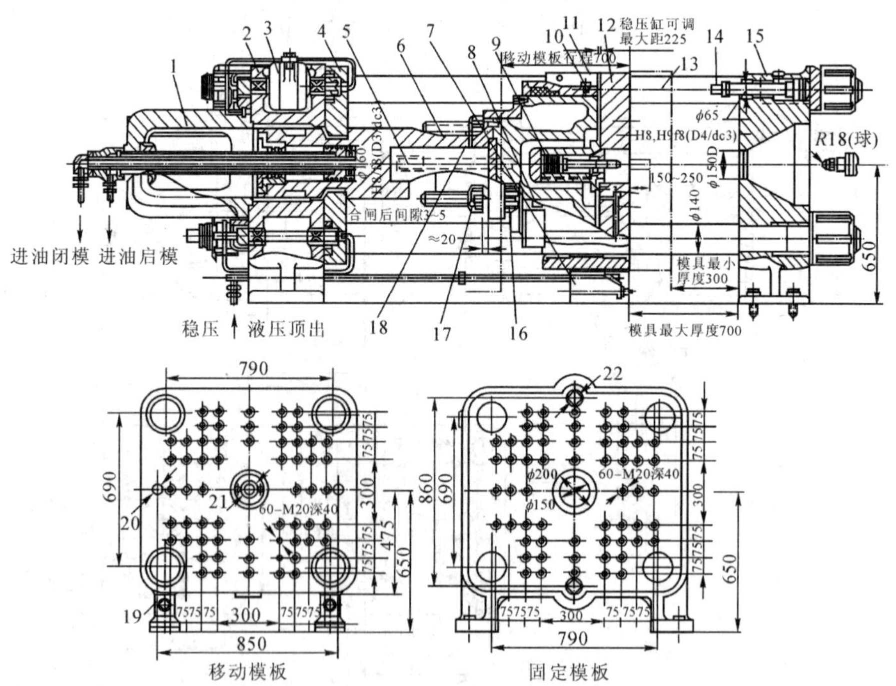


**图 5-16　XS-ZY-1000 型注射机锁模机构**

1—后承座；2—移模油缸支架；3—齿条活塞油缸；4—闸板；5，20—机械顶出器；6—闸杆(移模缸)；7—滑动托架；8—安全装置；9，21—液压顶出装置；10—放气阀；11—稳压油缸；12—移动模板；13—拉杆；14，22—启模辅助装置；15—固定模板；16—右调节螺帽；17—左调节螺帽；18—放气阀；19—活动托脚

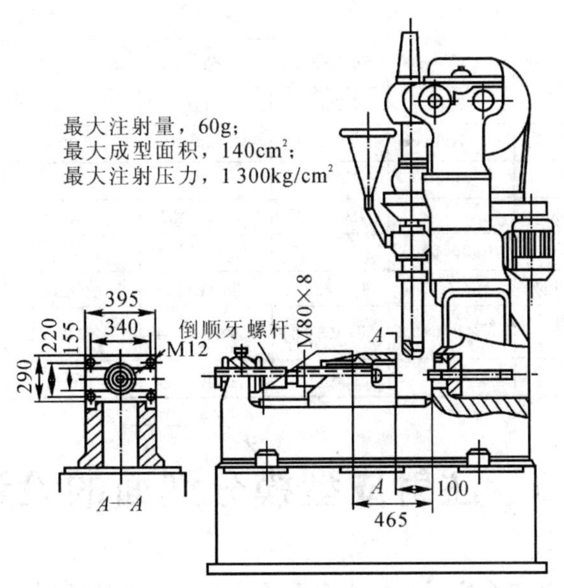


图 5-17　SYS-600 型直角式注射机

部分国产注射机技术特征和参数见表 5-3。

**表 5-3　部分国产塑料注射成型机主要技术特征和参数**

| 型号 | XS-ZS-22 | XS-Z-30 | XS-Z-60 | XS-ZY-125 | G54-S200/400 | XS-ZY250 | SZY-300 |
|---|---|---|---|---|---|---|---|
| 公称注射量/cm³ | 30,20 | 30 | 60 | 125 | 200～400 | 250 | 320 |
| 注射方式 | 双柱塞 | 柱塞式 | 柱塞式 | 螺杆式 | 螺杆式 | 螺杆式 | 螺杆式 |
| 合模力/kN | 250 | 250 | 500 | 900 | 2 540 | 1 800 | 1 500 |
| 最大成型面积/cm² | 90 | 90 | 130 | 320 | 645 | 500 | |
| 模板最大行程/mm | 160 | 160 | 180 | 300 | 260 | 500 | 340 |
| 模具最大厚度/mm | 180 | 180 | 200 | 300 | 406 | 350 | 355 |
| 模具最小厚度/mm | 60 | 60 | 70 | 200 | 165 | 200 | 285 |
| 模板尺寸/mm² | 250×380 | 250×280 | 330×440 | | 532×634 | 598×520 | 620×520 |
| 拉杆空间/mm² | 235×235 | 235×235 | 190×300 | 260×290 | 290×368 | 448×370 | 400×300 |
| 合模方式 | 液压-机械 | 液压-机械 | 液压-机械 | 液压-机械 | 液压-机械 | 增压式 | 液压-机械 |
| 机器外形尺寸/m³ | 2.34×0.8×1.16 | 2.34×0.8×1.16 | 3.61×0.8×1.16 | 3.34×0.75×1.55 | 4.7×1.4×1.8 | 4.7×1×1.8 | 5.3×0.94×1.8 |
| 机器重量/t | 0.9 | 0.9 | 2 | 3.5 | 7 | 4.5 | 6 |
| 公称注射量/cm³ | 500 | 1 000 | 2 000 | 3 000 | 4 000 | 6 000 | 3 980,5 170,7 000 |
| 注射方式 | 螺杆式 | 螺杆式 | 螺杆式 | 螺杆式 | 螺杆式 | 螺杆式 | 螺杆式 |
| 合模力/kN | 3 500 | 4 500 | 6 000 | 6 300 | 10 000 | 18 000 | 18 000 |
| 最大成型面积/cm² | 1 000 | 1 500 | 2 600 | 2 520 | 3 800 | 5 000 | 7 200～14 000 |

续表

| 型号 | XS-ZS-500 | XS-ZY-1000 | SZY-2000 | XS-ZY-3000 | XS-ZY-4000 | XS-ZY-6000 | T-S-Z-7000 |
|---|---|---|---|---|---|---|---|
| 模板最大行程/mm | 500 | 700 | 750 | 1 120 | 1 100 | 1 400 | 1 500 |
| 模具最大厚度/mm | 450 | 700 | 800 | 960,680,400 | 1 000 | 1 000 | 1 200 |
| 模具最小厚度/mm | 300 | 300 | 500 | | 700 | 700 | 600 |
| 模板尺寸/mm | 70×850 | | 1 180×1 180 | 1 350×1 350 | | | 1 800×1 900 |
| 拉杆空间/mm | 50×444 | 650×550 | 760×700 | 900×800 | 1 050×950 | 1 350×1 460 | 1 200×1 800 |
| 合模方式 | 液压-机械 | 液压式 | 液压-机械 | 充液式 | 液压式 | 液压式 | 液压式 |
| 机器外形尺寸/$m^3$ | 6.5×1.3×2 | 7.67×1.74×2.38 | 3.61×0.8×1.16 | 10.9×1.9×3.43 | 11×2.9×3.2 | 11.5×3×4.5 | 12×2.2×3 |
| 机器重量/t | 12 | 20 | 37 | 50 | 65 | 107 | |

# 5.3　注射成型模分型面的设计

在第 3 章 3.3 节中初步介绍了塑料成型模具分型面的设计原则。注射成型模的分型面，是指注射模动、定模或瓣合模的接触面，模具分开后由此可取出塑件和浇注系统，同样应将分型面开设在塑件断面轮廓最大的部位，以便顺利脱模。此外还应根据塑件的使用要求和几何形状及注射模的结构特点加以综合考虑。在表 5-4 列出了合理选择注射模分型面的图例。

**表 5-4　典型注射成型模分型面的选择**

| 不妥形式 | 推荐形式 | 说　明 |
|---|---|---|
| 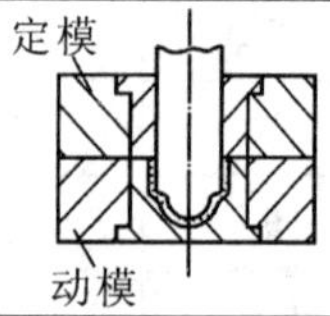 定模<br>动模 | 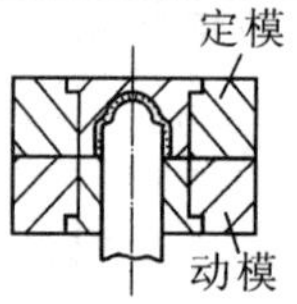 定模<br>动模 | 分型面选择应满足动定模分离后，制品尽可能留在动模内。因为脱模机构一般都在动模部分，否则会增加脱模的困难，势必使模具结构复杂化 |
| 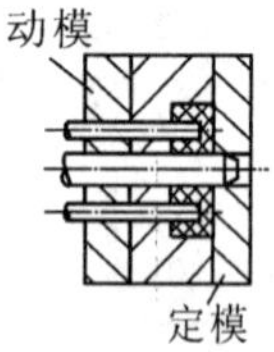 动模<br>定模 | 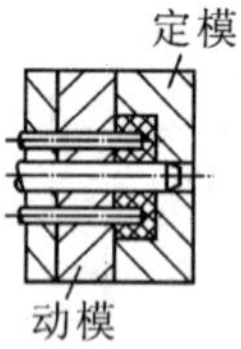 定模<br>动模 | 制品外形较简单，但内形有较多的孔或复杂孔时，制品成型收缩后易留于型芯上。这时型腔可设在定模内，只要采用脱模板，就可以完成脱模，且模具结构简单 |
| 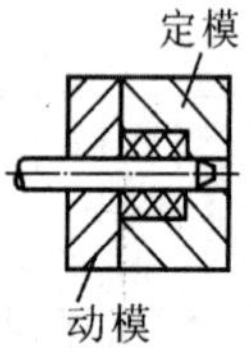 定模<br>动模 | 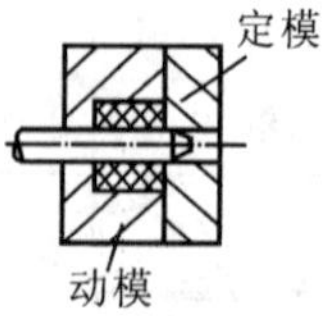 定模<br>动模 | 当制品是垫圈形，壁部较厚而内孔较小时，制品成型收缩后，型芯包力较小，若型腔设于定模部分，开模时制件可能留在定模上，这样模具需要考虑采用定、动模脱模，就会使模具结构复杂化。因此采用右图形式，型腔设在动模内，采用推动管结构就可以顺利完成脱模 |
| 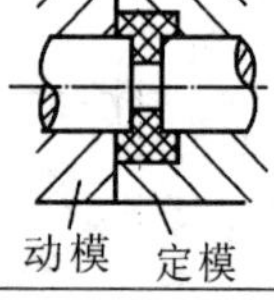 动模　定模 | 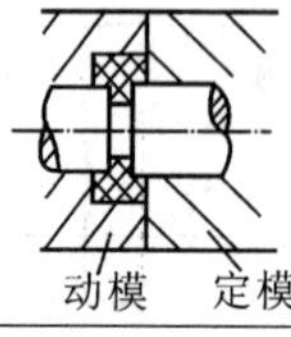 动模　定模 | 当制品的型芯对称分布时，如果要迫使制品留在动模内，可将型腔和大部分型芯设在动模内，采用推管脱模形式完成脱模 |

续表

| 不妥形式 | 推荐形式 | 说 明 |
|---|---|---|
| 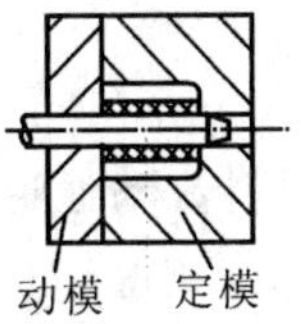 动模 定模 | 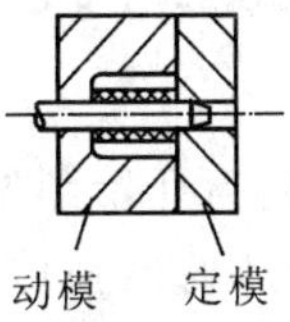 动模 定模 | 当制品内部设有嵌件,外缘有滚花时,如果型腔设在定模内是不合理的,因为嵌件并不收缩,而制品外缘的滚花导致制件留在型腔内,这样需要开设定模脱模装置,使模具结构复杂。采用右图形式,可避免上述缺陷,采用推管形式即可脱模 |
| 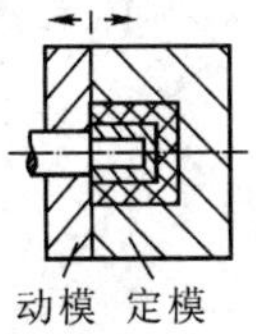 动模 定模 | 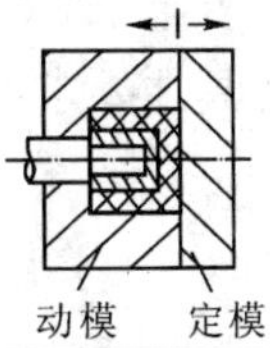 动模 定模 | 当制品设有嵌件时,采用侧浇口进料,往往造成嵌件松动或变形,故应用顶端进料,并将型腔设在动模内,使制品留在动模内 |
| 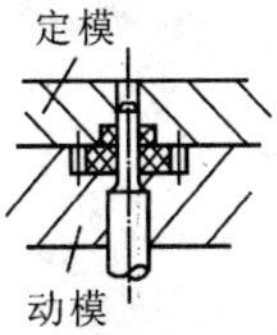 定模 动模 | 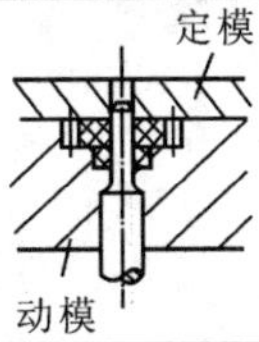 定模 动模 | 为了满足制品同心度的要求,尽可能将型腔设计在同一个型面上。如采用左图形式,必须提高模具的同心度 |
| 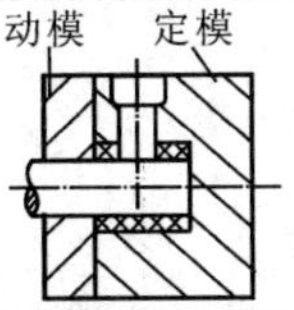 动模 定模 | 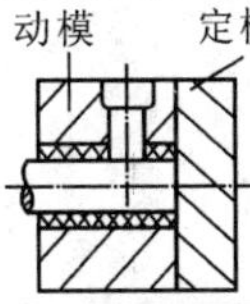 动模 定模 | 当制品有侧抽芯时,应尽可能放在动模部分,避免定模抽芯 |
| 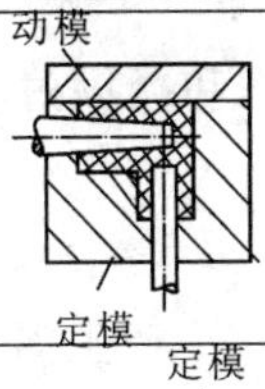 动模 定模 | 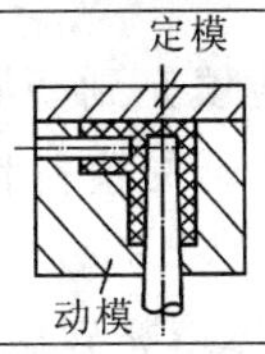 定模 动模 | 当制品有多组抽芯时,应尽量避免长端侧向抽芯 |
| 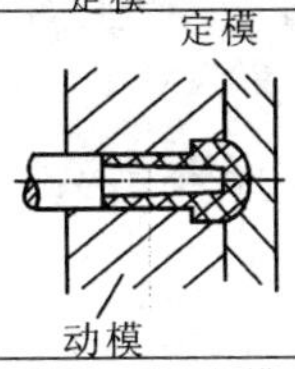 定模 动模 | 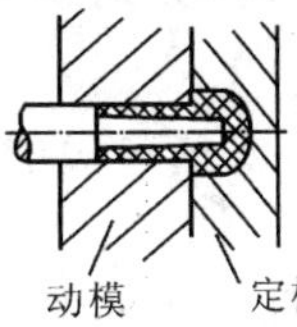 动模 定模 | 当制品头部带有圆弧时,如果采用圆弧部分分型,会损伤制品表面质量,若改用右图的推荐形式,制品表面质量较好 |
| 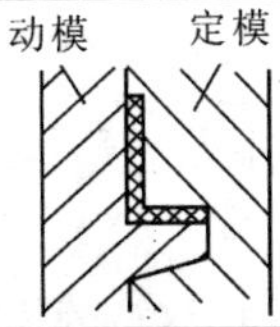 动模 定模 | 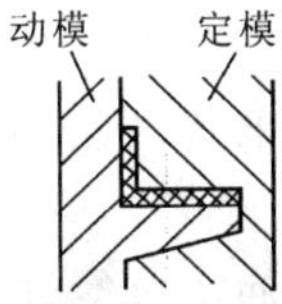 动模 定模 | 当制品在分型面上的投影面积超过机床允许的投影面积时,会造成锁模困难,制品发生严重溢料。此时尽可能选择投影面积小的一面 |
| 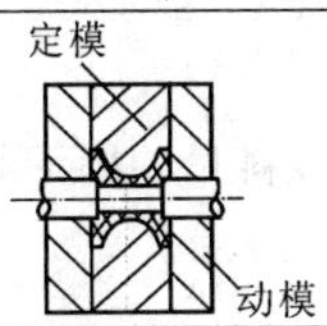 定模 动模 | 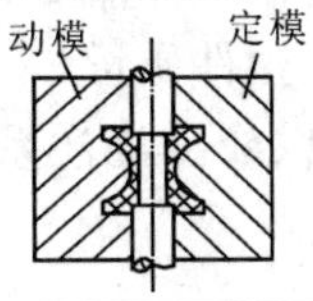 动模 定模 | 大型线圈骨架制品的成型,采用拼块形式,当拼块的投影面积较大时,会造成锁模不紧,产生溢边,因此最好将型腔设于动、定模上,在受力小的侧面作抽芯 |
| 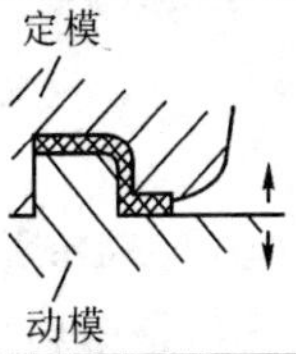 定模 动模 | 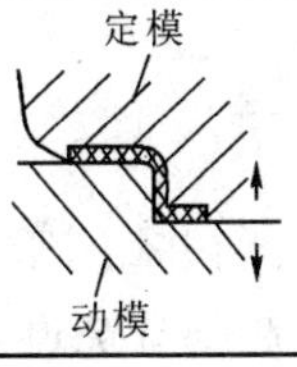 定模 动模 | 一般分型面应尽可能设在塑料流动方向的末端,以利排气 |

# 5.4 浇注系统的设计

注射成型模的浇注系统是指模具中从注射机喷嘴开始到型腔为止的塑料流动通道，其作用是引导塑料熔体迅速有效地充满型腔各处，并使注射压强传递到各个部位，获得外观清晰、内在质量优良的塑件。浇注系统设计的好坏对塑件性能、外观（如缩痕、气孔、疏松等缺陷）以及成型难易程度等都影响很大。对浇注系统设计的具体要求有以下几项：

(1)对模腔的填充迅速有序。

(2)可同时充满各个型腔。

(3)热量和压力损失较小。

(4)尽可能消耗较少的塑料。

(5)能够使型腔顺利排气。

(6)浇注道凝料容易与塑件分离或切除。

(7)避免冷料进入型腔。

(8)浇口痕迹对塑件外观影响很小。

## 5.4.1 浇注系统的作用与设计原则

浇注系统的作用是使塑料熔体平稳且有顺序地填充到型腔中，并在填充和凝固过程中把压力充分传递到各个部位，以获得组织紧密、外形清晰的塑料制件。

在设计浇注系统时，应遵从以下原则：

(1)排气良好。浇注系统应顺利地引导塑料熔体填充到型腔的各个深度，不产生涡流和紊流，并能使型腔内的气体顺利排出。

(2)流程短。在满足成型和排气良好的前提下，要选取短的浇注系统流程来充填型腔；且应尽量减少弯折，以降低压力损失，缩短填充时间。

(3)防止型芯和嵌件变形。应尽量避免塑料熔体正面冲击直径较小的型芯和金属嵌件，防止型芯弯曲变形或嵌件移位。

(4)整修方便。进料口位置和形式应结合塑件形状考虑，做到整修方便并无损塑件的外观和使用。

(5)防止塑件翘曲变形。在流程较长或需开设两个以上进料口时更应注意这一点。

(6)合理设计冷料井和溢料槽。因为它可影响塑件质量。

(7)浇注系统的断面积和长度应尽量取小值，以较少浇注系统占用的塑料量，从而减少回收料。

## 5.4.2 浇注系统的组成

浇注系统一般是由主浇道、分浇道、进料口和冷料井四个部分组成的，如图 5－18 所示。

(1)主浇道是由注射机喷嘴与模具接触的部位起到分浇道为止的一段流道，是塑料熔体进入模具时最先经过的部位，它将塑料熔体从喷嘴引入模具。

(2)分浇道是主浇道与进料口之间的一段流道，它是塑料熔体由主浇道流入型腔的过渡段，能使塑料的流向得到平稳的转换。分浇道用于一模多腔或较大塑件的一腔多浇口，将主浇道的熔体分配至各型腔或同一型腔的各处，起着对各型腔分配塑料的作用。单腔模具采用单浇口时，常常不需要设计分浇道，这时的浇口成为直接浇口。根据一个模具中型腔数量和分布情况，分浇道可以只有一级，也可以有二级、三级等多级分浇道。

(3)进料口(浇口)是分浇道通向(或主浇道直接通向)型腔的狭窄部分，是进入型腔的门户，也是最短小的部分。它的作用是：①使分浇道输送来的塑料熔体在进入型腔时产生加速度，迅速充满型腔；②成型后进料口处塑料首先冷凝，以封闭型腔，防止塑料产生倒流，避免型腔压强下降过快以致在塑件上出现缩孔和凹陷；③成型后，便于使浇注系统凝料与塑件分离。

(4)冷料井，一般设在主浇道末端分型面的动模一侧。对于熔体流程较长的多级分浇道多腔模具，各级分浇道末端都应设置冷料井。冷料井的作用是贮存两次注射间隔中产生的前锋冷料，以防止冷料头进入型腔造成塑件熔接不牢，影响塑件质量，甚至发生冷料头堵塞住进料口，而造成成型不满。有时，对于型腔中熔体流动末端，为避免形成低强度的熔接痕，在型腔之外相应位置也需要设置冷料井，使熔接缝处于塑件之外。

## 5.4.3　直浇口浇注系统的设计

普通浇注系统分直浇口和横浇口两种类型，如图 5-18 和图 5-19 所示。直浇口使用于立式或卧式注射机，其主浇道一般是垂直于分型面的；而横浇口只适用于角式注射机，其主浇道平行于分型面。直浇口用于立式和卧式注射机上的浇注系统。直浇口浇注系统的设计内容包括主浇道、分浇道和浇口的设计。

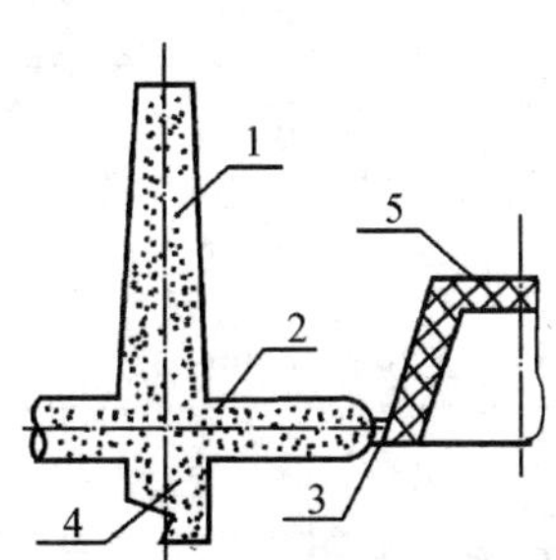


**图 5-18　卧(立)式注射机用模具的浇注系统**

1—主浇道；2—分浇道；3—进料口；4—冷料井；5—塑件

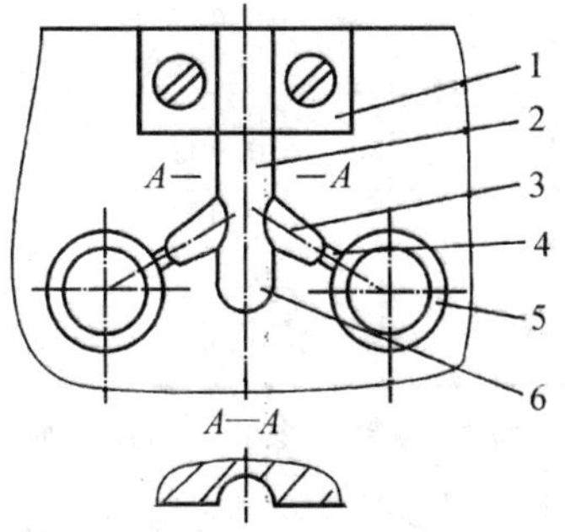


**图 5-19　角式注射机用模具的浇注系统**

1—镶块；2—主浇道；3—分浇道；4—进料口；5—型腔；6—冷料井

**1. 主浇道**

主浇道是塑料熔体进入模具型腔是最先经过的部位，其尺寸大小首先影响塑料的流动速度和填充时间。如果主浇道太小，则塑料流动时的冷却面积就相对增加，热量损耗大，使熔体黏度变大，流动性变差，注射压强损失也相应增大，造成成型困难。反之，若主浇道太大，则会使流道的容积增加，回收料增多，且塑件定型的冷却时间延长，降低了劳动生产率。除此之外，主浇道过粗还会使塑料在流动过程中产生严重的涡流现象，在塑件中出现气泡，从而影响其质量。

由于主浇道要与高温塑料和注射机喷嘴反复接触和碰撞，所以通常不把主浇道直接开在定模板上，而是将它单独开设在一个浇口套上，也称为主浇道衬套，然后镶入定模板内。这样，对浇口套的选材、热处理和加工都带来很大方便，而且损坏后也便于修理和更换。通常，浇口套需选用优质钢材（如 T8A）单独进行加工和热处理（53～57HRC）。

一般对小型模具可将浇口套与定位环设计成整体式，但在多数情况下，将浇口套和定位环设计成两个零件，然后配合固定在定模板上。

浇口套的形式如图 5－20 所示，浇口套尺寸见表 5－5。

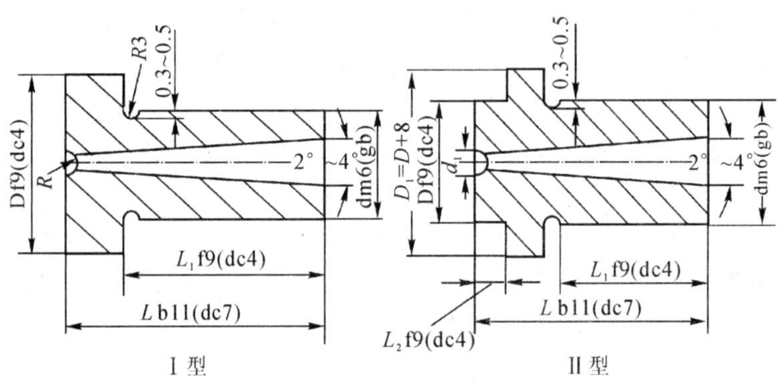


**图 5－20 浇口套形式**

**表 5－5 浇口套尺寸** **单位：mm**

| Ⅰ型 | | | Ⅱ型 | | |
|---|---|---|---|---|---|
| d | | 与 d 配合的孔公差 H7(D) | d | | 与 d 配合的孔公差 H7(D) |
| 公称尺寸 | 配合公差 m6(qb) | | 公称尺寸 | 配合公差 m6(qb) | |
| 20 | +0.023<br>+0.008 | +0.023 | 16 | +0.019<br>+0.007 | +0.019 |
| 25 | +0.023<br>+0.008 | +0.023 | 20 | +0.023<br>+0.008 | +0.023 |
| 30 | +0.027<br>+0.009 | +0.027 | 25 | +0.023<br>+0.008 | +0.023 |
| 35 | +0.027<br>+0.009 | +0.027 | 35 | +0.027<br>+0.009 | +0.027 |
| 40 | +0.027<br>+0.009 | +0.027 | 40 | +0.027<br>+0.009 | +0.027 |

定位环与浇口套的配合及固定形式见表 5－6。

**表 5－6 定位环与浇口套配合及固定形式**

| 简　图 | 说　明 | 简　图 | 说　明 |
|---|---|---|---|
| | 整体式，即定位环与浇口套为一体，并压配于定模板内。用于小型模具 | | 定位环与浇口套配合，并压住浇口套 |
| | 整体式，用固定板压住 | | |
| | 浇口套与定位环分开，浇口套固定在模板孔内，定位环与浇口套配合 | | |

续表

| 简　图 | 说　明 | 简　图 | 说　明 |
|---|---|---|---|
| 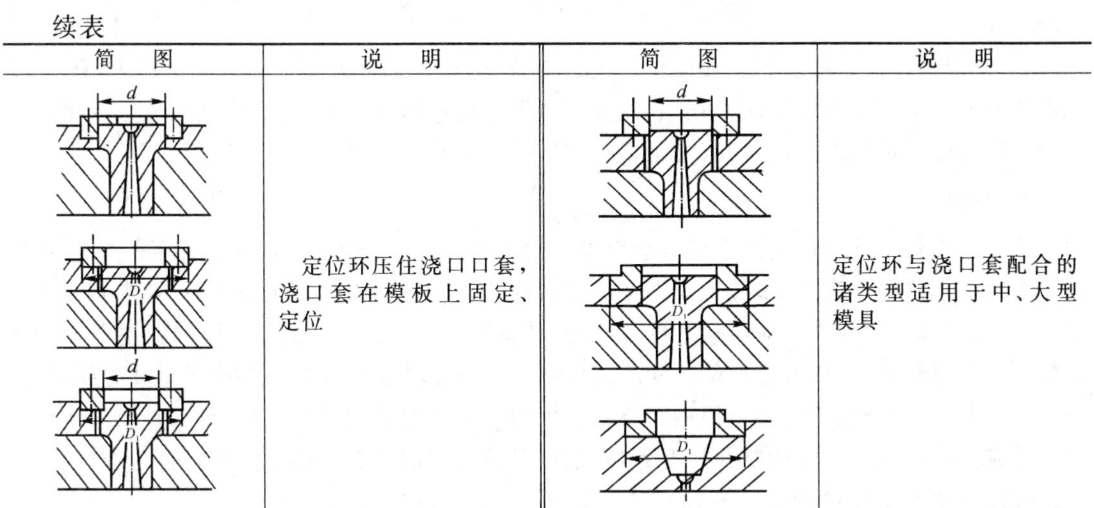 | 定位环压住浇口口套，浇口套在模板上固定、定位 | | 定位环与浇口套配合的诸类型适用于中、大型模具 |

主浇道的设计要点有以下几项(见图 5－21)：

(1)主浇道的进口直径比注射喷嘴出口直径应大 0.5～1 mm：一方面可补偿喷嘴与主浇道的对中误差；另一方面避免了注射时在喷嘴与浇口套之间造成漏料或积存冷料，使主浇道无法脱模或脱模困难。

(2)为了便于取出浇道凝料，主浇道应呈圆锥形，一般斜角 $\alpha$ 推荐采用 2～8°。对于直角式注射模，主浇道可以不设计锥度，这是因为主浇道位于直角式注射模主分型面的动、定模上，模具打开后可以很方便地脱出。

(3)主浇道出口处应有圆角，圆角半径 $R=0.5\sim3$ mm 或 $R=\frac{d_2}{8}$。

(4)浇口套与定模板配合面采用过渡配合 H7/m6(D/gb)，定位环与注射机模板上的定位孔之间采用动配合 H11/h11(D6/d6)或 H11/b11(D6/dc7)。

(5)在能够实现塑件成型的条件下，主浇道长度应尽可能短些，以减少压力损失和回收料量。$H$ 值最好小于 60 mm，过长会使塑料熔体的温度下降而影响充模。

(6)喷嘴头部与浇口套相接触的球面圆弧必须匹配(见图 5－22)，否则将造成漏料。一般要求浇口套凹下的球面半径 $R_2$ 比喷嘴球面半径 $R_1$ 大 1～2 mm。

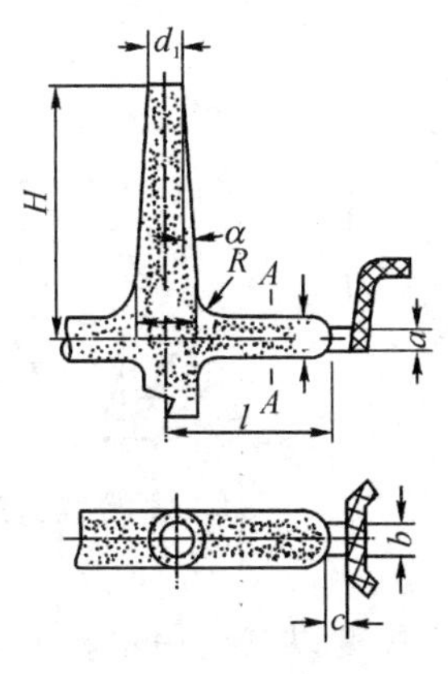


5－21　主浇道尺寸图

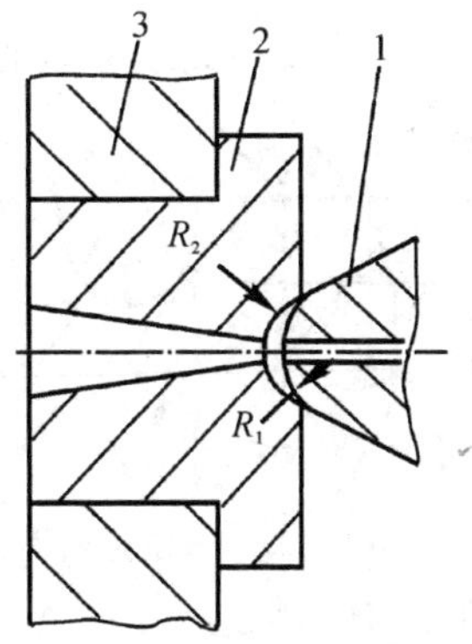


**图 5－22　主浇道始端与喷嘴头部不正确的配合**

1—喷嘴；2—浇口套；3—定模板

(7)主浇道尽量不要做成两段组合式，而应作成整体式。否则，塑料易于从接缝处溢出而影响脱模。

(8)主浇道出口处的浇口套端面应与定模板齐平，以免出现溢料。另外，由于浇口套常受到型腔或分浇道中塑料的反压力作用，致使浇口套从定模板中退出。因此，浇口套镶入定模板部分的直径应尽可能取小些，而且与定模板的连接要可靠。

**2. 分浇道**

分浇道是塑料熔体由主浇道流入型腔前的过渡段，它应使塑料流向平稳地转变。在单腔模中有时可不设分浇道，在多腔模中则必定设有分浇道。塑料沿分浇道流动时，要求料温下降尽量少些，而且压力损失也应尽量小些。此外，在多腔模中，还要求通过分浇道将塑料均匀地分配到各个型腔中，所以分浇道的尺寸应短而粗。但为了减少回收料量和缩短冷却时间，分浇道亦不宜太粗；而分浇道过短会使型腔布置发生困难。因此，恰当的分浇道形状和尺寸应根据塑件的成型体积、壁厚、形状复杂程度、型腔数目以及使用塑料的性能等因素综合考虑。

分浇道的断面形状(见图 5－23)有以下几种：

(1)圆形分浇道(见图 5－23 (a))。其比表面积最小(指浇道表面积与体积之比)，故热量不容易散失，流动阻力亦小。但由于圆形分浇道需开设在分型面的两侧，而且要求完全吻合，故加工较困难。

(2)梯形分浇道(见图 5－23(b))。由于这种形式的浇道易于加工，热能损失和压力损失都不大，因此是最常用的形式。其断面尺寸比例为 $h=\frac{2}{3}W$，$x=\frac{3}{4}W$，$W$ 值则根据结构确定，一般为 5～10 mm。

(3)U 形分浇道(见图 5－23 (c))。其优缺点与梯形分浇道基本相同，常用于小型塑件及一模多腔情况。一般采用 $h=1\frac{1}{4}R$。

(4)半圆形分浇道(见图 5－23 (d))。其比表面积较大，热能损失多，故不常采用。

(5)矩形分浇道(见图 5－23(e))。其比表面积较大，也不常采用。

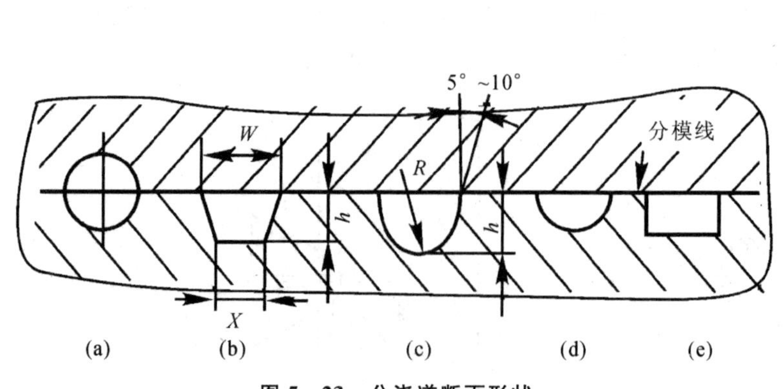


图 5－23　分浇道断面形状

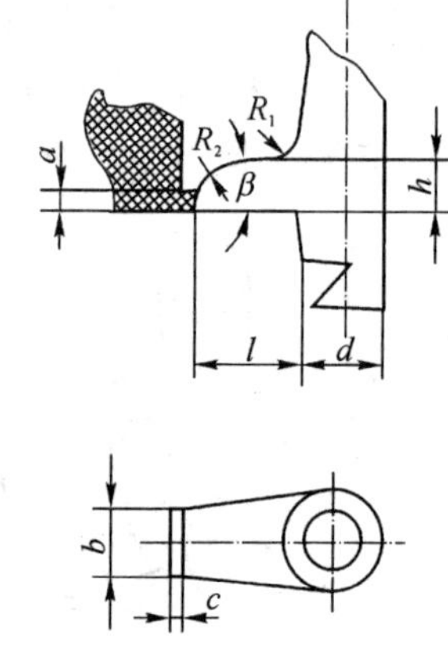


5－24　分浇道尺寸设计

分浇道的设计要点有以下几项：

(1)分浇道的尺寸需根据塑件对壁厚、成型体积、形状复杂程度以及使用塑料的流动性等因素而定，具体尺寸可参照图 5－24 选取。对大型塑件，$h$ 值可取大些，$\beta$ 角可取小些，分浇道长度一般在 8～30 mm 范围，也可根据型腔数目和布置取得更长些，但不宜小于 8 mm，否则会给修剪带来困难。具体尺寸可参考图示数据。

(2)在解决塑料在分浇道中的热量损失和料流阻力均应小与回收料量也应少的矛盾时,首先保证塑料在足够的压力下注入并充满型腔,其次才是尽量减少分浇道的断面尺寸和长度。

(3)当分浇道设计得比较长时,其末端应留有冷料井,以防止冷料头堵塞浇口或进入型腔,从而造成充填不满或影响塑件的熔接牢度。

(4)分浇道的粗糙度不宜太小,以免将冷料带入型腔。粗糙度一般要求达到表面粗糙度 $R_a$1.6 即可,使其低于主浇道的粗糙度。这样,可增大外层料流的阻力,降低其流速,以保证与中心料流有相对的速度差。

**3. 浇口(进料口)**

浇口是浇注系统中的关键部分,浇口的形式、尺寸以及开设在塑件的什么部位对塑件质量影响很大。在多数情况下,浇口是整个系统中断面尺寸最小的部分(除主浇道型浇口外),一般浇口的断面积约为分浇道断面积的 3%～9%。断面形状多为矩形或半圆形。

由于浇口的断面积甚小,故浇口处的阻力比分浇道的阻力要大得多。对于接近牛顿液体的塑料熔体来说,表观黏度几乎不随剪切速率的变化而变化,故增大料口尺寸,能降低流动阻力,明显地提高熔体的流速。然而对于非牛顿型的塑料熔体来说,情况则比较复杂。增大浇口断面尺寸虽然能降低料流阻力,促使流速提高,但浇口尺寸增大后,剪切速率降低,这将使熔体表观黏度升高,又使得流速下降。此外,浇口尺寸增大后,浇口前、后的压强差减小,这也不利于充模。

综上所述,对于非牛顿型塑料熔体,在一定的剪切速率范围内,增大浇口尺寸并不能明显提高其充模速率。对那些表观黏度随剪切速率的变化而不太敏感的塑料熔体来说,只有大幅度地增大浇口尺寸,才能明显改善其充模状况。而对于那些表观黏度对剪切速率较为敏感的塑料熔体,减少浇口尺寸则可使熔体黏度下降较多,而且当塑料流经小尺寸浇口时,由于摩擦生热,还会进一步降低熔体黏度。因此,采用小尺寸浇口填充薄壁型腔比采用大尺寸浇口更为有利。至于小尺寸浇口引起的流动阻力增加,在一定范围内可以用提高注射压强的方法来弥补。实验表明,注射压强提高不到 2 倍,体积流速可以增加 4 倍。

浇口尺寸(指侧浇口)如图 5-25(a)所示。

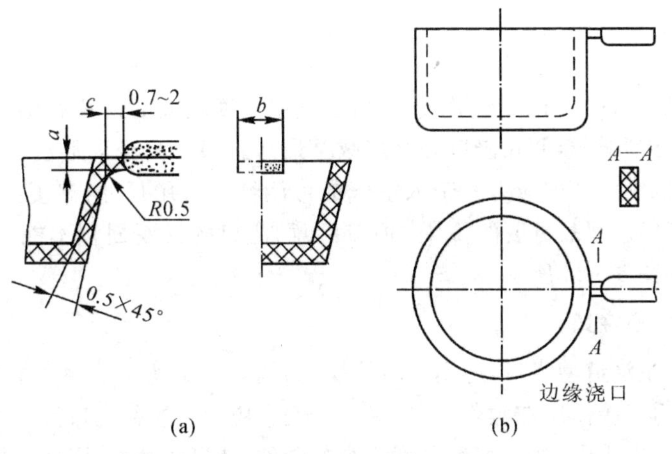


**图 5-25　浇口**

(a)浇口尺寸;(b)侧浇口

(1)浇口厚度 $a$,此尺寸直接影响塑料熔体在型腔内的流速和流态,因而对塑件质量的影响较大。$a$ 值减小,加速作用明显,对填充薄壁塑件有利,能获得外形清晰的制品,但注射压强损失则较大,浇口冷凝快,造成补缩困难,甚至于成型不满。如果 $a$ 值适当增加,则塑料熔体进入型腔的流速会下降,这又有利于排除型腔内的空气,使塑料更好地熔合,可提高塑件的表面粗糙度。但 $a$ 值过大,会使流速下降太多,从而延长了充模时间,甚至会因浇口冷凝过慢而引起倒流,使模腔压强下降并会在塑件中形成真空泡。总之,浇口厚度应根据塑件几何形状、材料和壁厚来决定。塑件形状较简单、壁较厚且流程较短时,其浇口厚度宜增大;反之则应减小。通常,浇口厚度可取制品壁厚的 1/3～2/3。制造模具时,先采用尺寸偏小的浇口,试模后,再根据情况决定应否放大。

(2)浇口宽度 $b$,此尺寸对塑料熔体进入型腔的流态有很大影响,对充满制品形状的各个部分起着重要的作用。选择合适的浇口宽度有利于排除型腔内的气体,能避免充模时产生旋涡和喷射现象。在正常流速和壁厚的情况下,对中、小型塑件,浇口宽度一般可取$(3\sim10)a$;对于大型塑件或特殊扇形浇口,可取 $b>10a$。

(3)浇口长度,一般取 0.7～2 mm,浇口太长会使浇口处塑料过早冷凝,影响注射压强的正常传递,形成塑件表面云纹或成型不足的缺陷。

浇口与塑件接合处应做成 $R0.5$ 的圆角或 $0.5\times45°$ 的倒角(见图 5-25(a)),以防在分离浇注系统时剥伤塑件。

浇口与分浇道的连接处,一般采用 30°～45°的斜角,并以 $R=1\sim2$ mm 的圆弧与分浇道底面相交,以便于塑料流动并减少压力损失。

### 5.4.4 其他浇口形式的浇注系统

**1. 侧浇口(边缘浇口)**

侧浇口一般开在分型面上,从塑件边缘进料,这种浇口形式应用较广。其断面形式多为矩形,可以通过改变其厚度和宽度来调整充模时的剪切速率和封闭时间。其设计尺寸如图5-25(b)所示。

**2. 扇形浇口**

扇形浇口是侧浇口的一种变异形式,常用于成型宽度较大的薄片状塑件。浇口沿进料方向逐渐变宽,厚度逐渐减薄,并在浇口处突然减至最薄。塑料流经扇形浇口,在横向得到更均匀的分配,可以减低制品的内应力和带入空气的可能性。常用尺寸:厚度为 0.25～1.6 mm,宽度为 6 mm 至浇口边型腔宽度的 1/4。但应注意,浇口的横断面积不能大于分浇道的横断面积。扇形浇口如图 5-26 所示。

**3. 直接浇口(中心浇口)**

直接浇口属于主浇道型浇口,适用于单腔模,如图 5-27 所示。由于它的浇口尺寸大,凝固时间长,注射压力直接作用在塑件上,容易产生残余应力。这种浇口流动阻力小,进料快,常用于大型厚壁制件,以利于补缩。熔融黏度很高的塑件,如聚碳酸酯、聚砜等也常采用此种形式的浇口。设计时应注意主浇道的根部不宜太粗,否则该处的温度高,容易产生缩孔,浇口去除后,缩孔会留在塑件表面上。成型薄壁塑件时,浇口根部的直径不应超过塑件壁厚的两倍。

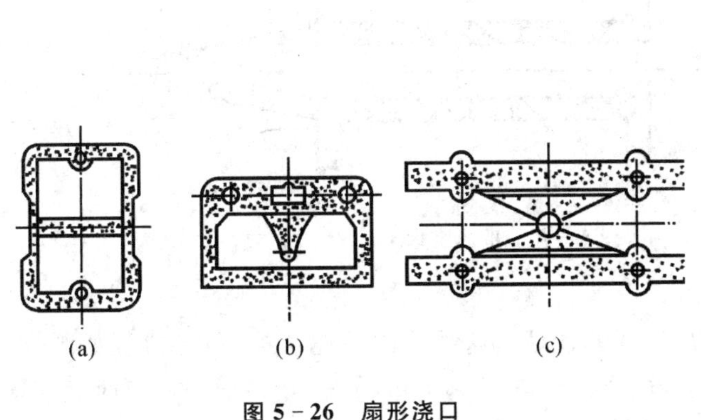


图 5-26　扇形浇口

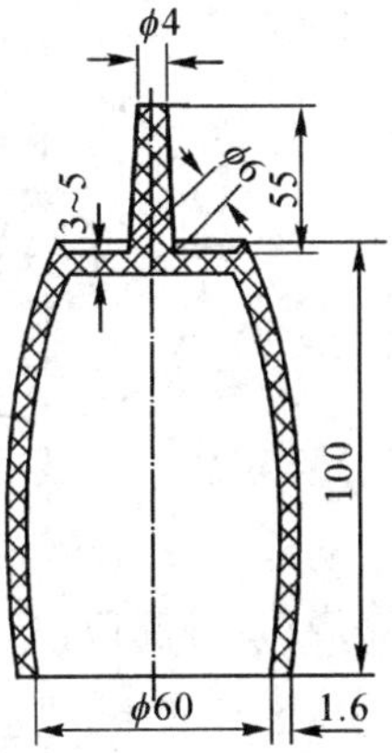

图 5-27　直接浇口

**4. 环形浇口**

环形浇口主要用于圆筒形塑件或中间带通孔的制品，如图 5-28 所示。这样可使进料均匀，在整个圆周上的流速大致相同，去排气良好，具有理想的填充状态。同时还避免了采用侧浇口时在型芯对面出现的熔接痕，而且流程短，弯折少，压力损失小。其缺点是去除浇口比较困难，而且只能用于单型腔模。其典型浇口厚度为 0.25～1.6 mm，浇口台阶长度约为 1 mm。另外，还可采用锥形型芯的形式（图 5-28(a)），对塑料可以起到分流的作用。

**5. 轮辐式浇口**

轮辐式浇口的适用范围类似于圆环形浇口，但是把整个圆周进料改变为几小段圆弧进料，这样则去除浇口较为方便。但在塑件上出现了与浇口数目相同的熔接痕，对其强度有一定的影响。此种形式浇口的尺寸为深 0.8～1.8 mm，宽 1.6～6.4 mm，如图 5-29 所示。

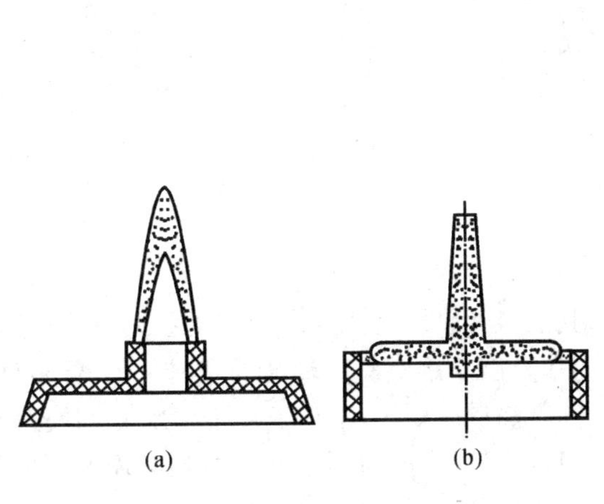


图 5-28　环形浇口

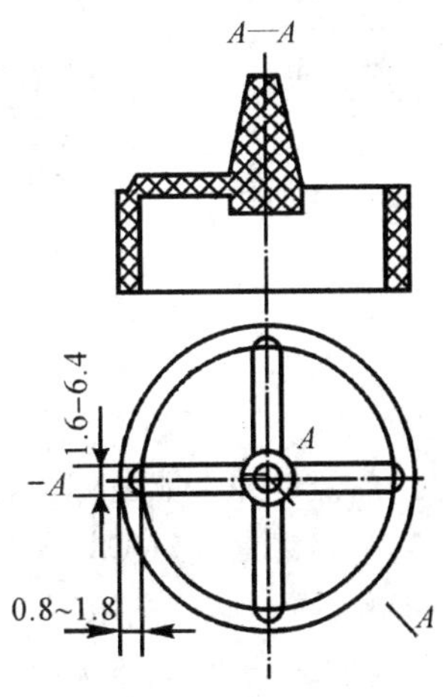


图 5-29　轮辐式浇口

**6. 爪形浇口**

爪形浇口如图 5-30 所示。爪形浇口是轮幅式浇口的一种变异形式，与轮辐式浇口的区别仅在于分浇道与浇口不在一个平面内。它适用于管状塑件。在成型细长套筒时，型芯的顶端伸入定模板内，起到定位作用，保证了成型出的塑件具有较高的同心度。

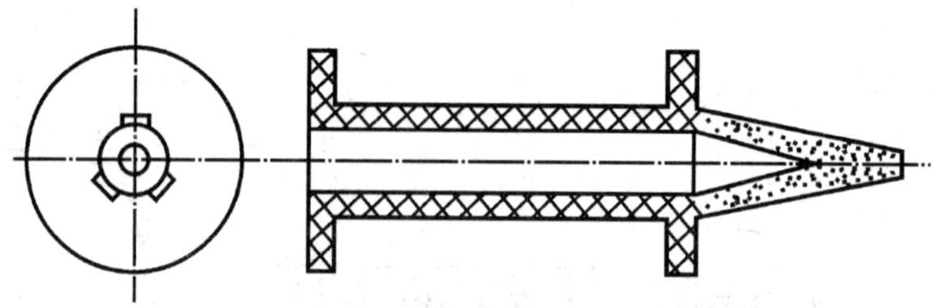

图 5-30　爪形浇口

**7. 点浇口(针浇口)**

点浇口的尺寸小,一般设计在塑件的顶端。这种形式的浇口被广泛采用,如图 5-31 所示。它的优点:①由于进料口很小,直径在 0.5～1.8 mm 范围,塑料通过浇口时流速增加,且浇口前、后有较大的压强差,能明显降低熔体的表观黏度,使流动性增加,提高了充模速率,从而能获得外形清晰的制品。②塑料熔体流过点浇口时,由于摩擦阻力使一部分能量转变为热量,使熔体温度略有升高,黏度下降,改善了流动性。这对成型薄壁或带有精密花纹的制品是有利的。③点浇口尺寸小,冷凝快,从而缩短了成型周期,提高了生产率。④对多型腔模,点浇口能均衡各型腔的进料速度。⑤点浇口塑件一般不需修整浇口,因而省去了修整工序,提高了效率。⑥点浇口在塑件上留下的痕迹小,使塑件表面质量得到了提高。

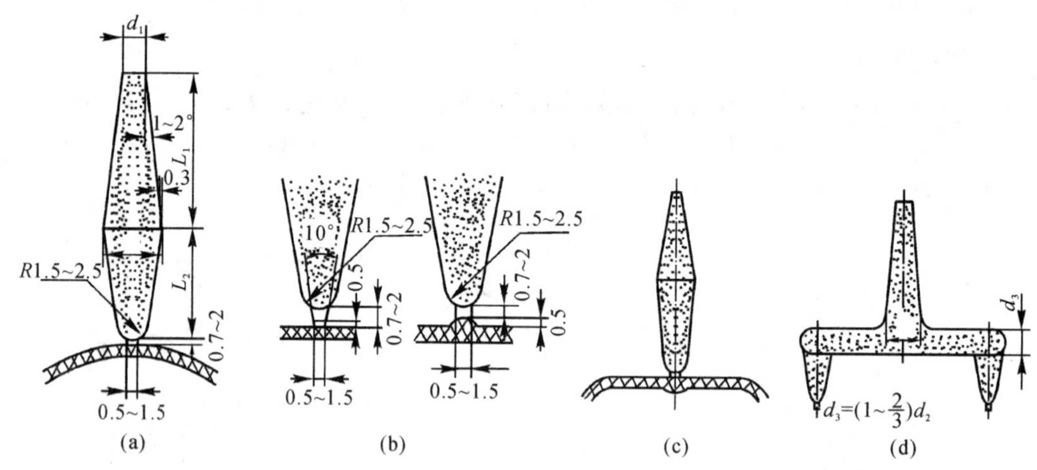


图 5-31　点浇口形式

但是,点浇口并不能适用于任何情况,其局限性表现在:①由于点浇口尺寸小,充模时阻力大,这对某些表观黏度对剪切速率不敏感的塑料以及熔融黏度较高的塑料来说(如聚碳酸酯、聚砜等)不利,易于形成充填不满的缺陷。②点浇口冷凝快,不利于补缩。当成型厚壁塑件时,因要求有足够的补料时间,则这时不宜采用点浇口。③采用点浇口时,模具需设计成双分型面,以便取出浇注系统凝料,这使得模具结构比单分型面要复杂些。

点浇口的设计尺寸可参看图 5-31(a),$L_2$ 约为 $L_1$ 的 2/3,$L_2$ 一般为 15～25 mm。浇口与塑件相接处也可采用圆弧或倒角,如图 5-31(b)所示,使点浇口被拉断时不致损伤塑件。当制品较大时也可采用多点进料,如图 5-31(d)所示。由于点浇口附近的剪切速率高,会造成分子的高度取向,这将增大塑件局部的内应力,甚至产生开裂。为此,在不影响使用的条件下,可将浇口对面的壁厚适当增加,并呈圆弧过渡,如图 5-31(c)所示。

**8. 潜伏式浇口**

潜伏式浇口形式是由点浇口演变而来的，如图 5-32 所示。然而它除了具有点浇口的特点外，还将浇口设计在塑件侧面较隐蔽的地方，不会影响塑件的外形美观。但是浇口需沿斜向进入型腔，当顶出塑件时，浇口自动被切断，因而对顶出机构产生较大的冲击力。因此，对于较强韧的塑料，不宜采用潜伏式浇口。潜伏式浇口设计尺寸可参考图 5-32(b)所示。

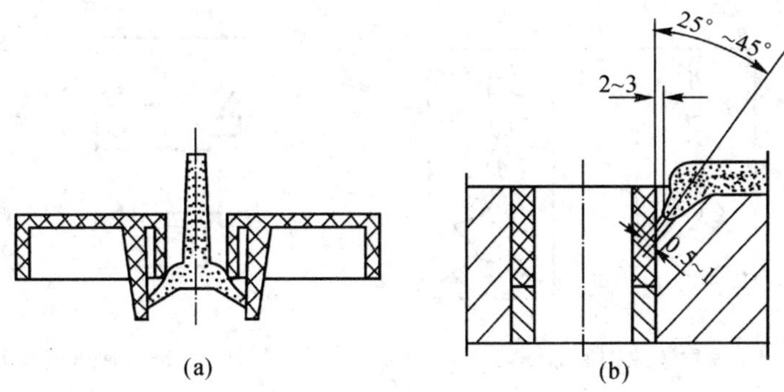


**图 5-32　潜伏式浇口**

**9. 护耳式浇口**

小尺寸的浇口虽然有上述一系列优点，但是容易产生喷射现象，造成塑件的许多缺陷，或因在浇口附近有较大的内应力而引起塑件翘曲变形，而采用护耳式浇口可以避免上述缺陷，如图 5-33 所示。通过小浇口的塑料熔体由于摩擦生热，流动性得到提高，料流冲击在凸耳对面的模壁上，消耗了部分动能，从而降低了流速，并改变流向均匀地流入型腔。但护耳式浇口的凸耳在成型后需予以切除，增加了修整工序，因此在不影响使用的情况下，凸耳可不必除去。护耳式浇口的典型尺寸：凸耳长度 $L=15\sim25$ mm，宽度 $W=L/2$，厚度为进口处型腔断面厚度的 3/4 左右，浇口开在凸耳侧面的 1/2 处，浇口宽度为 1.6～3.2 mm，厚度为凸耳厚度的 80%，浇口长度为 1 mm。当塑件的宽度较大时(300 mm 以上)，可采用两个以上的凸耳(见图 5-33(b))。此种形式的浇口常用于聚碳酸酯、ABS 和有机玻璃等塑料的成型。

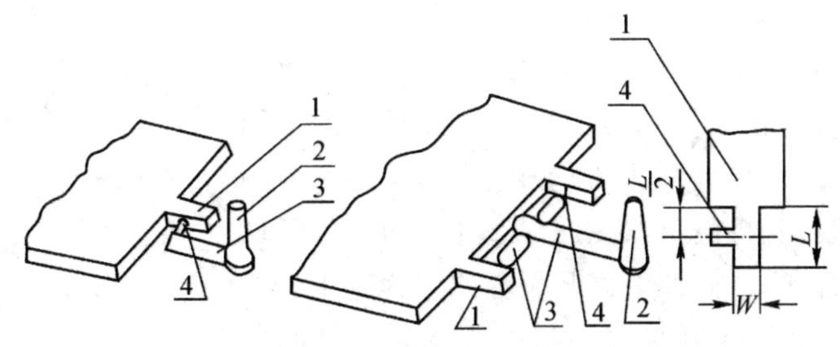


**图 5-33　护耳式浇口**

1—护耳(凸耳)；2—主浇道；3—分浇道；4—浇口

## 5.4.5　浇口位置的选择

塑件上浇口开设部位的选择，应注意以下几方面。

(1)避免熔体破裂现象在塑件上产生缺陷。如果浇口的尺寸比较小，而且对于一个宽度和厚度都比较大的型腔，则当塑料熔体在高压下以很大的速度流过浇口时，由于受到过高的剪切压强，将产生喷射和蠕动(蛇形流)等熔体破裂现象。有时塑料熔体从型腔的一端直接喷射到另一端，造成折叠，使成型制品上产生波纹状痕迹；或在高剪切速率下，喷出高度定向的细丝或断裂物很快冷却变硬，与而后进入型腔的塑料不能很好地熔合。这些将造成制品缺陷或表面疵瘢，如图 5－34 所示。同时喷射还会使型腔内的空气难以顺利地排出，在塑件上形成气泡或焦痕。

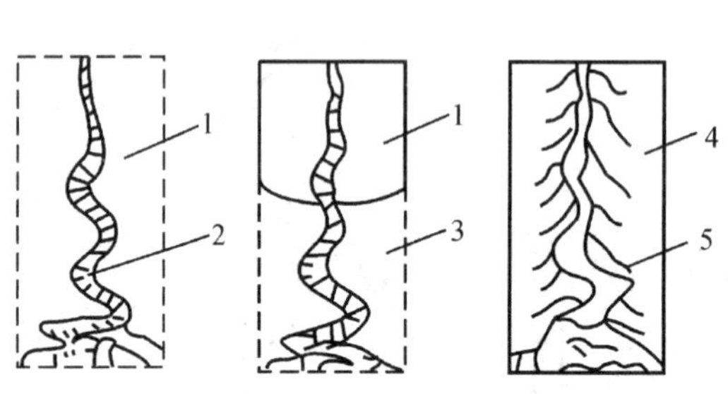


**图 5－34　喷射造成的制品缺陷**

1—未充填部分；2—喷射流；3—充填部分；
4-已充填；5—喷射造成的表面疵瘢

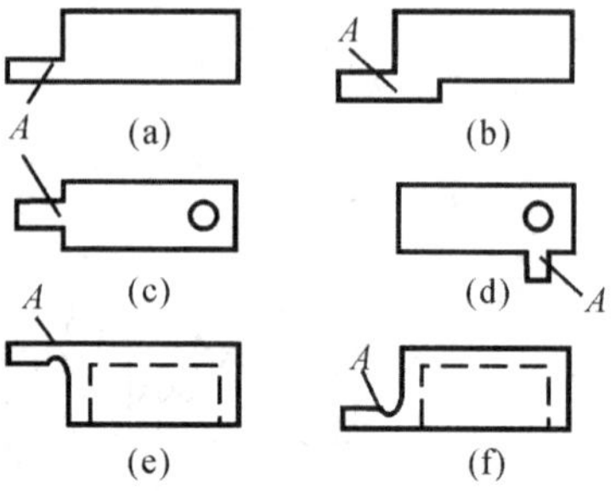

**图 5－35　冲击型与非冲击型浇口**

克服熔体破裂的办法有两个：一个是加大浇口的断面尺寸，降低流速。但此法亦降低了充模速率。另一个是采用冲击型浇口，即浇口开设方位正对着型腔壁或粗大型芯，如图 5－35 所示。图 5－35(a)(c)(e)所示为非冲击型浇口，图 5－35(b)(d)(f)所示为冲击型浇口。高速料流冲击在型腔壁或型芯上，从而改变流向，降低流速，均匀地填充型腔，使熔体破裂的现象消失。这对提高塑件质量、避免表面缺陷是很有效的措施。采用护耳式浇口也就是冲击型浇口的类型，可以避免喷射现象，尤其有利于成型透明度要求高的塑料制品。

(2)考虑分子取向方位对塑件性能的影响。一般来说，希望塑料注射制品具有各向同性的性能，因此，应尽量减少在流动方向上由于充模和补料而造成的分子取向作用，然而要完全避免取向几乎是不可能的。对塑件来说，垂直于流向和平行于流向的强度、应力开裂倾向等都存在着差别。图5－36所示为一带有金属嵌件的聚苯乙烯塑件，由于收缩使嵌件周围的塑料层有很大周向应力。当浇口开在图示 $A$ 位置时，分子取向方向与周向应力方向相垂直，此零件使用几个月后即产生开裂；若将浇口改在图示 $B$ 位置时，分子取向沿着周向应力的方向，从而使应力开裂现象大为减少。

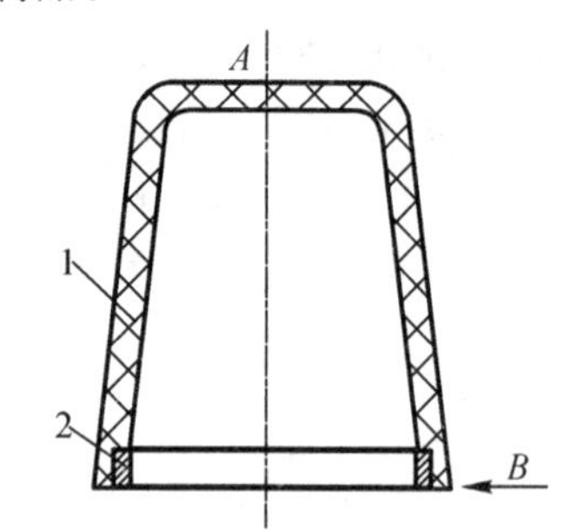


**图 5－36　取向方位对应力开裂的影响**

1—塑件；2—金属嵌件

流动距离越长，由于冷凝表面层与中心流动层之间的速度差越大，使分子取向程度增大，补料引起的内应力也越大；反之，流动距离短，则分子取向引起的内应力也减小，翘曲变形因之大为减少。对于图 5－37 所示的大型平板形塑件，如果只用一个中心浇口，由于流动距离长，制品将出现翘曲变形，若改用四个或五个点浇口，则可有效地防止翘曲变形。

在特殊情况下，也可利用分子高度取向来改善塑件的某些性能。例如，聚丙烯铰链为达到数千万次弯折而不断裂，要求在铰链处分子高度取向。为此将两个浇口开设在图 5－38 中 $A$

位置，塑料熔体通过很薄的铰链（约 0.25 mm 厚）充满盒盖的型腔，在铰链处分子产生高度取向，脱模时又立即使它弯曲，以获得拉伸取向。

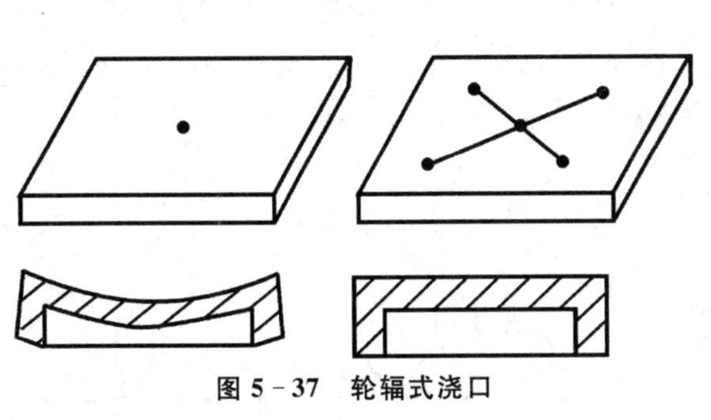

图 5 - 37　轮辐式浇口

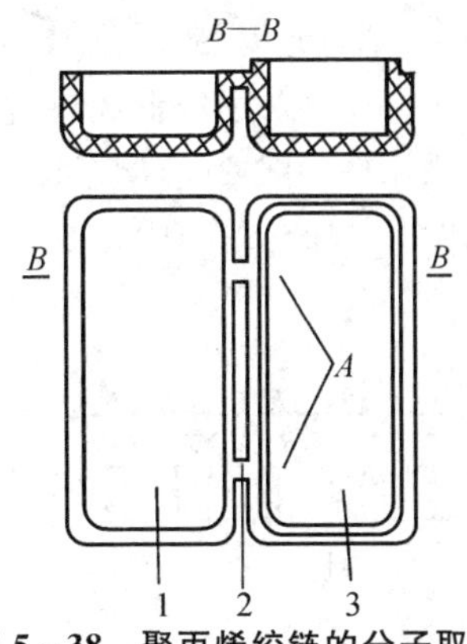


图 5 - 38　聚丙烯绞链的分子取向

1—绞链；2—盖；3—底

(3)有利于流动、排气和补料。当塑件壁厚相差较大时，应在避免喷射的前提下，把浇口开在接近截面最厚处。反之，如将浇口开在薄壁处，则塑料熔体进入型腔后，不但流动阻力大，而且很容易冷却，这都会影响物料的流动距离。如图 5 - 39 所示的盒形制件，图(a)中由于圆周壁比顶部壁厚大，当采用侧浇口进料时，塑料熔体首先充满圆周型腔，而在顶部形成封闭的气囊，使顶部型腔内的气体不能顺利排出，将造成制品中存在气泡、疏松、充模不满、熔接不牢，或者在注射时由于气体被压缩而产生高温，将塑件局部烧焦碳化。因此，在远离浇口的部位，在型腔最后充满处，应设计排气槽，或利用顶出杆、活动型芯等处的间隙来排气。从排气的角度出发，最好将浇口开在顶部，从中心进料（见图 5 - 39(c)），以容易充满型腔并消除熔接痕。如从塑件外观质量要求出发不允许顶部中心进料时，则可增加顶部壁厚，仍采用侧浇口（见图 5 - 39(b)），使顶部先充满，最后充填浇口对边的分型面处。

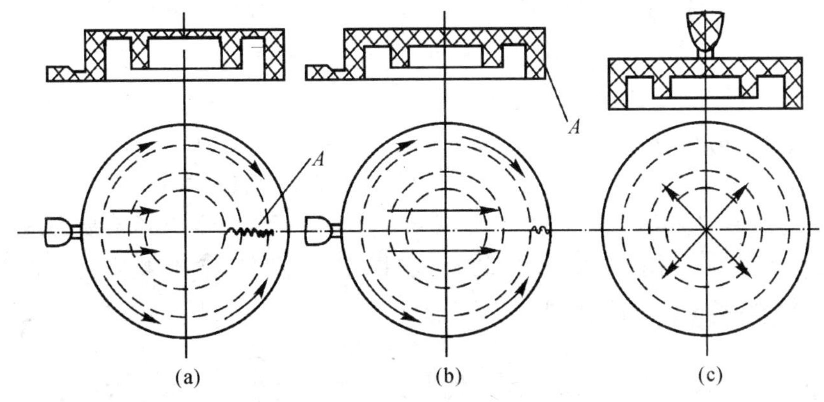


图 5 - 39　浇口位置对排气的影响

当塑件上带有加强筋时，可以利用加强筋作改善塑料流动的通道。图 5 - 40(a)所示的侧面带有多个加强筋的塑件，也容易在顶部两端形成气囊，但如在顶部开设一条纵向长筋（见图 5 - 40(b)），将有助于物料分配和排气。

从有利于补料的角度出发，厚截面处往往是塑件最后凝固的地方，极易因体积收缩而形成表面凹陷或真空泡，如将浇口开设在厚壁处则有利于补缩。

(4)减少熔接痕和增加熔接牢度。为了减少塑件上熔接痕的数量，在流程不太长时，如无特殊要求，最好不要开设两个或更多的浇口，如图 5－41 所示。

对于圆环形塑件，为了减少熔接痕，浇口最好开在塑件的切线方向，如图 5－42(a)所示。图 5－42(b)中采用扇形浇口，浇口去除后，在塑件上留下较大的痕迹。对于较大型的圆环塑件，可采用图 5－42(c)(d)所示的浇口形式。为了增加熔接牢度，可在熔接部位外侧开设溢料穴，如图 5－42(a)(b)中 $a$ 处所示，使前锋冷料溢出。

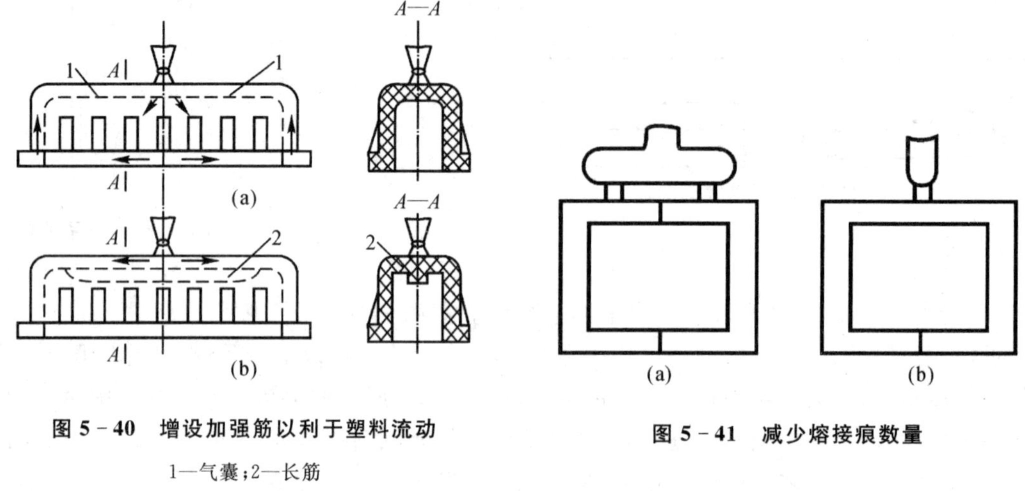


**图 5－40　增设加强筋以利于塑料流动**

1—气囊；2—长筋

**图 5－41　减少熔接痕数量**

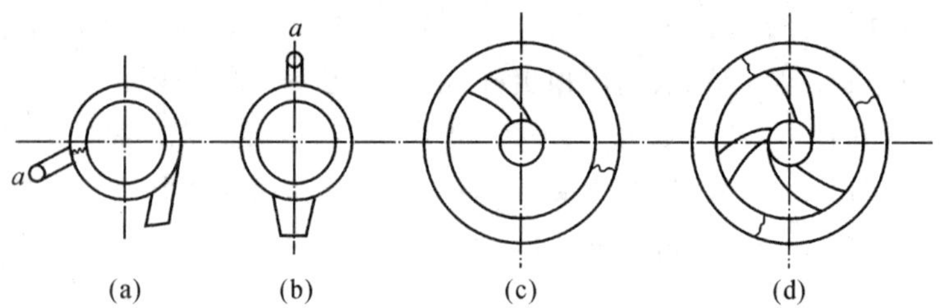


**图 5－42　环形塑件的浇口开设**

对于体积较大的框形或箱形塑件，若只采用一个浇口，则流程较长，弯折亦较多，造成注射压强损失较大，料流前端温度下降过多，以致熔接不牢，强度明显下降。因此在设计中应力求使各方向的流程较为接近。如图 5－43 所示，图(a)中浇口位置较好；图(b)中流程长，熔接点强度降低较多；图(c)中多开设一个浇口，使熔接痕数增加了，且浇口还不易去除。对大型塑件，可以增加过渡浇口(见图 5－44(b)中的 $A$ 处)以缩短流程，提高熔接牢度。还可采用多针点浇口来缩短流程(见图 5－45(b))。

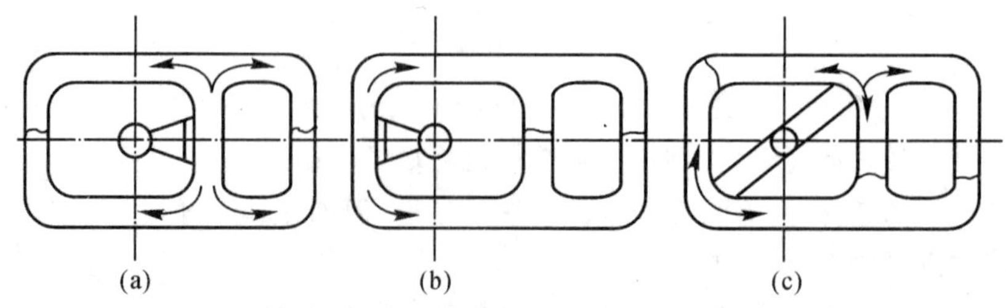


**图 5－43　箱形塑件浇口位置**

对熔接痕的方位也应加以注意。图 5－46 所示为有两个圆孔的平板塑件，其中图 5－46

(b)中的浇口位置较为合理,熔接痕的方位对强度影响较小;图 5-46(a)中的浇口位置在注射成型后,熔接痕与小孔连成一线,使强度大大降低。

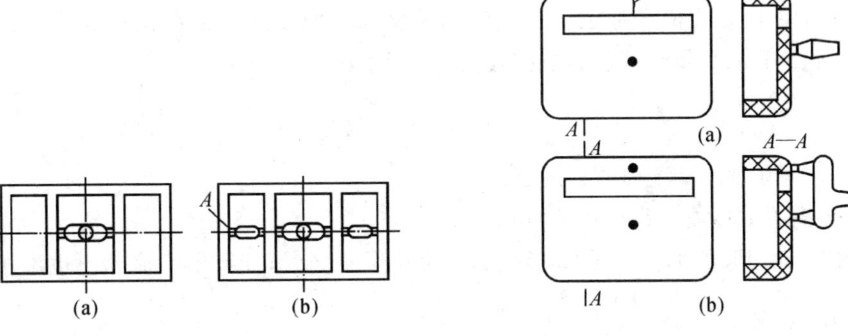


图 5-44　开设过渡浇口　　图 5-45　采用多针点浇口

(5)防止料流将型芯或嵌件挤歪变形。对于有细长型芯的圆筒形塑件,应避免偏心进料以防型芯产生弯曲变形。如图 5-47 所示,图(a)中浇口位置不够合理;图(b)中采用两侧对称进料虽可防止型芯弯曲,但增加了熔接痕,且易造成顶部排气不良;图(c)中采用顶部中心进料效果最好。

图 5-48 所示为一聚碳酸酯矿灯壳体。图 5-48(a)中由顶部中心进料,由于浇口较小,中间型腔流速大于两边,使中间首先充满,而两侧尚未充满,于是产生了侧向力 $P_1$ 和 $P_2$,加上型芯长达 150 mm,以致充模时型芯产生了弹性变形,造成脱模困难,顶出时产品发生破裂。图 5-48(b)中将浇口加宽,使中心和两边进料速度趋于均匀,但去除浇口后残留痕迹大。图 5-48(c)中采用两个正对型芯的冲击型浇口,使中间和两侧能均匀地同时进料,而且浇口尺寸小,避免了图(a)及图 5-48(b)中的缺点。

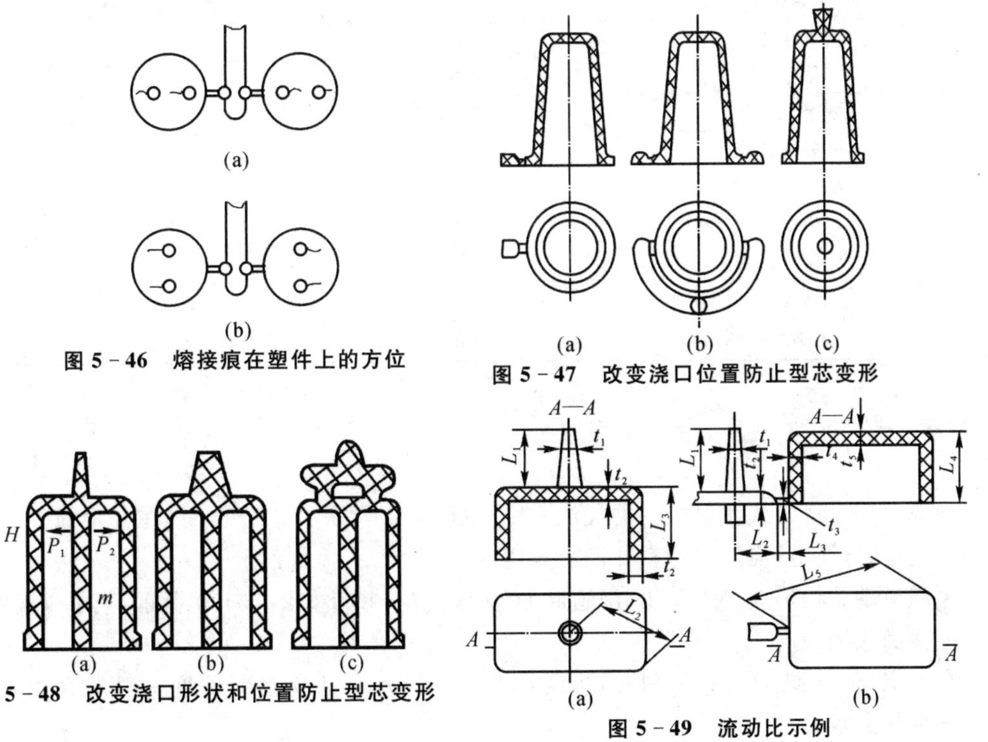


图 5-46　熔接痕在塑件上的方位

图 5-47　改变浇口位置防止型芯变形

图 5-48　改变浇口形状和位置防止型芯变形

图 5-49　流动比示例

(6)校核流动距离比。在设计浇口数量和位置时,对大型塑件必须考虑流动比问题。因为塑件壁厚较小且流动距离过长时,不但内应力增加,而且还会因料温下降而形成填充不满,这时只有采用增加制品壁厚或增加浇口数量及改变浇口位置等措施来缩短最大流动距离。实践证明,最大流动距离是由流动通道的最大流动长度和其厚度之比来决定的。当浇注系统和型腔断面尺寸各处发生变化时,流动比应按下式进行计算:

$$\text{流动比} = \sum_{i=1}^{i=n} \frac{L_i}{t_i} \tag{5-12}$$

式中 $L_i$——流道中各段流程的长度(mm);

$t_i$——流道中各段流程的厚度(mm)。

对于图 5-49 所示塑件,当浇口形式和开设位置不同时,计算出的流动比也不相同:

图 5-49(a)中流动比$=\dfrac{L_1}{t_1}+\dfrac{L_2+L_3}{t_2}$。

图 5-49(b)中流动比$=\dfrac{L_1}{t_1}+\dfrac{L_2}{t_2}+\dfrac{L_3}{t_3}+2\dfrac{L_4}{t_4}+\dfrac{L_5}{t_5}$。

流动比随塑料熔体的性质、温度、注射压强和浇口种类等变化。表 5-7 中列出了几种常用塑料的流动比。表中数据是由实践中得出的大致范围,仅供设计模具时参考。

**表 5-7 几种塑料的流动距离比**

| 塑料名称 | 注射压强/(kg·cm$^{-2}$) | $L/t$ |
|---|---|---|
| 聚乙烯 | 1 500 | 280~250 |
| 聚乙烯 | 600 | 140~100 |
| 聚丙烯 | 1 200 | 280 |
| 聚丙烯 | 700 | 240~200 |
| 聚苯乙烯 | 900 | 300~280 |
| 聚酰胺 | 900 | 360~200 |
| 聚甲醛 | 1 000 | 210~110 |
| 硬聚氯乙烯 | 1 300 | 170~130 |
| 硬聚氯乙烯 | 900 | 140~100 |
| 硬聚氯乙烯 | 700 | 110~70 |
| 软聚氯乙烯 | 900 | 280~200 |
| 软聚氯乙烯 | 700 | 240~160 |
| 聚碳酸酯 | 1 300 | 180~120 |
| 聚碳酸酯 | 900 | 130~90 |

### 5.4.6 横浇口

横浇口用于直角式注射机上的浇注系统,主浇道通常平行于分型面(在分型面上)。横浇口由主浇道、分浇道、浇口和冷料井四部分组成。

主浇道的结构形式较为简单,浇道断面形状和具体尺寸如图 5-50 所示,其中以椭圆形的主浇道截面应用最广。

在主浇道的尾端可开设冷料井,深度约为 4~5 mm。主浇道粗糙度一般为 $R_a0.4$ 以上,可以减少料流阻力。

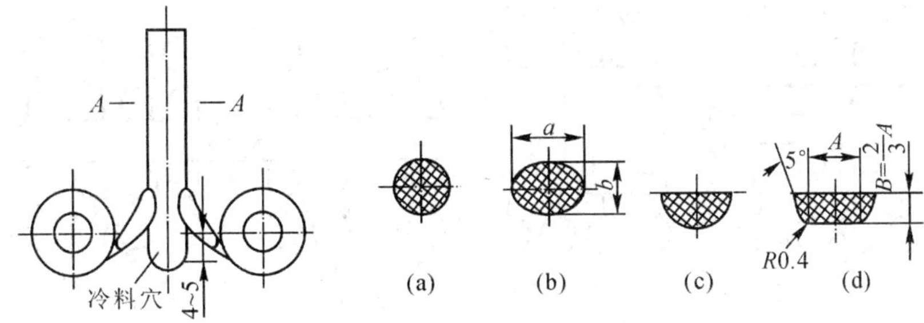


图 5-50　横浇口主浇道的断面形状

横浇口分浇道的长度比较短，大约为 5～8 mm；对于环形零件的分浇道与水平成 40°～45°夹角；对于片状塑件，分浇道与主浇道可以取 90°夹角。分浇道大端和主浇道椭圆短轴基本相等，小端 $h=\frac{1}{2}A$。

### 5.4.7　浇注平衡

**1. 注射浇道平衡**

在多腔模中，分浇道的布置有平衡式和非平衡式两类，一般以平衡式布置为佳。

(1)平衡式布置。平衡式布置就是从主浇道末端到各个型腔的分浇道，其长度、断面形状和尺寸都是对应相等的。这种设计可使塑料均衡地充满各个型腔，如图 5-51 所示。

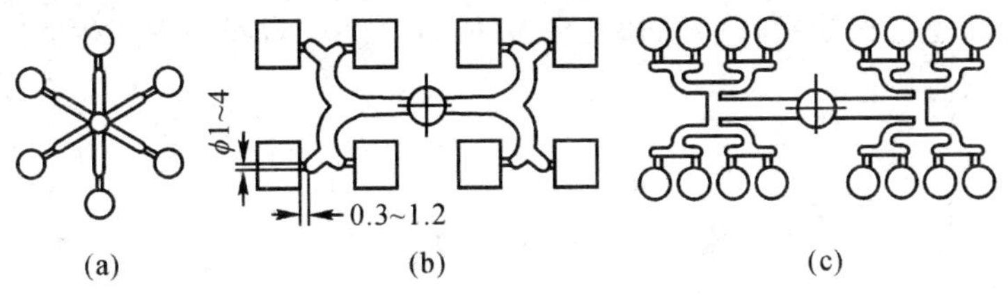


图 5-51　分浇道的平衡式布置

(2)非平衡式布置。非平衡式布置从主浇道末端到各个型腔的分浇道长度不相等，如图 5-52 所示。为了达到各个型腔均衡地同时充满，必须将浇口开成不同尺寸，使熔体从主浇道流经不同长度的分流道，并经过断面大小不同的型腔浇口产生相同的压降，使各型腔同时充满。分浇道和浇口尺寸的设计一般遵循以下规律：①当分浇道断面尺寸较大时，“型腔越远，浇口越小”，即靠近主浇道的浇口尺寸大于离主浇道较远的浇口尺寸。这是因为分浇道的流动阻力小于浇口，从主浇道流向分浇道的熔体首先充满整个分浇道，待压力升高时，再由远及近地充入各个型腔。所以在这种情况下，型芯越远，浇口断面越小。②当分浇道比较细长、断面尺寸较小时，熔体流至较远型腔会产生明显的压强和温度下降，这时“型腔越远，浇口越大”，才能保证各型腔同时充满。

因为熔体对不同距离型腔的填充顺序影响因素非常复杂，它不仅与分浇道断面大小和长度有关，还与塑料熔体的温度、压力、黏度、模温等有关，通常需要经过试模后修正浇口尺寸才能达到各个型腔的平衡。

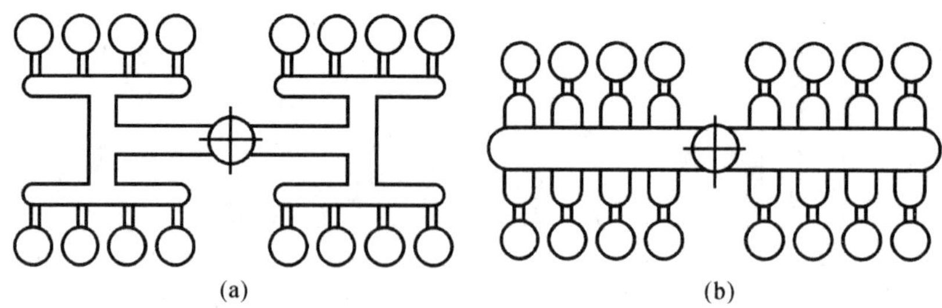

图 5-52 分浇道的非平衡式布置

**2. 注射时模板受力平衡**

在注射时，塑料熔体以很高的压力注入型腔，对注射机模板也将产生很大的压力。为了使模板受力均衡，在设计模具时，应以注射进模板中心为对称中心均匀对称地布置各个型腔，最好使塑件在模板上垂直投影面积的总重心和锁模力的重心相重合，这对于锁模的可靠性和锁模机构受力的均衡都是有利的。

# 5.5 拉料杆

## 5.5.1 拉料杆的作用

拉料杆的作用是在开模时将黏附在模具浇道里的塑料拉住，使浇注系统凝料和塑件一起留在动模上。另外也常在拉料杆前端开设冷料井，以容纳注射间隔中产生的冷料头，以免将冷料带入型腔或堵塞浇口。

## 5.5.2 拉料杆的形式

**1. Z 形拉料杆**

这是最常用的一种形式，拉料杆前端的 Z 形凹将主浇道凝料紧紧拉住，开模时随塑件一起留在动模上，如图 5-53 所示。Z 形拉料杆一般要同顶杆或顶管脱模机构配合使用，二者同步运动，在顶杆或顶管顶出塑件的同时，拉料杆也将浇注系统顶出模外。这种形式拉料杆的优点是能可靠地拉下浇道凝料。因为在取下塑件时，8 形拉料钩要求在塑件取下时，需要顺着拉钩方向作侧向移动，因此，当塑件被顶出后无法作侧向移动时，不能使用 Z 形拉料杆，如图 5-54 所示。

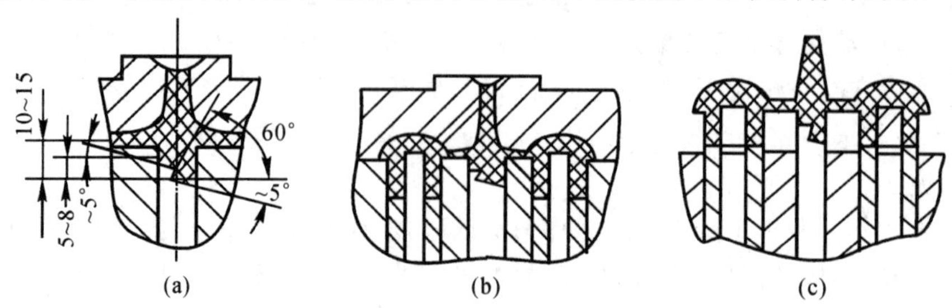


图 5-53 Z 形拉料杆

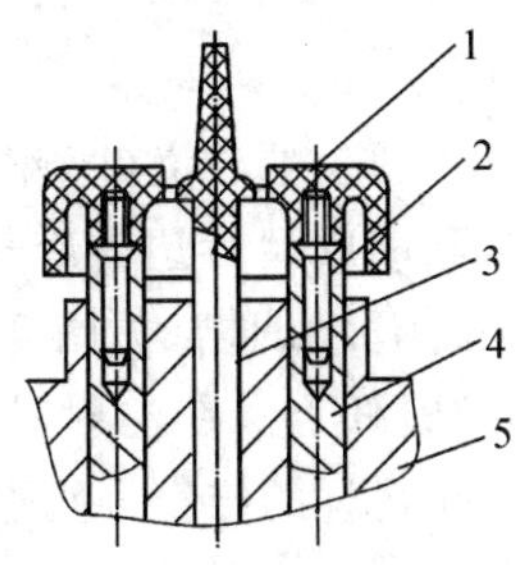


**图 5-54　错误使用 Z 形拉料杆的例子**

1—塑件；2—螺纹型芯；3—拉料杆；4—顶杆；5—动模

**2. 倒锥形或圆环形拉料杆**

图 5-55 所示的拉料杆带有倒锥孔(见图 5-55(a))或环形槽(见图 5-55(b)),成型后将浇道凝料强制顶出。这种形式有足够大的冷料井,在成型韧性好的塑料时,使用较为广泛。其最大特点就是在 Z 形拉料杆不能适用的场合(见图 5-54)使用倒锥形或圆环形拉料杆则更为适宜。如带螺纹孔的塑件被顶出型腔后,由于螺纹型芯仍插在顶杆的定位孔中,要取下塑件必须继续向前移动,使螺纹型芯脱离定位孔,而采用倒锥形或圆环形拉料杆可以恰当地解决这一问题。

由于采用强制顶出,因此种形式的拉料杆只适用于韧性较好的塑料。

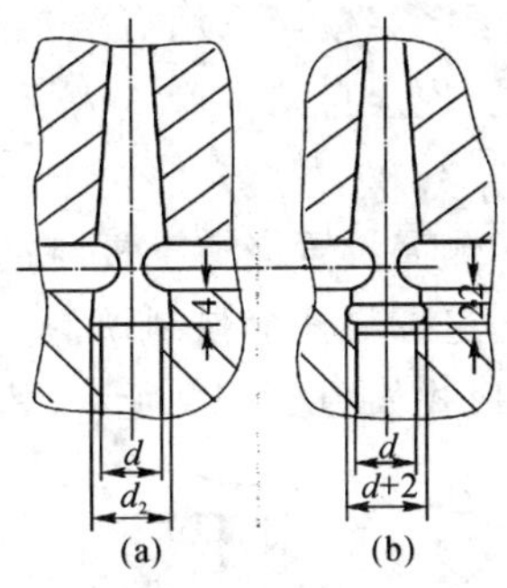


**图 5-55　带有倒锥孔和环形槽的拉料杆**

**3. 球形拉料杆**

球形拉料杆常和推板式脱模机构配合使用,如图 5-56 所示。塑料熔体进入冷料井后,紧紧包在拉料杆的球形头上,开模时可将主浇道凝料拉出。当推板推顶塑件的同时,也将浇道凝料从拉料杆的球形头上强行拔出,如图 5-56(d)所示。它和前两种形式拉料杆的区别是球形拉料杆固定在动模的型芯固定板上,顶出机构动作时,拉料杆并不随顶出机构一起移动,而是靠推板与拉料杆之间的相对运动把浇道凝料从球形头上强制顶出。因此这种形式的拉料杆也只适用于韧性较好的塑料。

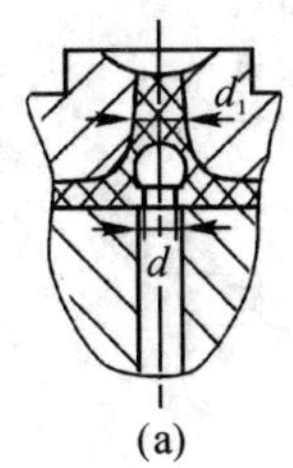

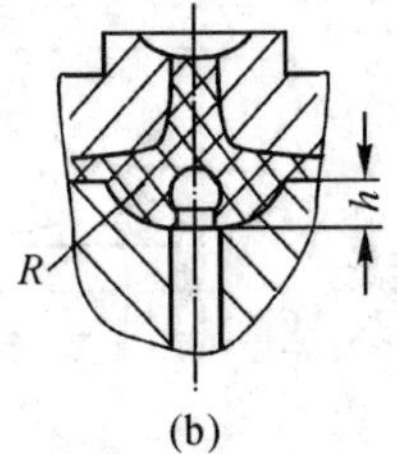

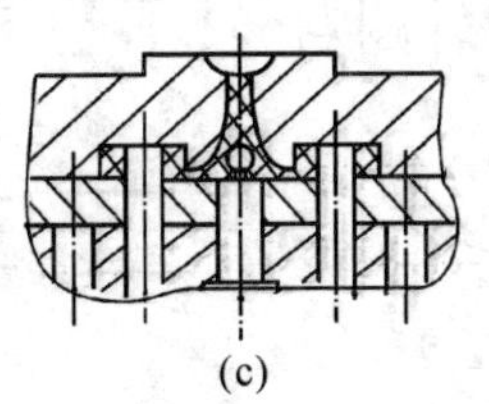

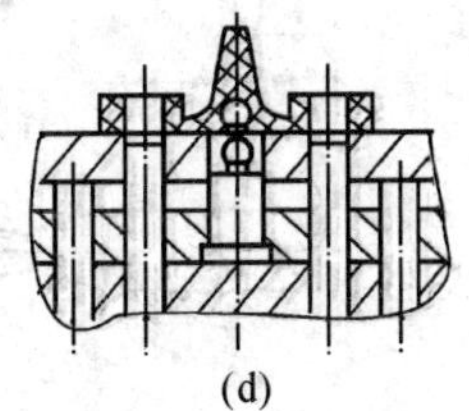


**图 5-56　球形拉料杆**

**4. 尖锥形拉料杆**

图 5－57 所示的尖锥形拉料杆用于单型腔、中心浇口塑件中心有孔的场合，如齿轮模。拉料杆同时又是成型塑件中心孔的型芯，可利用成型后塑料冷却时的收缩包紧拉料杆的锥形头部。由于包紧力较小，有时可在拉料杆头部开设凹槽（见图 5－57(a)），或将头部加工得粗糙些，以增加摩擦力，使主浇道黏附在型芯拉料杆上。在注射时，拉料杆的尖锥还有较好的分流作用，还可避免在主浇道根部出现缩孔。拉料杆的锥度不宜过大，否则起不到拉料的作用。尖锥形拉料杆拉料的可靠性较低。

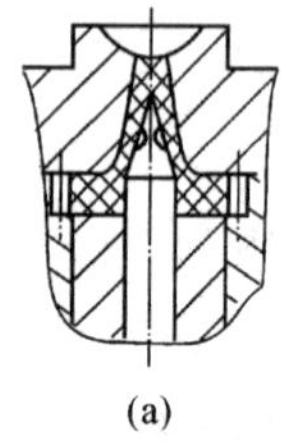

(a)

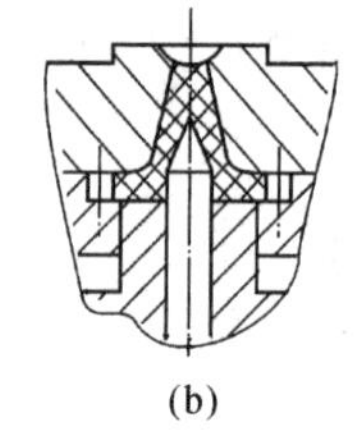

(b)

(c)

图 5－57　尖锥形拉料杆

**5. 浇道拉料杆**

前面介绍的几种拉料杆是为了将浇注系统凝料留在动模上的结构形式，适用于浇注系统与塑件连在一起脱模的情况。对于多腔模当采用点浇口形式时，开模后常希望点浇口能自动切断，并且分浇道能自动坠落，以实现全自动生产。为了达到这一目的，需将浇道凝料留在定模上，此时可采用浇道拉料杆。

要实现全自动操作，在定模一侧需设置浇道推板，在塑件被动模上的脱模装置顶出型腔的同时，浇道凝料则被定模推板从浇道拉料杆上强制顶下。

浇道拉料杆在模具中的安装形式如图 5－58 所示，其形式及设计尺寸如图 5－59 所示。

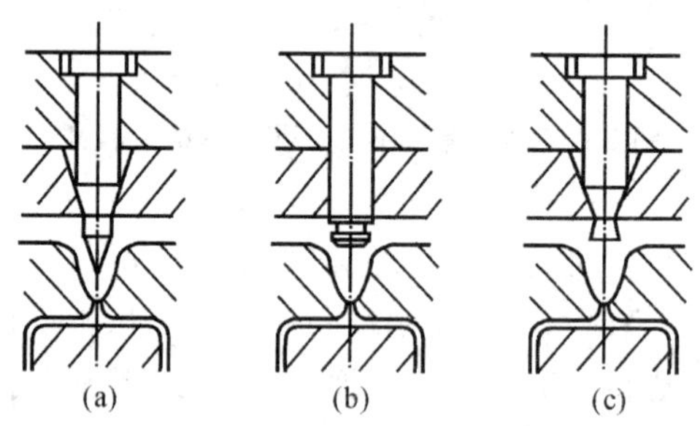


图 5－58　浇道拉料杆组合安装形式

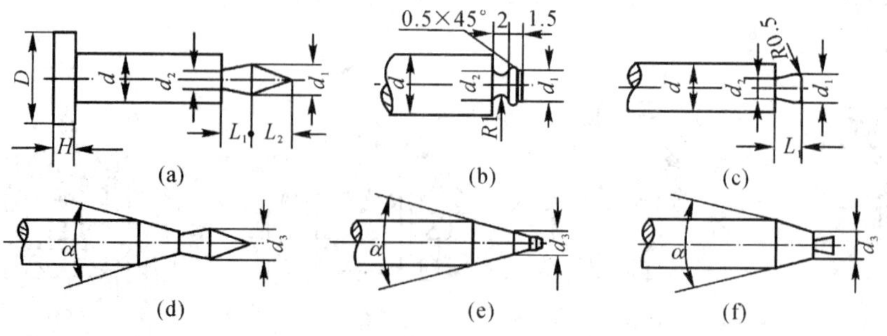


图 5－59　浇道拉料杆形式及其设计尺寸

## 5.6　顶出机构

在注射成型周期中,为保证塑件成型后从模腔或型芯上顺利脱出,需在模具结构中设置可靠有效的脱模结构。完成取出塑件动作的机构就是顶出机构,也称为脱模机构。顶出机构是注射模主要功能机构之一。

顶出机构的设计原则如下:

(1)顶出机构的运动要准确、可靠、灵活,无卡死现象,机构本身要有足够的刚度和强度,足以克服脱模阻力。

(2)保证在顶出过程中塑件不变形,这是对顶出机构的最基本要求。在设计时要正确估计塑件对模具黏附力的大小和所在位置,合理地设置顶出部位,使顶出力能均匀合理地分布,要让塑件能平稳地从模具中脱出而不会产生变形。顶出力中大部分用来克服因塑料收缩而产生的包紧力。

(3)顶出力的分布应尽量靠近型芯(因型芯处包紧力最大),且顶出面积应尽可能大,以防塑件被顶坏。

(4)顶出力应作用在不易使其产生变形的部位,如加强筋、凸缘、厚壁处等。应尽量避免使顶出力作用在塑件平面位置上。

(5)若顶出部位需设在塑件使用或装配的基准面上时,为不影响塑件尺寸和使用,一般使顶杆与塑件接触部位处凹进塑件0.1 mm左右,而顶出杆端面则应高于基准面,否则塑件表面会出现凸起,影响基准面的平整和外观。

(6)有助于开模时塑件和浇道凝料留在动模一侧。

(7)易于制造和装配。

顶出机构的驱动方式主要包括手动脱模、机动脱模、液压或气动顶出和带螺纹塑件的顶出机构几种类型。最普遍采用的是机动脱模。

### 1. 手动脱模

手动脱模是指模具分型后,用人工操纵顶出机构(如手动杠杆)取出塑件。对一些不带孔的扁平塑件,由于它与模具的黏附力不大,在模具结构上可不设顶出机构,而直接用手或钳子夹出塑件。使用这种脱模方式时,工人的劳动强度大,生产效率低,但是顶出动作平稳,对塑件无撞击,脱模后制品不易变形,而且操作安全。在大批量生产中不宜采用这种脱模方式。

### 2. 机动脱模

利用注射机的开模动力,分型后塑件随动模一起移动,达到一定位置时,脱模机构被注射机上装设的顶出元件(机械顶杆或冬储油缸)顶住,不再随动模移动,此时脱模机构动作,把塑件从型腔内或型芯上脱出。这种顶出方式具有生产效率高、工人劳动强度低且顶出力大等优点,但对塑件会产生撞击。

### 3. 液压或气动顶出

在注射机上专门设有顶出油缸,由它带动顶出机构实现脱模,或设有专门的气源和气路,通过型腔里微小的顶出气孔,靠压缩空气吹出塑件。这两种顶出方式的顶出力可以控制,气动顶出时塑件上还不留顶出痕迹,但需要增设专门的液动或气动装置。

**4. 带螺纹塑件的顶出机构**

成型带螺纹的塑件时，脱模前需靠专门的旋转机构先将螺纹型芯或型环旋离塑件，然后再将塑件从动模上顶下。脱螺纹机构也有手动和机动两种方式。

随着塑件结构形式不同，需要设计不同类型和简繁程度的脱模机构。形状较简单的塑件从模具内脱出，在脱模行程中一次动作即可完成，所采用的脱模机构称作简单脱模机构或一级脱模机构。对于形状复杂的塑件，要完全从模具内脱出，需要在脱模行程中设置两组脱模机构，实施前后两次动作才能完成，这种脱模机构称为二次脱模机构。有的塑件在开模后可能会滞留在定模一侧，这时需要在动、定模两侧同时设置脱模机构，这种脱模机构称为双脱模机构。在某些情况下浇注道凝料的脱落也需要专设脱模元件。以下分别详述简单脱模机构、二级脱模机构、双脱模机构、点浇口自动脱落机构和带螺纹塑件的脱模机构的设计方法。

## 5.6.1 简单脱模机构

塑件在顶出零件的作用下，通过一次顶出动作，就能将塑件全部脱出。这种类型的脱模机构即为简单脱模机构，也称为一次顶出机构。它是最常见、应用最广的一种脱模机构。一般有顶杆机构、顶管机构、推块机构、推板机构、拉板机构及这些机构的某些组合形式。

**1. 顶杆脱模机构(推杆脱模机构)**

顶杆脱模是最典型的简单脱模机构。它结构简单，应用范围最广。其结构如图 5－60 所示。

顶杆脱模方式制造容易且维修方便。它是由顶杆 1、顶杆固定板 2、顶杆垫板 3、拉料杆 4、支承钉 5 和复位杆 6 等所组成的。顶杆、拉料杆、复位杆都装在顶杆固定板上，然后用螺钉将顶杆固定板和顶杆垫板连接固定成一个整体，当模具打开并达到一定距离后，注射机上的机床顶杆将模具的顶出机构挡住，使其停止随动模一起的移动，而动模部分还在继续移动，于是塑件连同浇注系统一起从动模中脱出。合模时，复位杆首先与定模分型面相接触，使顶出机构与动模产生相反方向的相对移动。模具完全闭合后，顶出机构便回复到了初始的位置(由支承钉保证最终停止位置)。

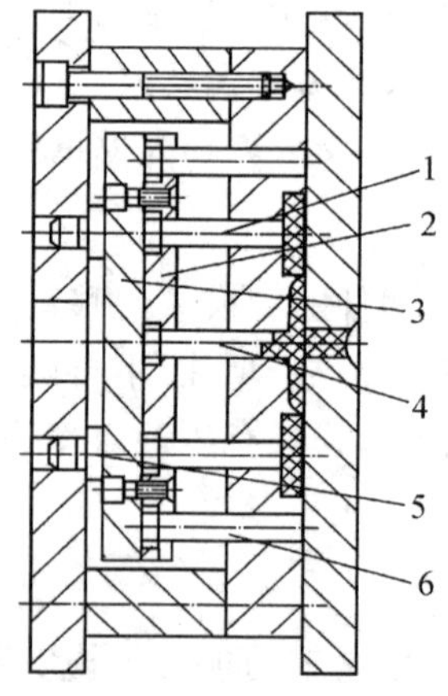


**图 5－60 顶杆一次顶出机构**

1—顶杆；2—顶杆固定板；3—垫板；4—拉料杆；5—支承钉；6—复位杆

顶杆顶出是应用最广的一种顶出形式，它几乎可以适用于各种形状塑件的脱模。但其顶出力作用面积较小，如设计不当，易发生塑件被顶坏的情况，而且还会在塑件上留下明显的顶出痕迹。

(1)顶杆的形式。顶杆的形式如图 5-61 所示。顶杆材料多选用 45 钢、T8A 或 T10A，头部要淬火，硬度应达到 40HRC 以上，表面粗糙度达 $R_a1.6$。图 5-61 所示的 A 型是结构最简单的圆柱形顶杆，应用也最广。其尾部采用轴肩形式，一般 $D-d$ 为 4～6 mm。B 型是阶梯型顶杆，用于顶出部位面积较小的情况。为了增加其刚度可将非顶出部分直径适当加粗，一般 $d_1=2d$。C 型为阶梯插入式结构，插入段顶杆可选用优质钢材，与顶杆主体采用过渡配合，插入段长度 $M=(4\sim6)d$，然后以焊接固定。D 型和 E 型是特殊断面形状的顶杆，其中 D 型是整体式，E 型为插入式。以上各种形式顶杆的 $L$ 和 $N$ 值由模具结构决定。图 5-62 所示为各种形式顶杆的应用实例。

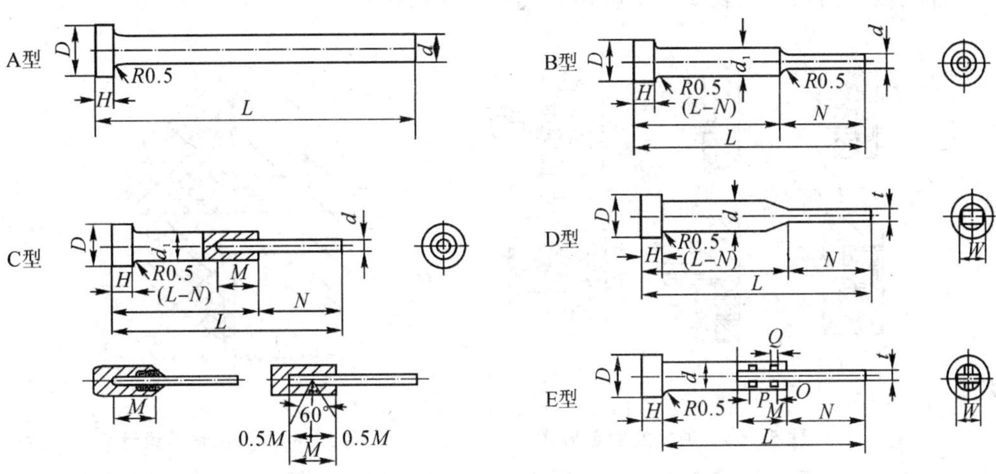


图 5.61　顶杆的形状

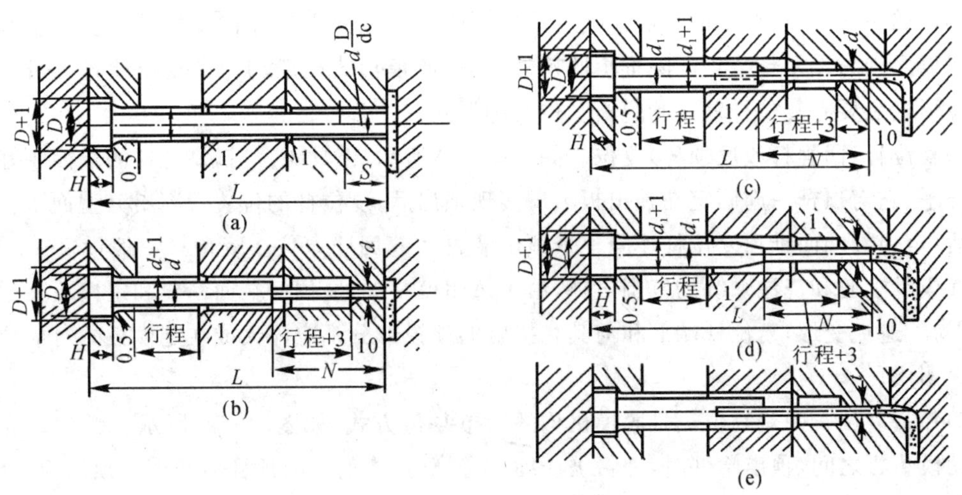


图 5-62　各种顶杆应用实例

(2)顶杆的固定方法。顶杆的固定方法如图 5-63 所示。图 5-63(a)所示为轴肩垫板连接,是最常用的固定方式。顶杆与固定孔间应留一定的间隙,装配时顶杆轴线可作少许移动,以保证顶杆与型芯固定板上的顶杆孔之间的同心度,并建议钻孔时采用配加工的方法。图 5-63(b)中在顶出固定板与垫板之间采用等厚垫圈垫,这样可免去在固定板上加工凹坑。图 5-63(c)中顶杆高度可以调节,螺母起固定锁紧作用。图 5-63(d)(f)中采用顶丝和螺钉固定。以上三种固定方法均可省去垫板。图 5-63(e)中以铆接的方法固定,用于较细的顶杆。

(3)顶杆与顶杆孔的配合。顶杆与顶杆孔间为滑动配合,其配合间隙兼有排气作用,但不应大于所用塑料的排气间隙(视所用塑料的熔融黏度而定),以防漏料。配合长度一般为顶杆直径的 2～3 倍。顶杆端面应精细抛光,因其已构成型腔的一部分。为了不影响塑件的装配和使用,顶杆端面应高出型腔表面 0.1 mm,如图 5-64 所示。

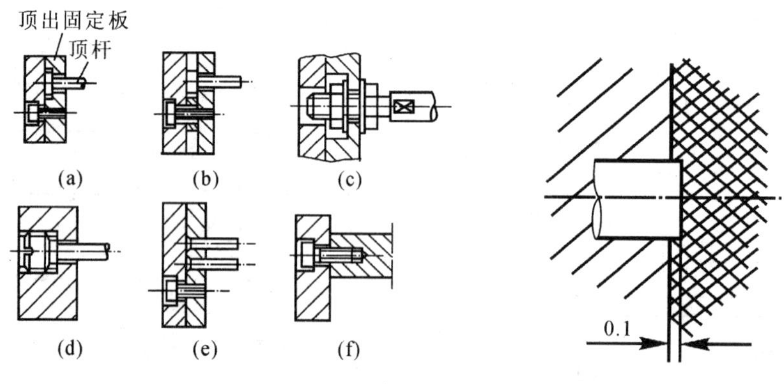


**图 5-63　顶杆的固定形式**　　**图 5-64　顶出杆的设计**

(4)复位装置。脱模机构在完成塑件顶出后,为进行下一个循环,要求它必须回复到初始的位置。复位装置的作用就是保证脱模机构回到原始位置。如图 5-60 所示,当顶杆或顶管顶出动作后,相对动模已经前移了一个距离。在合模后单靠定模板的推顶无法使顶杆或顶管回复到初始位置(定模板上的型腔端面与动模上的型芯端面之间存在着相对于塑件壁厚的空间),所以必须另设复位装置。除推板脱模外,其他脱模形式一般均须设复位装置。目前常用的复位形式主要有复位杆复位和弹簧复位两种形式。

1)复位杆(回程杆或反顶杆)复位。如图 5-60 所示,模具闭合后,复位杆的端面刚好和分型面齐平,它与顶杆一起固定在顶出板上。实现顶出后,复位杆的位置就高出分型面了。模具闭合后,定模板端面推顶复位杆连同整个顶出装置一起回归原位。复位杆一般设 2～4 根,其位置在模具型腔和浇注系统的范围之外,由于每闭模一次,复位杆端面都要和定模板发生一次碰撞,为了避免变形,复位杆端部和与其相接触的顶模部分都应淬火或在定模板的对应位置镶嵌淬火镶块。

2)弹簧复位。弹簧复位也是脱模机构的简单复位方式,如图 5-65 所示。弹簧装在顶出板与动模垫板之间,顶出塑件时,弹簧被压缩。合模时,注射机的顶杆离开模具顶出板,这时弹簧的弹力作用将顶出机构弹回原位。这点与复位杆复位不同。由于复位杆的复位作用发生在复位杆与定模板相接触时,只有当模具完全闭合时,复位动作才全部完成,而弹簧复位的复位作用发生在合模初期，所以弹簧复位属于一种先行复位机构。

(5)导向装置。对大型模具设置顶杆数量较多或由于塑件顶出部位面积的限制，顶杆必须做成细长形。当顶出机构受力不均衡时(脱模力的总重心与机床顶杆不重合)，顶出后，顶出板可能发生偏斜，造成顶杆弯曲或折断，此时需要设置导向装置，以保证顶出板移动时不发生偏斜。一般采用导柱加导套的形式来实现导向。

导柱与导向孔或导套的配合长度不应小于 10 mm。当动模垫板支撑跨度大时，导柱还可兼起辅助支撑作用。

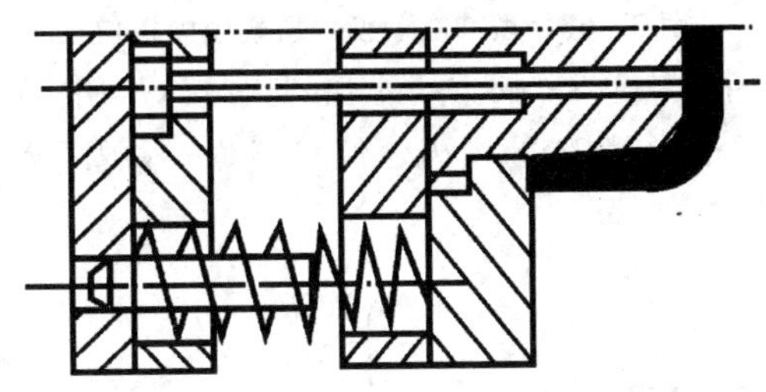

**图 5-65　弹簧复位机构**

**2. 顶管脱模机构**

顶管又称推管或空心顶杆，它适用于圆环形、圆筒形等中间带孔的塑件的脱模。顶管脱模机构的特点：推顶塑件平稳可靠；由于顶管整个周边接触塑件，故塑件受力均匀，顶出既不会造成塑件变形也不会留下明显的顶出痕迹；主型芯和型腔可以同时设计在动模一边，有利于提高塑件的同心度。

顶管脱模的结构一般有以下三种形式。

(1)主型芯固定在动模底板上，如图 5-66 所示。主型芯穿过顶出板而固定在动模底板上。为了缩短型芯与顶管的配合长度以减少摩擦，可将顶管配合孔的后半段直径加大，当然也可不改变顶管孔直径，而将型芯的后半段直径减小。为了保护型腔和型芯表面不被擦伤，顶管外径要略小于塑件外径，而顶管内径则应略大于塑件相应孔的内径，如图 5-67 所示。这种形式的缺点是主型芯必须做得很长，但受力状况较好。

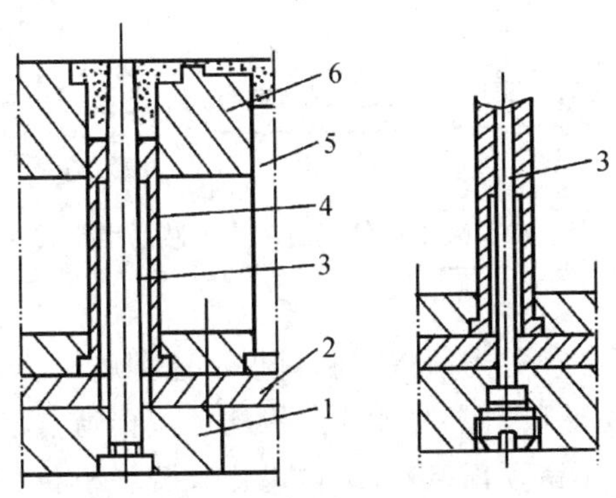


**图 5-66　顶管脱模机构**

1—动模底板；2—顶板；3—成型芯；4—顶管；5—拉料杆；6—动模

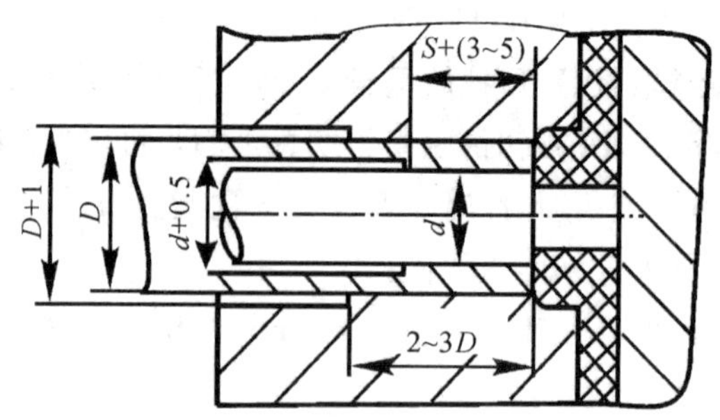


图 5－67　型芯在动模的顶端脱模机构

(2)主型芯采用方销固定，如图 5－68 所示。主型芯较短，用方销固定在型芯垫板上。顶管上开有比固定销略宽的长槽，结构较为紧凑。但对型芯的紧固力较小，只适用于直径较小的型芯。

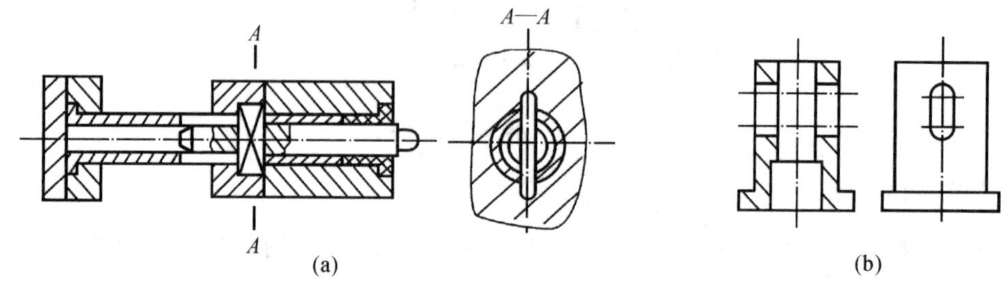


图 5－68　顶管固定形式

(3)主型芯固定在动模型芯固定板上(见图 5－69)的顶管脱模机构，优点是顶管较短，便于加工，使用寿命长。缺点是顶出距离较短，而且动模板厚度较大。图 5－69(b)所示结构将轴肩直径加大，可省去一块垫板，但其精度较差。

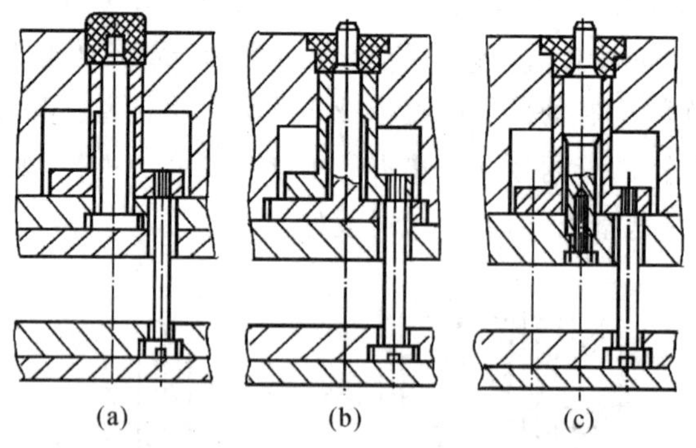


图 5－69　采用顶管顶出时主型芯的固定方法

### 3. 推板脱模机构

如图 5－70 所示。推板也被称为顶板或脱料板。这种脱模机构适用于筒形塑件、薄壁容器以及各种罩壳形塑件的脱模顶出。这种顶出机构的主要特点是顶出力均匀、平稳、顶出力大，塑件不易变形，而且表面不留顶出痕迹，结构也比顶管脱模机构简单，不需设置复位装置，合模时靠定模板分型面的推力即可使顶出机构复位。这种结构的缺点是型腔和型芯需分别设在定模和动模上，成型出塑件的外形与内孔间同心度较低。

图 5－70(a)中推板与顶出杆采用螺纹连接,可以防止推板在离开型芯后自行脱落。图 5－70(b)中推板与顶杆仅靠接触传力而不互相连接,这时动模边需设置导柱,推板在导柱上滑动并由导柱起支撑推板的作用,并需严格控制顶出距离使推板不要脱出导柱。图 5－70(c)所示结构适用于两侧有顶杆的注射机,模具结构可大为简化。

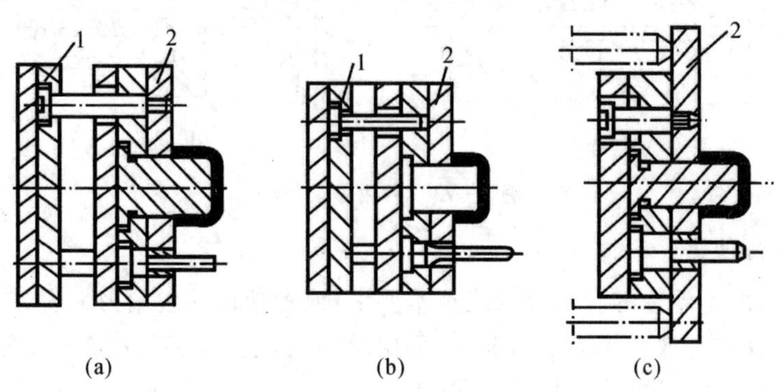


**图 5－70　推板脱模机构**

1—顶出板；2—推板

脱模过程中为了减少推板和型芯摩擦,推板与型芯配合面之间应留有 0.2～0.25 mm 的间隙,如图 5－71 所示。如将配合面做成锥面则效果更好,不但可减少运动摩擦,而且还能起到辅助定位作用,以防止因推板偏心而出现溢边,其单边斜度以 10°左右为宜。此结构尤其适用于大型模具。

对于大型深腔容器类塑件,特别是采用软性塑料且脱模斜度又较小时,成型后塑件与型芯之间会形成真空,从而阻碍制件脱模。塑件的投影面积越大,则脱模阻力也越大,为此可在凸模上增加一个进气装置,也称为菌形阀,如图 5－72 所示。在推板顶出塑件时,塑件与型芯间形成真空,于是大气压将菌形阀推开,真空被破坏,塑件得以顺利脱出。菌形阀可通过弹簧复位。

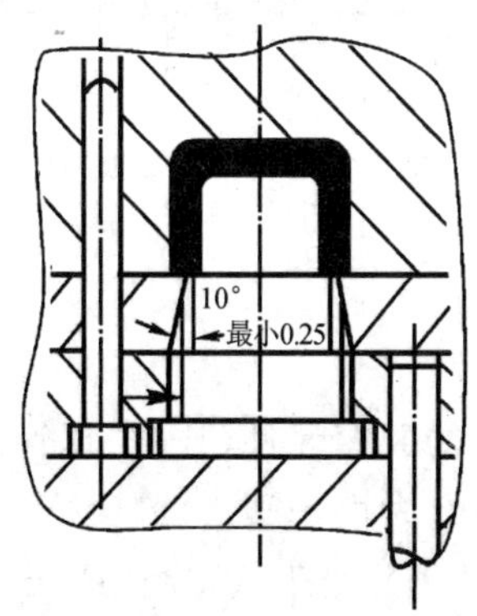


**图 5－71　带周边间隙锥形配合面的脱模板式**

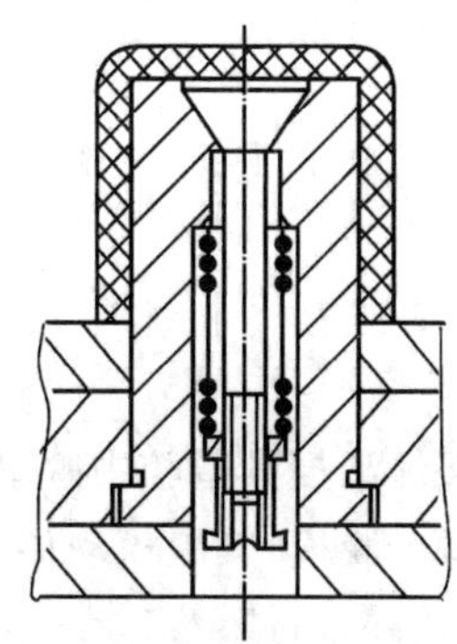

**图 5－72　在主型芯上安装菌形进气阀**

**4. 成型零件顶出装置**

此种脱模机构是利用成型零件(如镶块、型腔等)在顶出杆的作用下顶出塑件。有的成型零件随塑件一起被顶出模外,用手工或辅助工具将成型零件取下后,再装入模具中,如图 5－73(a)所示。图 5－73(b)中的镶块不随塑件一起脱下。

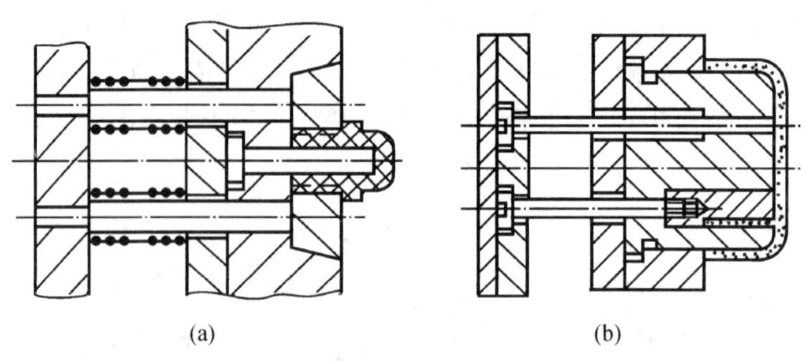


图 5-73 利用镶块顶出

**5. 多元件联合顶出**

在某些场合，由于塑件的特殊形状或技术要求，或者塑件的包紧力太大，造成脱模困难时，或对平行度要求高宜分散脱模力等情况下，采用单一顶出方式(顶杆、顶管、推板)不能满足顶出要求，这时可将几种顶出形式组合起来使用。

图 5-74 所示塑件为一薄壁深筒形零件，单用顶杆或推板都会造成脱模困难，导致塑件变形损坏，这时可采用顶杆和推板的组合形式。顶杆前移时，空气可沿顶杆边缘进入塑件与型芯间的空间，将真空破坏，使顶出能顺利进行。

图 5-75 所示为中间带孔的大型塑件，为使顶出力均匀分布，避免塑件变形，采用了顶杆、顶管、推板组合机构。

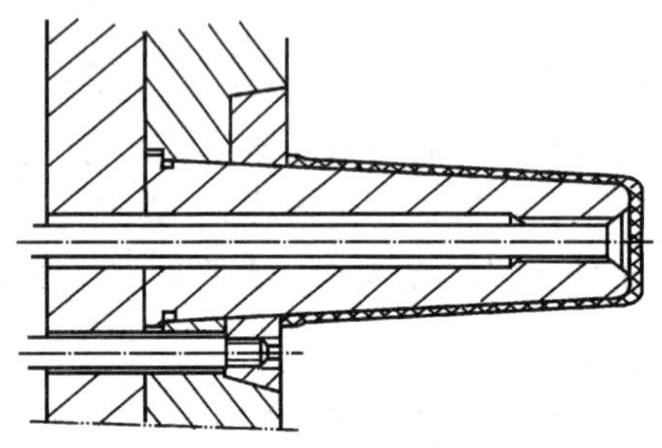

图 5-74 顶杆、推板同时使用的结构

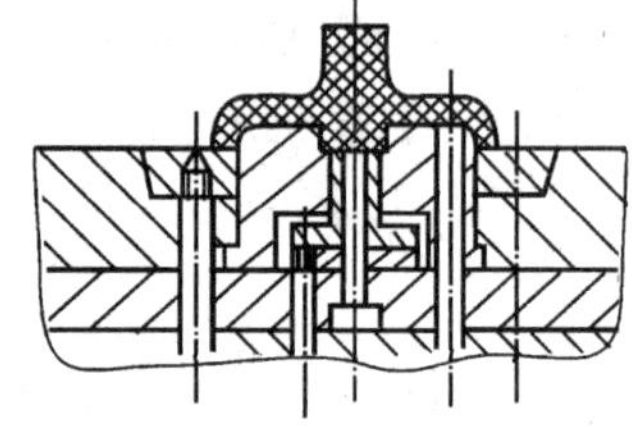

图 5-75 顶管、顶杆、推板同时使用的结构

## 5.6.2 二次脱模机构

一般的塑件从模具型腔中脱出时，无论是采用单一的脱模元件(顶杆、顶管或推板)，还是采用多元件联合脱模，其脱模动作都是一次完成的。但有时由于塑件的特殊形状或生产自动化的需要(使塑件自行坠落)，在一次脱模动作之后，塑件仍然难于从型腔中取出或者塑件不能自动坠落。此时就必须再增加一次脱模动作，才能将塑件顶出模外。这类形式的脱模机构就称为二次脱模机构或二级脱模机构。

二次脱模的动力形式有气动、液动或机械动力形式，所以二次脱模机构包括气动或液动二次脱模机构和机械式二次脱模机构。最简单的二次脱模机构是机械顶出和气顶联合使用的方法；而机械式二次脱模机构更为典型。机械式二次脱模机构主要包括单顶出板二次脱模机构和双顶出板二次脱模机构两种。

**1. 气动或液动二次脱模机构**

气动脱模可以单独使用,也可以和其他脱模形式配合使用,如图 5－76 所示。塑件脱离型芯是靠成型推板顶出,实现一次脱模的,但塑件仍然留在推板里,这时气阀打开,压缩空气将塑件吹离推板,完成自动脱模。也可以是一次脱模靠气压或液压驱动推板实现,二次脱模靠机械顶出系统完成,如图 5－77 所示。

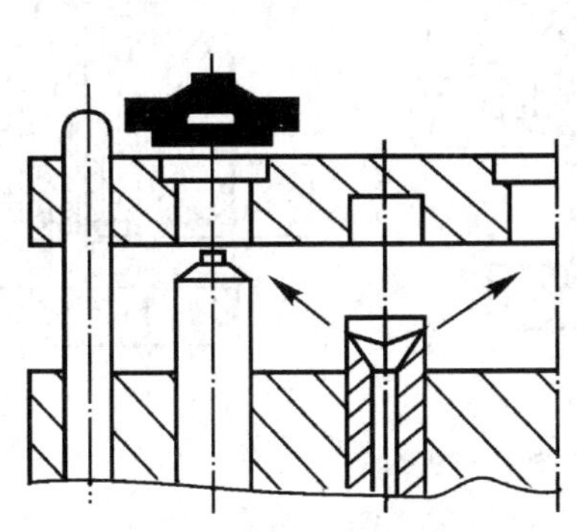

图 5－76　气动二次脱模结构

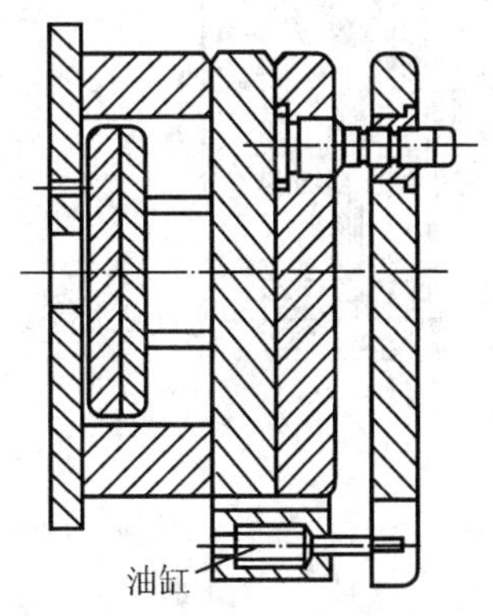


图 5－77　液(气)动二次脱模机构

这种方法动作可靠,计时准确,但是需专门配置气源或油泵以及控制系统。因此,占据空间较大,适用于大型模具大批量生产的场合。

**2. 单组顶出板的二次脱模机构**

单组顶出板二次脱模机构只有一组顶出板。下面介绍几种结构形式。

(1)弹簧式,如图 5－78 所示。开模时机床顶杆 1 顶动顶出垫板 2,由于强力弹簧 3 的作用使顶管 6 与顶杆 4 同时顶出塑件,完成第一次脱模,塑件从型腔中脱出;当座板 5 碰到动模垫板 7 时,顶管 6 停止运动,顶出板带动顶杆 4 继续顶出,将塑件从型芯(即顶管)上脱下,完成二次脱模(见图 5－78(b))。

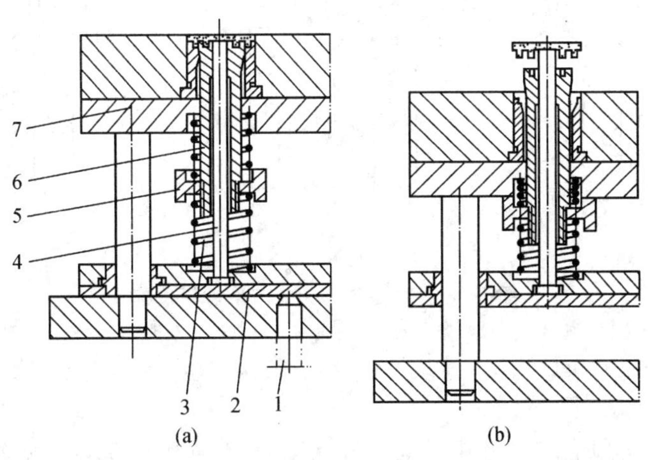


图 5－78　弹簧式二次脱模结构

(2)摆块拉板式,如图 5－79 所示。活动摆块 5 固定在型腔下面的型芯固定板上。开模时,固定在定模上的拉板 7 的凸台带动活动摆块 5,将型腔 1 顶起,使塑件从型芯上脱下,完成第一次脱模(见图 5－79(b));继续开模时,由于限距螺钉 2 的作用,型腔板停止移动,当顶出板碰到机顶杆 4 时,顶出板带动顶杆 3 把塑件从型腔内顶出来,完成二次脱模(见图 5－79(c))。弹簧 6 的作用是拉住活动摆块,使其始终靠紧型腔,从而不致妨碍拉板的合模动作。

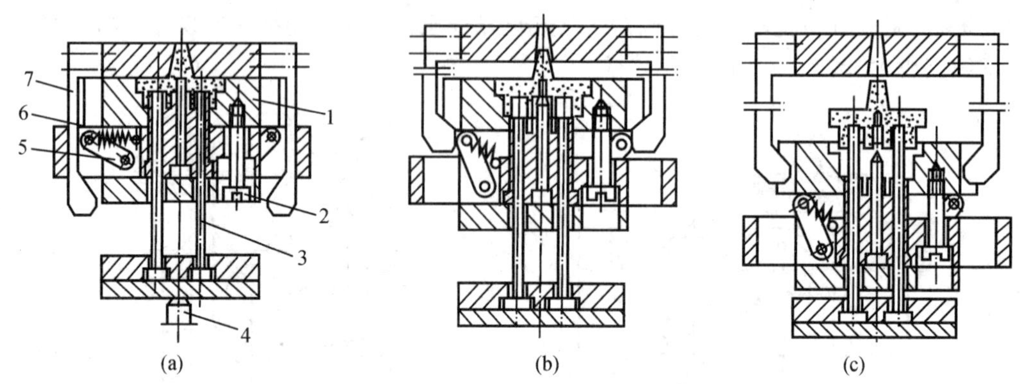


**图 5－79　摆块拉板式二次脱模机构**

1—型腔;2—限距螺钉;3—顶杆;4—注射机顶出杆;5—活动摆块;6—弹簧;7—拉板

(3)U 型限制架式,如图 5－80 所示。图 5－80(a)所示为闭模状态。U 型限制架 4 固定在动模底板上,摆杆 3 的一端固定在顶出固定板上,夹在 U 型限制架内,圆柱销固定在型腔上。开模时,注射机顶杆 5 顶动顶出板,带动顶杆 7 和摆杆 3 同时移动,摆杆又通过圆柱销推动型腔板运动,将塑件从型芯 8 上脱下(见图 5－80(b)),完成第一次脱模动作;顶出板继续移动时,摆杆脱离了 U 型架的限制,限位螺钉 9 阻止型腔继续前移,摆杆在圆柱销的推挤下向两侧分开,弹簧 2 拉动摆杆紧靠在圆柱销上,与此同时,机床顶杆继续带动顶杆将塑件从型腔中脱出(见图 5－80(c)),完成二次脱模。

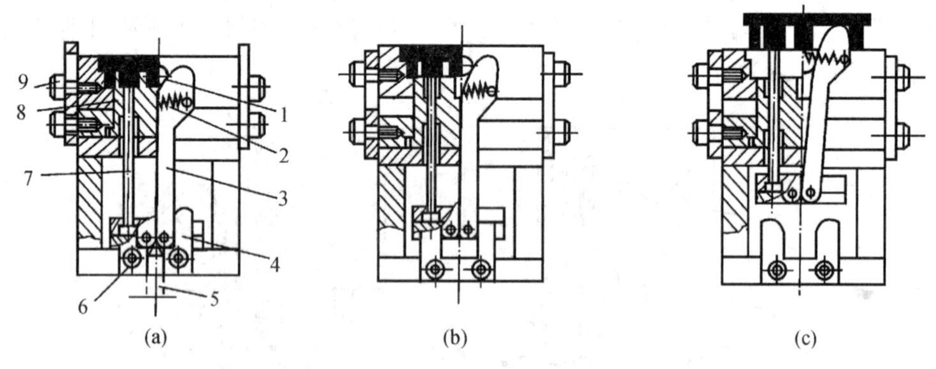


**图 5－80　U 型限制架式二次脱模机构**

1—圆柱销;2—弹簧;3—摆杆;4—U 型限制架;5—注射机顶杆;6—转动销;7—顶杆;8—型芯;9—限位螺钉

(4)滑块式,如图 5－81 所示。滑块 2 的移动是靠固定在动模板上的楔形压块 4 的斜面推挤滑块 2 来实现的。

开模时,顶出板带动推板 7 和中心顶杆 6 一同向前,使塑件脱离主型芯 8,到达一定位置后,顶出板两旁的滑块 2 与固定在动模垫板上的斜面压块 4 相碰,滑块 2 向内移动,直到顶出板上的顶杆 5 落入滑块 2 的孔中,于是推板 7 停止前进,而中心顶杆 6 却继续前进,将塑件从成型推板 7 中顶出。合模时,复位杆 9 首先与定模板相撞,使顶出板后退。当顶杆 5 离开滑块 2 的孔时,弹簧 3 将滑块 2 弹回原处。限位销 1 起控制滑块 2 弹出位置的作用。

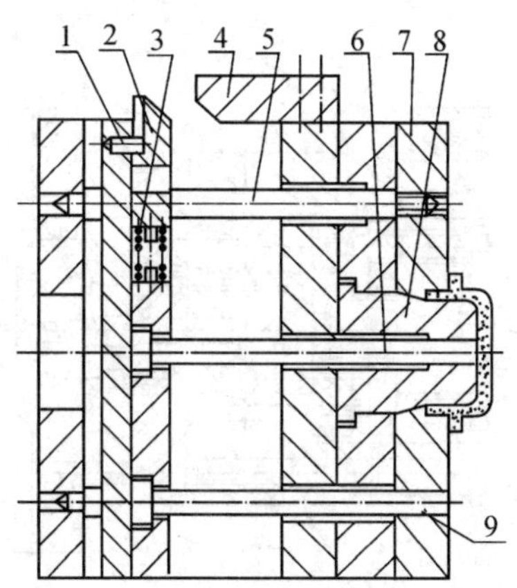


**图 5 - 81　滑块式二次脱模机构**

1—限位销；2—滑块；3—弹簧；4—楔形压块；5—顶杆；6—顶杆；7—推板；8—型芯；9—复位杆

### 3. 双组顶出板的二次脱模机构

这类二次脱模机构带有两组顶出板，依靠两组板的先后动作实现二次脱模。下面介绍几种结构形式。

(1)悬臂摆杆式，如图 5 - 82 所示。开模时，机床顶杆推动顶出板 4 带动顶杆 5 将型腔 6 顶起，使塑件脱开型芯，完成第一次脱模；继续开模时，顶出板 4 碰上摆杆 3 的凸起部分，又由摆杆推动顶出板 2 并带动顶杆 1 向上移动，将塑件从型腔中脱出，完成第二次脱模。在顶出过程中，顶出板 4 和 2 与摆杆 3 的接触点是不断变化的。为了避免产生单向力矩，摆杆 3 使用两件分别装在两边支架上，使顶出板受力平衡。

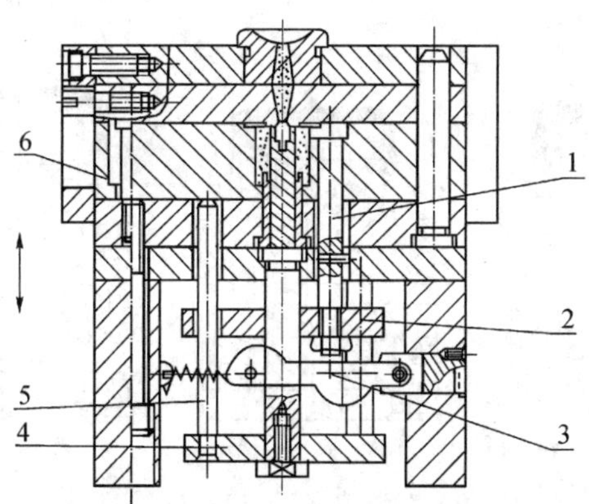


**图 5 - 82　摆杆机构二次顶出点浇口注射模**

1—顶杆；2—顶出板；3—摆杆；4—顶出板；5—顶杆；6—型腔

(2)弹簧顶杆式，如图 5 - 83 所示。开模时，机床顶杆推动顶柱 3 使顶出板 4 带动顶杆 1 将型腔 7 顶起，塑件从型腔中脱出，完成第一次脱模；继之，借弹簧 2 的弹力推动顶出板 5 带动顶杆 6，将塑件从型腔中脱出，完成二次脱模。设计时应当注意使顶出板 4 和 5 保持一定距离，此距离必须满足塑件从型腔中脱出的要求，而且弹簧 2 的弹力应足以克服塑件从型腔内脱出时的摩擦力。弹簧脱模的结构比较简单，缺点是动作不够可靠，弹簧容易失效，需要及时更换。

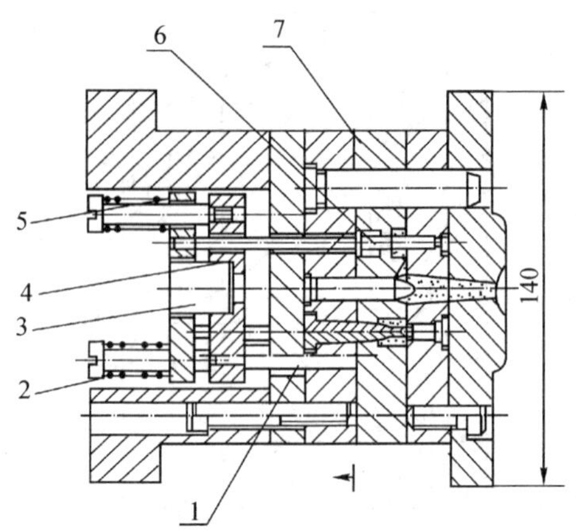


**图 5-83 弹簧二次顶出侧浇口注射模**

1—顶杆;2—弹簧;3—顶柱;4—顶出板;5—顶出板;6—顶杆;7—型腔板

(3)拉钩楔块式,如图 5-84 所示。顶杆兼成型杆 7 固定在一次顶出板 9 上,中心顶杆 6 固定在二次顶出板 10 上,拉钩 1 也固定在二次顶出板 10 上,拉钩钩住的圆柱销 5 固定在一次顶出板 9 上,楔块则固定在动模板上。合模时,由于拉簧 2 的作用,使拉钩始终钩住圆柱销(见图 5-84(a))。开模时,机床顶杆 8 穿过一次顶出板 9 而顶在二次顶出板 10 上,由于拉钩钩住一次顶出板 9,使两组顶出板同时带动顶杆 6 和 7 将塑件从型芯上脱下,完成第一次脱模,如图 5-84(b)所示;继续运动时,由于楔块 3 进入两个拉钩之间,伸长拉簧 2 并迫使拉钩转动而脱离圆柱销 5,一次顶出板在限距柱 4 顶住动模固定板的情况下,不再随二次顶出板移动,二次顶出板在机床顶杆作用下带动中心顶杆 6 将塑件从顶杆(成型顶杆)7 上脱下,实现二次脱模,如图 5-84(c)所示。

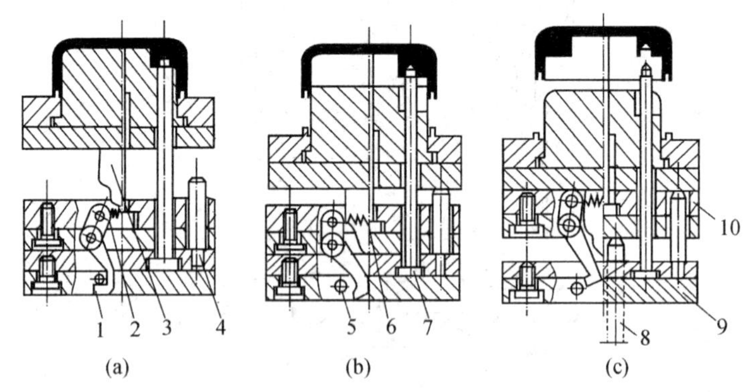


**图 5-84 拉钩式二次脱模机构**

1—拉钩;2—弹簧;3—楔块;4—限距柱;5—圆柱销;6—中心顶杆;7—成型顶杆;8—注射顶杆;9—一次顶出板;10—二次顶出板

### 5.6.3 双脱模机构

设计模具时,一般都要求把塑件留在动模上,因为脱模装置一般都设在动模一边,可以借助开模动力实现脱模顶出。但是,有时塑件结构比较复杂,能否使其留在动模上把握不大,这就要在定模一侧也设置顶出机构,使塑件无论留在哪一边都能顺利脱模。合理的方法是通过两边脱模装置的先后动作，在分型开始时就强制塑件从定模内脱出，使其附着于动模上，然后再从动模上脱下。这就是双脱模机构。

**1. 弹簧式双脱模机构**

弹簧式双脱模机构如图 5－85 所示。当分型开始时，利用弹簧弹力推动定模顶板，使塑件首先从定模型腔内脱出，并留在动模型芯上，然后再通过动模上的推板脱模机构将塑件脱出。此种机构简单紧凑，适用于塑件对定模黏附力不大，且脱模距离不长的情况。弹簧式双脱模机构的缺点是弹簧可靠性较差。

**2. 杠杆式双脱模机构**

杠杆式双脱模机构如图 5－86 所示，利用杠杆的作用代替图 5－85 中弹簧的作用。开模时，动模上的滚轮 2 推动杠杆 1 的一端，迫使杠杆绕支点 3 转动，杠杆的另一端推动定模上的顶板将塑件从型腔中脱出，并附着在动模上，然后再由动模上的脱模机构将塑件顶出来。此结构的特点和适用性均同于上面的弹簧式双脱模机构，只是杠杆的作用比弹簧的作用可靠，不易失效，但结构略比弹簧式复杂些。

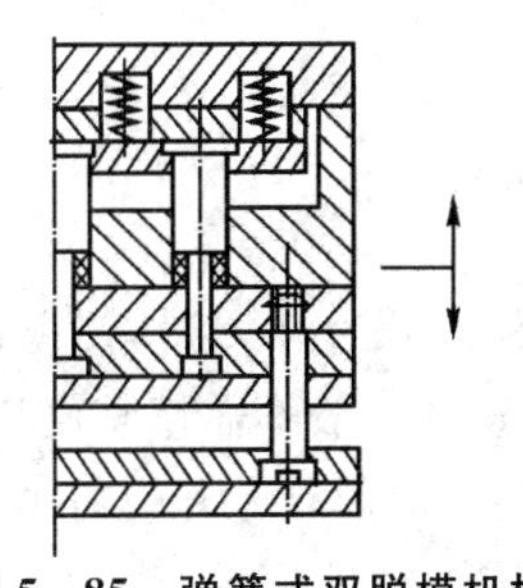

**图 5－85　弹簧式双脱模机构**

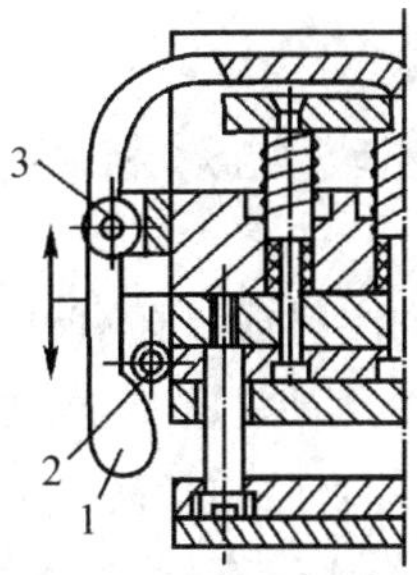

**图 5－86　杠杆式双脱模机构**

1—杠杆；2—滚轮；3—支点

以上两种双脱模机构只有一个分型面的，下面介绍两种具有双分型面的双脱模机构。

**3. 拉钩压板式双脱模机构**

拉钩压板式双脱模机构如图 5－87 所示。模具闭合后，由于弹簧 3 的弹力使固定在定模中间板上的拉钩 4 钩紧动模固定板 5，使分型面Ⅱ先不能打开。开模时，分型面Ⅰ先分开，将塑件从定模型芯上脱下，当模具分开到一定距离后，固定在定模上的压板 2 的凸台斜面压迫拉钩 4，使其脱离动模固定板，于是模具从分型面Ⅱ处打开。在定距螺钉 1 的作用下，中间型腔板与定模分开一定距离后便停止不动了，塑件从型腔中脱出留在动模型芯上，再由动模上的脱模机构将其顶出模外。

**4. 拉钩滚轮式双脱模机构**

拉钩滚轮式双脱模机构如图 5－88 所示。由于拉钩 1 钩紧动模上的挡块 2，使开模时 *B*—*B* 分型面先不能打开，于是模具从 *A*—*A* 分型面处分开。塑件先从定模型芯 14 上脱下。开模到一定距离后，固定在定模上的滚轮挤压拉钩，使其绕轴进行摆动而脱离挡块，当限位螺钉 13 起作用后，定模型腔板不再随动模移动，模具便从 *B*—*B* 分型面打开，使塑件脱出型腔留在动模型芯上。动模继续后退时，机床顶杆顶住顶出板 4，在通过顶出杆 3 带动推板 9 将塑件从型芯上脱下，从而完成了先后顺序的双脱模动作。

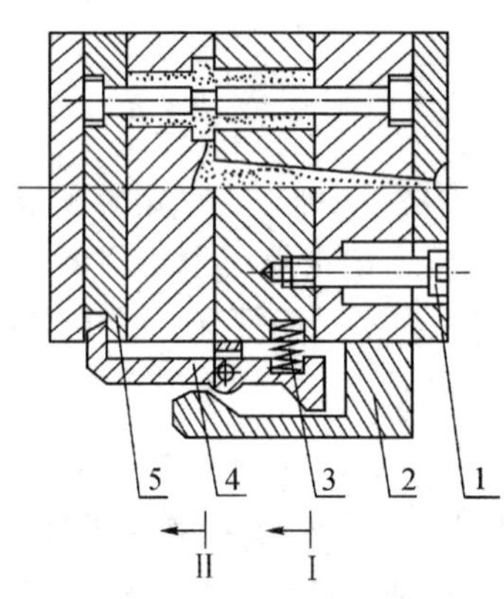


图 5-87　拉钩压板式双脱模机构

1—定距螺钉；2—压板；3—弹簧；4—拉钩；
5—动模固定板

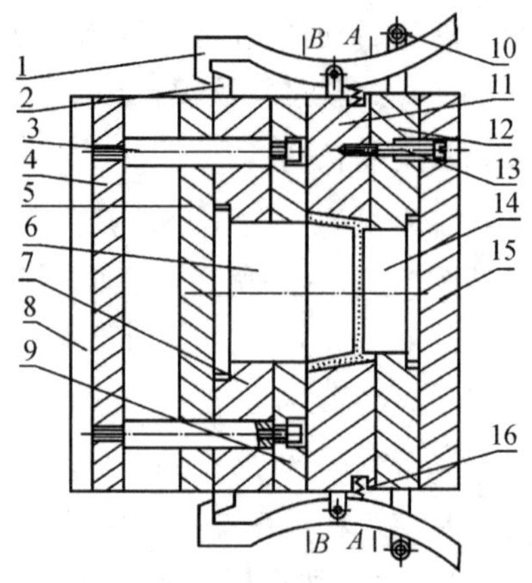


图 5-88　拉钩滚轮式先后分型脱模机构

1—拉钩；2—挡块；3—顶出杆；4—顶出板；5—动模垫板；
6—动模型芯；7—型芯固定板；8—模脚；9—脱料板 1；
10—滚轮；11—定模型腔板；12—型芯固定板；13—限位螺钉；
14—定模型芯；15—定模底板；16—压缩弹簧

## 5.6.4　点浇口自动脱落机构

采用点浇口形式的注射成型模有许多优点：由于浇口尺寸小，熔体充模迅速，从而改善熔体流动性；浇口冷凝快，成型周期短，生产效率高；点浇口塑件一般不需修整浇口，省去修整工序；塑件上留下的痕迹小，塑件表面质量高。但是点浇口凝料一般都是在开模后由人工取出的，虽然模具结构较为简单，但操作比较麻烦，生产效率低，只适用于小批量生产。为适应自动化生产的需要，希望塑件脱模后，点浇口凝料能够自动脱落。下面就介绍几种点浇口自动脱落的结构形式。

**1. 利用侧凹拉断点浇口凝料**

图 5-89 所示是利用侧凹和中心顶杆将点浇口凝料顶出的结构。在分浇道端头的定模板一侧钻一斜孔，开模时由于斜孔内凝料的限制，将点浇口凝料在浇口处与塑件拉断，然后由主浇道倒锥形拉料杆的作用将浇注系统凝料从斜孔中发出，再由中心顶杆（即拉料杆）将点浇口凝料顶出模外而自动脱落。采用这种结构时，由于中心顶杆很长，合模后此杆伸出动模之外，因此，这种形式的模具只能安装在带有中心顶杆孔的注射机上使用。侧凹部分的形状和尺寸如图 5-90 所示。斜孔的角度为 15°～30°，斜孔直径为 3～5 mm，斜孔深度为 5～12 mm。

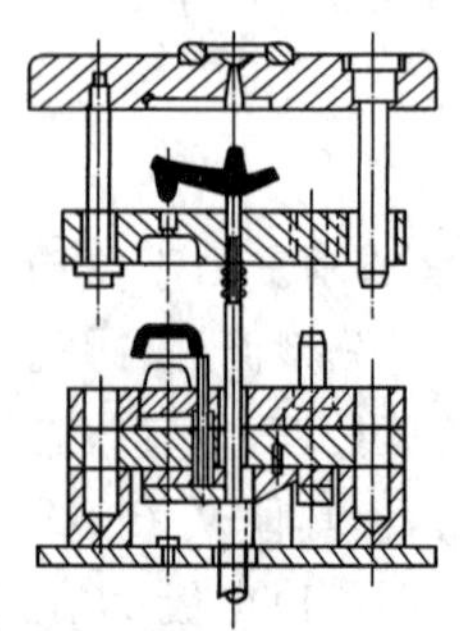

图 5-89　利用侧凹拉断针点浇口凝料的结构

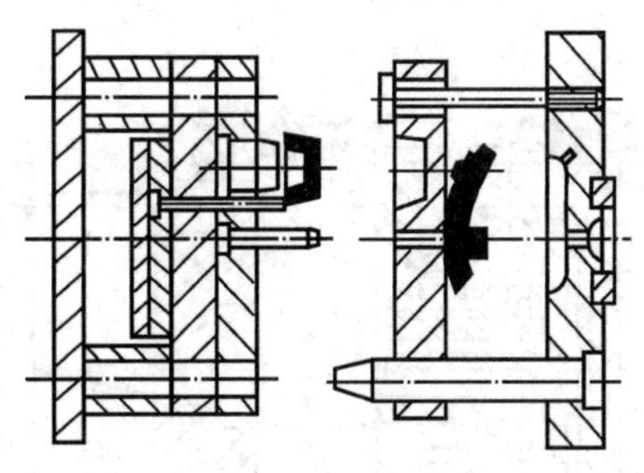

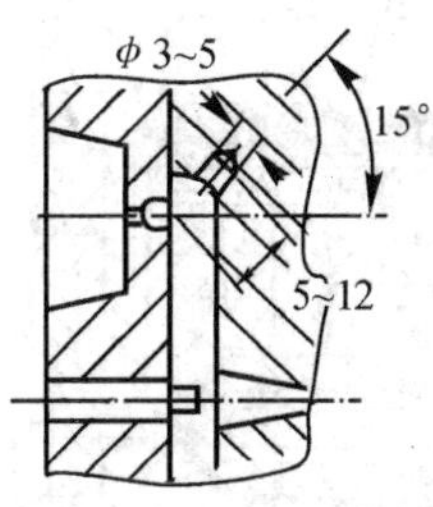


图 5-90　侧凹的形状设计

**2. 利用浇道拉料杆拉断点浇口凝料**

如图 5-91 所示，开模时由于弹簧 4 的作用，分型面Ⅰ先打开，塑件包紧在型芯上从型腔中脱出，与此同时点浇口凝料从塑件相连处拉断。分型面Ⅰ打开一定距离后，由于定距螺钉 6 的作用，带动型腔板 3 从分型面Ⅱ处打开，浇道拉料杆 1 使分浇道脱离型腔板，留在浇口板 2 上。分型面Ⅱ再离开一定距离后，由于定距螺钉 5 的作用带动浇口板打开分型面Ⅲ，使浇口板与浇口套分开，主浇道也随之脱出，同时分浇道凝料则由浇口板从浇道拉料杆的球形头上强制顶下，于是点浇口凝料因自重而向下跌落。

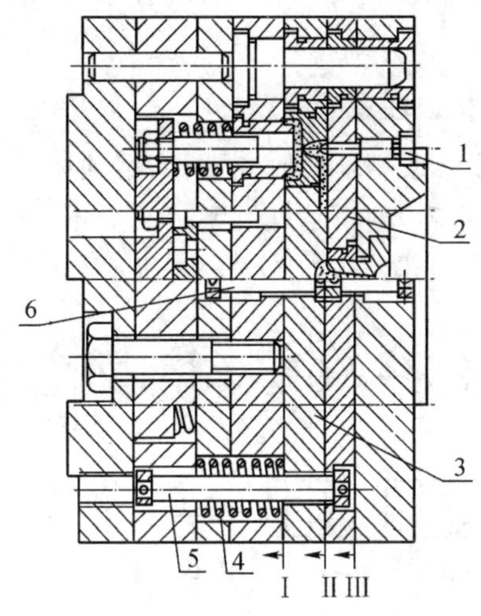


图 5-91　点浇口自动脱落机构

1—浇道拉料杆；2—浇口板；3—型腔板；4—弹簧；5—定距螺钉；6—定距螺钉

**3. 利用定模推板拉断点浇口凝料**

图 5-92(a)所示为一采用点浇口的罩壳型塑件的单型腔模具。开模时，首先在Ⅰ处分型，塑件包紧在型芯上从型腔中脱出，点浇口被拉断。链条被拉紧后，型腔板 1 随动模一起移动，模具从分型面Ⅱ打开。限位螺钉 2 被型腔板拉住后，带动定模推板与定模板分开，点浇口凝料被带出浇口套，靠自重向下坠落。图 5-92(b)所示为塑料制品与点浇口凝料自动脱模时的状态。应当注意的是，链条长度和定距螺钉的长度应与动模板的开模行程相适应，否则将产生将链条拉断或不能使点浇口自动脱落的现象。

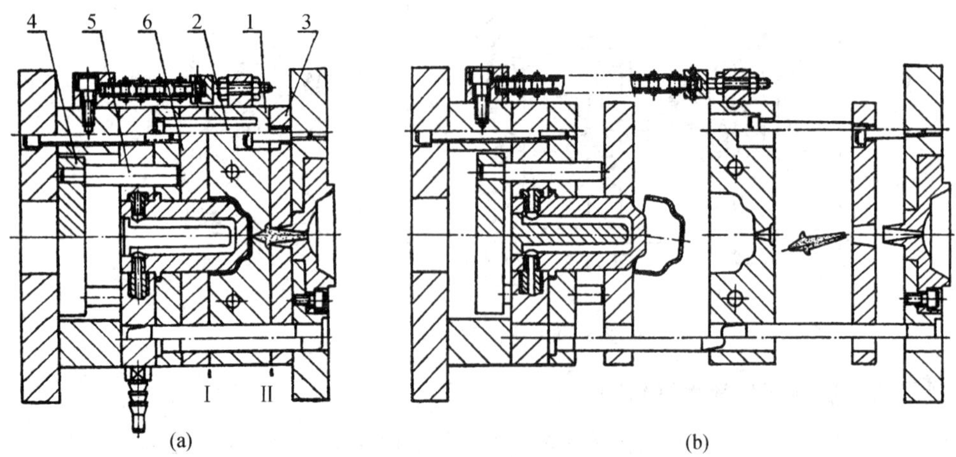


**图 5-92　点浇口自动脱落的罩壳模具**

1—型腔板；2—限位螺钉；3—定模推板；4—顶板；5—顶杆；6—脱料板

## 5.6.5　带螺纹塑件的脱模机构

带有内外螺纹的塑件，因其形状有特殊的要求，其模具结构也与一般模具不同。螺纹型芯和型环与塑件的脱离比一般型芯的脱模更为困难，模具结构也往往较复杂，下面举例加以说明。

**1. 设计带螺纹塑件脱模机构应注意的问题**

(1)对塑件的要求。螺纹型芯或型环要脱离塑件，必须相对塑件作回转运动(强制脱出螺纹的情况除外)，因此塑件必须止转，即不随螺纹型芯或型环一起转动。为了达到这个要求，塑件外形或端面上需带有止转花纹或图案，如图 5-93 所示。

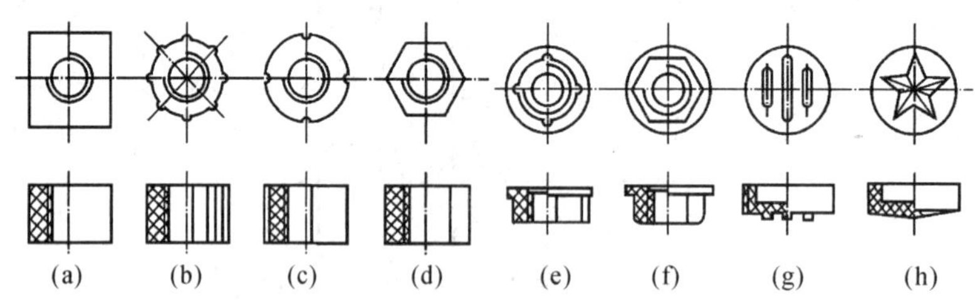


**图 5-93　制品带有止转花纹的结构**

(2)对模具的要求。塑件要求止转，模具就要有相应的防转机构来保证，特别是当型腔与螺纹型芯或型芯与螺纹型环分别设计在分型面两边时，如型腔在定模，螺纹型芯或型环在动模，动、定模一分型，塑件就被型芯或型环带出型腔，即使塑件外形有止转花纹，这时也不起作用了，塑件便与螺纹型芯或型环一起转动，仍然不能实现脱模。因此，设计模具时要考虑止转机构。

**2. 非旋转式螺纹的脱模方式**

(1)强制脱螺纹结构。对于聚乙烯，聚丙烯等软性塑料，带有半圆形较浅的粗牙内螺纹的塑件，可以采用强制脱模结构，用推板将塑件从螺纹型芯上强制脱出，使模具结构大为简化，如图 5-94 所示。

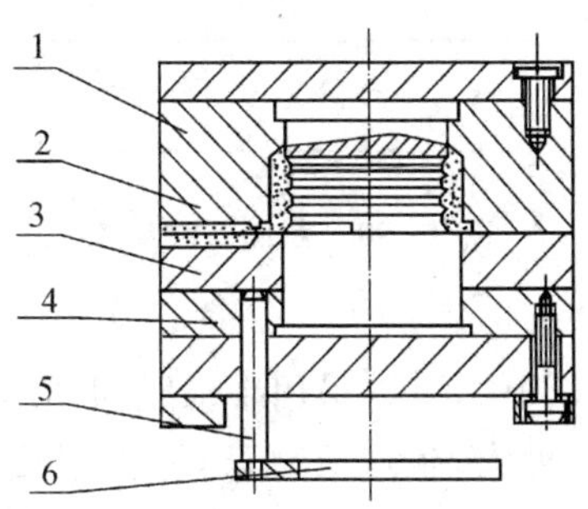


**图 5-94　螺纹强制脱模结构**

1—定模;2—螺纹结构;3—脱模结构;4—动模;5—顶杆;6—顶板

(2)外螺纹用对合滑块成型。如图 5-95 所示,对于精度要求不很高的外螺纹可以采用对合滑块成型螺纹塑件。要求滑块接合处应紧密,避免接缝线痕过粗影响装配时螺帽的旋入,特别是对生产批量较大的制品,模具磨损后,接缝处间隙会增大,为此可在接缝处制成如图 5-96 所示的形式。

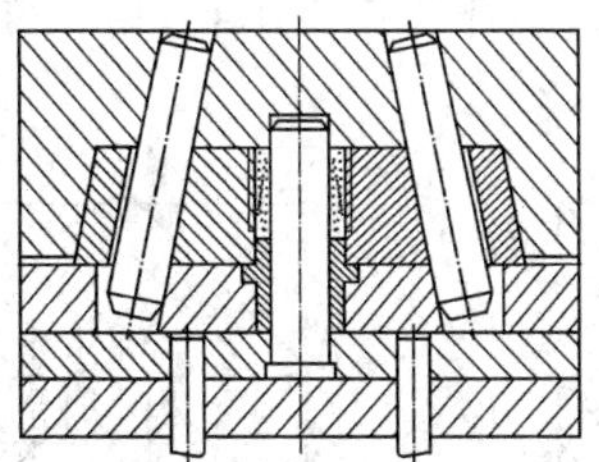

**图 5-95　外螺纹用对合滑块的模具结构**

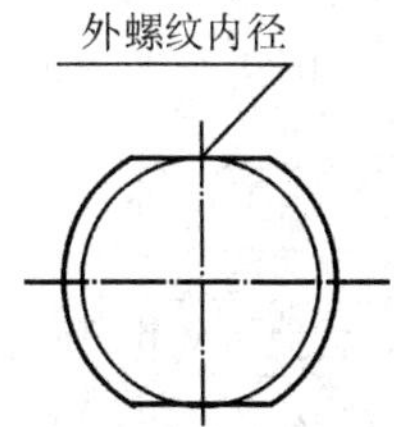


**图 5-96　对合滑块接缝处结构**

(3)将塑件上的螺纹设计成断续螺纹,模具结构可采用滑块内侧抽芯方式。如图 5-97 所示,该模具的螺纹型芯由三件组合而成,用 T 形槽滑块连接。开模时,推料板 7 以下的零件与定模 9 分开一定距离,然后顶杆 2 作用于推板 6,型芯 4 随动模继续后退,迫使具有 T 形槽与型芯 4 啮合的螺纹型芯 10(共三件)同时向中间靠拢,塑件即由型芯 4 上落下。在顶出过程中,螺纹型芯 10 始终不脱开型芯 4。该模具是在角式注射机上使用的。断续螺纹结构的展开图如图 5-98 所示。

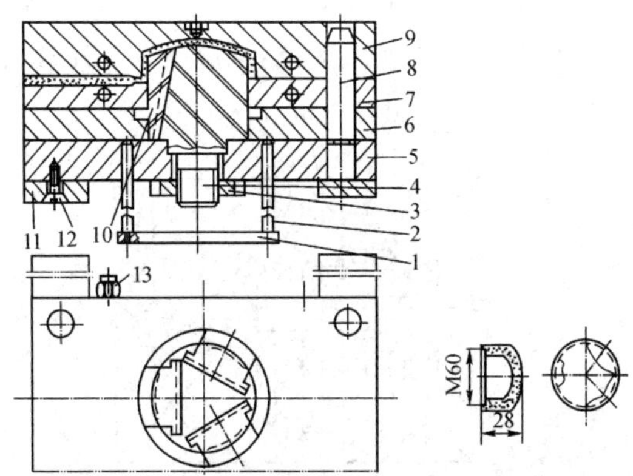


**图 5-97　制品为断续螺纹的模具结构**

1—顶板;2—顶杆;3—螺母;4—型芯;5—动模;6—推板;7—推料板;8—导柱;9—定模;

10—螺纹型芯;11—模脚板;12—平头螺钉;13—水管接头

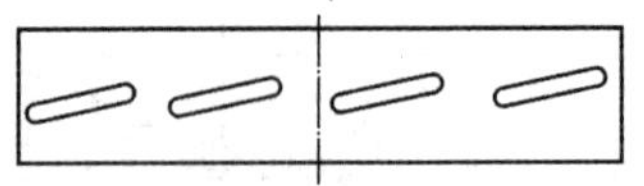

图 5-98　断续螺纹结构

**3. 手动脱卸螺纹型芯、型环**

对于生产批量不大的带螺纹塑件，可以采用手动脱卸螺纹，如图 5-99 所示。其优点是结构简单，制造方便；缺点是劳动强度大，生产效率低，操作不够安全。图 5-99(a)所示为模内手动脱螺纹形式。设计时，必须注意螺纹型芯的非成型端的螺距需与成型端螺距相等，旋向也应相同，否则在脱出螺纹时将使塑件螺纹损坏。这种脱螺纹形式生产效率低。如图 5-99(b)所示，螺纹型芯随塑件顶出后，即可用手工和辅助工具将螺纹型芯脱下，也可用电机减速后带动与螺纹型芯尾部相配合的四方套筒，使螺纹型芯脱出塑件。每模成型前需将螺纹型芯装入模内。这种形式的脱螺纹机构生产效率略高。图 5-99(c)所示为手动脱螺纹型环的形式。当塑件的外螺纹尺寸精度要求较高而不能采用对合螺纹型环成型时，可采用此种形式。开模时，螺纹型环随塑件一起顶出到模外，用专用工具插入型环的三个小孔，用手旋转工具，即可脱出塑件。如果将专用工具装在电机上，亦可提高生产效率。

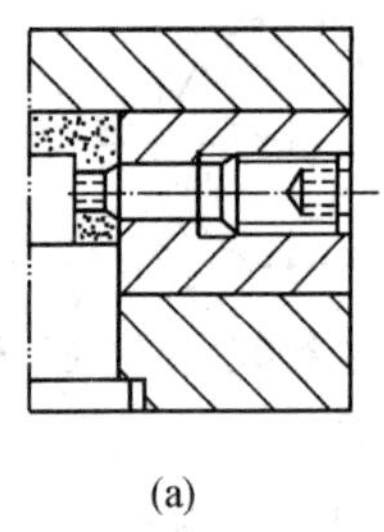

(a)

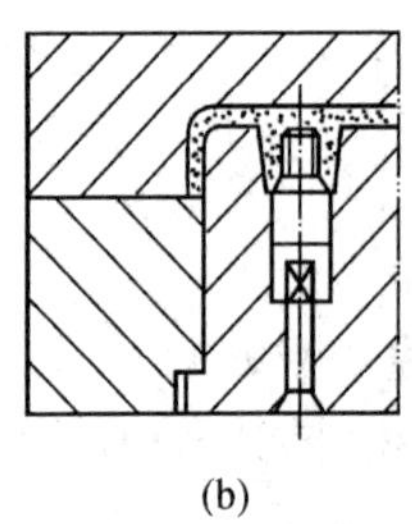

(b)

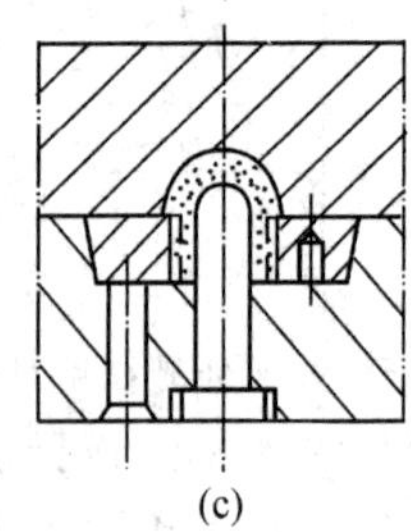

(c)

图 5-99　螺纹型芯、型环手动脱卸机构

图 5-100 所示为模内装有变向机构的手动脱螺纹型芯的模具结构示意图。当人工通过手柄摇动斜齿轮 3 时，与它相啮合的斜齿轮 2，通过键的作用带动螺纹型芯旋转。由于螺纹型芯凸台处的螺距与成型螺距相同，所以螺纹型芯在旋转的同时向左按箭头方向移动，使型芯从塑件中顺利脱出。当螺纹型芯的凸台端面移至平面 $A$ 时，型芯被模板挡住，不能再向左移动了，这时顶板 4 向右方移动，从 $A$ 面分型顶出塑件，顶出距离由定距螺钉 6 限定。

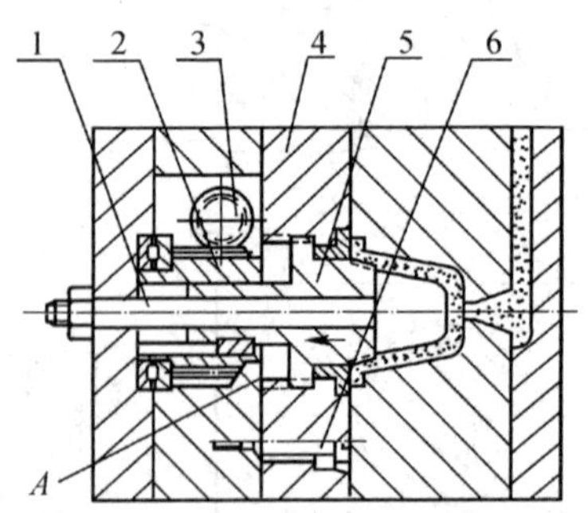


图 5-100　模内手动螺纹脱芯机构

1—型芯；2—斜齿轮；3—斜齿轮；4—顶板；5—螺纹型芯；6—定距螺钉

### 4. 用于角式注射机的自动脱螺纹机构

图 5－101 所示为一塑件外形在定模，螺纹型芯在动模的结构形式。开模时，注射机锁模丝杆 1 带动模具主动齿轮轴 2(轴的端部为方轴，插在丝杆的方孔内，如图 5－102 所示)旋转，通过齿轮 3 脱卸螺纹型芯，而定模型腔部分在弹簧作用下随动模同时移动，使塑件在定模型腔内无法转动，螺纹型芯即能逐渐脱出，直至型腔板在限位螺钉 4 的作用下不再随动模移动时，动、定模开始分型。此时螺纹型芯在塑件内尚留有一个螺距未全部脱出，于是将塑件从型腔中带出来，待螺纹型芯全部脱离，即可取下塑件。

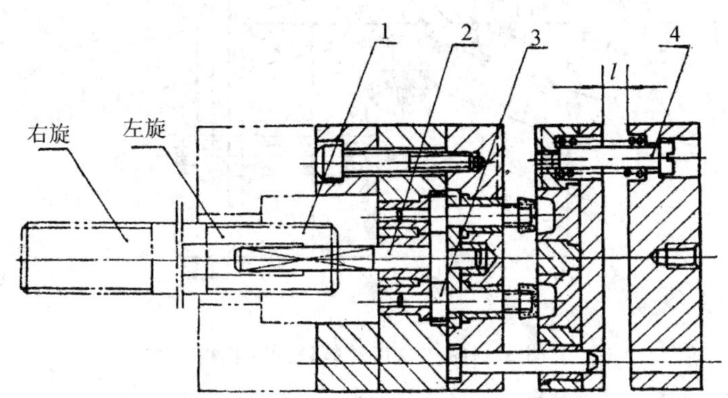


**图 5－101　在直角式注射机上螺纹成型抽芯机构**

1—注射机锁模丝杆；2—主动齿轮轴；3—螺纹型芯；4—限位螺钉

### 5. 用于立、卧式注射机自动脱螺纹机构

(1)侧向螺纹型芯的脱模机构，如图 5－103 所示。由于螺纹轴线正好与开模方向垂直，故可利用齿条比较方便地产生旋转运动，脱出型芯。螺纹型芯的非成型端螺距与塑件的螺距相等，并与套筒螺母的螺孔相配合。开模时，齿条导柱带动螺纹型芯旋转，使螺纹型芯按塑件的螺距旋入套筒螺母，从而退出塑件侧孔。螺纹型芯上的齿轮宽度应保证型芯移动至左右两端时，仍然与齿条导柱的齿形相啮合。

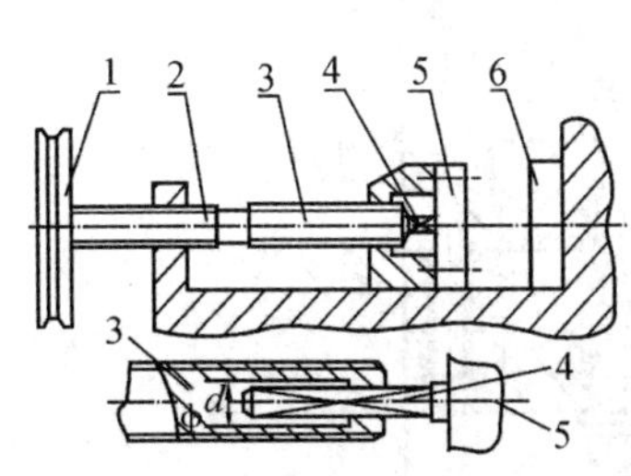


**图 5－102　角式注射机旋转丝杠**

1—皮带轮；2—右旋螺纹；3—左旋螺纹；4—方轴；5—动模；6—定模

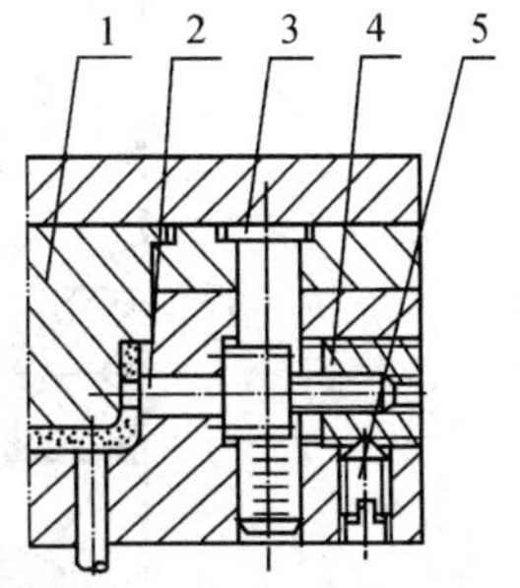


**图 5－103　制品螺纹侧向成型的结构**

1—凸模；2—螺纹型芯；3—齿条导柱；4 —套筒螺母；5—支头螺钉

(2)伞齿轮脱螺纹型芯结构，如图 5－104 所示。开模时，导柱齿条 4 带动固定于轴 5 右端的小齿轮旋转，使同轴的伞齿轮 6 也同时旋转，再通过与其啮合的伞齿轮 7 传递，带动齿轮 8 和螺纹拉料杆 3 旋转，齿轮 8 又带动齿轮 9 和同轴的螺纹型芯 10 旋转，塑件即可顺利脱出。

螺纹拉料杆3的作用是为了在开模时将主浇道拉下，同塑件一起留在动模上。螺纹拉料杆和螺纹型芯的转向是相反的，所以二者的螺纹旋向也应做成相反的。这种结构的螺纹型芯或型环不能沿轴向退出，而是由塑件作轴向运动，边退螺纹边被螺纹型芯顶出型腔实现脱模。

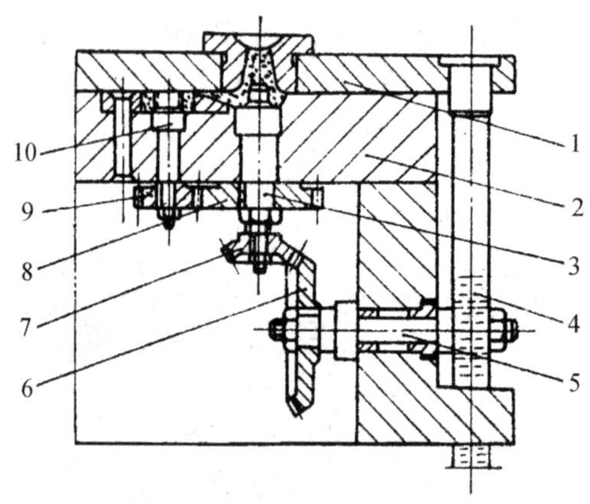


图5－104 伞齿轮螺纹脱芯机构

1—定模板；2—动模板；3—螺纹拉料杆；4—导柱齿条；5—轴；6，7—伞齿轮；8，9—齿轮；10—螺纹型芯

（3）蜗轮蜗杆脱螺纹机构，如图5－105所示。图示为一模六腔的自动脱螺纹模具，蜗杆由电动机带动。开模后，蜗杆带动蜗轮、直齿轮等转动，齿轮又带动螺纹型环转动，边卸螺纹边将塑件顶出模外。由于塑件端面有四个止转的小针定位，故塑件并不随螺纹型环一起转动，止转小针固定在下面放有弹簧的托板上，托板受弹簧的弹力，在螺纹型环转动时随同塑件一起上升，直至螺纹退完为止，塑件从型腔中脱出。合模时，回程杆将托板连同止转小针一起推回原位，弹簧被压缩。

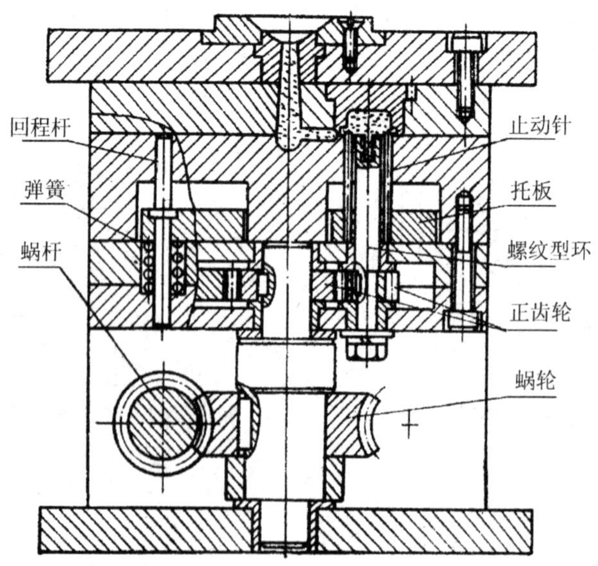


图5－105 蜗轮蜗杆螺纹脱芯机构

# 5.7 抽芯机构

## 5.7.1 抽芯机构概述

当塑料注射成型模的分型面垂直于或大致垂直于开模方向时，与注射机开模方向一致的分型和抽芯都比较容易的实现，因而模具结构也较为简单。但是对某些塑件结构，需要注射模设计与开模方向不一致的分型(指分型面基本上平行于开模方向)以及侧孔或侧凹。除少数情况可以进行强制脱模外，成型这种结构的塑件需要设计侧抽芯机构，通过侧向分型或侧向抽芯将塑件脱出。也就是说，必须将成型侧孔或侧凹的零件做成可动的结构，在塑件脱模前将其先行抽出，然后再从型腔中和型芯上脱出塑件。这种完成侧向活动型芯抽出和复位的机构就叫作抽芯机构。

**1. 抽芯机构的分类**

(1)手动抽芯。利用人力在开模前或脱模后使用手工工具抽出侧向活动型芯。手动抽芯的优点是结构简单，制造容易且传动平稳。其缺点是生产效率低，生产劳动强度大，且受人力限制难以获得较大的抽拔力。对试制新产品，小批量生产的制品，以及有时因塑件结构特点的限制，无法采用机动抽芯的产品，仍需采用手动抽芯。

手动抽芯可分为模内抽芯(见图5-106)和模外手动抽芯(见图5-107)两种形式。前者是在塑件脱模前，用人力将型芯或镶块抽出，使其与塑件相分离，然后再将塑件顶出模外；后者是在模具内装入活动侧型芯或镶块，脱模时连同塑件一起顶出模外，然后用人工取下活动型芯或镶块，再将它们重新装入模具。应当注意的是活动型芯或镶块应当可靠定位，闭模或注射过程中不能移位，以免造成塑件报废甚至损坏模具。

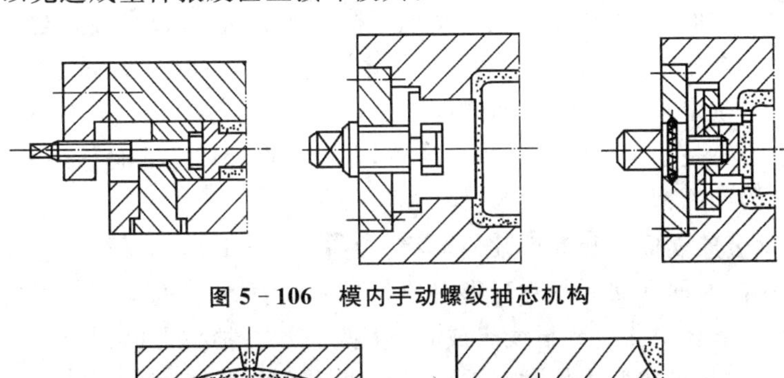

图5-106　模内手动螺纹抽芯机构

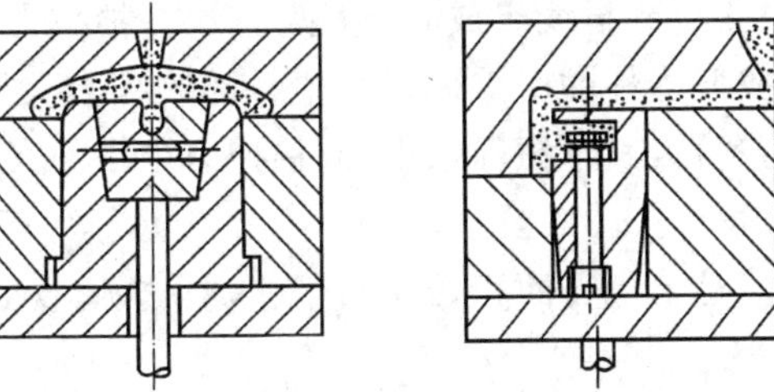

图5-107　活动型芯、镶块模外抽芯机构

(2)机动抽芯。开模时,依靠注射机的开模动力,通过抽芯机构改变运动方向,将侧型芯抽出。机动抽芯抽拔力较大,具有灵活、方便、生产效率高、容易实现全自动操作且不需另外添置设备等优点,是目前生产上广泛采用的一种抽芯机构。机动抽芯的结构形式包括:①斜导柱分型抽芯;②弹簧分型抽芯;③斜滑块分型抽芯;④弯销分型抽芯;⑤齿轮齿条分型抽芯;⑥其他形式抽芯机构。

其中斜导柱分型抽芯机构最为常用,也是本章讨论的重点。

(3)液压或气动抽芯。以压力油或压缩空气作为抽芯动力,在模具上配置专门的油缸或气缸,通过活塞的往复运动来实现抽芯、分型与复位动作。其优点是可按抽拔力的大小和抽芯距的长短任意设计,对侧面具有较长抽拔距的塑件有其独特的效力和作用,且液压传动平稳,动力与抽拔力方向一致,工作理想。其缺点是增加了操作工序而且需配置专门的液压或气动动力源、控制系统及油缸、气缸等装置,费用较高,图 5－108 所示为使用液压油缸抽出侧向长型芯的例子。

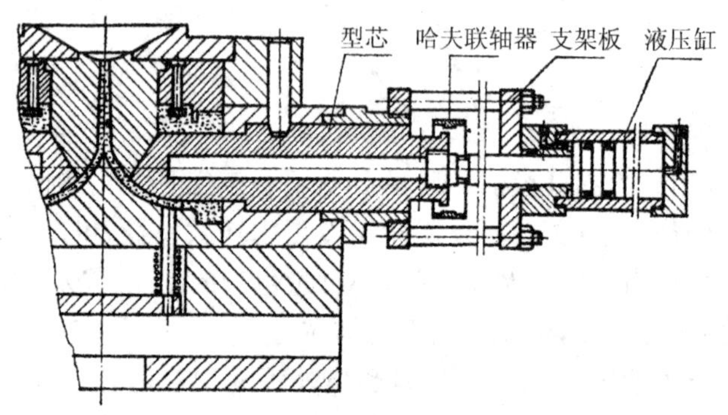


**图 5－108　液压抽芯机构**

**2. 抽拔力的计算**

塑件在冷凝收缩时产生包紧力,紧紧包住活动的侧型芯。抽芯机构所需的抽拔力,必须克服因包紧力而产生的抽拔阻力以及机械转动的摩擦力才能抽出活动型芯。在开始抽拔的瞬间所需的抽拔力,称为初始抽拔力。而后为了使活动型芯全部抽出至不妨碍塑件取出位置所需的抽拔力,称为相继抽拔力。塑件在抽拔移动后,对活动型芯的包紧力比在开始抽拔的瞬时小,故此相继抽拔力总是小于初始抽拔力。所以,在进行设计和计算时总是考虑初始抽拔力。

(1)影响抽拔力的因素。

1)型芯成型部分的表面积和断面几何形状。型芯成型部分表面积大,包紧力亦大,所需的抽拔力也大。型芯的断面几何形状为圆形时的包紧力比为矩形时的包紧力小,所需的抽拔力亦小;当断面的几何形状由曲线或折线组成时,包紧力较大,抽拔力也大。

2)塑料的收缩力和对成型零件的摩擦因数。塑料的收缩力大则对型芯的包紧力大,抽拔力也大;表面润滑性能好的塑料,其摩擦因数小,故抽拔力也小。在同样收缩力的情况下,软性塑料比硬性塑料所需抽拔力小。

3)塑件的壁厚的影响。对于包容面积相同的塑件,壁越薄,收缩越小,所需抽拔力越小;反之,厚壁塑件所需抽拔力较大。

4)塑件同侧面的活动型芯的数目的影响。当塑件在同一侧面有两个以上的空穴,用同一滑块进行抽拔时,由于空间距也要收缩,故抽拔力比单独抽出每个型芯抽拔力之和要大些。

5)活动型芯成型表面的粗糙度影响。由于活动型芯的成型表面在抽拔时与塑件产生相对摩擦,因而型芯表面的粗糙度、加工纹路方向、出模斜度等对抽拔力都有一定的影响。因此,要求型芯表面应有足够的粗糙度,一般应达到表面粗糙度 $R_a$0.4,并应有一定的脱模斜度,且力求使加工纹路方向与抽拔力方向一致。

6)成型工艺,即注射压强,保压时间和冷却时间对抽拔力的影响也较大。若注射压强小,保压时间短,抽拔力小,冷却时间长,塑件冷凝收缩基本完成,则包紧力大,故而抽拔力也大。

(2)抽拔力的估算。影响抽拔力的因素较多,也比较复杂,必须抓住其中的主要影响因素加以分析和考虑。为了估算抽拔力,首先对型芯受力情况进行分析,如图 5-109 所示。

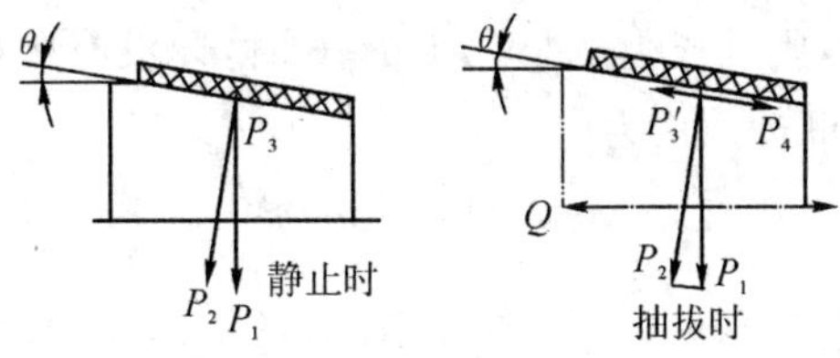


**图 5-109　型芯受力分析图**

$P_1$—塑件对型芯;$P_2$—塑件对型芯表面的垂直分力;$P_3$—塑件沿型芯表面的滑移分离力;$P'_3$—$P_3$对型芯表面的反作用力;$P_4$—抽拔阻力;$Q$—抽拔力;$\theta$—脱模斜度

$$P_2 = P_1\cos\theta \tag{5-13}$$

$$P_3 = P'_3 = P_1\sin\theta \tag{5-14}$$

$$P_4 = \mu P_2 = \mu P_1\cos\theta \tag{5-15}$$

式中,$\mu$ 为塑料对钢的摩擦因数(某些塑料的摩擦因数列于表 5-8 中)。

$$Q = (P_4 - P'_3)\cos\theta = (\mu P_1\cos\theta - P_1\sin\theta)\cos\theta = P_1\cos\theta(\mu\cos\theta - \sin\theta) \tag{5-16}$$

**表 5-8　某些塑料的摩擦因数**

| 材　料 | 类　别 | 干动摩擦因数 | 干静摩擦因数 |
|---|---|---|---|
| 尼龙 9 | | 0.5 | |
| 尼龙 12 | 对钢 | 0.1～0.2 | |
| 尼龙 66 | 对钢 | 0.2～0.4 | |
| 聚碳酸酯 | 对自身 | 0.24 | |
| 聚碳酸酯 | 对钢 | 0.73 | |
| 聚甲醛 | 对钢 | 0.15 | 0.18 |
| 聚甲醛 | 对钢 | 0.18 | 0.20 |
| 聚甲醛 | 对钢 | 0.20 | 0.22 |
| 聚甲醛 | 对自身 | 0.21 | 0.26 |
| 氯化聚醚 | | 0.35 | |
| ABS | 对自身 | 0.35～0.46 | 0.67 |
| 聚砜 | 对钢 | | 0.40 |
| 聚砜 | 对铜 | 0.24～0.3 | |
| 聚苯醚 | 对钢 | 0.35～0.4 | |

由式(5－16)可以得出以下结论：

(1)$P_1$大即塑料对侧型芯的包紧力大，抽拔力也就大。$P_1(N)$可由下式计算：

$$P_1 = Chp_0 \tag{5-17}$$

式中 $C$——型芯成型部分断面的平均周长(m)；

$h$——型芯被塑料包紧部分的长度(m)；

$p_0$——单位面积的包紧力，其值与塑件的几何形状及塑料的性质有关，一般可取8～12MPa。

(2)$\mu$大，即塑料对金属的摩擦因数大，润滑性能差，因而抽拔力增大。

(3)$\theta$大，即脱模斜度大，则抽拔力减小。当$\theta=0$时，即没有脱模斜度时，抽拔力最大。因一般$\theta$值都很小(约1°)，故可近似认为

$$\cos\theta\approx1,\quad \sin\theta\approx0$$

因此式(5－16)可变为

$$Q=\mu P_1$$

将$P_1=Chp_0$代入上式，得

$$Q=\mu Chp_0 \tag{5-18}$$

用式(5－18)计算的抽拔力数值略微偏大些，因为忽略了脱模斜度的影响。但这样计算出的结果比较可靠。

例：有一活动型芯，截面形状为20 mm×25 mm，被塑料包容长度为5 mm，设抽拔条件较差，各项数据取$p_0=12\text{MPa}$，$\mu=0.2$，$\theta=30'$。求所需抽拔力。

解：将有关数据代入式(5－18)和式(5－19)，得

$Q=Chp_0\cos\theta(\mu\cos\theta-\sin\theta)=(2\times2+2.5\times2)\times0.5\times10^{-4}\times12\times10^{6}\times(0.2\cos30'-\sin30')\times\cos30'=1.2\times10^{3}\ \text{N}$

## 5.7.2 斜导柱分型与抽芯机构

机动抽芯机构有许多种形式，在这里重点介绍斜导柱分型抽芯机构的结构特点、使用形式和设计、计算方法，对其他抽芯机构则只能着重介绍一下结构特点和动作原理。

斜导柱分型与抽芯机构如图5－110所示，斜导柱抽芯机构由斜导柱、滑块、侧型芯、压紧块及滑块定位装置等组成，其特点是结构紧凑，制造方便，动作安全可靠，应用较广，特别是在抽芯距离较短和抽拔力不太大的情况下更为适用。

斜导柱抽芯机构主要由开模力通过斜导柱作用于滑块上的分力驱动其朝一定的方向运动，从而完成抽芯动作。从图5－110(a)中可看出，侧型芯固定在滑块5上。开模时，斜导柱驱动滑块在动模板7上的导滑槽内向左移动，实现抽芯动作。限位挡块2、螺钉3和弹簧1是使滑块保持抽芯后最终位置的定位装置(见图5－110)，它可以保证闭模时，斜导柱能准确地进入滑块上的斜孔，使滑块复位。压紧块(图中预定模板做成一体)的作用是在注射时承受滑块传来的侧推力，以免斜导柱因受力过大产生弯曲变形。从斜导柱受力状况出发，它与开模方向之间的夹角$\alpha$不能太大，因此抽芯距离不宜太长，抽拔力也不宜太大。

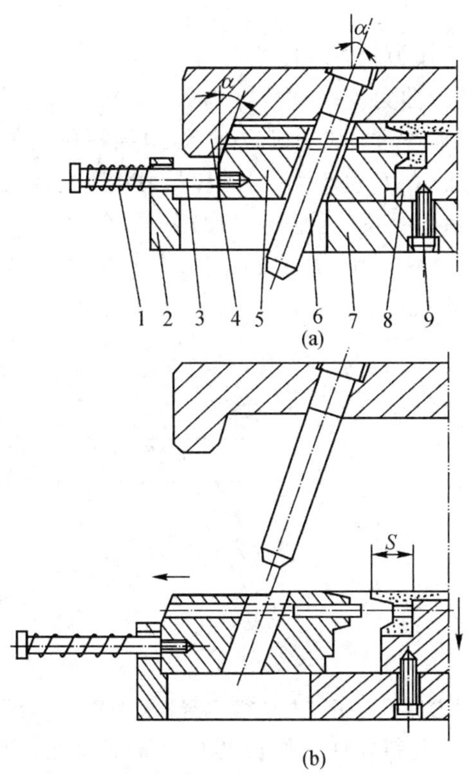


**图 5-110　斜导柱抽芯注射模**

1—弹簧；2—限位挡块；3—螺钉；4—定模板；5—滑块；6—斜导柱；7—动模块；8—镶块；9—螺钉

**1. 斜导柱抽芯机构的有关参数计算**

(1)抽芯距 $S$。抽芯距是指型芯从成型位置抽至不妨碍塑件脱模的位置时，型芯或滑块在抽芯方向所移动的距离。通常，抽芯距等于侧孔深度加 3～5 mm 的安全系数。如图 5-110 所示，其计算公式为

$$S=H\tan\alpha+(3\sim5)(\text{mm}) \tag{5-19}$$

式中　$S$ ——抽芯距(mm)；

$H$——斜导柱完成抽芯距所需的开模行程(mm)

$\alpha$ ——斜导柱倾斜角。

当塑件的结构比较特殊时，如圆形线圈骨架(见图 5-111)，则抽芯距不等于线圈骨架凹面深度 $S_1$，因为滑块抽至 $S_1$ 距离时，制品外径仍不能脱出滑块内径，必须抽至 $S$ 的距离才能顺利脱出。此时，$S$ 的计算公式为

$$S=\sqrt{R^2-r^2}+(2\sim3)\ \text{mm} \tag{5-20}$$

式中　$R$ ——线圈骨架的大圆盘半径(mm)；

$r$ ——线圈骨架轴的外圆半径(mm)。

(2)斜导柱倾斜角 $\alpha$。斜导柱倾斜角是决定斜导柱抽芯机构工作效果的一个重要参数，不仅决定了抽芯距离和斜导柱的长度，还决定着斜导柱的受力状况。

斜导柱受到的抽拔阻力和弯曲力的关系如图 5-112 所示(不考虑斜导柱与滑块的摩擦力)。

$$Q=P\cos\alpha \tag{5-21}$$

式中 $P_1$——开模力；

$Q$——抽拔阻力（与抽拔力相等方向相反）；

$P$——斜导柱所受的弯曲力。

由式(5-21)可以看出，所需的抽拔力确定以后，斜导柱所受的弯曲力 $P$ 与 $\cos\alpha$ 成反比，即 $\alpha$ 角增大时，$\cos\alpha$ 减小，弯曲力 $P$ 也增大，斜导柱受力状况变坏。

另外，从抽芯距 $S$ 与 $\alpha$ 角的关系（见图 5-113）来看，有

$$S=H\cdot\tan\alpha=L\cdot\sin\alpha \tag{5-22}$$

式中，$L$ 为斜导柱的有效工作长度。

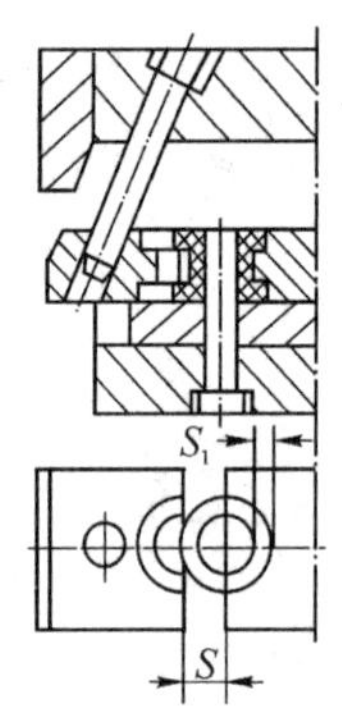


图 5-111 线圈骨架的抽芯距

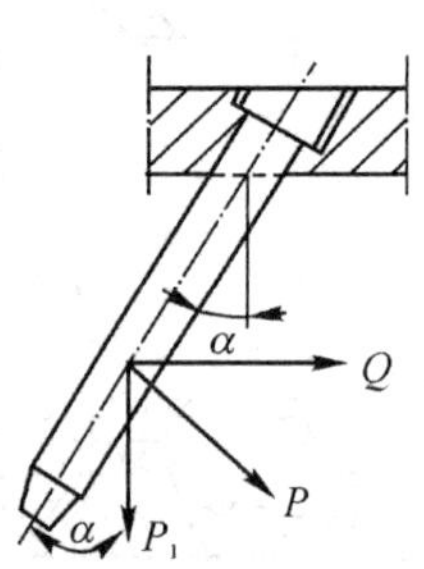


图 5-112 斜导柱受力图

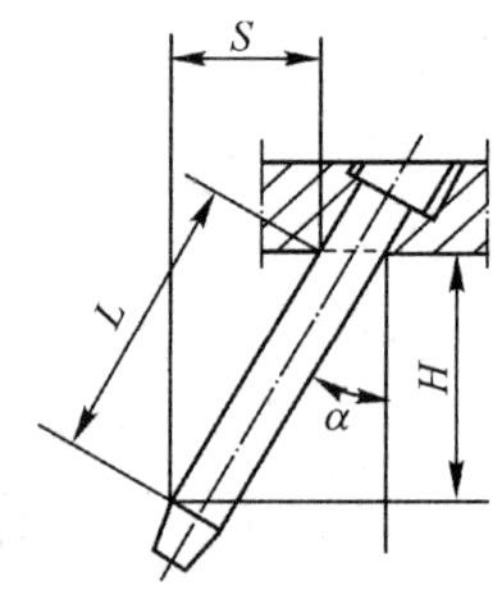


图 5-113 抽芯距的计算

$S$ 确定以后，开模行程 $H$ 及斜导柱工作长度 $L$ 与 $\alpha$ 成反比，即 $\alpha$ 角增大，$\tan\alpha$ 也增大，则为完成抽芯所需的开模行程减小。另外，$\alpha$ 角增大时，$\sin\alpha$ 增大，斜导柱有效工作长度可减小。

综上所述，当斜导柱倾斜角 $\alpha$ 增大时，斜导柱受力状况变坏，但为完成抽芯所需的开模行程可减小；反之，当 $\alpha$ 角减小时，斜导柱受力状况有所改善，可是开模行程却增加了，而且斜导柱的长度也增加了，这会使模具厚度增加。因此，斜导柱倾斜角 $\alpha$ 过大或过小都是不好的，一般 $\alpha$ 角取 10°～20°，最大不超过 25°。

(3)斜导柱直径 $d$。斜导柱直径 $d$ 取决于它所受的最大弯曲力 $P$，而弯曲力又与抽拔力 $Q$、斜导柱倾斜角 $\alpha$ 有关。从图 5-112 可看出

$$M=PL \tag{5-23}$$

式中 $L$——斜导柱的有效工作长度；

$M$——斜导柱承受的最大弯矩。

根据材料力学原理可知

$$\sigma=\frac{M}{W}\leqslant[\sigma]_{弯} \tag{5-24}$$

式中 $\sigma$——斜导柱所受的弯曲应力；

$[\sigma]_{弯}$——弯曲许用应力，碳钢为 140MPa；

$W$——抗弯剖面系数。

因斜导柱多为圆形截面，对于圆形截面：

$$W=\frac{1}{32}\pi d^3\approx 0.1d^3 \tag{5-25}$$

将式(5-23)、式(5-25)代入式(5-24)，得

$$\frac{PL}{0.1d^3}=[\sigma]_{弯} \tag{5-26}$$

将式(5－21)代入式(5－26)，得

$$d=\sqrt{\frac{QL}{0.1[\sigma]\cos\alpha}} \tag{5-27}$$

由式(5－27)可知，斜导柱直径的计算必须根据抽拔力、斜导柱有效工作长度和斜导柱倾斜角等参数进行计算，步骤较为繁琐。所以设计中也时常采用查表的方法。查表前首先要算出抽拔力(按式(5－18)进行估算)。查表的方法如下：

1)按 $Q$ 值的大小和所选定的斜导柱倾斜角，查表 5－9 找出相应的最大弯曲力；

2)根据最大弯曲力和抽芯孔中心至滑块顶面的垂直距离 $H_1$(见图 5－114)以及斜导柱倾斜角查表 5－9，得出斜导柱直径。

**表 5－9　成型芯抽拔力与斜导柱倾斜角的关系**

| 最大弯曲力 $P$/kN | 倾斜角 $\alpha$ | | | | | | 最大弯曲力 $P$/kN | 倾斜角 $\alpha$ | | | | | |
|---|---|---|---|---|---|---|---|---|---|---|---|---|---|
| | 8° | 8° | 8° | 8° | 8° | 8° | | 8° | 8° | 8° | 8° | 8° | 8° |
| | 成型芯抽拔力 $Q$/kN | | | | | | | 成型芯抽拔力 $Q$/kN | | | | | |
| 1.00 | 0.99 | 0.98 | 0.97 | 0.96 | 0.95 | 0.94 | 21.0 | 20.79 | 20.68 | 20.53 | 20.26 | 19.95 | 19.74 |
| 2.00 | 1.98 | 1.97 | 1.95 | 1.93 | 1.90 | 1.88 | 22.0 | 21.78 | 21.67 | 21.51 | 21.23 | 20.9 | 20.68 |
| 3.00 | 2.97 | 2.95 | 2.93 | 2.89 | 2.85 | 2.82 | 23.0 | 22.77 | 22.65 | 22.49 | 22.19 | 21.85 | 21.62 |
| 4.00 | 3.96 | 3.94 | 3.91 | 3.86 | 3.8 | 3.76 | 24.0 | 23.76 | 23.64 | 23.47 | 23.16 | 22.8 | 22.56 |
| 5.00 | 4.95 | 4.92 | 4.89 | 4.82 | 4.75 | 4.7 | 25.0 | 24.75 | 24.62 | 24.45 | 24.12 | 23.7 | 24.44 |
| 6.00 | 5.94 | 5.91 | 5.86 | 5.79 | 5.7 | 5.64 | 26.0 | 25.74 | 25.61 | 25.4 | 25.09 | 24.7 | 24.44 |
| 7.00 | 6.93 | 6.89 | 6.84 | 6.75 | 6.65 | 6.58 | 27.0 | 20.73 | 26.59 | 26.4 | 26.05 | 25.65 | 25.38 |
| 8.00 | 7.92 | 7.88 | 7.82 | 7.72 | 7.6 | 7.52 | 28.0 | 27.72 | 27.58 | 27.38 | 27.02 | 26.6 | 26.32 |
| 9.00 | 8.91 | 8.86 | 8.8 | 8.68 | 8.55 | 8.46 | 29.0 | 28.71 | 28.56 | 28.36 | 27.98 | 27.55 | 27.26 |
| 10.0 | 9.90 | 9.85 | 9.78 | 9.65 | 9.50 | 9.40 | 30.0 | 29.7 | 29.65 | 29.34 | 28.95 | 28.5 | 28.2 |
| 11.0 | 10.89 | 10.83 | 10.75 | 10.61 | 10.45 | 10.34 | 31.0 | 30.69 | 30.53 | 30.31 | 29.91 | 29.45 | 29.14 |
| 12.0 | 11.88 | 11.82 | 11.73 | 11.58 | 11.4 | 11.28 | 32.0 | 31.68 | 31.52 | 31.29 | 30.88 | 30.4 | 30.08 |
| 13.0 | 12.87 | 12.8 | 12.71 | 12.54 | 12.35 | 12.22 | 33.0 | 32.67 | 32.5 | 32.27 | 31.84 | 31.35 | 31.02 |
| 14.0 | 13.86 | 13.79 | 13.69 | 13.51 | 13.3 | 13.16 | 34.0 | 33.66 | 33.49 | 33.25 | 32.81 | 32.3 | 31.96 |
| 15.0 | 14.85 | 14.77 | 14.67 | 14.47 | 14.25 | 14.1 | 35.0 | 34.65 | 34.47 | 34.23 | 33.77 | 33.25 | 32.9 |
| 16.0 | 15.84 | 15.76 | 15.64 | 15.44 | 15.2 | 15.04 | 36.0 | 35.64 | 35.46 | 35.2 | 34.74 | 34.2 | 33.84 |
| 17.0 | 16.83 | 16.74 | 16.62 | 16.4 | 16.15 | 15.93 | 37.0 | 36.63 | 36.44 | 36.18 | 35.7 | 35.15 | 34.78 |
| 18.0 | 17.82 | 17.73 | 17.6 | 17.37 | 17.1 | 17.86 | 38.0 | 37.62 | 37.43 | 37.16 | 36.67 | 36.1 | 35.72 |
| 19.0 | 18.81 | 18.71 | 18.58 | 18.33 | 18.05 | 16.92 | 39.0 | 38.61 | 38.41 | 38.14 | 37.63 | 37.05 | 36.66 |
| 20.0 | 18.8 | 19.7 | 19.56 | 19.3 | 19.0 | 18.8 | 40.0 | 38.6 | 39.4 | 39.12 | 38.6 | 38.0 | 37.6 |

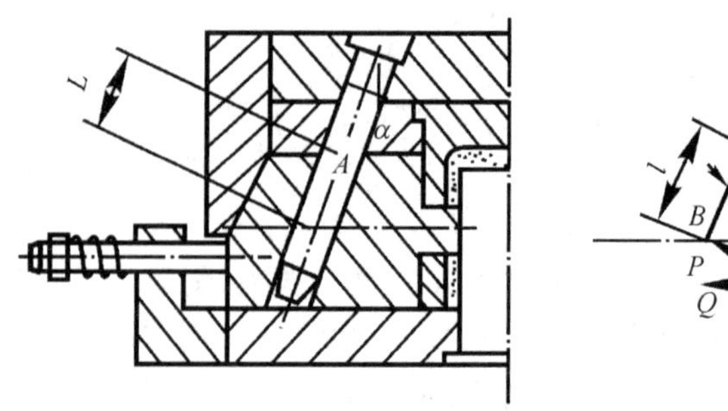


**图 5-114　斜导柱受力图**

$P$-斜导柱所受最大弯曲力；$L$-弯曲力矩；$H_1$-抽芯孔中心与 A 点垂直距离；$Q$-抽拔力；$\alpha$-斜导柱倾斜角。

(4)斜导柱长度

斜导柱的长度是根据活动侧型芯的抽芯距 $S$，斜导柱直径 $d$，固定轴肩的直径 $D$，倾斜角 $\alpha$ 以及安装斜导柱的模板厚度 $h$ 来决定的，如图 5-115 所示。

$$L=L_1+L_2+L_3+L_4+L_5=\frac{D}{2}\cdot\tan\alpha+h/\cos\alpha+\frac{d}{2}\cdot\tan\alpha+S/\sin\alpha+(10\sim15)(\text{mm}) \tag{5-28}$$

$L_5$ 为锥形头部的长度，一般取 10～15 mm；若头部为半球形，则 $L_5=d/2$。

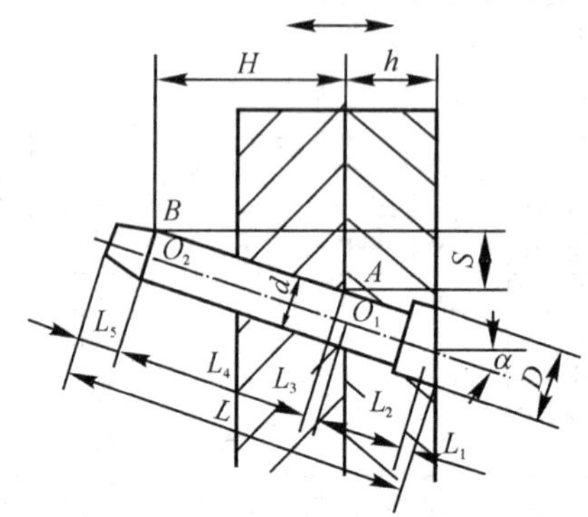


**图 5-115　斜导柱长度尺寸和开模行程**

**2. 斜导柱抽芯机构的结构设计**

以下介绍斜导柱抽芯机构的组成部分——斜导柱、滑块、侧型芯、压紧块及滑块定位装置等的设计方法。

(1)斜导柱。斜导柱由于经常与滑块摩擦，应进行淬火处理，使其表面硬度达到 55HRC 以上，并应进行研磨。其形状如图 5-116 所示。

图 5-116(a)所示为普通形式；图 5-116(b)所示是为了减小斜导柱与滑块间的摩擦，将斜导柱铣出两个平面，其宽度为斜导柱直径的 0.8 倍。斜导柱的材料与导柱相似，多用 45 钢，T8A，T10A 以及 20 钢渗碳处理等。斜导柱的安装部分，与模板安装孔之间采用过渡配合 H7/m6(D/gb)。斜导柱在工作中，主要驱动滑块作往复运动。滑块运动的平稳性由导滑槽与滑块间的配合精度保证，合模时滑块的最终准确位置由压紧块确定。为了运动灵活，滑块与斜导柱间可采用较松的动配合 H11/h11(D6/de6)或留有 0.5～1 mm 的间隙。有时为了使滑块运动滞后于开模运动，分型面先打开一个缝隙，使塑件从型芯上松动下来，然后斜导柱再驱动滑块开始抽芯，这时配合间隙则可以放大到 1 mm 以上。斜导柱的头部可做成半球形或圆锥

形。呈圆锥形时其斜角应大于斜导柱的倾斜角 $\alpha$，以免在斜导柱的有效长度离开滑块以后，其头部仍然继续驱动滑块。

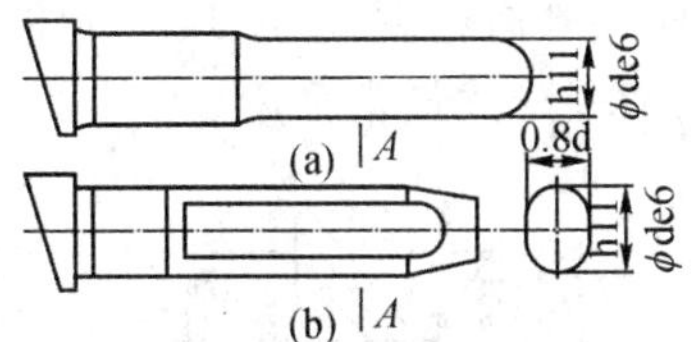


图 5－116　斜导柱的设计

(2)滑块。滑块是斜导柱机构中的可动零件，滑块与侧型芯既可做成整体式的(见图 5－117(a)(b))，也可做成组合式的(见图 5－117(c)(d)(e)(f))。组合式滑块的优点是其成型部分可选用优质钢材单独制造和热处理，还可以降低加工难度。此种结构常用于大型滑块。

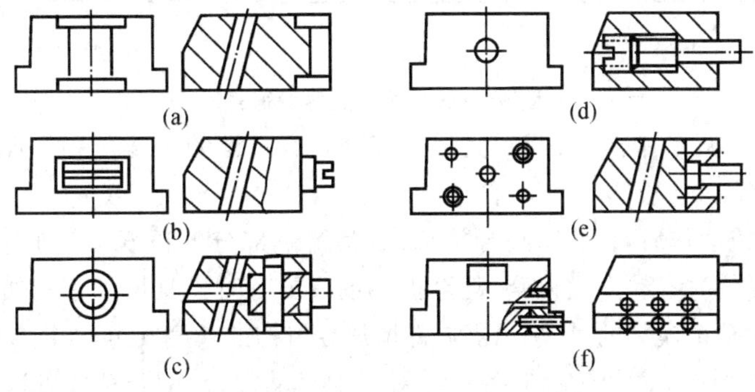


图 5－117　滑块的形式

由于一般型芯都比较小，要想把型芯固定在滑块上，首先要考虑连接部分的强度。为此，型芯埋于滑块部分的尺寸一般可以加大，如图 5－118(a)(b)所示；图 5－118(c)中采用燕尾式连接，多用于型芯比较大的情况下；当型芯较小时，可如图 5－118(d)所示，将型芯尾部加粗，用螺塞紧固于滑块之中。如果型芯为薄片，可参照如图 5－118(e)所示，采用通槽固定的方法；有时要同时装有几个型芯，可用图 5－118(f)所示的形式，用压板螺钉固定。

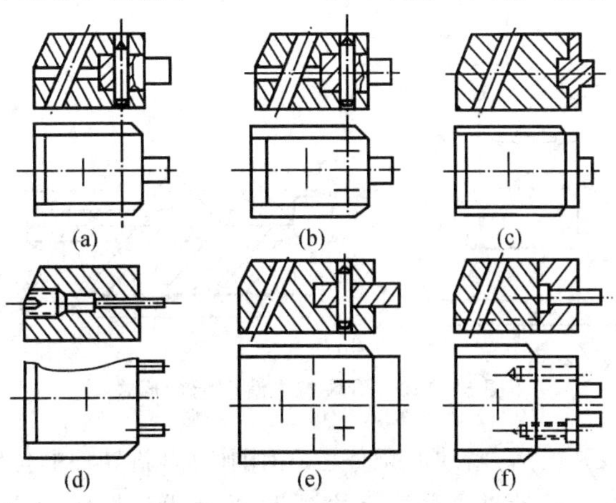


图 5－118　型芯与滑块的固定方法

(3)导滑槽。斜导柱驱动滑块是沿着导滑槽移动的，故对导滑槽提出如下要求：滑块在导滑槽内的运动要平稳，无上下窜动和卡紧现象，为了做到这一点，导滑槽的结构通常采取如图5－119所示的形式。其中图5－119(a)(f)所示为整体式结构，加工较困难，尤其图5－119(f)所示的燕尾槽形式更难加工，但其导滑槽精度高。图5－119(b)(c)(d)(e)所示皆为组合式，其中尤以图5－119(b)(c)所示的两种形式最常采用。

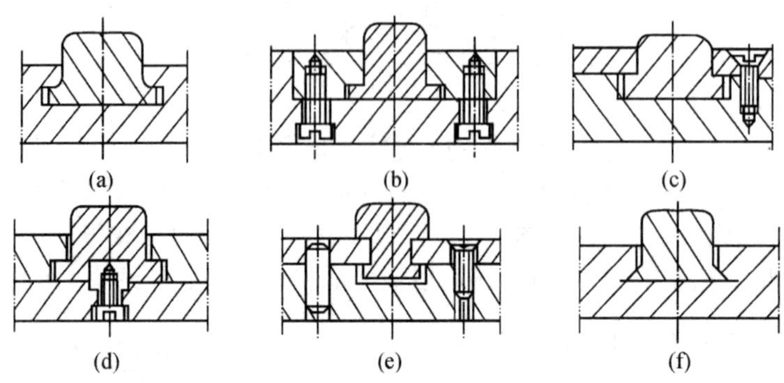


**图5－119　滑块的导滑形式**

为了不使滑块在运动中产生偏斜，其滑动部分要有足够的长度，一般为滑块宽度的1.5倍以上，如图5－120(a)所示。

滑块在完成抽拔动作后，仍应留在导滑槽内，其留下部分的长度不应小于滑块长度的2/3。否则，滑块在开始复位时容易发生偏斜，甚至损坏模具。有时模具尺寸不宜加大，但导滑槽长度不够时，可不必增大整个模具的尺寸，只需局部增加导滑槽的长度既可，如图5－120(b)所示。

滑块与导滑槽间应上、下与左、右各有一对平面呈动配合，配合精度可选H7/g6或H7/h7(D/db或D3/d3)，其余各面均应留有间隙。导滑槽应有足够的硬度(52～56HRC)。

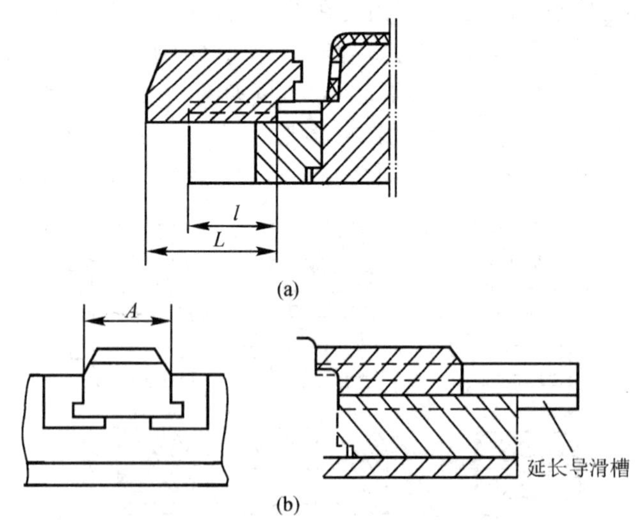


**图5－120　滑块与导滑槽配合形式**

(a)一般形式；(b)延长导滑槽形式

(4)滑块定位装置。开模后，滑块必须停留在刚刚脱离斜导柱的位置上，不可任意移动；否则，合模时斜导柱将不能准确地进入滑块上的斜孔，致使模具损坏，如图5－121所示。因此必须设计定位装置，以保证滑块离开斜导柱后，可靠地停留在正确的位置上。滑块定位装置起着保障完全的作用。

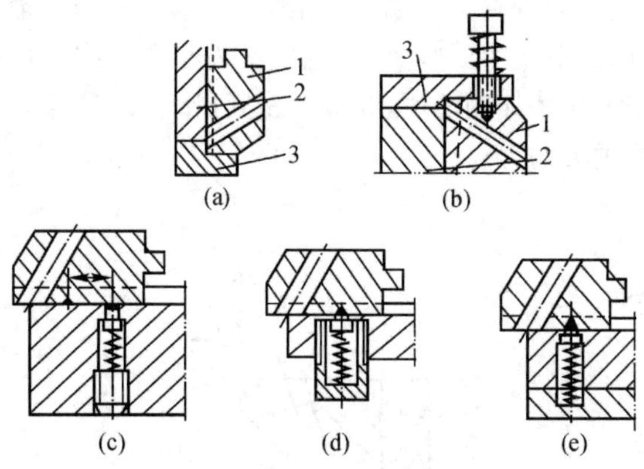


**图 5-121　滑块定位装置**

1—滑块；2—导滑槽；3—挡块

图 5-121(a)所示的滑块定位装置是利用滑块的自重停靠在限位挡块上，结构简单，但只适用于模具向下方的抽芯；图 5-121(b)所示为靠弹簧弹力使滑块停留在挡块上，适用于向任何方向的抽芯。图 5-121(c)(d)(e)所示都是采用弹簧止动销或弹簧钢球定位，只是安装弹簧的方式不同而已。这种结构适用于向侧方的抽芯。弹簧钢丝直径可选 1～1.5 mm，钢球直径可取 5～10 mm。

(5)压紧块。压紧块的作用：①注射时，型腔里的塑料熔体以很高的压力作用在侧型芯上，特别是当侧型芯的面积较大时，将产生一个很大的侧推力。这个力通过滑块传给斜导柱，会使斜导柱产生弯曲变形。因为计算斜导柱直径时只考虑了抽拔力的影响，并未将这个侧推力的影响估计在内，因此必须另加闭锁装置即压紧块来承受这个侧推力。②由于斜导柱与滑块的配合间隙较大，故合模后靠斜导柱不能保证滑块的精确位置。侧型芯的准确位置要靠精确加工的压紧块来保证。

压紧块的结构形式如图 5-122 所示。其中，图(a)所示为整体式结构，优点是牢固可靠，能承受较大的侧推力，但加工困难且材料耗费多，它适用于侧向力较大的场合；图(b)所示是用螺钉和销钉固定的形式，优点是结构简单，制造方便，应用比较普遍；图(c)所示是利用 T 形槽固定压紧块的形式，用销钉定位，这种结构可承受较大的侧推力；图(d)(f)所示为将压紧块整体嵌入模板的连接形式；图(e)(g)所示是压紧块局部嵌入模板的形式，它们均适用于侧推力很大的场合。

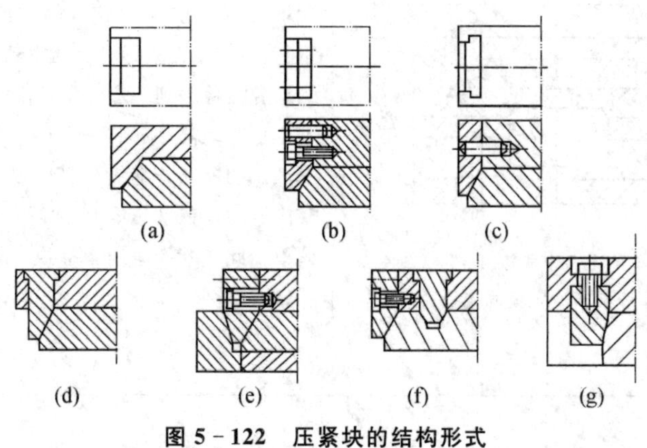


**图 5-122　压紧块的结构形式**

压紧块的斜角应略大于斜导柱的倾斜角，如图 5－123 所示，一般 $\alpha'=\alpha+(2\sim3)°$。这样在开模时压紧块能很快离开滑块的压紧面，避免压紧块与滑块间摩擦过大。另外，合模时，只是在接近合模终点时，压紧块才接触滑块，并最后压紧滑块，使斜导柱与滑块的斜孔避脱离接触，以免注射时斜导柱受过大的力。

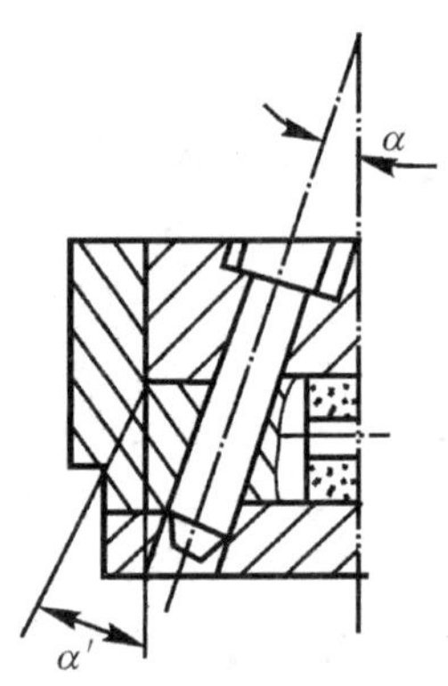


**图 5－123　锁紧楔楔角 α 的形式**

(6)定距分型拉紧装置。在斜导柱抽芯机构中，滑块在多数情况下设在动模一边，但有时由于塑件的结构特点，滑块也可能安装在定模一边。为了保证塑件留在动模上，便于脱模，在动、定模分型前侧型芯必须先抽出，否则塑件的侧孔或侧面凸台就会被损坏，或者使塑件留在定模型腔内很难脱出。定距分型拉紧装置就是使定模型腔与斜导柱固定板先分开，抽出侧型芯后，动、定模再分型顶出塑件。定距分型拉紧装置常见形式的结构和作用原理见表 5－10。

**表 5－10　定距分型拉紧装置的形式及工作原理**

| 定距分型拉紧装置 | 结构图 | 工作原理 |
|---|---|---|
| 弹簧螺钉定距拉紧装置 | 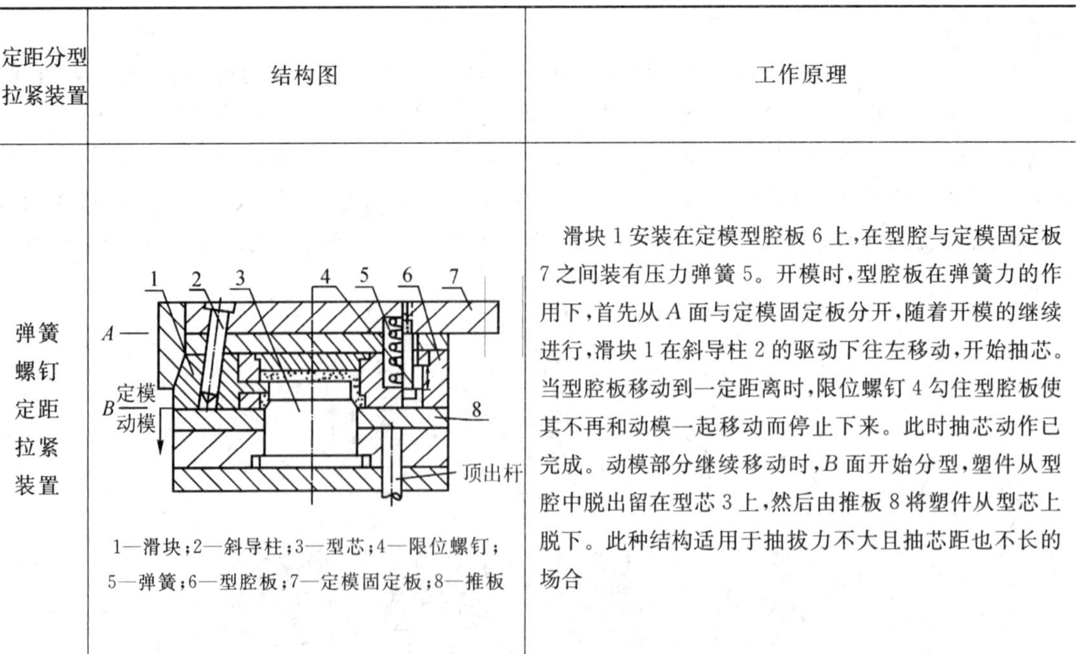  1—滑块；2—斜导柱；3—型芯；4—限位螺钉；5—弹簧；6—型腔板；7—定模固定板；8—推板 | 滑块 1 安装在定模型腔板 6 上，在型腔与定模固定板 7 之间装有压力弹簧 5。开模时，型腔板在弹簧力的作用下，首先从 $A$ 面与定模固定板分开，随着开模的继续进行，滑块 1 在斜导柱 2 的驱动下往左移动，开始抽芯。当型腔板移动到一定距离时，限位螺钉 4 勾住型腔板使其不再和动模一起移动而停止下来。此时抽芯动作已完成。动模部分继续移动时，$B$ 面开始分型，塑件从型腔中脱出留在型芯 3 上，然后由推板 8 将塑件从型芯上脱下。此种结构适用于抽拔力不大且抽芯距也不长的场合 |

续表

| | | |
|---|---|---|
| 摆钩式定距拉紧装置 | 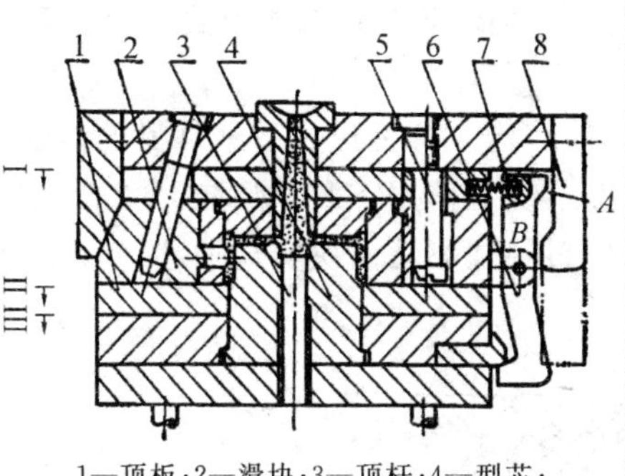<br>1—顶板；2—滑块；3—顶杆；4—型芯；<br>5—定距螺钉；6—摆勾；7—弹簧；8—压块 | 当抽拔力较大时，可采用机械拉紧的形式。模外两侧装有摆勾 6，弹簧 7，定距螺钉 5 和压块 8 组成的拉紧零件。开模时，由于摆钩勾住动模上的挡块，分型面Ⅱ不能分开，迫使分型面Ⅰ先行分开，滑块 2 同时作抽芯运动。在型芯全部抽出塑件的同时，压块 8 上的凸台斜面压迫摆钩 6，迫使其逆时针转动而脱离挡块。动模部分继续移动时，型腔被定距螺钉 5 拉住，使分型面Ⅱ分开，塑件由型芯 4 带出定模，然后由顶板 1 顶出塑件 |
| 滑板式定距拉紧装置 | 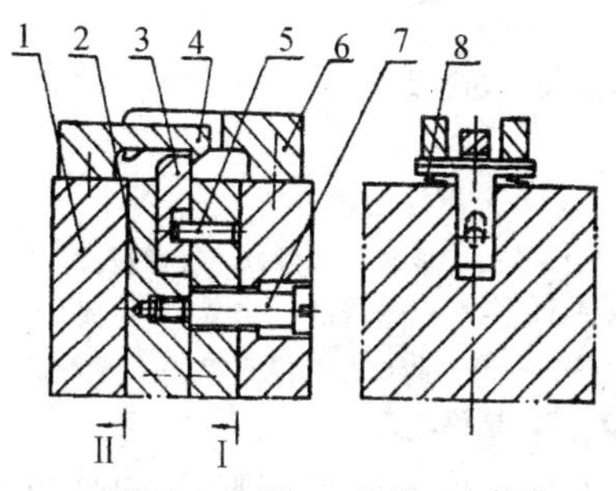<br>1—动模；2—定模；3—滑板；4—拉钩；<br>5—圆柱销；6—压块；7—定距螺钉；8—弹簧 | 固定于动模 1 上的拉钩 4，紧紧钩住能在定模型腔板 2 内滑动的滑块 3。开模时，动板与型腔板被拉钩连接在一起，使分型面Ⅰ分开，同时进行抽芯。当抽芯动作完成之后，滑块 3 在压块 6 斜面的作用下向模内移动而脱离拉钩。当动模继续移动时，由于定距螺钉 7 的作用，型腔板停止移动，使分型面Ⅱ分开，然后脱模取出塑件。合模时，分型面Ⅱ首先闭合，随后滑板脱离压块并在弹簧 8 的作用下复位至拉紧位置 |
| 导柱式定距拉紧装置 | 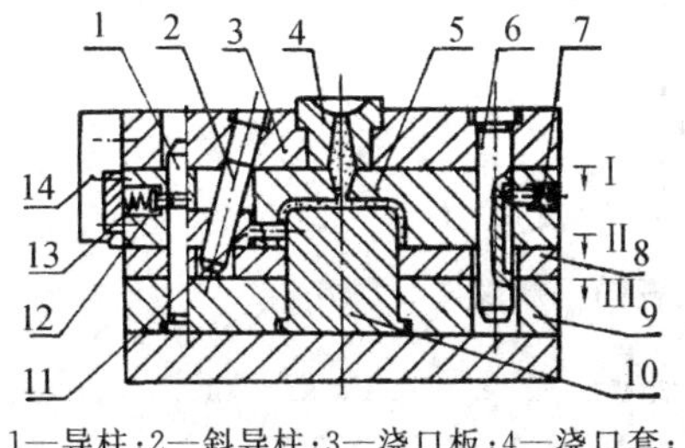<br>1—导柱；2—斜导柱；3—浇口板；4—浇口套；<br>5—型腔；6—导柱拉杆；7—限距钉；8—推板；<br>9—固定板；10—型芯；11—滑块；12—定位销；<br>13—弹簧；14—压紧块 | 定距拉紧装置安装在导柱上，所以模具外形整齐。导柱 1 固定于动模固定板 9 上，靠近导柱头部有一半圆槽，在其水平相同位置的型腔板内装有定位销 12 和弹簧 13。开模时，在弹簧的压力下，定位销头部紧紧压在导柱的半圆槽内，使型腔板暂时随动模移动，分型面Ⅰ被打开。当斜导柱完成抽芯动作后，兼作导柱的导柱拉杆 6 上的凹槽与限位钉 7 相碰，迫使型腔留在定模一边。此时开模力大于定位销对导柱槽的压力，使定位销压迫弹簧而向左移动脱离导柱槽，这样就使分型面Ⅱ被打开，塑件由型芯 10 带在动模上。继续开模时，在推板 8 的作用下，顶出塑件。结构形式简单，但拉紧力不大，只适用于抽拔力较小的斜导柱抽芯机构或点浇口的分型面上。 |

### 3. 斜导柱分型抽芯机构的应用形式

根据斜导柱和滑块在模具上的安装位置不同，其实际应用的结构形式也有所不同。常见的有以下几种。

(1)斜导柱安装在定模上、滑块安装在动模上的结构。这种形式是最常见的。随着开模运动的进行，侧型芯被抽出，留于动模的塑件，在顶出系统的作用下脱离型腔。图 5－124 所示也是斜导柱在定模滑块在动模的一种形式。开模时，斜导柱驱动滑块实现抽芯，塑件留在动模型芯上，由顶管脱模机构实现顶出。

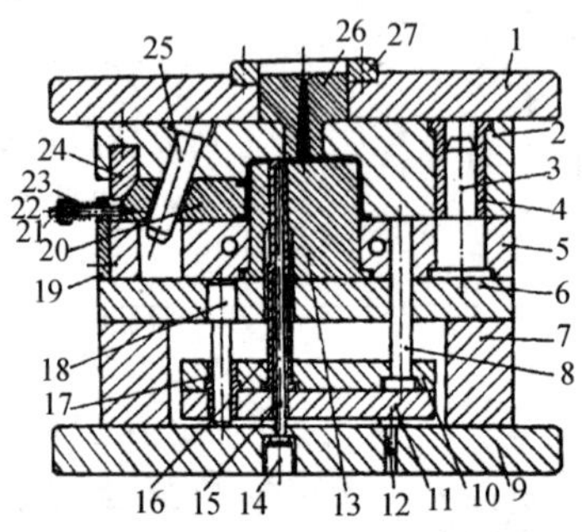


**图 5－124　斜导柱侧抽芯，顶管脱模注射模**

1—定模固定板；2—定模型腔板；3—导柱；4—导套；5—动模型芯固定板；6—垫板；7—支撑板；8—复位杆；9—动模固定板；10—顶杆固定杆；11—顶杆垫板；12—支承钉；13—凸模；14—螺丝堵；15—型芯；16—顶管；17—顶板导套；18—顶板导柱；19—挡板；20—活动型芯；21—滑块拉杆；22—螺母；23—弹簧；24—锁紧楔；25—斜导柱；26—浇口套；27—定位环

这种结构形式的抽芯机构在合模过程中，当采用复位杆复位顶杆时，有可能发生滑块复位先于顶杆复位，因而使滑块上的型芯与顶杆相撞，这种现象在模具设计中称为干涉现象，如图 5－125 所示。发生干涉现象的必要条件是侧型芯或对合块沿模具轴线的投影与顶杆端面相重合。设计模具时，只要结构允许应尽量避免将顶杆布置在侧型芯投影面的范围之内。若受到塑件形状和模具结构的限制不能避免投影面积相重时，还可采取其他措施来避免干涉现象(见图 5－126)，因为投影重合并不是发生干涉的唯一条件。

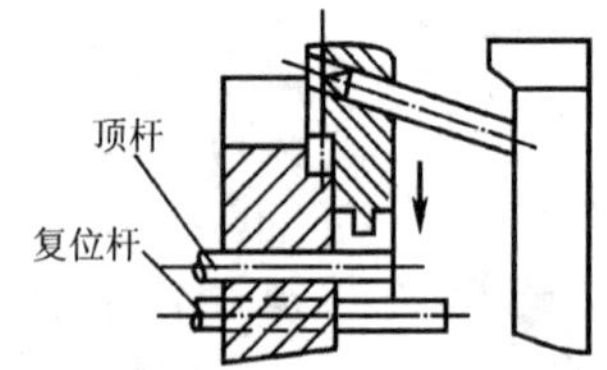


**图 5－125　滑块与顶杆的干涉现象**

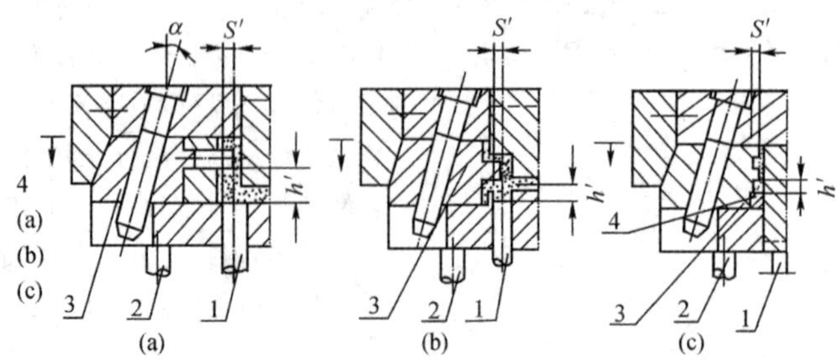


**图 5－126　避免干涉发生的条件**

1—顶杆；2—复位杆；3—滑块；4—顶板

在一定条件下，顶杆可先于侧型芯复位，这个条件是顶杆端面至活动型芯的最近距离 $h'$ 应大于活动型芯与顶杆在水平方向的重合距离 $S'$ 与 $\cot\alpha$ 的乘积，即

$$h' > S'\cot\alpha \tag{5-29}$$

或

$$S' < h'\tan\alpha \tag{5-30}$$

一般只需 $h'$ 大于 $S'\cot\alpha$ 值 0.5 mm 以上就不会产生干扰。当不能满足式(5-29)的条件时，若 $h'$ 仅略小于 $S'\cot\alpha$，可通过适当加大 $\alpha$ 角的方法来避免干涉。若 $h'$ 比 $S'\cot\alpha$ 小许多，为避免干涉就要采用顶杆早复位机构。常见的“先行复位机构”有以下几种形式。

1)　楔形滑块早复位机构，如图 5-127 所示。合模时，楔杆 2 推动楔形滑块 3 移动，同时楔形滑块又推动顶出固定板 5 和顶杆 4 复位。

2)　摆杆早复位机构，如图 5-128 所示。合模时，楔杆 3 推动摆杆 4 使其按箭头方向转动，压迫顶杆固定板 6 和顶杆 5 提前复位。

以上两种早复位机构采用机械式，其优点是复位可靠，但模具结构则稍复杂些，而且机械磨损也较大。

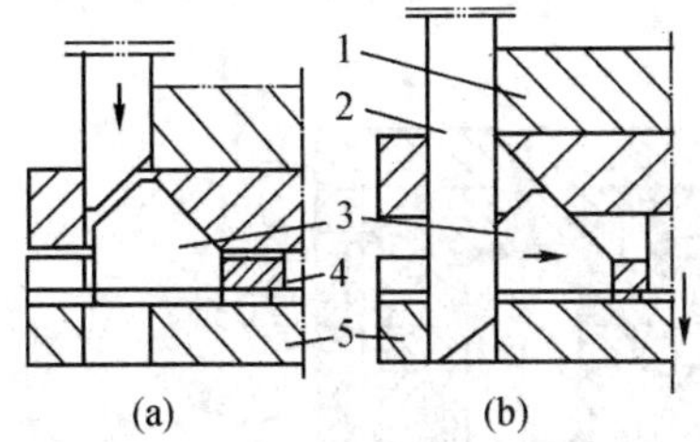


**图 5-127　楔形滑块早复位机构**

1—定模板；2—楔杆；3—楔形滑块；4—顶杆；5—顶杆固定板

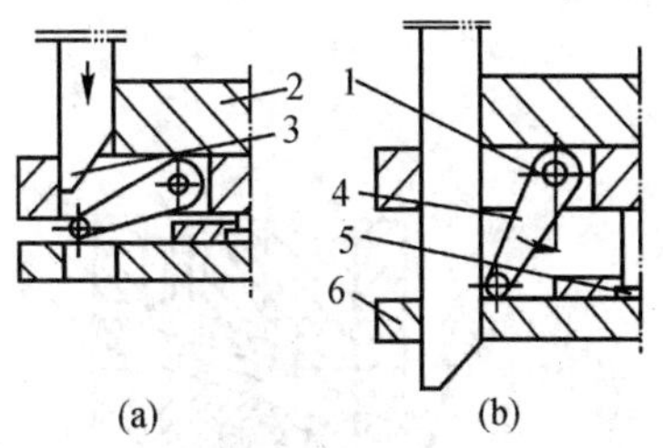


**图 5-128　摆杆早复位机构**

1—摆杆销钉；2—定模；3—楔杆；4—摆杆；5—顶杆；6—顶杆固定板

3)弹簧早复位机构，如图 5-129 所示。利用弹簧使顶出元件提前复位是生产中应用较多的形式。它结构简单，装配和更换都很方便。其缺点是弹簧力量小，可靠性差。应注意发生疲劳和失灵后及时更换。

图 5-129(a)所示为在弹簧的内孔装一定位柱，以免工作时弹簧受压发生扭斜，同时定位柱也起限制顶出距离的作用，能避免弹簧过度压缩。

图 5-129(b)所示为在顶杆固定孔的空位不够时，将弹簧套在顶出元件上的结构形式。用弹簧代替复位杆时，必须注意弹簧的弹力能足以使顶出元件复位，同时在加热温度太高的模具中不宜采用，因弹簧受热后弹力容易失效。

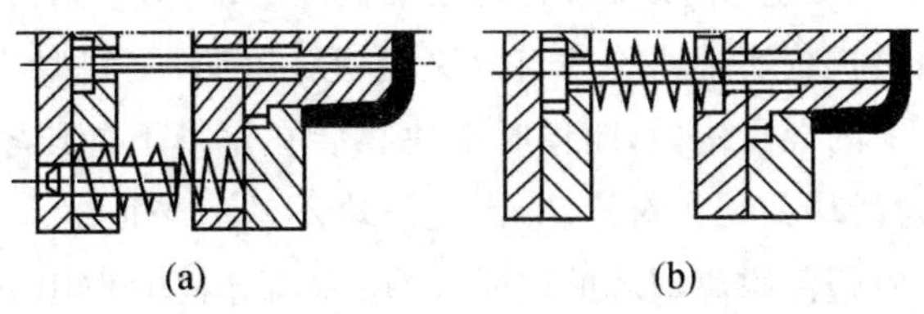


**图 5-129　弹簧早复位机构**

(2)斜导柱装在动模上，滑块装在定模上的结构，如图 5－130 所示。开模时，塑件可能留在定模一边，由于定模不便安装顶出机构，因此多用于不必设顶出机构的塑件上，并将主型芯在滑块对面的动模上。由于斜导柱直径和滑块上的斜孔直径间加工出较大的间隙($C=1.6\sim3.2$ mm)，所以开模之初滑块的抽芯运动滞后于开模运动，使动、定模已经分开一段距离($D=C/\sin\alpha$)之后，斜导柱才开始接触滑块，同时开始抽芯运动。在此之前，主型芯已相应从塑件中脱出一段距离(等于 $D$)而松动，抽芯运动完成后，塑件仍然附着于动模的主型芯上，最后用手将塑件取出。这种形式的模具结构简单，加工容易，无须顶出装置，但塑件必须由人工取出，只适用于小批量生产中。

采用这种结构形式也有设法将塑件留在动模上，然后利用顶出机构将塑件顶下的形式，如图 5－131 所示。型芯 7 可在动模板 5 中移动一定距离。开模时，首先从 $A$ 面分型。为保证塑件随型腔运动可在推板 4 的后面安装弹簧销(如图中虚线部分所示)，同时将侧型芯抽出。继续开模时，固定板与型芯台阶相碰，则型芯将塑件带出型腔 2，然后由推板 4 将塑件从型芯上脱下。这种形式适用于抽拔力不大，同时抽芯距也较小的深罩形塑件。

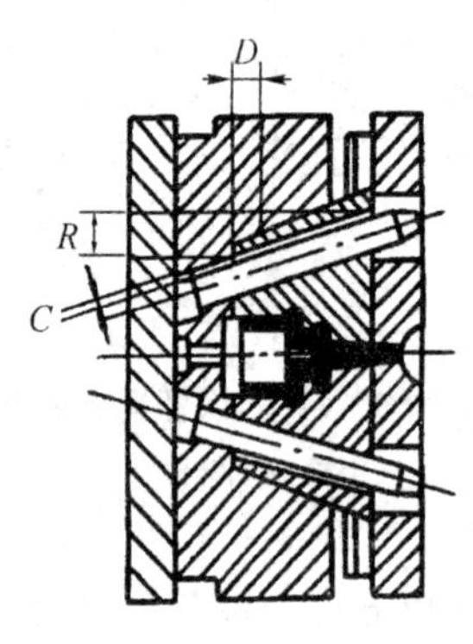


**图 5－130　斜导柱在动模的结构**

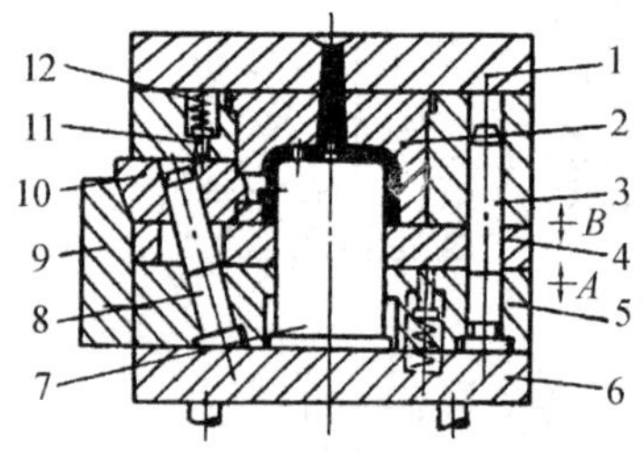


**图 5－131　斜导柱在动模的结构**

1—定模板；2—型腔；3—导柱；4—推板；5—动模板；6—底板；7—型芯；8—领导柱；9—锁紧楔；10—滑块；11—定位钉；12—弹簧

(3)斜导柱装在定模底板上，滑块装在定模中间板上的结构。这种形式的模具将斜导柱与滑块都装在定模一边，为了完成抽芯动作，将定模底板与定模中间板做成能分开一定距离的两部分。开模时，定模底板与定模中间板首先分型，完成侧向抽芯动作，然后定模中间板与动模再第二次分型，塑件留在动模型芯上，再用推板顶出，完成塑件脱模。这种分型的先后次序不能颠倒，否则，塑件侧孔将被拉坏或塑件留在定模型腔内，难于取出。

(4)斜导柱装在动模底板上，滑块安装在动模推板上的结构。这种结构是斜导柱和滑块同在动模一边。它通过顶出机构实现斜导柱与滑块的相对运动，使侧型芯抽出，如图 5－132 所示。滑块 1 装在推板 2 上的导滑槽内，闭模时滑块靠装在定模上的压紧块锁紧。开模时，动、定模分开，这时斜导柱与滑块并无相对运动，因此滑块不动。当顶出系统开始动作时，在顶杆 3 的作用下顶动推板 2，使塑件脱离型芯的同时，滑块在斜导柱的作用下离开塑件。这种结构由于滑块始终不脱离斜导柱，所以不需设滑块定位装置，结构比较简单。这种形式适用于抽拔力不大，抽芯距也不长的情况。

(5)斜导柱内侧抽芯结构。图 5－133 所示为斜导柱用于抽内侧凹塑件的结构,斜导柱向模内倾斜一个角度,开模时,斜导柱驱动滑块向模内运动,脱出塑件内侧凹。

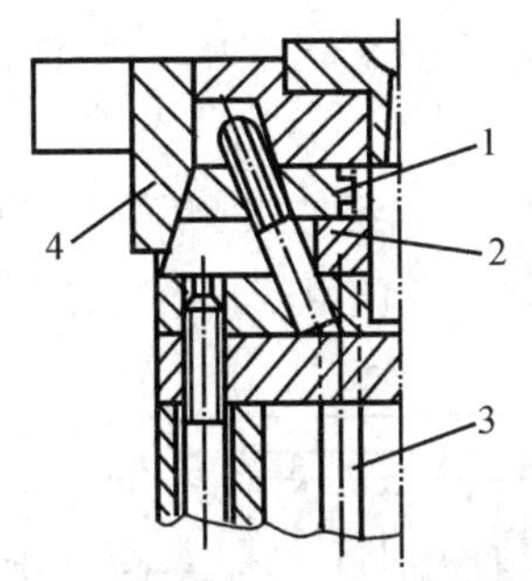


**图 5－132　斜导柱与滑块同在动模一边**

1—滑块;2—推板;3—顶杆;4—锁紧块

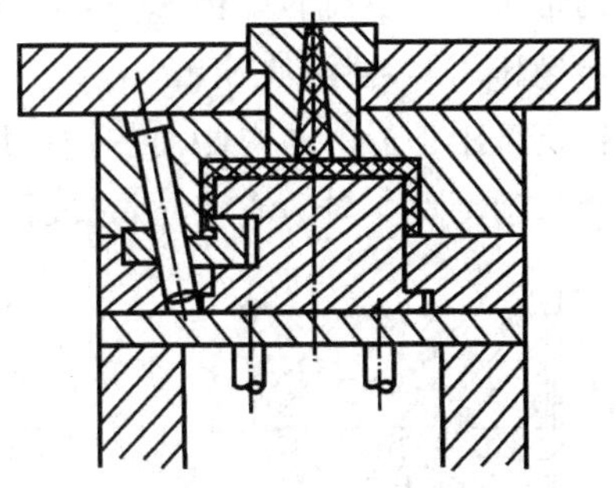

**图 5－133　斜导柱内测抽芯结构**

## 5.7.3　弯销分型抽芯机构

弯销时斜导柱的一种变异形式,其动作原理与斜导柱抽芯机构相同。

弯销具有矩形断面,如图 5－134 所示,能承受较大的弯矩(矩形截面的抗弯截面系数大于圆形截面的抗弯截面系数)。因此,如在弯销前端加上支承块,就可以利用其本身起压紧块的作用,如图 5－135 所示。但是,如果滑块受到的侧推力较大时,仍应考虑另设压紧块。

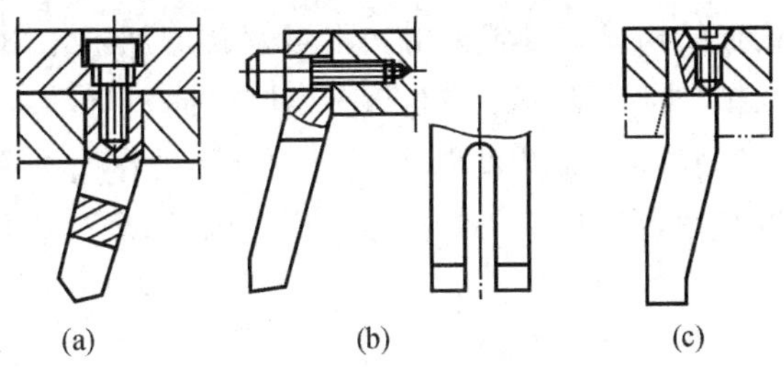


**图 5－134　弯销的结构**

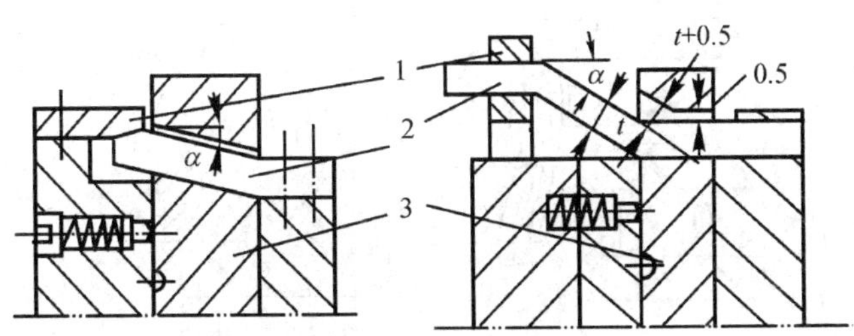


**图 5－135　模外式弯销结构**

1—支承块;2—弯销;3—滑块

弯销的各段可以加工成不同的斜度,可根据需要随时改变抽拔速度和抽拔力。例如,开模之初可采用较小的斜度,以获得较大的抽拔力,然后再采用较大的斜度,以获得较大的抽拔距。当弯销做成具有不同斜度的几段时,弯销孔也应相应做成几段与之相配合,一般配合间隙可取 0.5 mm 或更大些,以免发生运动不灵或卡滞现象。

弯销可以装在模具的外侧以减少模板的尺寸和磨具的重量。

弯销在模具上的装固方式有以下几种：

(1)弯销也可设在模内的结构，如图 5－136 所示。其特点是开模时，塑件首先脱离定模型芯，然后在弯销作用下，使滑块抽出。

(2)弯销还可用于滑块的内侧抽芯，如图 5－137 所示。塑件内侧壁有凹槽，开模时，$A$ 面先分型，弯销带动滑块 4 向中心移动，完成抽芯动作，弹簧 3 使滑块保持终止位置。

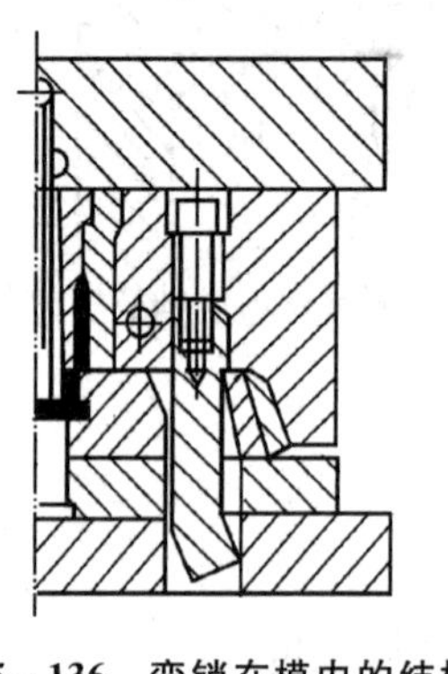

**图 5－136　弯销在模内的结构**

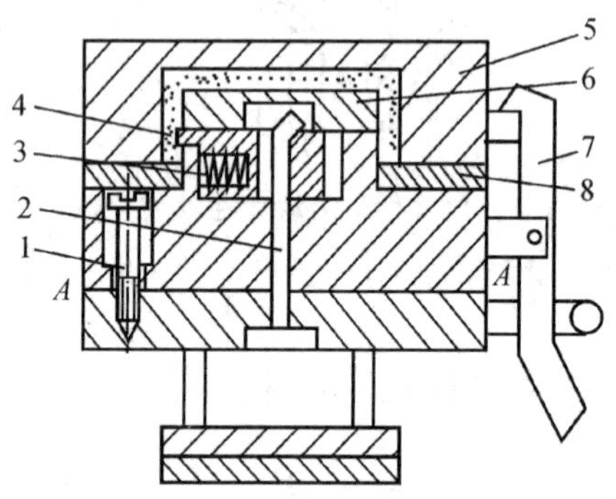


**图 5－137　弯销内侧抽芯**

1—限位螺钉；2—弯销；3—弹簧；4—滑块；5—型腔；6—型芯；7—摆钩；8—推板

(3)弯销还可做成中间带缺口的形式，这时滑块上装一销钉，沿弯销的缺口移动，将滑块抽出，如图 5－138 所示。这种结构形式可省去滑块上弯销孔的加工。图 5－138 所示结构的另一特点是定模上带有止动销 7，开模时，滑块 6 随动模同时向下移动，待止动销全部离开滑块后，滑块在弯销的作用下横向移动，抽出型芯，然后在顶板 2 的作用下顶出塑件。

弯销抽芯机构的缺点是与弯销相配的斜孔加工比较困难，故其应用不如斜导柱抽芯机构普遍。

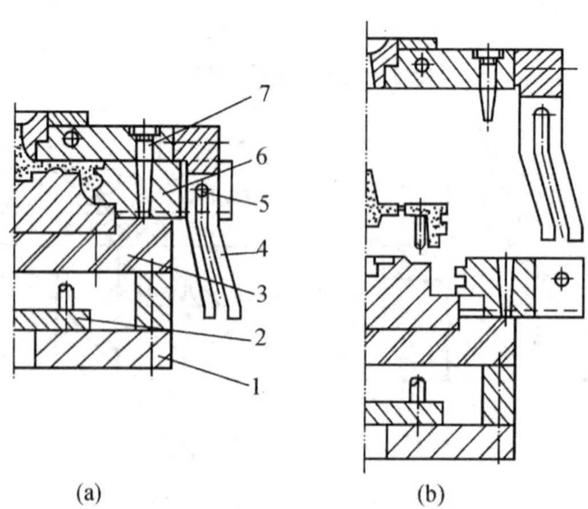


**图 5－138　拉板抽芯模具**

(a)闭模状态；(b)开模状态

1—动模板；2—顶板；3—动模座；4—拉板(弯销)；5—销；6—滑块；7—止动销

## 5.7.4　斜滑块分型抽芯机构

当塑件侧面的凹槽较浅,所需抽芯距不大,但成型面积较大,因而所需抽拔力亦较大时,可采用斜滑块分型抽芯机构。图 5－139 所示为一线圈骨架模具,塑件外侧带有侧凹。脱模时,顶杆 2 推动斜滑块 1 向上运动的同时,也向两侧分开,分开动作是通过斜滑块上的凸耳在锥模套 5 上的导滑槽中运动来实现的,导滑槽的方向应与斜滑块的斜面相平行。限位螺钉 7 的作用是防止斜滑块从模套中脱出。此种结构的特点是顶出动作与抽芯动作同时进行,抽芯动作完成后,塑件也已从型芯 4 上脱下。因此,当塑件对主型芯的包紧力较大而侧型芯的成型面积又较小时,就有可能把塑件的侧凹拉坏,这时不宜采用斜导块抽芯机构。

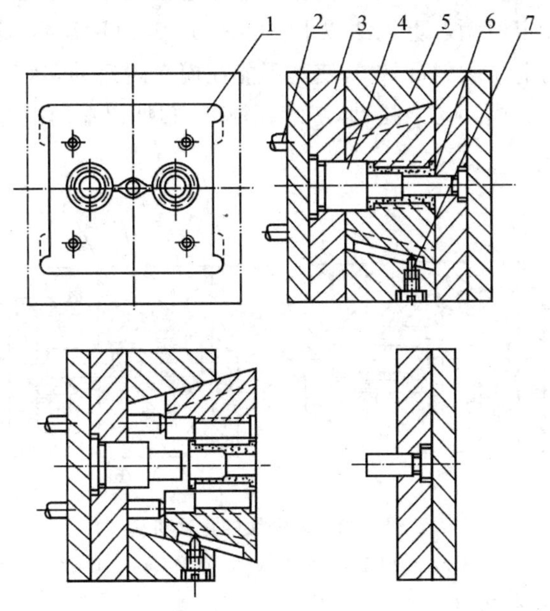


**图 5－139　滑槽导滑斜滑块外侧抽芯**

1—斜滑块;2—顶杆;3—型芯固定板;4—型芯;5—锥模套;6—型芯;7—限位螺钉

此外,斜滑块抽芯机构还常用于抽出内侧凹。图 5－140 所示为内侧有凸缘的塑件模具。其动作原理是开模时,顶杆 2 与斜滑块 3 同时动作,滑块 3 能绕滑座 1 支点转动,由于动模板 5 上斜孔的作用,斜滑块 3 的上端向右移动(如图中箭头所示),抽出侧型芯,同时顶杆 2 顶出塑件。

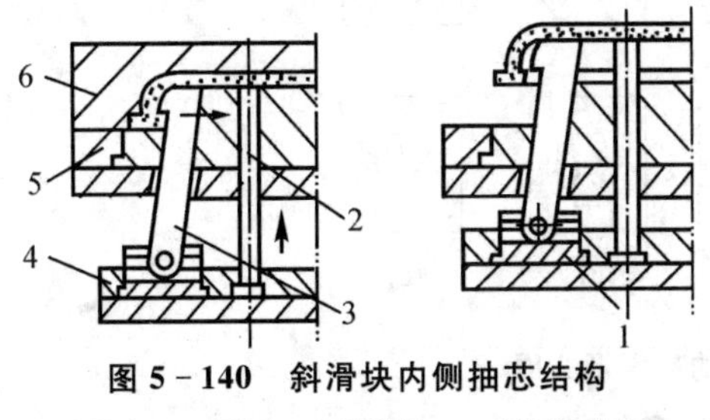


**图 5－140　斜滑块内侧抽芯结构**

1—滑座;2—顶杆;3—斜滑块;4—顶杆固定板;
5—动模板;6—定模板

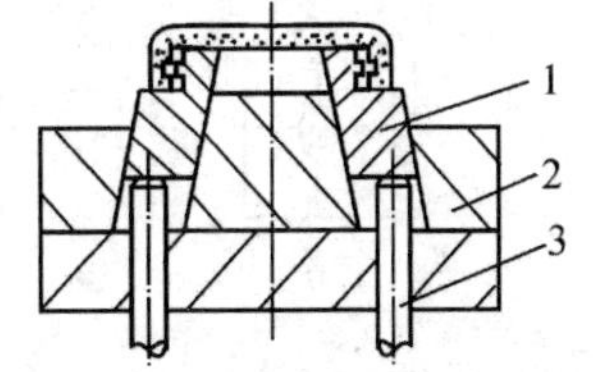


**图 5－141　斜滑块内侧抽芯结构**

1—斜滑块;2—动模板;3—顶杆

图 5－141 所示为斜滑块内侧抽芯机构的又一种形式。其特点是斜滑块 1 不与顶杆固定

板连接，开模时顶杆3推动斜滑块，使其沿着动模板上的斜孔运动(也可以沿中心楔块上的导滑槽运动)，同时完成内侧抽芯与顶出塑件的动作。

**1. 斜滑块抽芯机构设计**

(1)斜滑块和凸耳的刚性较好，故导滑槽的倾斜角可比斜导柱倾斜角取大一些，但不宜超过30°。两者之间的配合可取IT3～4级精度的动配合。

(2)斜滑块的顶出高度不宜过大，一般不超过导滑槽长度的2/3。

(3)止动问题:斜滑块一般设计在动模上，希望塑件对动模的包紧力大于对定模的包紧力，但当塑件的结构特点和精度要求使塑件对定模的包紧力大于动模时，开模过程中斜滑块有可能被带出模套，使塑件损坏或留在定模无法取出。因此，在模具结构上，必须保证开模时使斜滑块止动。如图5-142(a)所示，因无止动装置，塑件包紧在定模型芯上开模时斜滑块被塑件带出并分开，塑件则留在定模型芯上无法取下。如图5-142(b)所示，设有弹簧止动钉5，开模时，止动钉在弹簧的作用下压紧斜滑块3，使其不能在模套内运动，达到了止动的要求，与此同时，塑件被滑块卡住而从定模型芯上松动，继续开模时，塑件留在动模上，再由顶杆1顶住滑块完成抽芯与脱模。

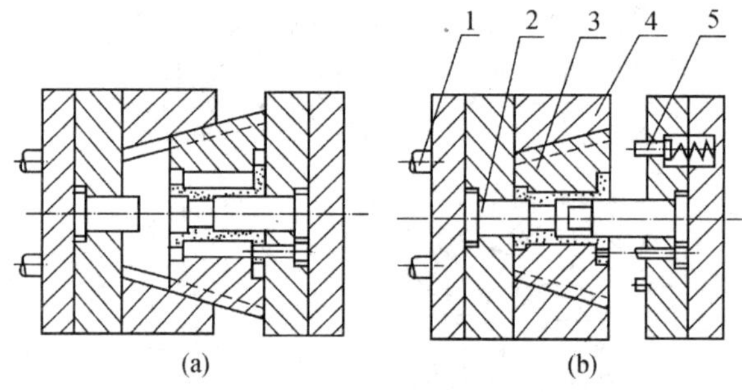


**图5-142 斜滑块的止动机构**

1—顶杆;2—型芯;3—斜滑块;4—锥模套;5—止动钉

**2. 斜滑块的导滑及组合形式**

(1)斜滑块的导滑形式，按导滑部分的形状可分为圆形、矩形、燕尾形及斜楔形等导滑形式，如图5-143所示。一般常用的有圆形、矩形、燕尾形及斜楔形。燕尾形加工困难，一般较少采用，但它占模具面积小，在采用其他形式不便时，仍有使用价值。

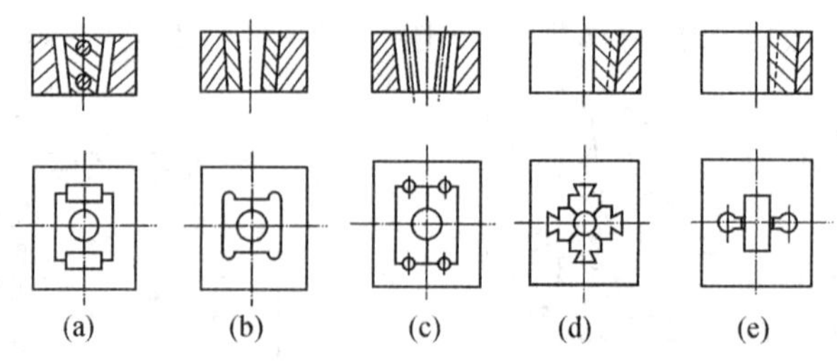


**图5-143 斜滑块的导滑形式图**

(2)斜滑块的组合形式，如图5-144所示。斜滑块的组合应考虑抽芯方向，并尽量保持塑件的外观质量，不使其表面留有明显的镶拼痕迹，同时还应使斜滑块的组合部分有足够的强度，如果塑件外形有转折处，则斜滑块的拼缝线应与塑件的转折线相重合(见图5-144(e))。

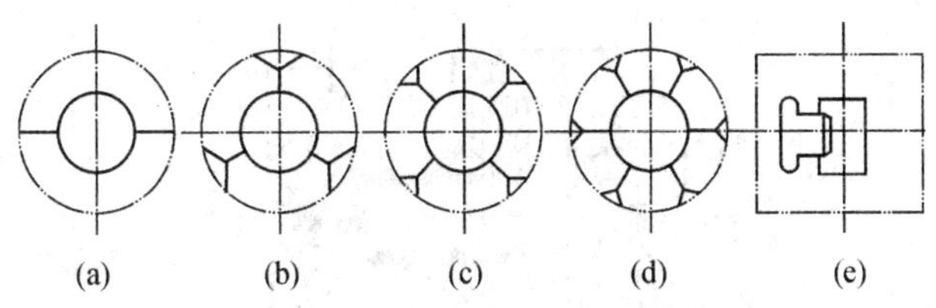


**图 5 - 144　斜滑块的组合形式**

## 5.7.5　齿轮齿条抽芯机构

图 5 - 145 所示为传动齿条固定在定模的斜向抽芯机构。塑件的斜孔由侧型芯 1 成型，开模时固定在定模上的传动齿条 3，通过齿轮 2，带动齿条型芯 1 实现抽芯动作。开模至最终位置后，传动齿条与齿轮脱开。为了保证型芯的准确复位，型芯的最终脱离位置必须定位。定位钉 4 和弹簧就是使齿轮保持与传动齿条最后脱离位置的定位装置。

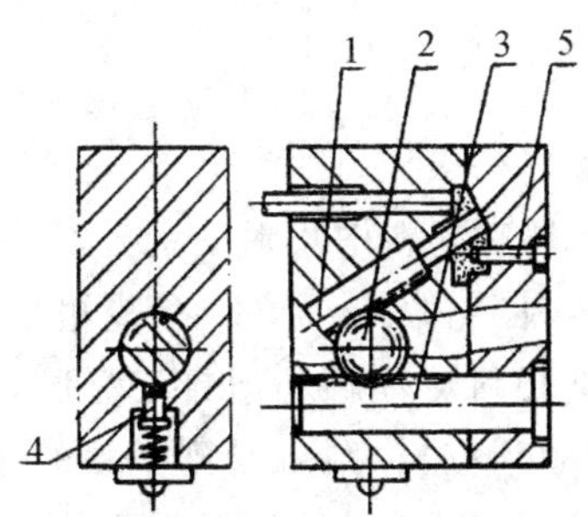


**图 5 - 145　传动齿条固定在定模的斜向抽芯机构**

1—侧型芯；2—齿轮；3—齿条；4—定位钉；5—型芯

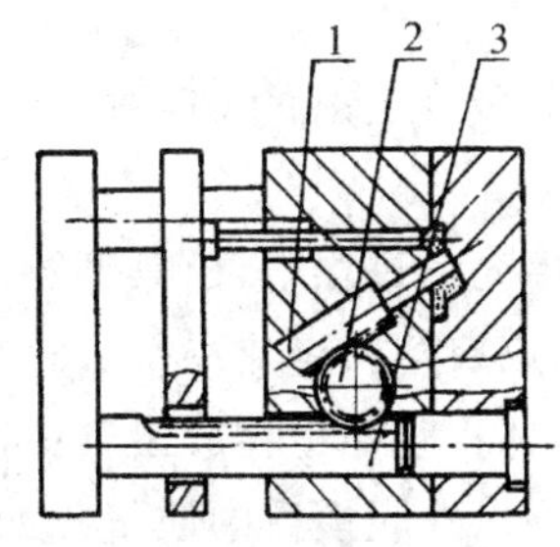


**图 5 - 146　传动齿条固定在顶出板上的斜向抽芯机构**

1—侧型芯；2—齿轮；3—齿条

图 5 - 146 所示为传动齿条固定在顶出机构的斜向抽芯机构，齿轮 2 与传动齿条 3 全部安装在动模上，因此必须使抽芯动作先于顶出动作，否则，将顶坏塑件。为此设置了两组顶出板。开模时，第一组顶出板先带动传动齿条 3 运动，再通过齿轮 2 将侧型芯 1 从塑件中抽出。继续开模时，第一组顶出板又推动第二组顶出板动作，通过顶杆将塑件顶出。由于传动齿条与齿轮始终啮合，并不会脱开，所以齿轮轴上不需要设计限位装置。如果抽芯距较长，而顶出行程受注射机的限制不允许增大时，则可将齿轮做成阶梯形，用加大传动比的方法来获得较大的抽芯距。

齿轮齿条抽芯机构可以获得较大的抽芯距，且抽拔力也较大。

## 5.7.6　弹簧分型与抽芯机构

当塑件的侧凹比较浅，所需抽拔力和抽芯距都不大时，可以采用弹簧实现抽芯动作。

图 5 - 147 所示为弹簧抽芯的一种形式。开模时，滚轮 2 脱离侧型芯 4，在弹簧 3 的弹力下侧型芯从塑件上抽出。要注意在抽侧型芯时，主型芯 5 不能随动模移动，否则，将使塑件损坏或留于定模型腔，难以取出。因此设置了弹簧顶销 6，使开始开模时，主型芯与动模板 1 有一段相对移动，待侧型芯抽出后，塑件包紧在主型芯上，再从型腔中脱出，然后由推板顶下塑件。

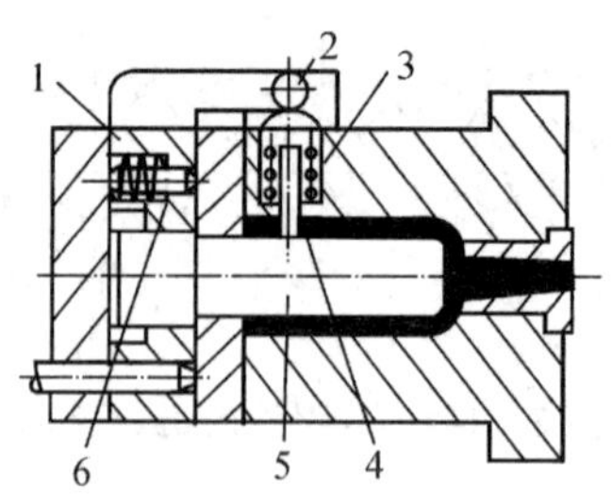


图 5-147 弹簧抽芯

1—动模板；2—滚轮；3—弹簧；4—侧型芯；5—主型芯；6—顶销

# 5.8 排气系统

## 5.8.1 排气系统的作用

在塑料填充的过程中，模具型腔内除了原有的空气外，还有塑料中吸附的水分在受热后蒸发为水蒸气，以及塑料受热局部分解，放出某些低分子挥发性气体等。此外，有些塑料在凝固过程中，由于体积收缩也会放出气体，这些气体如果不能被塑料熔体顺利地排出型腔，将会影响塑件的成型以及脱模后的质量。如在注射时，气体不能顺利排出，则将受到塑料的压缩，所产生的反压力会降低充模速度，出现填充不满或在塑件中产生气泡、接缝以及表面轮廓不清等缺陷。而且气体被极度压缩时，还会产生高温，将塑件灼伤，形成焦痕和碳化。因此，在设计模具型腔结构与浇注系统时，必须设法将这些气体从型腔内顺利排出，以保证塑件的质量。

## 5.8.2 排气系统的设计

排气槽开设的位置通常经过试模以后才能确定下来。对大型模具一般在试模前先开好排气槽。排气槽应开设在型腔最后被充满的地方，即塑料流动的末端。因此和浇口形式以及开设浇口的位置密切相关，在设计浇注系统时就要考虑到排气槽的开设是否方便。

对中、小型塑件可考虑利用分型面的间隙排气，如图 5-148(a)所示。对大型塑件如果排气量较大，依靠分型面间隙不足以将气体顺利排出时，则可在分型面上开设排气槽，如图 5-149 所示。排气槽最好加工在凹模一侧比较方便，槽深可取 0.025～0.1 mm，槽宽可取 1.5～6 mm，以塑料不被挤进排气槽为宜。

排气槽应避免开设在机床操作人一侧，最好加工成弯曲的形式，并逐步变宽（见图 5-149），以降低塑料溢出时的动能。一旦塑料熔体在注射过程中从排气槽处溢出，会因降低了流速而防止产生工伤事故。

除利用分型面排气外，还可考虑使用其他一些排气方式。如利用型芯和顶杆的间隙排气（见图 5-148(b)）；利用型芯和模板定位孔的间隙排气（见图 5-148(c)）；利用定模板和镶块的间隙排气（见图 5-148(d)）；利用侧抽芯和型腔的间隙排气（见图 5-148(e)）；利用定模活动型芯和定模板的间隙排气(见图 5－148(f))等等。此外,当型腔最后充满的部位(排气点)既不在分型面上,其附近又无可供排气的顶杆或活动型芯的镶块时,则可在型腔的排气点处镶嵌烧结金属块排气,如图 5－150 所示。用球粒状原料制成的烧结金属块具有很好的排气效果,金属块下方的排气孔直径不宜太大,以免其受力变形。利用间隙排气时,其各部分间隙值主要根据塑料的流动性而定,通常可在 0.03～0.05 mm 范围内选取。

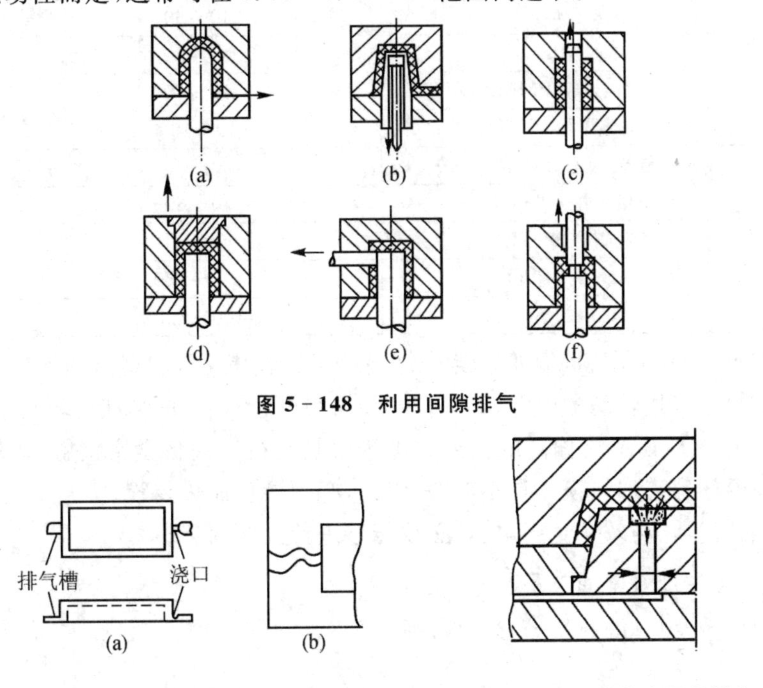


图 5－148　利用间隙排气

图 5－149　分型面上开设排气槽

图 5－150　用烧结金属块排气

# 5.9　模具温度调节系统

## 5.9.1　概述

在注射成型中,模具的温度直接影响到成型塑件的质量和生产效率。由于各种塑料的性能和成型工艺要求不同,所以对模具温的的要求也不同。表 5－11 列出了常用的热塑性塑料在注射成型时需要的模具温度。

对于任何一个塑料制品,模温波动较大都是不利的。过高的模温会使塑件在脱模后发生变形,若延长冷却时间又会使生产率下降。过低的模温会降低塑料的流动性,使其难于充满模腔,增加制品的内应力和明显的熔接痕等缺陷。

对于要求模温较低的塑料(例如聚苯乙烯、聚乙烯、聚丙烯、ABS 等),由于模具不断地被注入的塑料熔体加热,模温升高,单靠模具本身自然散热不能使模具保持较低的温度,因此,必须加设冷却装置。

表 5-11 常用塑料成型时所需的模温

| 材　料 | 模具温度/℃ |
|---|---|
| 聚丙烯(PP) | 55～65 |
| 聚乙烯(PE) | 40～60 |
| 尼龙(PA) | 40～60 |
| 聚苯乙烯(PS) | 40～60 |
| ABS | 40～60 |
| 有机玻璃(PMMA) | 40～60 |
| 氯化聚醚(CPT) | 40～100 |
| 硬聚氯乙烯(PVC) | 30～60 |
| 聚甲醛(POM) | 40～60 |
| 聚碳酸酯(PC) | 90～110 |
| 聚苯醚(PPO) | 100～120 |
| 聚砜(PSF) | 100～120 |

对于要求模温较高的塑料(例如聚碳酸酯、聚砜、聚苯醚等),成型出的塑件容易产生内应力和表面疵瘢,故宜采用较高的模温(80～120℃)。另外,当型芯的形状比较复杂时,脱模比较困难,也应采用比一般情况略偏高的模温。由于模具与机床模板紧密接触,自然散失热量较大,单靠注入高温塑料来加热模具是不够的,因此,必须设置加热装置。

总之,要做到优质、高效率生产,模具必须能够进行温度调节。

**1. 温度调节与生产效率的关系**

假设由塑料传给模具的热量为 $Q$(kJ),则有

$$Q=\frac{AHTt}{3\ 600} \tag{5-31}$$

式中 $A$ ——传热面积($m^2$);

$H$——塑件对型腔的传热系数;

$T$ ——型腔和塑料的平均温度差;

$t$ ——冷却时间(s)。

如果型腔形状和塑料品种已经确定,则式中的 $A$,$H$ 值即可确定。因此

$$\frac{Q}{T}\propto\frac{t}{3\ 600} \tag{5-32}$$

也就是说,冷却时间 $t$ 与 $\frac{Q}{T}$ 成正比,减小 $Q$ 和增大 $T$ 都可以使 $t$ 值减小,即为了缩短冷却时间,可减小塑料传给模具的热量或增大塑料与模具的温度差。因此,为了缩短成型周期,即缩短冷却时间,提高生产率,应对模具温度进行调节。

降低模温的最实用方法是在型腔周围或型芯内部开设冷却通道,然后通入冷却介质。根据实验,塑料带给模具的热量约有5%由辐射与对流散到大气中,其余95%要由冷却介质(一般是水)带走。

制造注射成型模的材料一般是钢,它的导热系数大约为 1 000kJ/($m^2$·h·K)传热非常快,故一般冷却水管到型腔的距离影响不大,主要影响因素是冷却介质的流量。若模具型腔采用不锈钢或淬火钢制造时,由于导热系数比钢小,约为 500kJ/($m^2$·h·K),则必须考虑冷却

水管到型腔的距离。

**2. 温度调节对塑件质量的影响**

质量优良的塑件应满足以下六个方面的要求，即收缩率小，变形小，尺寸稳定，机械强度高，耐应力开裂性好（内应力小）和表面质量好。模温对以上各项的影响分别如下：

（1）采用较低的模温可以减小塑料制件收缩率，特别对结晶型塑料的影响更大一些。因为在较低的模温下成型出的塑件结晶度较低，而结晶度越高时收缩率越大，较低的结晶度则可以降低收缩率。

（2）模温均匀，冷却时间短，注射速度快可以减小塑件的变形，其中均匀一致的模温尤为重要。但是由于塑件形状复杂，壁厚也往往不一致，再加上充模顺序先后不同，以致常常出现冷却不均匀的现象。为了改变这一状况，可将冷却水先通入模温最高的地方，甚至在冷得快的地方通温水，冷得慢的地方通冷水，使模温尽量均匀，塑件各部位能同时凝固。这样不仅提高了塑件质量，同时也缩短了成型周期。但由于模具结构十分复杂，要完全做到理想的均匀模温往往是困难的。

（3）对于结晶型塑料，为了使塑件尺寸稳定应该提高模温，使结晶在模具内尽可能地达到平衡，否则塑件在存放和使用过程中由于后结晶会造成尺寸和力学性能的变化（特别是玻璃化温度低于室温的聚烯烃类塑料制品），但模温过高对制品性能也会产生不好的影响。结晶型塑料的结晶度还影响塑件在溶剂中的耐应力开裂能力。但是对高熔融黏度的非结晶型塑料（如聚碳酸酯等）来说，采用较高模温则更有利些，因为这类塑料制品的耐应力开裂能力和塑件的内应力关系很大，故提高充模速度和减少补料时间则可以减小塑件的内应力。

（4）实验表明，高密度聚乙烯的冲击强度受充模速度的影响很大，特别在浇口附近。高速注射的制品比低速注射的制品在浇口附近的冲击强度高 1/4 左右。但模温对其影响则较小，所以采用较低模温为宜（45～55℃）。

（5）薄壁塑件不宜采用过低的模温，因为模温对充模速度影响较大，模温过低会造成成型不满或产生冷接缝，对其强度影响很大。

（6）对塑件表面粗糙度影响最大的因素除型腔表面加工质量外就是模具温度。提高模温能大大改善塑件的表面质量。

上述六项要求有互相矛盾之处，在选择模具温度时，应根据使用情况重点满足塑件的主要要求。

**3. 对温度调节系统的要求**

（1）根据选用的塑料品种，确定温度调节系统是采用冷却方式还是加热方式。

（2）希望模温均一，塑件各部分同时冷却，以提高生产率和塑件质量。

（3）采用较低的模温，快速、大流量通水冷却一般效果比较好。

（4）温度调节系统要尽量做到结构简单，加工容易，成本低廉。

### 5.9.2　模具冷却装置的设计

模具可以用水，压缩空气和冷冻水冷却，但用水冷却最为普遍。水冷，即在模具型腔周围和型芯内开设冷却水通道，使水和冷冻水在其中循环，带走热量，维持所需的温度。这是因为水的热容量大，导热系数大，而且成本低廉。有时为了满足加速冷却，也可以采用冷冻水冷却。

冷却水道的开设是受模具上的镶块和顶杆等零件的几何形状限制的。因此，必须根据模具的特点来灵活地设置冷却装置。

**1. 冷却装置的设计要点**

（1）冷却水孔的数量愈多，对塑件的冷却也就愈均匀。从图 5－151 可以看出，图 5－151(a)中开设五个较大的水孔，通入 59.83℃的水，其温度分布如图 5－151(b)所示，型腔表面的不同位置出现 60～60.05℃的温度变化；而同样一个型腔，如图 5－151(c)所示开设两个较小的冷却水孔，通入 45℃的冷却水，其温度分布如图 5－151(d)所示，型腔表面出现 55～60℃的温度变化。这说明在可能的情况下，冷却水孔的开设应尽量多，尺寸应尽量大。

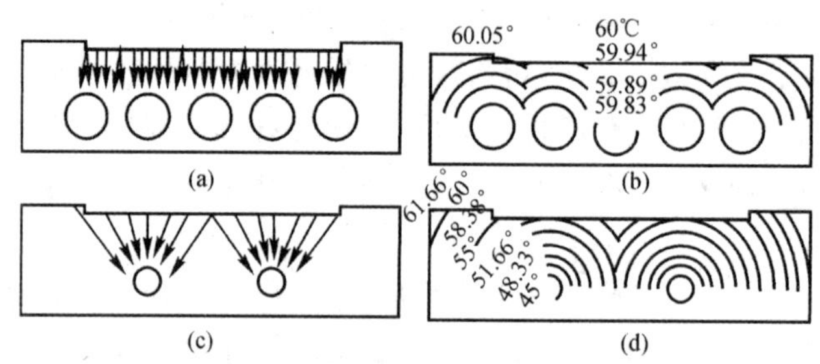


**图 5－151　热传导与温度梯度**

（2）水孔与型腔表面各处最好有相同的距离，即将孔的排列与型腔形状相吻合，如图 5－152(a)所示。图 5－152(b)所示为不等距的排列，易使冷却不均，造成制品翘曲。一般水孔边与型腔的距离大于 10 mm，常用 12～15 mm。

（3）塑件局部厚壁处，应加强冷却，如图 5－153(a)所示。图 5－153(b)所示为冷却孔相对位置尺寸。

（4）对热量积聚大，温度上升高的部位应加强冷却，如浇口附近温度最高，距浇口越远温度越低，因此浇口附近要加强冷却。通常可使冷水先流经浇口附近，然后再流向浇口远端。

（5）当成型大型塑件或薄壁制品时，料流程较长，而料温愈流愈低，为在整个塑件上取得大致相同的冷却速度，可以适当改变冷却水道的排水密度，在料流末端冷却水道可以排列得稀疏一些，如图 5－154 所示。

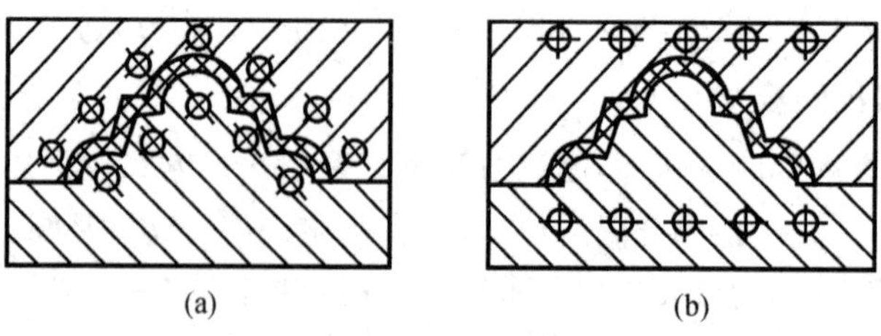


**图 5－152　水孔排列**

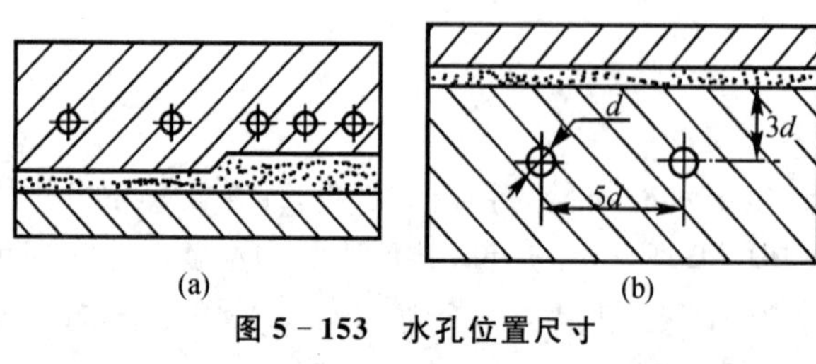


**图 5－153　水孔位置尺寸**

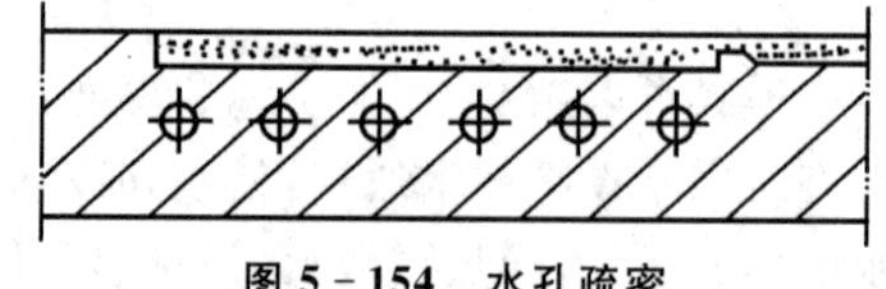

**图 5－154　水孔疏密**

(6)冷却水道要避免接近塑件的熔接痕部位，以免熔接不牢，降低塑件强度，如图 5－155 所示。

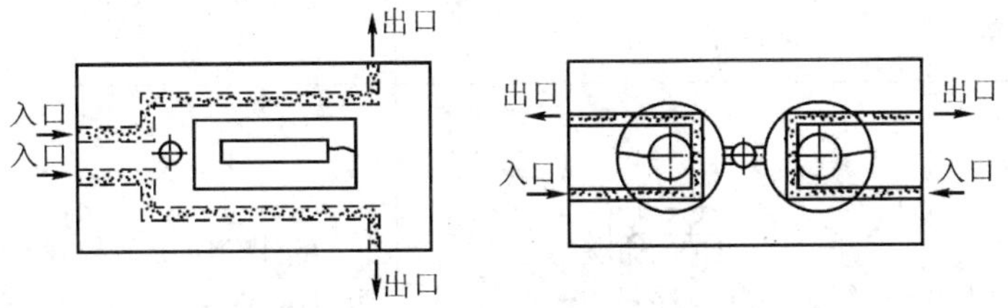


**图 5－155　水孔形状**

(7)冷却装置的形式应根据模腔的几何形状而定，如图 5－156 所示。图 5－156(a)所示为细长塑件的冷却水管排列；图 5－156(b)所示为钻通孔并堵塞，得到和塑件形状相似的回路；图 5－156(c)所示为深腔形塑件，为了较好地进行型芯的冷却，从型芯中心进入水，在端面(浇口处)冷却后，沿型芯顺序流出模外。

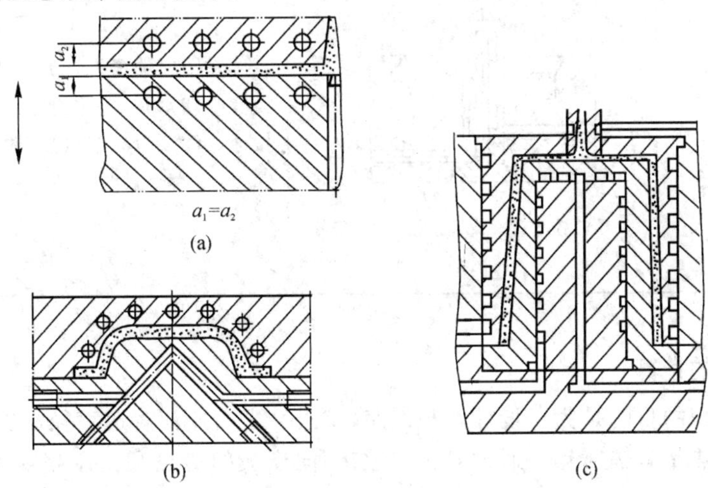


(a)

(b)

(c)

**图 5－156　水孔排列形式**

(8)便于加工和清理。冷却水通道要易于机械加工，便于清理，一般孔径设计为 $\phi$8～12 mm。有关型芯冷却装置的形式可参看表 5－12。

**表 5－12　冷却装置的形状(型芯部分)**

| 名　称 | 图　形 | 说　明 |
| --- | --- | --- |
|  | 1—导流隔片；2—型芯；3—密封圈；4—固定板；5—垫板 | 左图所示为小型芯冷却方法，导流隔片(件 1)镶于型芯(件 2)孔中，目的是改变冷却水流动方向，使型芯内表面得到均匀冷却，件 3 为密封圈 |

续表

| 名　称 | 图　形 | 说　明 |
|---|---|---|
| 型芯冷却 | 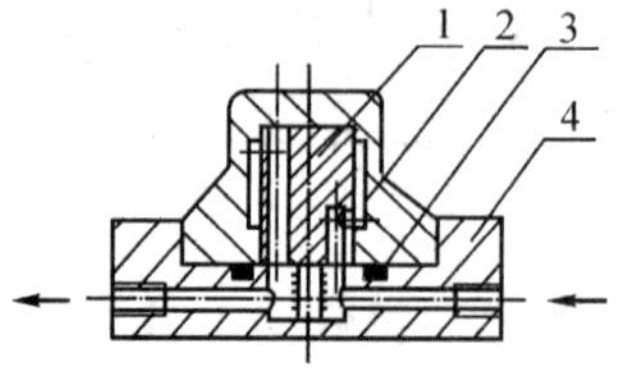 1—导流柱塞；2—型芯；3—密封环；4—固定板 | 左图中件 1 为导流柱塞，件 2 为型芯，件 4 中心孔中焊有隔离片使冷却水按照指定路线流过型芯内表面，使型芯得到均匀冷却 |
| | 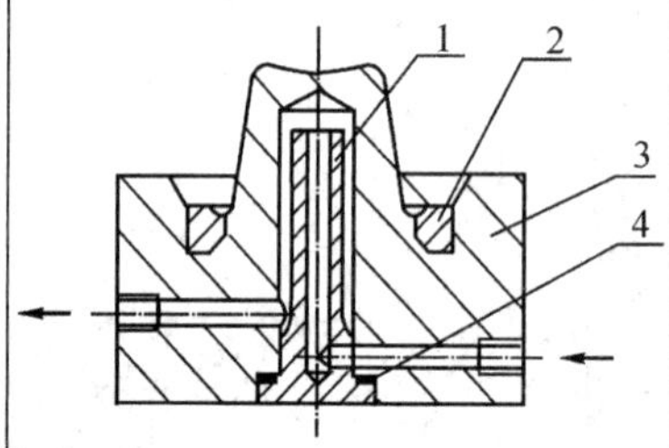 1—导流柱塞；2—成型顶板；3—型芯；4—密封圈 | 左图中件 1 为导流柱塞，内外设有冷却水道，并和进、出水管相接通。件 2 为成型顶板，件 3 为型芯，件 4 为密封圈 |

**2. 冷却面积的计算**

计算冷却面积的目的是为了设计冷却回路，求出恰当的冷却管道直径与长度，满足冷却要求。但是模具的热量有辐射热。通过对流的散热，向模板的传热和由于喷嘴接触的传热等很多因素，因此要进行精确的计算是不可能的。下面介绍的计算方法是仅考虑冷却介质在管内作强制的对流而散热，忽略其他因素。

假设由塑料放出的热量全部传给模具，其热量为

$$Q=nGC_p(T_1-T_0) \tag{5-33}$$

式中 $Q$——每小时应散掉的总热量(kJ/h)；

$n$——每小时的注射次数(次/h)；

$G$——每次注射的塑料量(kg/次)；

$C_p$——塑料的比热(kJ/(kg·K))；

$T_1$——塑料熔体进入模腔的温度(K)；

$T_0$——塑件脱模温度(K)。

除去上述热量所需的冷却水量，可按下式计算：

$$M=\frac{nGC_p(T_1-T_0)}{K(T_2-T_3)} \tag{5-34}$$

式中 $M$——通过模具的冷却水质量；

$T_2$——出水温度(K)；

$T_3$——进水温度(K)；

$K$ ——热传导系数(凹模板或凸模钻冷却水孔时,$K=0.64$;动模垫板钻冷却水孔时,$K=0.5$;镶嵌钢管作冷却管道时,$K=0.11$)。

令 $C_p(T_1-T_0)=a$,为塑料的总热容量,kJ/kg。表 5-13 列出了某些常用塑料的比热 $C_p$ 和成型温度下的总热容 $a$。

**表 5.13 某些塑料的比热和成型温度下的热容**

| 塑 料 | 比热 $C_p/(kJ\cdot kg^{-1}\cdot K^{-1})$ | 成型温度下的总热容 $a/(kJ\cdot kg^{-1})$ |
|---|---|---|
| 聚苯乙烯(PS) | 1.34 | 270 |
| 聚丙烯(PP) | 2.05 | 600 |
| 聚氯乙烯(软) | 1.26～2.09 | |
| 聚氯乙烯(硬) | 0.84～1.17 | 170～360 |
| ABS | 0.2～0.28 | 320～400 |
| 聚乙烯(低密度) | 2.30 | 580～700 |
| 聚乙烯(高密度) | 2.30 | 700～800 |
| 尼龙 | 1.67 | 700～800 |
| 聚碳酸酯(PC) | 1.26 | |
| 聚甲醛(POM) | 1.46 | 420 |
| AS | | 220～350 |

### 5.9.3 加热装置的设计

模具的加热方法有很多,如热水、蒸汽、热油和电阻丝加热等。由于电阻丝加热方法清洁简单、温度调节范围大,虽然不如前几种温度控制准确,但仍然是目前采用最广的方法。

用热水、热油或水蒸气加热的方法也是在模具的型腔周围开设加热通道,因此与冷却装置设计基本相同。

## 思 考 题

1. 注射模具与铸压模具在结构上有什么本质区别?

2. 从注射模各个部件所起的作用看,注射模都是由哪些部分组成的?各部分的作用是什么?

3. 进料口的作用是什么?共有几种形式?各形式的主要特点是什么?

4. 顶杆与顶管脱模机构的主要特点是什么?各主要设计要点是什么?

5. 斜导柱抽芯机构的作用原理是什么?斜导柱的直径、斜角如何确定?采用斜导柱机构同时要考虑设置什么装置?对其有何技术要求?

6. 采用斜滑块的抽芯机构,其技术要求有哪些?

# 第6章 铸压模和橡胶模设计

本章介绍热固性塑料铸压成型和橡胶成型所用模具——铸压模和橡胶模。

铸压模是成型热固性塑料制件的一种模具。以铸压方式成型塑件是将塑料装加在一个独立于模具之外又与其相连系的外加料室中，在热和柱塞压力的作用下，塑料塑化形成熔融状的流体并通过模具的浇注系统而进入预先闭合的模具型腔内，受持续的热和压力作用经一定固化时间固化成型，然后打开模具取出塑件，并清理模具和加料室。由于铸压模的作用原理及其结构特点，使它具有一般压制成型模所没有的特殊优点。

与塑料制件的成型方法相同，橡胶制件的成型方法也包括橡胶压制成型法、橡胶铸压成型法和橡胶注射成型法。相应地，这些成型法所用的模具分别称为橡胶压制成型模具、橡胶铸压模具和橡胶注射模具。橡胶模具和塑料模具的设计基本相似，但是由于橡胶和塑料的性能有所不同，其模具结构也有所不同。

## 6.1 铸压模设计

与压制成型模相同，铸压模也可分为移动式铸压模、固定式铸压模和半固定式铸压模。目前国内广泛使用的是移动式铸压模。铸压模按型腔数目可分为单型腔模和多型腔模。按分型面特征可分为一个或两个水平分型面铸压模和带垂直分型面的铸压模。图6-1所示为铸压模的典型结构，它是固定式的铸压模，当开模时，将模具分为柱塞（压柱）、上模（加料室与上模连在一起）及下模三部分。柱塞上铣有燕尾槽，故开模后将主流道废料拔出并清理加料室，上模、下模分开后，则可取出塑件和分流道废料。

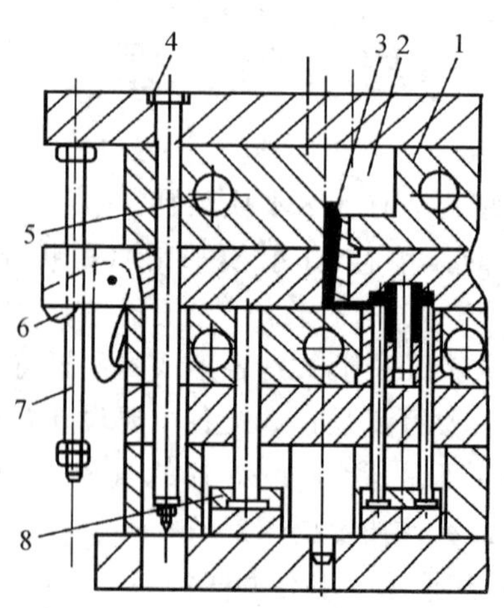


**图6-1 铸压模典型结构图**

1—加料室；2—柱塞；3—浇口套；4—拉杆；5—加热元件；6—锁钩；7 螺栓杆；8—顶板

图 6-2 所示为移动式铸压模，它是用于成型带有金属嵌件的热固性塑料制件的模具，该模具的加料室 2 及柱塞 1 是独立的，且与模具本体通过止口相联系；浇口板 3 是上模板，成型塑件的上平面；凹模 4 及型芯 5 分别成型塑件的外表面和内表面。开模时，首先取掉加料室及柱塞，然后分开上、下模板分别取出浇道废料及塑件。

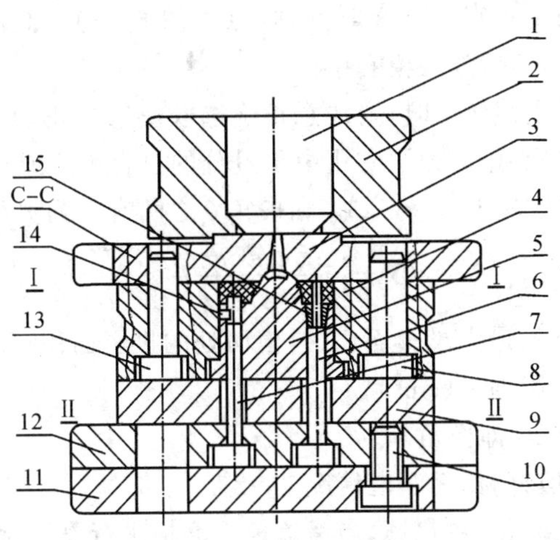


**图 6-2　移动式铸压模**

1—加料室；2—柱塞；3—浇口板；4—凹模；5，6，7—型芯；8—导柱；9，11—垫板；10—螺钉；12—型芯固定板；13—导柱；14—销钉 $\phi4\times12$；15—衬套

图 6-3 所示为压制法和铸压法复合成型的压模，它是带垂直分型面的模具，主要用于成型线圈骨架类塑件。开模时可将凸模 3、凹模 7 和 8(此为组合凹模)以及下模分开成三部分，然后将凹模 7 和 8 垂直分开，则可取出浇道及塑件。

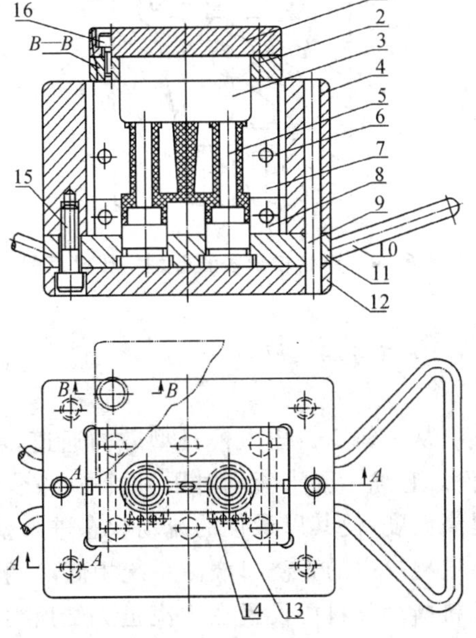


**图 6-3　压制法与铸压法复合成型压模**

1—垫板；2—凸模固定板；3—凸模；4—模套；5，13，14—型芯；6—导柱；7，8—凹模；9—销钉；10—手柄；11—型芯固定板；12—固定底板

铸压模不同于其他模具的地方是它具有外加料室，故按结构形式还可以分为以下两种：

(1)外加料室和模具型腔、浇注系统加工在不同的模具零件上，即外加料室是独立于模具型腔之外的零件(见图6-2)。

(2)外加料室和模具型腔、浇注系统加工在同一零件上，这是对于有侧凹、侧凸、侧嵌件的塑件，为便于取出塑件，采用垂直分型面时的情况(见图6-3)。此法是将加料室与模具型腔同时加工在两半对合楔上，然后放入模套中。

设计对合楔形垂直分型铸压模时，要注意正确选取楔角$\theta$，正确安排外加料室投影面积$A_p$和型腔合模面处的投影面积$A_m$。为了防止由于过分的拼合维度或过大的塑件投影面积，因内部压力(柱塞压力)而产生楔块上升，$A_p$，$A_m$和楔角$\theta$之间有下列关系：

$$A_m=\frac{A_p\cos(\theta-\phi)}{2} \tag{6-1}$$

式中 $A_m$——塑件及流道的最大投影面积(合模面处的投影面积)($cm^2$)；

$A_p$——外加料室投影面积($cm^2$)；

$\theta$——每边的拼合角(即楔角)(°)；

$\phi$——摩擦角(一般钢材，无润滑情况$\phi=8°$)。

$\theta$值在8.5°以下可引起对合块自锁，当考虑模具磨损进行设计时，一般$\theta$角为10°～12°，参见图6-4。

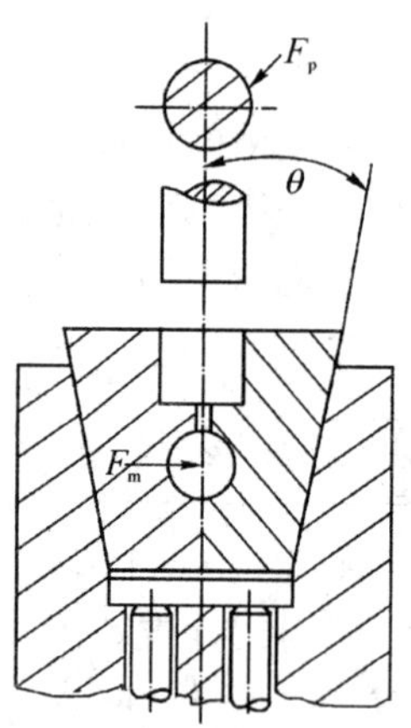


图6-4 对合楔形垂直分型铸压模简图

### 6.1.1 铸压模的浇注系统的设计

铸压模的浇注系统是塑料从加料室铸压入模具型腔的通道，可将压力传递到塑件的各个部位，以获得组织紧密的塑件。它除了要求流动时压力损失小外，还要求塑料在高温的浇注系统中流动时进一步塑化和提高温度，使其以最佳的流动状态进入型腔。

铸压模浇注系统与注射成型模中的直浇口浇注系统相似，一般由主流道、分流道和进料口(内浇口)组成。有的设有反料槽。反料槽设置在主浇道大端所对的模板上，其作用为增大塑料进入型腔时的流速。

由于热固性塑料在热和压力作用下，以流体状态挤入模具型腔中，塑料在受压下通过浇道时，还会产生大量摩擦热，使塑料均匀加热并提高固化程度，故铸压模浇注系统的设计是很重要的(见图 6-5)。

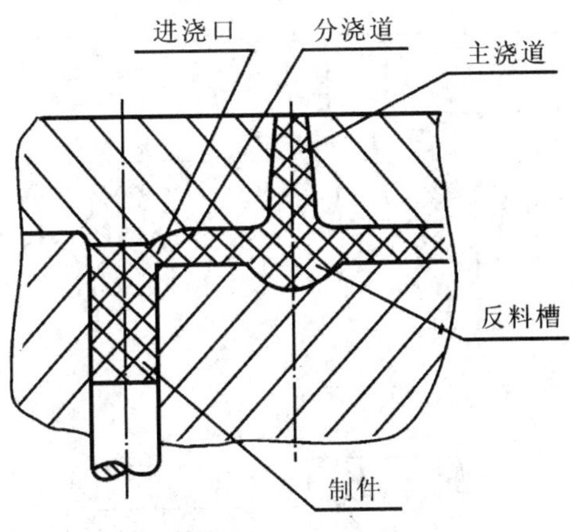


图 6-5　主流道

主流道通常位于模具的中心线上(少数主流道位于边部)。如果有多个主流道,则应将其布置得关于模具中心对称,这样可将成型的压力均匀地分布到模具的整个面积上。若铸压模的成型腔布置得远离模具中心时,可安装分流器以缩短物料进入型腔的距离,并减少物料流动的阻力。分流器的形状和尺寸要取决于塑件的尺寸和成型腔的分布形式:当成型腔呈圆周分布时,分流器可为圆锥体;当成型腔分成两排并列时,分流器断面可为矩形。成型腔离主浇道越远,分流器的锥度就应越大,或用增大分流器的直径来达到这个目的。图 6-6 所示为带分流器的直流道。

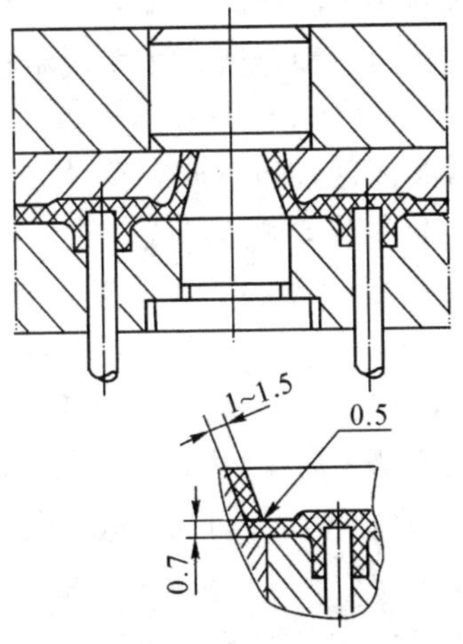


图 6-6　带分流器的主流道

主流道最小断面尺寸应大于或等于分流道断面尺寸之和,否则可能造成缺料或欠压现象。主流道的锥度一般为 6°～8°。主流道总长度一般不应超过 50～60 mm,最长者也不能超过 100 mm。其下端转角处应呈圆弧过渡,转角半径 $R$ 应大于 3 mm。

图 6-7 所示为铸压模的倒锥形主流道。其中图 6-7(a)用于单型腔模具,图 6-7(b)(c)用于多型腔铸压模具,其流道小端可直接与塑件相连,开模时流道与塑件从浇口处折断,并分别从不同的分型面脱出。这种主流道最好与压柱端面的楔形槽相配合,开模时,主流道连同加

料室中残余废料均附着于压柱端面上，再予以清理。

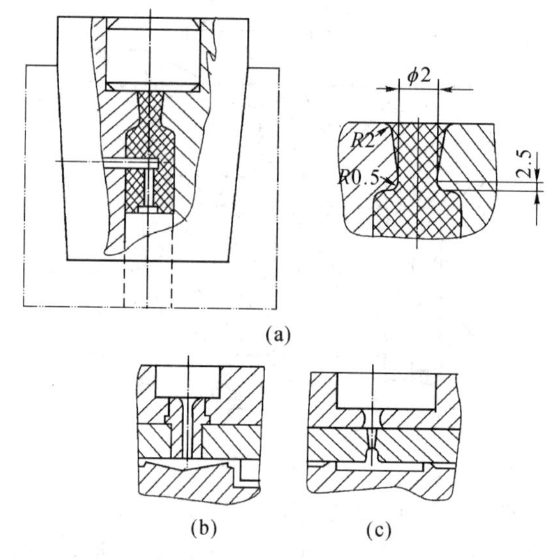


**图 6－7　倒锥形主流道**

当正圆锥形或倒圆锥形主流道穿过几块模板时，需要设计主流道衬套(见图 6－7(b))，而衬套的上端面应低于加料室底平面 0.1～0.4 mm。若主流道穿过几块模板而又不设衬套时，为防止塑料溢入模板之间，必须使板与板之间紧密贴合并压紧，同时连接处取不同的直径，直径差为 0.4～0.8 mm，以补偿两板流道不同心造成的脱模困难，如图 6－7(c)所示。

与热塑性塑料注射成型模相同，多型腔模的分流道应平衡布置，即到每一个型腔的流动距离和流道形状、尺寸要对应相等。铸压模和热塑性注射成型模浇注系统的不同之处还表现在以下方面：

(1)铸压模一般使用的内浇口断面形状为矩形。在进入型腔前为求得整个截面内物料温度均一，从分流道到浇口的截面采取逐渐减薄的形式。

(2)由于热固性塑料流动性较差，因此浇口开设位置应有利于流动。多开设在塑件壁厚最大的地方，以减小流动阻力，并有利于补缩，且可使塑料在型腔内顺序填充。浇口开设位置应避免喷射、蠕动等不稳定流动现象的产生，以及卷入空气形成塑件的缺陷。

(3)热固性塑料在型腔内最大流动距离应限制在 100 mm 内，故对大型塑件应多开设几个浇口来减小流动距离。这时浇口间距应不大于 140 mm，否则在两股塑料流汇合处，由于物料硬化而不能牢固地熔合。

## 6.1.2　铸压模外加料室及柱塞(压柱)的设计

### 1. 外加料室的设计

铸压模的加料室不是模具型腔的延续部分，而是安放在带有浇道的模板上表面的独立于模具外的专用腔体，称外加料室。这里着重讨论普通压机所用铸压模外加料室的设计。

设计时必须使外加料室的投影面积比成型腔的投影面积大 15%～20%，以产生足以防止铸压时模具从分型面处抬起的锁模力。

$$A = A_1 + \frac{A_1(15 \sim 20)}{100} \tag{6-2}$$

式中　$A$ ——加料室的计算面积($cm^2$)；

$A_1$——成型腔的总面积($cm^2$)。

外加料室内输料孔的锥形投影面积，如图 6-8 所示。图中直径为 $d-d_1$ 的圆锥形投影环面积大于装料室截面面积的一半，以防止铸压时加料室被抬起。外加料室的高度可由所用塑料的容积计算。外加料室的热量由压机加热板供给，其外形尺寸除应有一定的强度外，还应符合塑料的加热条件。

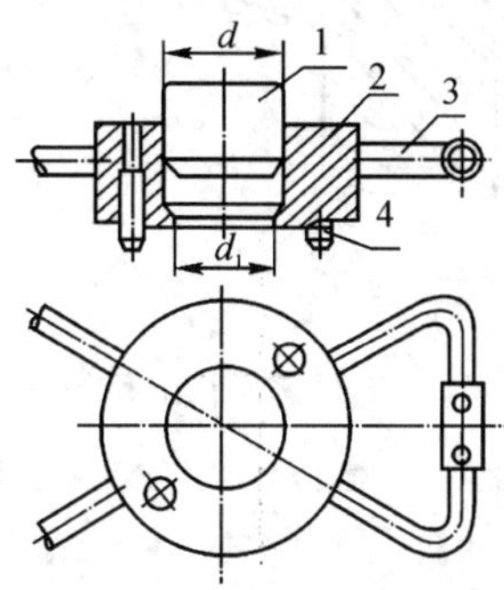


**图 6-8　外加料室**

1—压柱；2—外加料室本体；3—手柄；4—定位销

**2. 压柱(柱塞)的设计**

铸压模加料室中的压料柱塞又称压柱。固定式铸压模的压柱带有底板，以便固定在压机上。压柱与底板可做成装配式的或整体式的，如图 6-9 所示。图 6-9(a)(b)所示为装配式的，图 6-9(c)所示为整体式的。

移动式铸压模的压柱一般不带底板。外加料室及压柱的形式如图 6-10 所示。

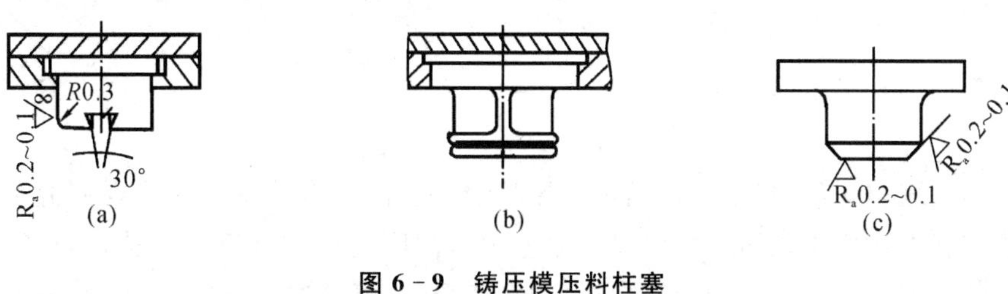


**图 6-9　铸压模压料柱塞**

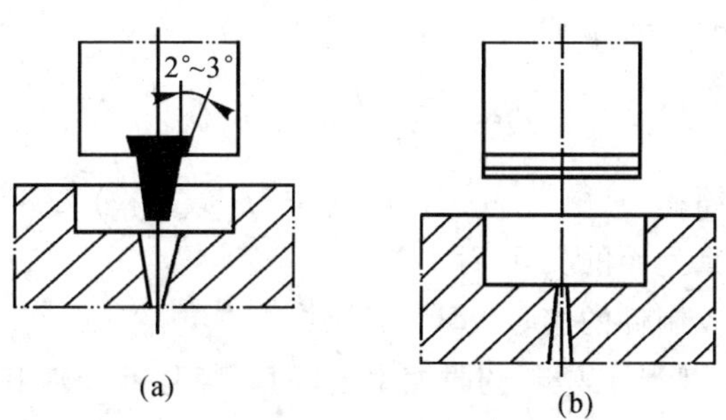


**图 6-10　不带底板的外加料室及柱塞**

压柱与加料室的配合性质和压模相似，可采用 H9/f9(D4/dc4)配合，但最好使其单边间隙在 0.05～0.10 mm 的范围内。柱塞上沟槽的作用是为方便取出浇道废料。

专用铸压机上用的铸压模如图 6-11 所示。

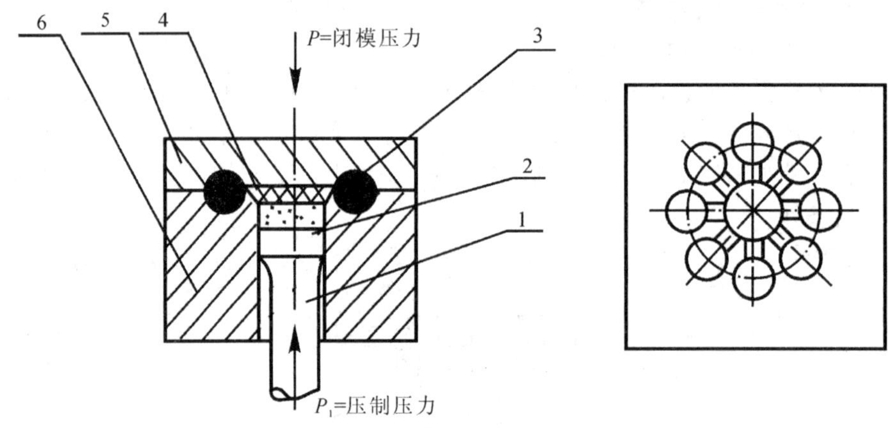


**图 6-11　专用铸压机上用的铸压模**

1—阳模；2—加料室；3—塑件；4—浇铸道；5—上阴模；6—下阴模

这种专用铸压机具有两个工作油缸，两个油缸各操纵一个拉塞，其中一个主柱塞用于锁紧模具，另一个为辅助柱塞，用以挤压塑料。压塑时，先把材料加入加料室 2 中，然后把上半压模盖在下部 6 上，并使其被上工作油缸柱塞压住，以免模具在充料时分开。压机下工作油缸柱塞推动阳模 1，将材料从加料室 2 中顺着浇注道 4 挤入成型腔 3 中，压完后，打开模具，阳模 1 继续前进把塑件顶出。铸压时，操纵主柱塞的油缸使其具有足够的锁模力。

# 6.2　橡胶模设计

## 6.2.1　橡胶的收缩率

与塑料的收缩相同，橡胶收缩也是每种橡胶都具有的固有特性之一。在室温下测量的橡胶模腔和橡胶制件在相应方向上单向尺寸之差称为橡胶制件的计算收缩值，而橡胶的收缩率则是表示橡胶收缩性大小的一个数字指标，即在室温时，模具型腔与橡胶制件的直线尺寸的差除以模具型腔的尺寸。其关系为

$$Q=\frac{D_{模}-d_{制}}{D_{模}}\times 100\% \qquad (6-3)$$

式中　$Q$ ——橡胶的收缩率；

$D_{模}$——室温下模具型腔的实际尺寸；

$d_{制}$——室温下橡胶制件的实际尺寸。

橡胶制件的收缩率一般均较塑料的收缩率大，同一牌号的胶料其收缩率的波动范围也较宽，而模型制品的尺寸公差往往要求非常严格，故欲制得尺寸比较精确的制件很不容易。

影响橡胶收缩率的因素很多，其中主要的影响因素有橡胶和金属模具热膨胀系数的不同、

硫化时的化学反应、制件结构的形式及模具结构形式等，还应特别注意橡胶具有弹性这一特点。

(1)模具所用金属材料与硫化胶的热膨胀系数之差值越大，硫化温度越高则收缩率越大。由此引起的制品尺寸收缩常称为热收缩。胶料配方中的各个组分及其用量均能影响胶料的膨胀系数，因而对收缩率也有影响。一般说来，含胶量越高，热膨胀系数越大；填充剂含量越高，热膨胀系数越小。

(2)橡胶硫化时由于交联反应生成网状结构使胶料密集而收缩，此种收缩常称为化学收缩。但通常橡胶硫化时的化学收缩对收缩率的影响很小。

(3)除硫化温度以外的其他工艺条件及模具结构等因素对模压橡胶制品的收缩率也有一定的影响，如从流胶形式来看，沿流胶方向和垂直于该方向的收缩值是有所差别的。流胶方向的收缩率较大，垂直于流胶方向的收缩率却较小。

(4)当成型橡胶与金属结合的制品时，由于橡胶被金属扯住，不能进行正常地收缩，而橡胶能够自由移动的地方必然收缩较大。当两块大金属板之间夹有一片很薄的橡胶层，并且相互全部黏合在一起时，胶层的整个收缩只能在与金属垂直的方向进行，则其收缩率几乎是正常情况线性收缩率的 3 倍。根据不同的制品形状，必须估计到这种垂直收缩至少是水平方向的1～3 倍。

(5)在模压成型时，压力对收缩率有一定的影响，在冷却时橡胶制品的体积由于热收缩的原因应该减小，但是由于橡胶的可压缩性，在去掉压力时，因弹性恢复而使其体积增大。在较低的压制压力下，由于降低温度而使制品体积减小的程度要比因去掉压力而增加的程度大，故其收缩值为正值。而当压制压力提高很大时则相反，使体积收缩值的符号改变。

### 6.2.2　橡胶制件的工艺性

(1)橡胶制件的形状应力求简单。为了减少制件的内应力和收缩变形，橡胶制件的壁厚应尽量设计成等厚或厚度相差不大，不同厚度的变化应缓和过渡。

(2)为了避免制件在受负载后产生应力集中，以及改善橡胶在模具中的流动性，制件内圆角半径不应小于 1 mm，外圆角半径不应小于 2 mm。但有时考虑模具分型面的需要，也可以为尖角，如图 6 - 12(a)(b)所示。

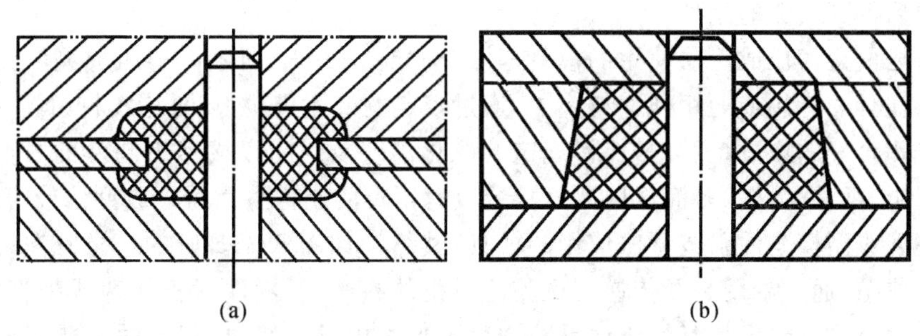


**图 6 - 12　橡胶模具分型面**

(3)模压橡胶制件不宜制出小直径的孔，一般孔的直径大于深度的 0.5～0.2 mm 为宜。

(4)当橡胶制件有适当的凸凹部分时，由于橡胶制件具有弹性，压制后卸模和抽芯均较方便，一般不需卸模和抽芯装置。

(5)当橡胶制件中含有金属嵌件时，由于两者的热膨胀系数不同，常会因收缩不一致而产生内应力，使金属嵌件变形，因此，设计金属嵌件时，其厚度应适当增加。一般平板金属嵌件的厚度不小于 1 mm，而空心嵌件壁厚不小于 1.2 mm。

(6)模压硬橡胶制件时，为便于脱模，应考虑有脱模斜度，脱模斜度的取法与热固塑料制件相同。一般软橡胶制件因具有高弹性，可不考虑脱模斜度。

(7)橡胶制件的表面粗糙度应由模具来保证，模压制件与模具工作表面粗糙度的对照见表 6-1。

**表 6-1　模压制件与模具工作表面粗糙度对照表**

| 模压橡胶制件种类 | 模具工作表面粗糙度 |
| --- | --- |
| 活动密封件 | $R_a$0.2～0.4 |
| 固定密封件 | $R_a$0.4～0.8 |
| 一般模压件 | $R_a$0.8～1.6 |

### 6.2.3　橡胶模具的设计

橡胶的模塑成型方法与塑料的模塑方法基本相似，主要有压制成型法、铸压成型法及注射成型法。压制成型法和铸压成型法在成型工艺中都要通过机床的压力将胶料从模具的加料室或通用加料室压入或挤入型腔，并在规定的压力下保持给定的时间与温度，使胶料硫化，然后卸去机床压力，从模具中取出制件。注射成型法则通过橡胶注射机(柱塞式或螺杆式注射机)对胶料进行塑化后，在施压柱塞或螺杆的推动下经喷嘴射出，注射于已闭合好的并加热至规定温度的模具中硫化成型。

橡胶压制成型模是压制成型法使用的模具，如图 6-13 所示。这种模具结构简单，制造、使用方便，因此得到广泛使用。压制成型法是将预先压延好的胶坯料按一定规格及几何形状下料后，直接装入模具型腔内，合模后在蒸气平板硫化机或液压机上，按规定的工艺条件进行压制，使胶料在受热受压下呈现塑性流动充满模腔，经持续一定时间后即完成硫化，再经脱模和清除毛边后得到所需的制件。

橡胶铸压模是铸压成型法使用的模具，其结构如图 6-14 所示。铸压成型法是将塑炼过的胶料装入模具的专用或通用外加料室中，通过规定的液压机压力，再将胶料由模具的浇注系统挤入预先闭合好的模具型腔内，保持规定的硫化温度及时间以成型为制件的方法。对于一些形状较复杂、细长、薄壁、多嵌件以及直接装胶有困难的制件采用铸压成型法较合适。

橡胶注射成型模是注射成型法使用的模具，其结构如图 6-15 所示。橡胶注射成型法是将胶料压延成条，通过专用装置传递到橡胶注射机的料筒里，经注射机柱塞或螺杆作用，按规定的注射压力再将胶料由模具的浇注系统注射至型腔内，同时保持规定的硫化温度及时间而成型为制件的方法。这种方法能实现生产的自动化或半自动化，从而降低劳动强度，提高生产率。同时，由于这种方法采用高温硫化工艺，制件生产周期缩短。

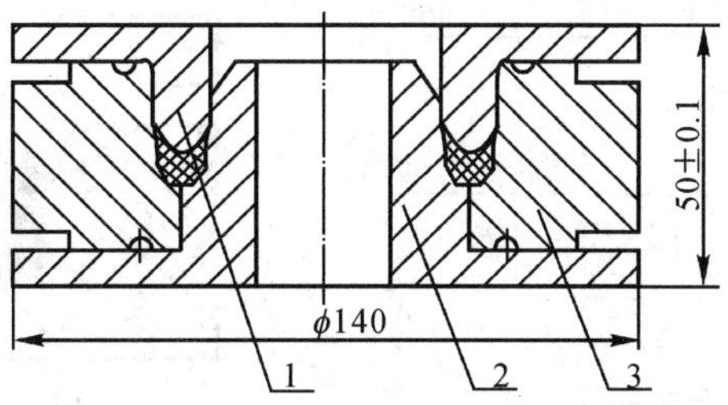


**图 6－13　封闭式橡胶皮碗压模**

1—上模板；2—下模板；3—中模板

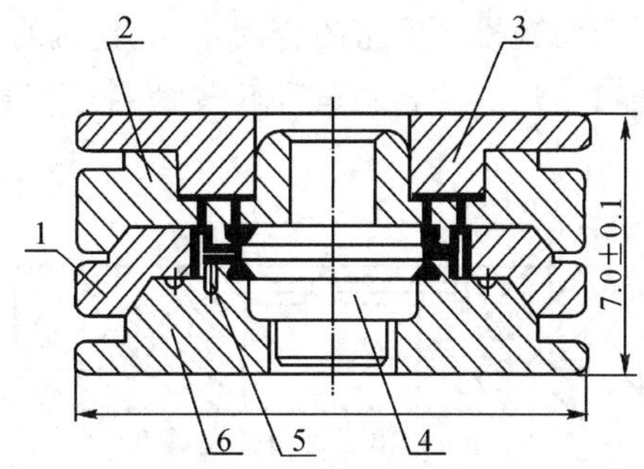


**图 6－14　橡胶铸压模**

1—型腔板；2—浇铸板；3—上模板；4—型芯；5—金属件；6—下模板

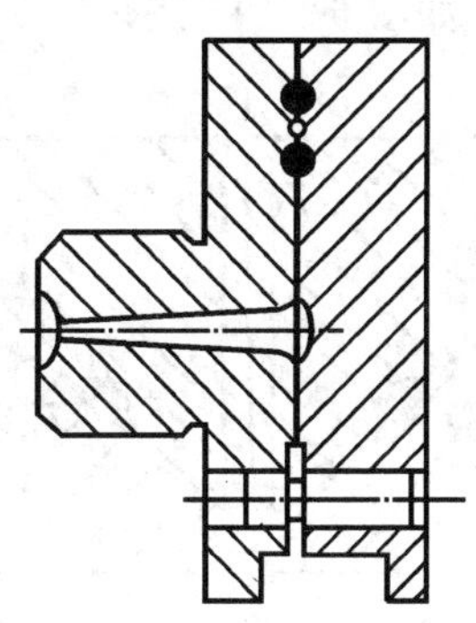

**图 6－15　橡胶注射模具**

橡胶成型模具按结构形式也可分为敞开式、半封闭式和封闭式三种。

敞开式模具如图 6－16 所示。它是由上盖和底板所组成的，工作部分的密封性可以借中心锥形接触面保证。敞开式平板硫化模型中制件的半成品（胶料）位置不易固定，加压时流胶亦多，因此，制件的胶料用量较大。另外，这种模具液压机传给的压力有很大一部分消耗在金属模具互相接触的面上，而不是用在挤压生胶上，因此，压出的制件物理机械性能较低，同时，压制时橡胶废边流出的量也较多。其优点是结构简单、成本低。

半封闭式模具如图 6－17 所示。加压时，半成品（胶料）沿平面接合处自由流出，流出的胶量较敞开式稍少些。

采用敞开式和半封闭式模具硫化时，胶料的多余用量约为制件重量的 10％以上，在特殊情况下，特别是小型制件可达 800％，除此以外，制件的物理机械性能较低。

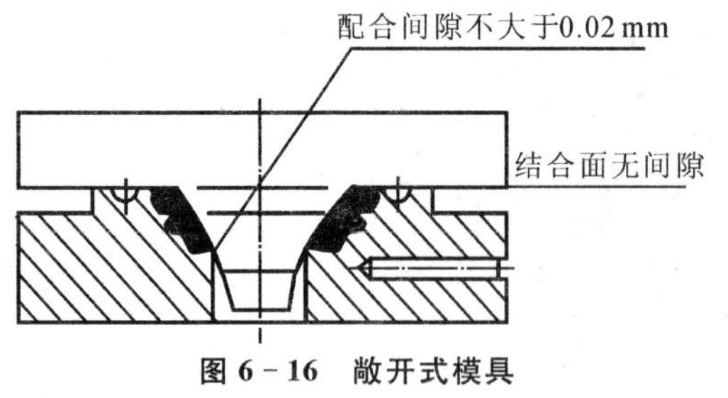

图 6-16　敞开式模具

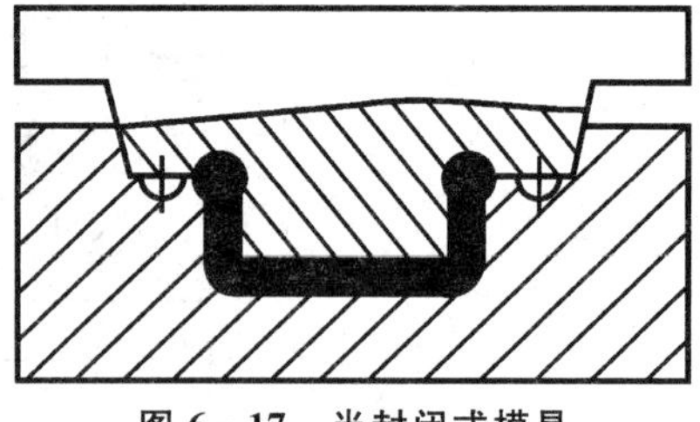
图 6-17　半封闭式模具

封闭式模具如图 6-18 所示。模具工作部分的密封性可沿水平离合接触面和模具底圆柱接触部分进行调整。这种模具的流胶量不超过制件重量的 0.8%～2%，压出的制件具有良好的物理机械性能，因为从加压开始到模具紧密闭合为止，硫化机的平板将大部分压力都传给了制件，因此制件质量高。但其缺点是设计和制造都较复杂，特别是多型腔的模具更难制造，因而比较适用于单型腔的模具。

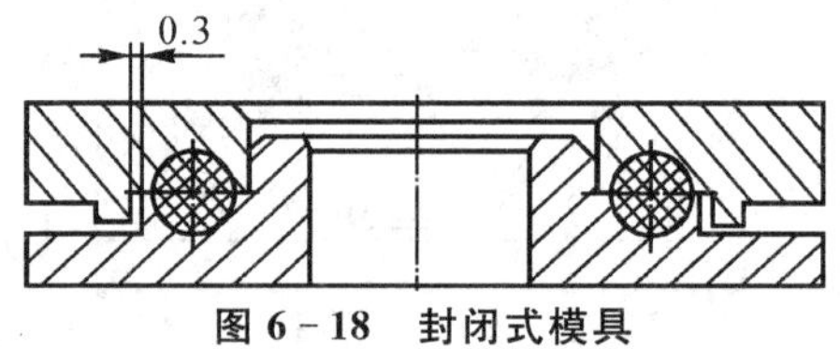

图 6-18　封闭式模具

橡胶模的分型面可以是一个水平分型面、两个及两个以上分型面、垂直分型面或 45°分型面(即 90°锥形分型面)。45°分型面的橡胶模具是当产品的工作位置在水平线的两侧时，为使分型面不影响工作面位置而设计的，如图 6-19 所示。

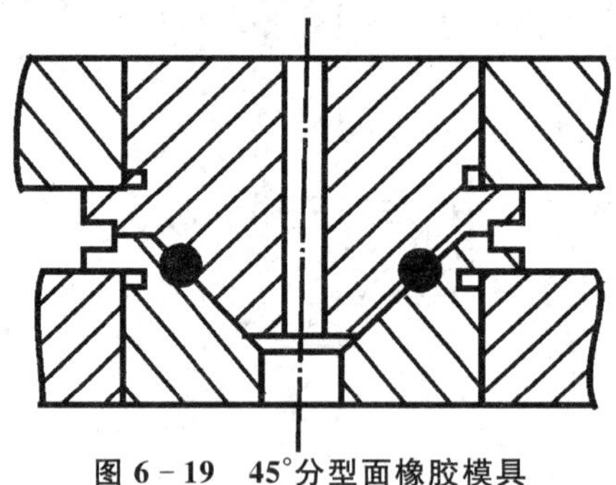
图 6-19　45°分型面橡胶模具

## 6.2.4　橡胶压模设计的特殊要求

橡胶压模设计的一般要求与塑料模具设计相同，但测温孔、流胶槽、排气孔、启模槽等结构的设计不同于塑料模具。

**1. 测温孔**

为保证橡胶制件的质量，胶料的硫化温度需要严格控制在±2℃范围内。因此，在压模的型腔附近必须设置测温孔进行温度控制。测温孔设置于成型腔附近，离型腔距离一般为 5～10 mm，孔的尺寸一般为 $\phi$8 ～11 mm，深为 45～60 mm。测温孔不能制成通孔，以免影响测温的正确性。

**2. 流胶槽**

往硫化模型内填装胶料时，胶料的体积应该比模具型腔的体积大些，一般地要使胶料有5%～10%的余量。结构精确的封闭式模具余量可减小，有1%～2%的余量即可。这样，在压制硫化时，型腔内可造成充分的压力。但是，由于胶料在压制前后，其比容变化不大，故余胶就会使模具的盖抬起而增高制件尺寸，为此，在模具分型面上的型腔周围开设一些流胶槽，以排除多余胶料，并使模腔内的气体能够随余胶逸出，保证制件尺寸的准确。流胶槽的形式一般可分以下几种。

(1)图 6-20 所示为一般常用的流胶槽形式。流胶槽制成 $R1.5$～2 mm 的半圆。

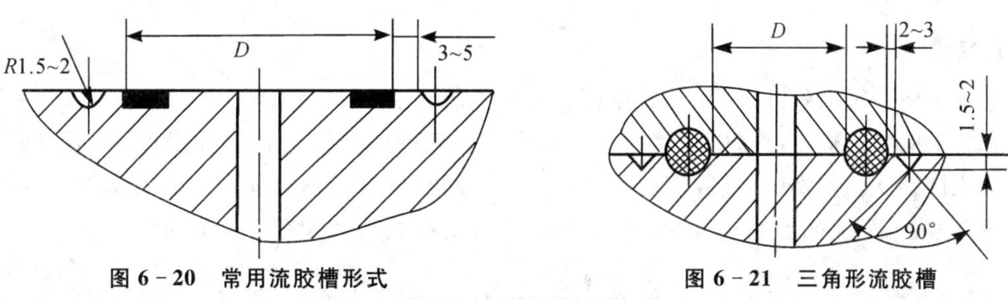


**图 6-20　常用流胶槽形式**　　**图 6-21　三角形流胶槽**

(2)如制件的截面直径小于或等于 $\phi$2.5 mm 时，可以用图 6-21 所示的三角形流胶槽形式。

(3)当橡胶制件高度要求很精确时，可以将流胶槽设计为环形槽的。在模具型腔的边缘仅留下 5～6 mm 宽的平台，其余部分全部去除一层深为 5～6 mm 的金属，这样在压制和硫化过程中由于实际接触面为此 5～6 mm 宽的平台(即模口)，单位压力增加，从而能使胶边很薄(0.1 mm 以下)，极易除去，如图 6-22 所示。

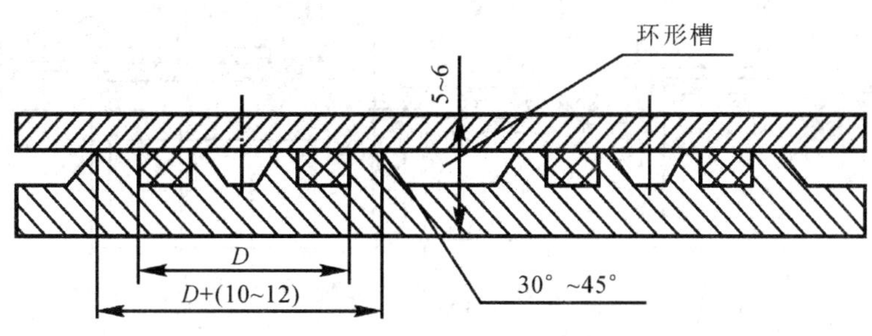


**图 6-22　环形流胶槽**

由于压制时余胶沿分型面流向流胶槽，在分型面处必然留有一层胶边，当模口单位压力超过 18MPa 时，胶边厚大约为 0.03～0.05 mm，这样，“O”形圈断面就变成椭圆形，从而影响使用效果。另外，设计“O”形圈模具时，必须注意模具的同心度问题，避免压制时错模现象的发生。

**3. 模具的排气孔和分型面**

当模具结构复杂或较高时，在压制过程中易将空气及挥发物挤至型腔顶端和底部不透气的地方，造成制品存在气孔或缺胶现象。所以对结构复杂的制件，应该开设直径为 $\phi$1～1.5 mm 的排气孔。但为了不致因此而损坏产品外观质量，选取分型面时应尽量避免锐角出现。如图 6-23 所示。图 6-23(a)所示为错误的，图 6-23(b)所示为正确的。

分型面配合间隙一般不大于 0.02 mm。如果分型面间隙过大，会影响橡胶制件的质量

（如制件缺胶、毛边增厚等缺陷），同时容易造成压模变形。

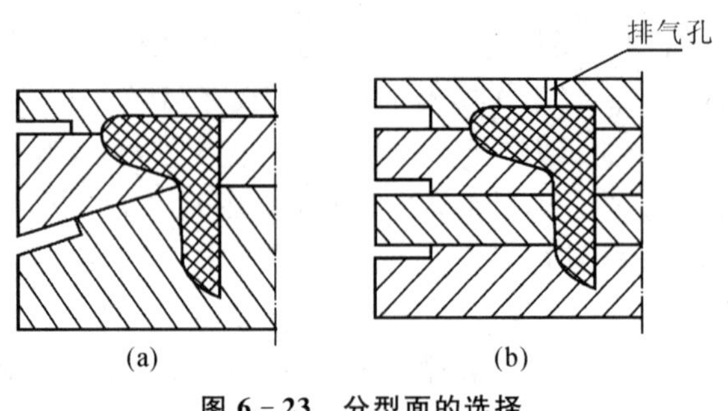


**图 6－23　分型面的选择**

(a)错误；(b)正确

**4. 启模槽**

橡胶压模一般为敞开式、移动式压模。其结构较塑料压模及其他模具简单，因此，一般在压模上加工出启模槽就能借助于橇棒进行启模。启模槽通常设置在导柱附近，但不应离型腔太近，否则在启模时易划伤型腔表面。当上、下模板距离较大时，无须设计启模槽，但撬棒的启模角度应为 $\alpha<25°$，如图 6－24 所示。启模槽形式与有关尺寸如图 6－25 所示。

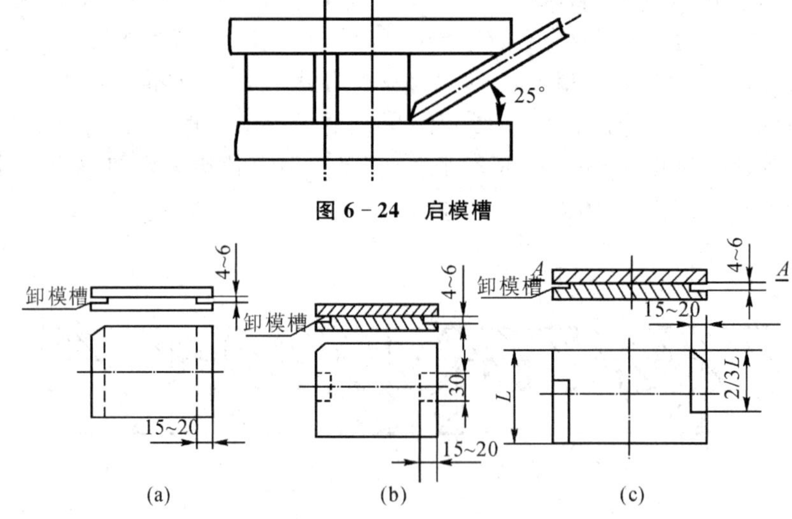


**图 6－24　启模槽**



**图 6－25　启模槽形式**

为了避免启模槽损坏，启模槽应有足够的强度和刚度。

**5. 压模的定位**

压模的定位用于保证在装胶后有足够的引导部分和正确的合模位置，如图 6－26 所示。

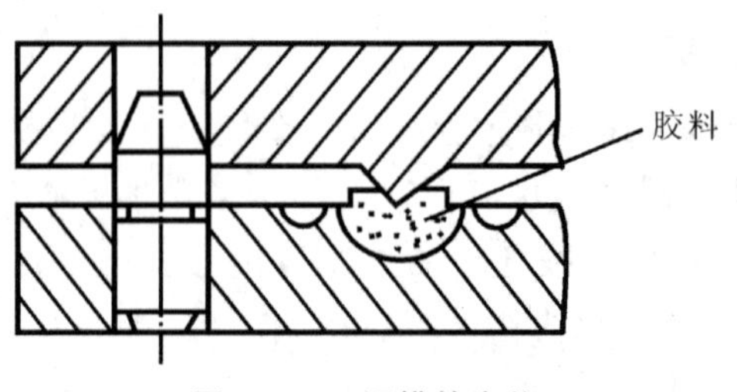


**图 6－26　压模的定位**

定位方法有导柱定位和锥面定位两种。

(1)导柱定位。导柱定位能保证压模各部分之间没有径向移动，由此保证制件有较准确的几何尺寸，同时亦能起到较好的导向作用。设计时，在保证压模能正确定位的前提下，一般采用两根导柱。导柱可以固定在上模或下模板上。

导柱定位的有效长度不宜过长，一般为 3～6 mm(对于深腔筒形制件例外)。导向部分可尽量长些，但不能高出压模。导向锥度单面可取 3°～5°。

(2)锥面定位。锥面定位的压模启模较容易，能自动定中心，不易磨损。配合面高度一般取 8～15 mm，单面锥度一般取 10°～15°，如图 6－27 所示。

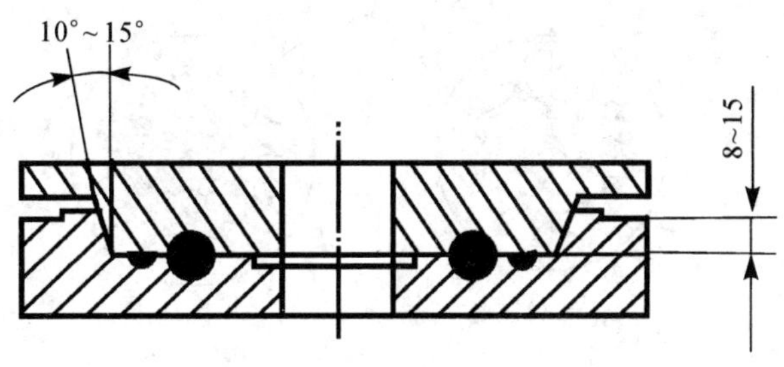


**图 6－27　锥面定位**

## 6.2.5　橡胶模具的校核

**1. 模具面积**

对于矩形模具来说模具面积是指长×宽，对圆形模具来说是指外圆直径。一般橡胶工厂最常用的矩形模具是 200 mm×200 mm～300×300 mm，圆形模具为 $\phi$200～300 mm；最小的矩形模具为 150 mm×150 mm，圆形模具的外圆直径为 $\phi$150 mm；最大的矩形模具面积为 500 mm×500 mm(一般硫化机的平板为 600 mm×600 mm)。

**2. 模具型腔数目的确定**

在橡胶工厂，中、小型制件往往采用多型腔模具以提高生产效率。比较多型腔和单型腔模具，发现它们在制件质量、数量、工艺操作、成本等方面都各有其优缺点。在设计型腔数目时，必须注意以下问题。

(1)从成本观点和提高设备效率来看，应尽量采用多型腔模具以达到较高的平板利用率。

(2)从质量的角度来看，孔太多会增加机械加工过程中的困难(如同心度、平行度、各种尺寸精度等)及由于组合的零件太多(多型腔模具每一型腔一般均由一个芯子来配合)，很难制造和装配准确，并且使用过程中也易变形。用单型腔模具则容易制造和装配准确，在使用过程中也不易变形。

(3)多型腔模具在设计上较复杂，操作上较麻烦，如装启时间长，特别在装胶料时，由于型腔太多，就需花一定时间，这样往往前后所装胶料时间相差很大，造成硫化程度不一致。因此，一般形状复杂的制件、橡胶金属制件的模具应尽量减少型腔数量。

有的橡胶工厂认为型腔数量最宜在 5～20 个范围。对于 45°分型密封，压模型腔数一般不多于 6 个，否则因压模在制造、装配时的积累误差而造成较大的困难。

矩形压模型腔数一般可采用 2 或 4,6,9,12 等。

圆形压模型腔数一般可采用 1 或 3,7,19,37。其排列形式如图 6-28 所示。

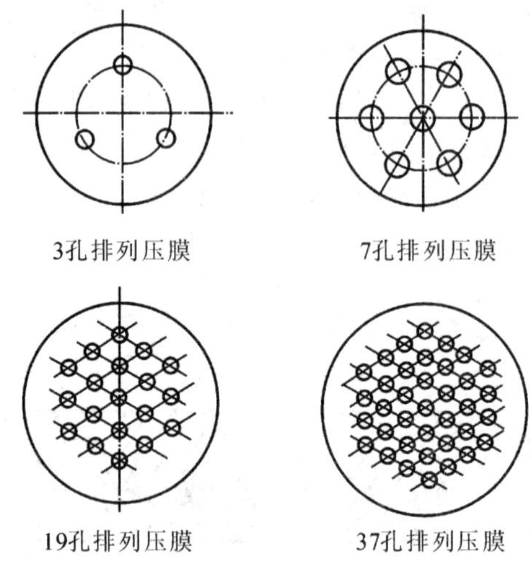


**图 6-28 圆形压模腔定位**

(4)模板最小厚度的确定对减轻模具重量、节约钢材具有很大意义,但是模板过分薄了将得不到应有的刚度且易变形。模板厚度尺寸与橡胶制件厚度或者密封圈胶径尺寸、模板外形尺寸、型腔复杂程度等有关。一般厚度应采用 10 mm 或 15～20 mm。当考虑模板厚度时,应估计到模板的腔形和数量,如孔过多,会影响模板刚度,应适当加厚;对于中模或底模,若在成型时不作各种方向的运动,可以减薄其厚度。

# 思　考　题

1. 铸压成型有什么特点?
2. 铸压模有几种类型?各类型结构有什么特点?
3. 铸压模的浇铸系统有几种类型?各类型有哪些设计要求?
4. 铸压模外加料室及柱塞的设计要求有哪些?
5. 橡胶制件的工艺性有何特点?
6. 橡胶制件的成型方法有几种?
7. 橡胶模具的结构及类型有几种?主要组成零件有哪些?

# 第7章 塑料挤出成型模具设计

## 7.1 概　　述

塑料挤出成型是用加热的方法使塑料在挤出机料筒内成为流动状态，在一定压力下使它通过塑模，经定型制得连续的型材。挤出法加工的塑料制品种类很多，如管材、薄膜、棒材、板材、电缆敷层、单丝以及异形截面型材等。挤出机还可以对塑料进行混合、塑化、脱水、造粒和喂料等准备工序或半成品加工。因此，挤出成型已成为最普遍的塑料成型加工方法之一。

用挤出法生产的塑料制品大多使用热塑性塑料，也有使用热固性塑料的。如聚氯乙烯、聚乙烯、聚丙烯、尼龙、ABS、聚碳酸酯、聚砜、聚甲醛、氯化聚醚等热塑性塑料以及酚醛、脲醛等不含石棉、矿物质、碎布等填料的热固性塑料。

挤出成型具有效率高、投资少、制造简便，可以连续化生产，占地面积少，环境清洁等优点。通过挤出成型生产的塑料制品得到了广泛的应用，其产量占世界塑料制品总量的1/3以上。

### 7.1.1 挤出成型机头典型结构分析

机头是挤出成型模具的主要部件，它有四种作用：①使物料由螺旋运动变为直线运动；②产生必要的成型压力，保证制品密实；③使物料通过机头时得到进一步塑化；④通过机头成型所需要的断面形状的制品。

现以管材挤出机头为例，分析机头的组成与结构，如图7-1所示。

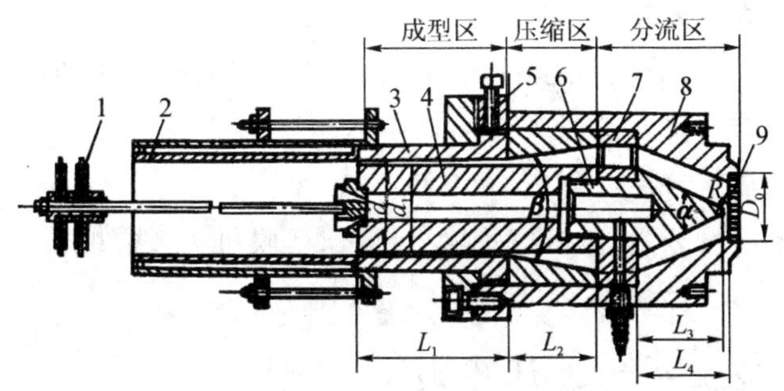


**图7-1　管材挤出机头**

1—堵塞；2—定径套；3—口模；4—芯棒；5—调节螺钉；6—分流器；7—分流器支架；8—机头体；9—过滤板(多孔板)

**1. 口模和芯棒**

口模成型制品的外表面，芯棒成型制品的内表面，故口模和芯棒的定型部分决定制品的形状和尺寸。

**2. 多孔板(过滤板、栅板)**

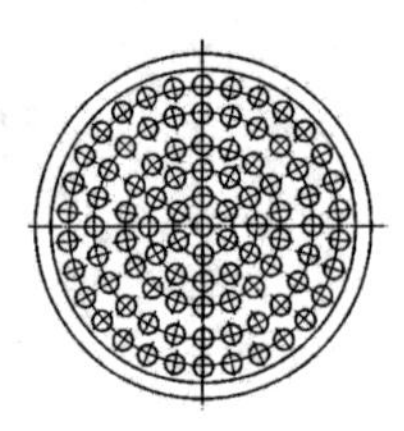

图 7-2 多孔板

如图 7-2 所示,多孔板的作用是将物料由螺旋运动变为直线运动,同时还能阻止未塑化塑料及杂质进入机头。此外,多孔板还能形成一定的机头压力,使制品更加密实。

**3. 分流器和分流器支架**

分流器又叫鱼雷头。塑料通过分流器变成薄环状便于进一步加热和塑化。大型挤出机的分流器内部还装有加热装置。

**4. 调节螺钉**

用来调节口模与芯棒之间的间隙,保证制品壁厚均匀。

**5. 机头体**

用来组装机头各零件并与挤出机连接。

**6. 定径套**

制品通过定径套可获得良好的粗糙度,正确的尺寸和几何形状。

**7. 堵塞**

防止压缩空气泄漏,保证管内有一定的压力。

## 7.1.2 常用挤出成型机头的分类

由于挤出制品的形状和要求各不相同,因此要有相应的机头来满足,故机头的种类亦很多,大致可按以下三种特征来分类。

**1. 按挤出制品出口方向分类**

按挤出制品出口方向可分为直向机头(即直通机头)和横向机头(即直角机头)。在直向机头内,料流方向与挤出机螺杆轴向一致,如聚氯乙烯硬管挤出机头,在横向机头内,料流方向与挤出机螺杆轴向垂直或成某一角度,如电缆包覆机头。

**2. 按机头内压力大小分类**

按机头内压力大小可分为低压机头(料流压力为 4MPa)、中压机头(料流压力为 4～10MPa)和高压机头(料流压力在 10MPa 以上)。

**3. 按挤出制品的形状分类**

按挤出制品的形状可分为管材机头、棒材机头、薄膜机头、线/缆覆层挤出机头、板材与片材挤出机头、异型材挤出机头等。

## 7.1.3 挤出成型机头的设计原则

**1. 内腔呈流线型**

为使物料能沿机头的流道充满并均匀地被挤出而成型,同时避免物料发生过热分解,机头内腔流道应呈流线型,流道应加工得十分光滑,不能急剧地扩大和缩小,更不能有死角和停滞区。

**2. 机头内应有压缩区和足够的压缩比**

压缩区的作用是通过截面变化对物料产生剪切作用,达到进一步塑化的目的。如果剪切力小，塑化不均匀，易发生熔接不良；剪切力过大又会使物料发生热分解并出现较大的残余应力，以及产生涡流和表面变粗糙等弊病。因此，对热敏性塑料，为防止热分解，成型时需加入润滑剂等，且机头截面变化也不宜过急。同时根据制品种类的不同，在机头内应有足够的压缩比。压缩比过小时，制品不密实，而且物料通过分流器支架后形成的熔合线不易消除；压缩比过大时，会造成机头结构庞大，物料流动阻力增加，影响制品的产量和质量。

**3. 考虑塑件的收缩与膨胀，选择正确的断面形状**

由于塑料的物理性能以及温度、压力等因素的影响，机头成型部分的断面形状并不就是挤出制品实际的断面形状，二者有相当大的差异。塑料熔体在机头内处于受应力状态，所以挤出后因弹性回复而产生变形，这一因素使挤出制品发生膨胀。但是制品的最终尺寸还与冷却收缩、定型以及牵引速度等有关，在设计时还应考虑留有试模后修整的余地。

**4. 要设计调节机构**

为了保证制品的形状、尺寸和质量，挤出时对挤出力、挤出速度，挤出量等参数要能进行调节，机头中最好设置可调节的结构如流量调节、口模与芯棒各向间隙的调节，以及能正确控制和调节温度的结构等。

**5. 结构紧凑**

在满足强度和刚度的条件下，机头结构应紧凑。机头与机筒连接处要严密，易于装卸。其形状应尽量做得规则而且对称，使传热均匀。

**6. 选材合理**

由于机头磨损较大，有的塑料加热后还会产生腐蚀性较强的物质，所以机头材料应选择耐磨性好、有足够的韧性、热处理后变形小，抗腐蚀性好和加工与抛光性能好的钢材。其中尤以耐热性、韧性和耐磨性最为重要。

## 7.2　管材挤出成型机头

挤管成型模包括挤管机头和定径套，如图 7－3 所示。

能够用于挤管的塑料品种很多，但目前国内应用比较广泛的有聚氯乙烯、聚乙烯和聚丙烯等几种。

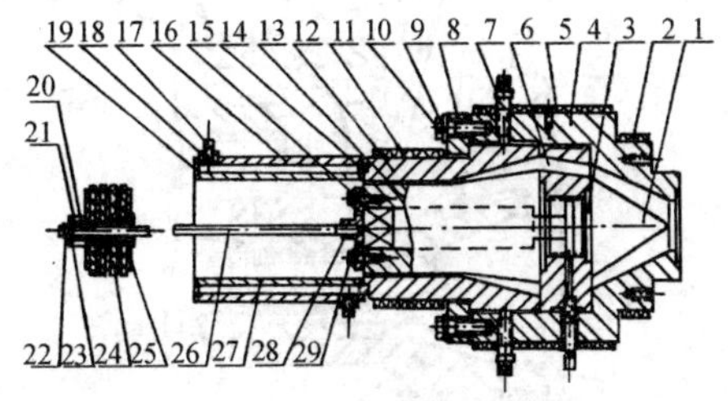


**图 7－3　挤管机头典型结构**

1—分流器；2—电热圈；3—气路接头；4—机头过渡体；5—电热圈；6—分流器支架；7—调节螺钉；8—压环；9—垫圈；10—六角螺栓；11—电热圈；12—口模；13—芯棒；14—定径套连接环；15—垫圈；16—外环；17—水路接头；18—接管；19—堵片；20—套管；21，23—垫；22—螺母；24—橡胶垫；25—隔板；26—拉杆；27—内环；28—连接板；29—六角螺栓

### 7.2.1 管材挤出成型机头典型结构

常见的管材挤出成型机头结构有直通式、直角式和旁侧式三种形式：图 7－4 所示为直通式挤管机头，也称为直管机头；图 7－5 所示为直角式挤管机头，也称为弯机头；图 7－6 所示为旁侧式机头。

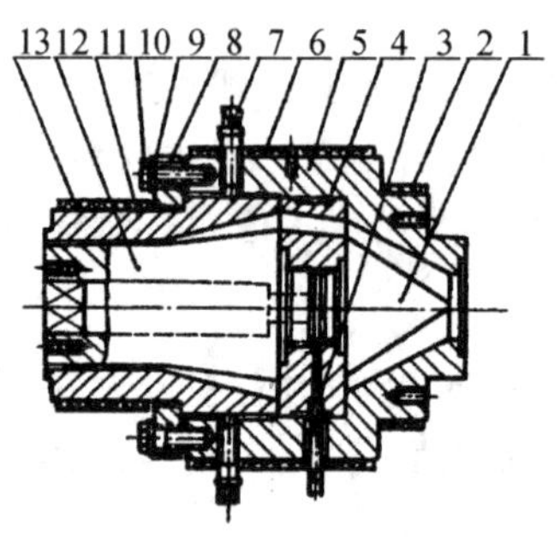


**图 7－4 直通式挤管机头**

1—分流器；2—电热圈；3—气嘴；4—分流器支架；5—机头过渡体；6—电热圈；7—调节螺钉；8—压圈；9—垫圈；10—螺栓；11—口模；12—芯棒；13—电热圈

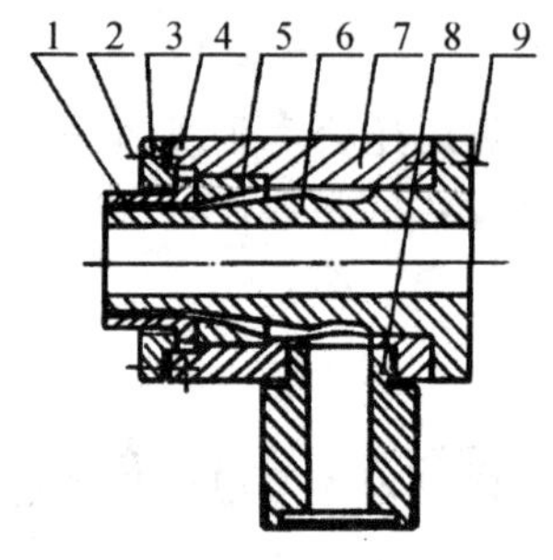


**图 7－5 直角式挤管机头**

1—口模；2—六角螺栓；3—压环；4—调节螺钉；5—口模过渡体；6—芯棒；7—机头过渡体；8—接颈；9—六角螺栓

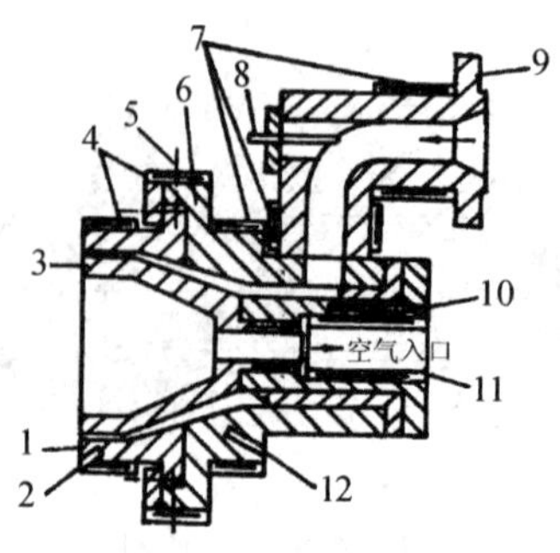


**图 7－6 旁侧式机头**

1，12—温度计插孔；2—口模；3—芯棒；4，7—电热圈；5—调节螺钉；6—机头过渡体；8—塑料熔体温度测孔；9—机头；10—高温计插孔；11—芯棒加热器

直通式机头，即机头的轴线位于与物料挤出方向一致的直线上，并设有分流器和分流器支架，结构简单、制造容易，因此成本低。但分流器支架产生的合流线不易消除，同时这种机头长度较大，比较笨重。它适用于 HPVC，SPVC，PE，PA，PC 等塑料薄壁管材的加工。

直角式机头，即机头的轴线与物料挤出方向成一定角度，机头内不设分流器支架，塑料熔体在机头内包围芯棒流动成型，只产生一条合流线。但机头结构较复杂，制造较困难，成本高，占地面积大。当对管材内径尺寸要求比较严格时最为适用，定径精度较高，而且管材的内外壁同时进行冷却，可以减少机头的挤出阻力，料流稳定，出料均匀，管材质量好、产量高。这种形式的机头特别适用于加工 PE，PP，PA 等塑料管材。

旁侧式机头结构与直角机头相似，但结构更复杂些，料流阻力也较大。它除了具备直角机头的优点外，其挤管方向与螺杆轴向一致，占地面积较小。

## 7.2.2　管材挤出成型机头参数的确定

管材挤出成型机头的参数，主要是确定口模、芯棒、分流器和分流器支架的形状和尺寸。为保证挤出管材壁厚的均匀，在机头内还必须设置调节装置。

**1. 口模**

口模是成型管材外表面的零件，形状如图 7－7 所示。挤出时，一方面，管材离开口模后由于压力降低，塑料制品出现因弹性回复而膨胀的现象，管材截面积将增大。另一方面，又由于牵引和冷却收缩的影响，管材截面积也有缩小的趋势。这种膨胀与收缩的大小与塑料性质、口模温度与压力、定径套的结构形式以及牵引速度等因素有直接的关系。

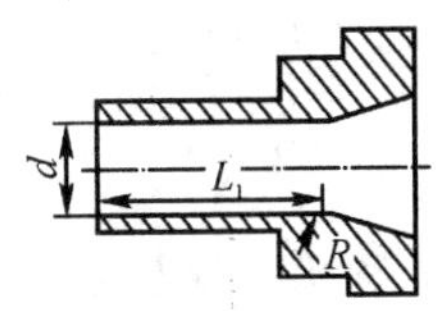


图 7－7　口模

(1)口模内径。目前，由于理论计算不成熟，所以根据要求的管材断面尺寸来确定口模断面尺寸时，一般凭经验确定。通常，是按拉伸比来确定口模与芯棒间环形空隙的截面积与挤出管材的截面积之比，即

$$I=\frac{\pi R_1^2-\pi R_2^2}{\pi r_1^2-\pi r_2^2}=\frac{R_1^2-R_2^2}{r_1^2-r_2^2} \tag{7-1}$$

式中　$I$ ——拉伸比；

$R_1$——口模内半径；

$R_2$——芯棒外半径；

$r_1$——挤出管材外半径；

$r_2$——挤出管材内半径。

根据拉伸比确定实验测出的常见塑料的最合适拉伸比列于表 7－1。

**表 7-1　几种塑料的拉伸比**

| 塑料种类 | 拉伸比 |
| --- | --- |
| HPVC | 1.00～1.08 |
| SPVC | 1.10～1.35 |
| ABS | 1.00～1.10 |
| 高压 PE | 1.20～1.50 |
| 低压 PE | 1.10～1.20 |
| PA | 1.40～1.30 |

当管材离开口模时，压力突然下降到零，塑料因弹性回复而发生管径膨胀的现象通常称为胀膜。设计口模内径时，既要考虑胀膜又要考虑冷却时塑料的收缩率。一般可按下式计算：

$$d=\frac{D}{a} \tag{7-2}$$

式中　$d$——口模内径(mm)；

$D$——管材外径(mm)；

$a$——与塑料性质、口模温度、压力有关的经验系数，可取 1.01～1.06。

(2)定型段长度。定型段长度 $L_1$，即口模内壁平直部分的长度，这一参数的确定非常重要。因为塑料通过定型部分长度时，料流阻力增加，可使挤出制品更加密实；同时也使料流稳定均匀，利于消除螺旋运动和结合线。$L_1$的确定与制品的壁厚、直径大小、形状、塑料品种以及牵引速度等因素有关。定型段长度不宜过长也不宜过短：过长时，料流阻力增加过大；而过短时，又起不到定型作用。国内目前按以下两种经验方法确定 $L_1$：

按管材外径计算：

$$L_1=(0.5\sim3)D \tag{7-3}$$

式中，$D$ 为管材外径的公称尺寸(mm)。

通常，管材直径 $D$ 较大时，系数取较小值，因为此时管材被定型的面积较大，反之，就取较大值。选取系数时还应考虑塑料性质的影响，一般挤软管时取较大值，挤硬管时取较小值。

按管材壁厚计算：

$$L_1= Kt \tag{7-4}$$

式中　$t$——管材壁厚(mm)；

$K$——经验系数。对不同塑料品种，可参考表 7-2 选取。同样，挤软管时取较大值，挤硬管时取较小值。

**表 7-2　成型段长度与管材壁厚的关系**

| 塑料品种 | HPVC | SPVC | PA | PE | PP |
| --- | --- | --- | --- | --- | --- |
| $L_1$ | $(18\sim33)t$ | $(15\sim25)t$ | $(13\sim23)t$ | $(14\sim22)t$ | $(14\sim22)t$ |

**2. 芯棒**

芯棒是成型管材内表面的零件，其结构如图 7-8 所示。芯棒是通过螺纹与分流器和分流器支架连接并固定的(见图 7-9)，从而得以保证芯棒与分流器的同心。

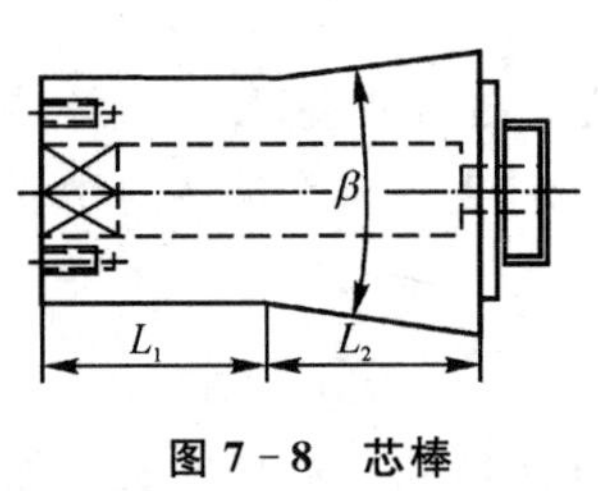


图 7-8　芯棒

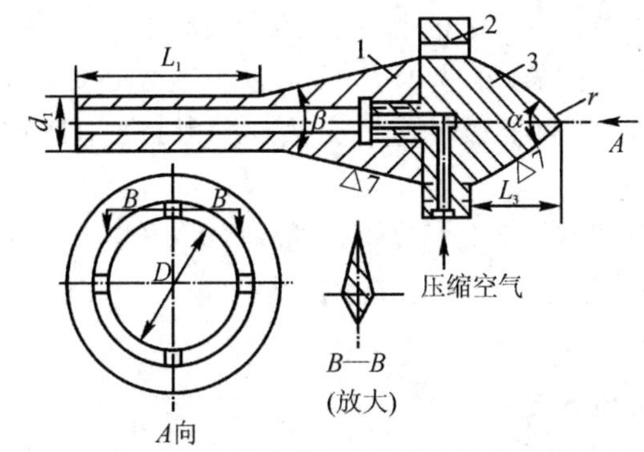


图 7-9　分流器、分流器支架和芯棒

1—芯棒；2—分流器支架；3—分流器

当熔化塑料流经分流器支架时，先要经过一定的压缩，以使多股料流很好地熔合，故收缩角 $\beta$ 应小于分流器的扩张角 $\alpha$，收缩角的大小直接影响挤出管材的粗糙度，$\beta$ 角过大时，明显出现表面粗糙现象。一般 $\beta$ 角取 14°～50°，其值随熔融黏度增大而减小。如挤出黏度高的硬聚氯乙烯管时，收缩角一般小于 30°；挤出黏度低的塑料时，$\beta$ 角可以取大些。芯棒的结构应利于物料流动，利于消除接合线，并且易于加工制造。芯棒的定型长度与口模相同，芯棒圆锥体部分长度 $L_2$ 一般为(1.5～2.5)$D_0$，$D_0$ 是多孔板出口处直径(见图 7-10)。

设计芯棒外径 $d_1$ 时，应先计算芯棒与口模之间的间隙值 $\delta$。由于胀膜使 $\delta$ 不等于管材壁厚 $t$，根据生产经验，硬管胀膜率为 6%～20%。因此，$\delta$ 值可用下式计算：

$$\delta=\frac{t}{\beta} \tag{7-5}$$

式中，$\beta$ 为经验系数，一般为 1.06～1.20。

于是芯棒外径可用下式计算：

$$d_1=d-2\delta \tag{7-6}$$

式中，$d$ 为口模内径。

**3. 分流器**

分流器结构如图 7-9 所示。塑料流经分流器时，料层变薄，这样便于均匀加热，以利于进一步塑化。某些大型挤出机头的分流器内部还设置有加热器。

分流器与多孔板之间的空腔，起着汇集料流、补充塑化和重新组合的作用。所以分流器与多孔板之间的距离 $K$ 不宜过小(见图 7-10)，以免出管不匀。但是 $K$ 值也不能过大，否则塑料停留时间长，容易分解。一般 $K$ 取 10～20 mm。

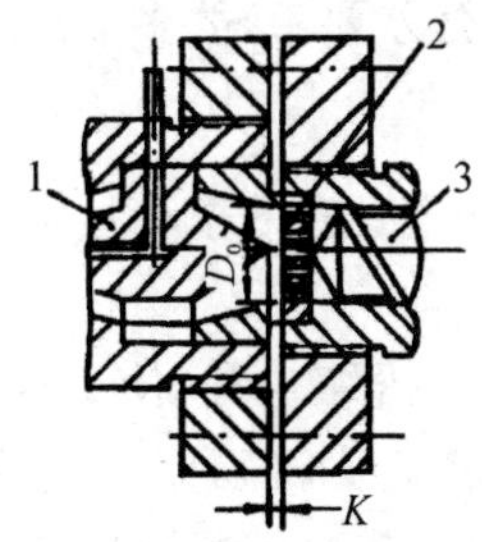


图 7-10　分流器与多孔板相对位置

1—分流器；2—多孔板；3—螺杆

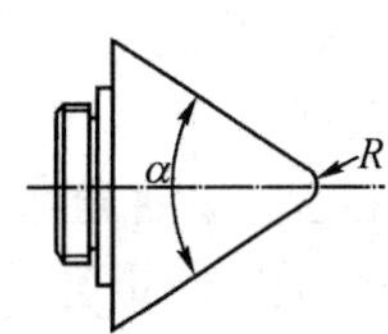


图 7-11　分流器

分流器扩张角 $\alpha$ 的选取与塑料熔融黏度的大小有关，一般取 30°～90°。$\alpha$ 角大时阻力大，物料停留时间长，容易分解。$\alpha$ 角过小则势必要增加锥形部分的长度 $L_3$（见图 7-9），使机头体积增大，不利于塑料均匀受热。一般挤出 HPVC 管时，$\alpha<60°$，其他 $\alpha<90°$，如图 7-11 所示。

分流器锥体部分长度 $L_3$ 一般取（0.6～1.5）$D_0$（$D_0$ 为多孔板出口处直径）。分流器头部圆角 $R$ 也不宜过大，否则会造成集料分解。$R$ 一般为 0.5～2 mm，它与机头体的对中误差不得大于 0.02 mm。

**4. 分流器支架**

它的作用是用来支撑和固定分流器和芯棒，中小型机头分流器和分流器支架可加工成整体，如图 7-9 所示。分流器支架上分流筋的数目一般为 3～8。为了消除塑料流经分流器支架后形成的接合线，分流筋的形状应呈流线型，如图 7-9 中 $B$—$B$ 剖面所示。其出料端的角度应小于进料端的角度。在满足强度要求的条件下，其宽度和长度应尽可能小些，数量也应尽可能少些。因为筋的数量多，则料流分束过多，制品上形成的接合线也多；而筋过宽则结合线不易消失，影响管材强度。分流器支架内开有进气孔和导线孔，用以通入压缩空气和内部装置加热器时通入导线。

**5. 确定压缩比 $\varepsilon$**

挤管机头的压缩比是指流道型腔内的最大截面积（通常为分流器出口端处的流道截面）与口模、芯棒间环形缝隙的截面积之比。对低黏度物料取 $\varepsilon=4\sim10$，对高黏度物料取 $\varepsilon=2.5\sim6$。

## 7.2.3 管材的定径与冷却

当管材型坯刚刚离开挤出机头时，由于温度高（如 HPVC 管可达 180℃），熔体型坯不能抵抗自重变形，另外，熔体型坯出模后还将产生膨胀效应，也会使管材型坯的形状和尺寸发生变化，因此必须采取定形状、定尺寸的措施使管材型坯冷却硬化，令其温度降至热变形温度以下。

挤出管材的定型工艺方法有两种，即外径定径法和内径定径法。外径定径法是用定径套控制管材的外径尺寸和圆度，而内径定径法则是通过定径套来控制管材的内径尺寸和圆度。如果要求管材外径尺寸精度高，应该选用外径定径法；而要求管材内径尺寸精度高时，则选用内径定径法。由于我国塑料管材均规定外径尺寸有公差要求，故多数厂家都采用外径定径法。

**1. 定径套结构设计**

（1）外径定径法的定径套。外径定径是使管材和定径套内壁相接触的定径方法，经常采用以下两种形式的定径套。

1）内压法定径套。这种定型方法是在管材内通入压缩空气，使呈现半熔状态的管材型坯紧贴于定径套内壁上冷却定径，其定径套的结构如图 7-12 所示。定径套接在机头上，与口模、芯棒同心，定径后的管材圆度好。但口模散热较大，影响定径套冷却，可采用绝热垫圈控制口模对定径套的传热，否则定型后的管材表面粗糙。

采用此法定型需在管材内部通入压缩空气，压力约为 200～500kPa。为了保持管内压力不变，在离定径套一定距离处(牵引装置和切割装置之间)的管内，装置用橡皮制的气塞，使压缩空气不致逸出。应该注意，压缩空气最好经过预热，因为冷空气会使芯棒温度降低，造成管材内壁不光滑。

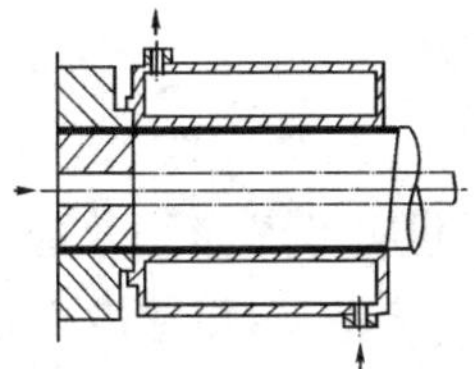

图 7-12　内压法定径套结构

2)真空吸附定径套。真空吸附定径法是采用管外抽真空使管材型坯外表面吸附在定径套内壁上进行冷却、定外径尺寸的方法。其定径套实际上是一个金属圆筒，在某一区域打上许多小孔，作为抽真空用，其结构如图 7-13 所示。真空定径套并不直接套在机头上，而是与机头相距 20～50 mm 的间隔。管材型坯先经过空气冷却，然后进入真空定径套。定径套内分隔成三段或更多:第一段冷却，第二段抽真空，第三段继续冷却。借助真空吸附力使管材外壁贴紧定径套内壁，真空度一般为 400～500 mm 汞柱，同时定径套内通入冷却水，管材伴随真空吸附过程而冷却硬化，得到符合定径套内径形状和尺寸的制品。定径套上真空孔的直径很重要，真空吸附力与其有直接的关系，一般真空孔直径在 $\phi$0.6～1.2 mm 范围。它的大小还与塑料性质和壁厚有关:对黏度较大的塑料可取偏大值，对低黏度塑料则取偏小值;对壁厚较大的管材可取偏大值，对薄壁管材则取偏小值。以高黏度硬聚氯乙烯管材为例:壁厚在 2 mm 以下，真空孔直径可取 $\phi$0.6～0.7 mm;壁厚在 3 mm 以上，则取 $\phi$0.9～1.2 mm。

真空吸附定径法生产的管材表面粗糙度小，壁厚均匀，内应力小，不易产生后变形，而且机头中不需装设气塞杆和堵头，操作方便而且废料少。缺点是挤出直径较大的管材时，由于抽真空产生的压力有限，难以控制管材的圆度，因而这种方法常用于生产小口径的管材。此外，还需要一套抽真空设备，费用较高。

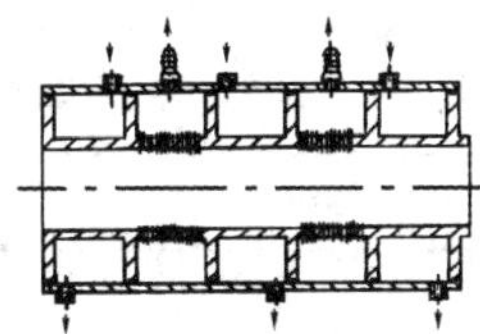

图 7-13　真空吸附定径套结构

(2)内径定径法的定径套。内径定径法通常只有直角机头才能使用。因其出料方向与螺杆轴向垂直，定径套的冷却水管可以从芯棒中心插入。

内径定径套的典型结构如图 7-14 所示，它连接在机头芯棒上，定径套内通入循环冷却水，管材型坯从口模挤出来直接套在定径套上，这样冷却定型的管材将得到内径尺寸一定而且圆度较好的制品。

图 7-14　内径定径套结构

内径定径法特别适用于挤出聚乙烯、聚丙烯和尼龙等塑料管材的定型，尤其是内径尺寸要求稳定的包装筒。由于机头流道较长，对硬聚氯乙烯管等流动性较差且容易分解的塑料管材用的较少。

**2. 定径套尺寸的确定**

(1)外径定径套。

1)内压定径套。定径套的内径尺寸应考虑膨胀效应、定型后的收缩因素及牵引力等对管材尺寸的影响；定径套长度应根据管材壁厚、牵引速度而定。管材直径小于 3 mm 的定径套长度和内径尺寸可参照表 7-3 选取。

**表 7-3　管材外径和定径套尺寸的关系**

| 挤出材料 | 定径套内径 | 定径套长度 |
|---|---|---|
| 聚烯烃 | $(1.02\sim1.04)D$ | $10D$ |
| 聚氯乙烯 | $(1.00\sim1.02)D$ | $10D$ |

注：$D$—管材外径。

对于 $D>40$ mm 的定径套，其长度应小于 $10D$；而对于 $D>100$ mm 以上的管材，定径套长度一般采用$(3\sim5)D$；当 $D>40$ mm 时，定径套内径应比管材外径放大 0.8%～1.2%。必须注意一点，计算后的定径套内径不应小于机头口模内径。

2)真空定径套。真空定径套使用时，与口模间有 20～50 mm 的距离，这时定径套内径的选取主要考虑塑料管材定型后的收缩波动。定径套内径应按下式计算：

$$D_Z=C_ZD+D \tag{7-7}$$

式中　$D_Z$——真空定径套内径(mm)；

$D$——管材外径(mm)，

$C_Z$——系数，可按表 7-4 选取。

**表 7-4　系数 $C_Z$ 选取表**

| 挤出塑料 | $C_Z$/(%) |
|---|---|
| HPVC | 0.7～1 |
| PE | 2～4 |
| PP | 2～5 |

真空定径套长度一般应大于其他定径套，因为它不直接连在机头上，所以对膨胀效应可以有效地控制，至少不会在定径套内出现管壁堆叠现象。对于 $D>100$ mm 以上的管材，采用的定径套长度为$(4\sim6)D$。

(2)内径定径套。内径定径套的外径应设计成锥度，其斜度为 0.6%～1%，适用于直径大于 30 mm 以上的管材。定径套长度依据管材壁厚和牵引速度而定，壁厚大的或挤出速度高的管材选用的定径套应长些，一般其长度为 80～300 mm。定径套外径应比管材内径大 2%～4%，这样有助于内径尺寸公差的控制，可使挤出的管材内壁贴紧于定径套外壁，而且可有效地提高粗糙度，管材定型后的收缩波动也在此范围内得到补偿。

# 7.3　吹塑薄膜、棒材、线缆包覆挤出成型机头

## 7.3.1　吹塑薄膜挤出成型机头

薄膜可以用挤出法生产，也可以用吹塑法生产。吹塑法就是使塑料经机头呈圆筒形薄管挤出，并从机头中心通入压缩空气，将薄管吹成直径较大的管状薄膜(俗称泡管)。冷却后卷取的管膜宽度叫薄膜折径。吹塑法可以加工软质和硬质聚氯乙烯、高密度和低密度聚乙烯、聚丙烯、聚苯乙烯、尼龙等多种塑料薄膜。

吹塑法生产薄膜的优点是设备简单，成本低，产品无边料，废料少，而且薄膜经牵伸和吹胀后，物理和机械性能得到提高。其缺点主要是薄膜厚度不够均匀。用吹塑法生产的薄膜规格为厚度 0.01～0.30 mm，折径 10～1000 mm 或大于 1 m。

吹塑薄膜的生产工艺根据出料方向可以分为平挤上吹法、平挤下吹法和平挤平吹法三种。上吹法和下吹法均使用直角机头。

**1. 机头结构类型及参数的确定**

目前使用的吹塑机头结构形式较多，常见的有侧面进料的芯棒式机头、中心进料的十字机头、螺旋式机头以及旋转式机头等。

(1)侧面进料式(芯棒式)机头。其结构如图 7－15 所示。塑料熔体自挤出机多孔板挤出，经过联结器压缩后，流至芯棒处分成两股料流，沿芯棒上的分料线流动，在芯棒尖处又重新汇合，然后沿模口缝隙呈薄管挤出。芯棒中心通入压缩空气将管坯吹胀，成型为薄膜。

这种形式机头的优点是：①机头内存料少，不易发生过热分解，适宜加工聚氯乙烯薄膜。②结构简单，易于制造。③只有一条接合线。

其缺点是：①熔融物料在机头通道中需作 90°转弯，物料流动距离不一样，靠机身处物料流动距离小于芯棒尖一侧物料的流动距离，因而两侧塑化情况也不一样，形成物料熔融黏度的差异，以致影响薄膜厚度的均匀性。②由于侧面进料使芯棒两侧受力不均衡，进料一侧受力大于另一侧，致使芯棒变形，从而产生偏中现象，即芯棒中心线偏向芯棒尖一侧，结果靠近进料一侧的薄膜出现单边偏厚。

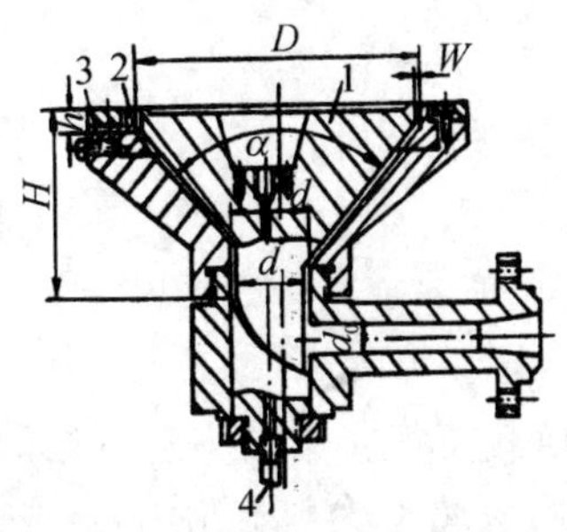


**图 7－15　芯棒式吹膜机头**

1—芯棒轴；2—口模；3—调节螺钉；4—进气管

因此,芯棒分料线形状的设计比较重要。一般来说,芯棒分料线汇合处的芯棒尖如果过分尖锐,则容易形成薄膜在此处出现一条厚的条纹,而在条纹两旁则特别薄。反之,若芯棒尖过钝或分料线弯曲程度较大,则又容易产生一条特别薄的接缝线,并可能出现滞流点,使物料过热分解。

关于侧面进料式机头的设计和有关参数的确定,下面提供一些经验作为参考。

1)设置调节装置。为了保证机头出料口环形缝隙宽度均匀一致,需设置调节环和调节螺钉(见图 7-15),且调节螺钉数目不应少于六个。调节螺钉太少,拧紧时会使调节环变形,影响挤出薄膜厚度的均匀性。

2)口模与芯棒间的环形缝隙尺寸。机头出料口环形缝隙的宽度 $W$ 一般在 0.4～1.2 mm 范围内,通常取 $W=(18\sim30)t$($t$ 为薄膜厚度)。若 $W$ 值太小,则机头内反压力很大,影响产量,且物料易过热分解;若 $W$ 值太大,则要得到一定厚度的薄膜,必定要加大吹胀比和牵引比,结果出现膜管不易稳定或容易被拉断的现象,而且膜管厚薄不易控制均匀,容易起折。

3)吹胀比和牵引比。吹胀比是指吹胀后的泡管膜直径与机头口模直径之比,吹胀比在生产中一般取 1.5～3。牵引比是指膜管的牵引速度与管坯挤出速度之比,通常牵引比取 4～6。

4)口模定型段长度。一般机头的芯棒端头处为定型段,其长度 $H$ 应比环形缝隙宽度 $W$ 大 15 倍以上(见图 7-15),以便于控制挤出薄膜的厚度,实际使用时定型段长度一般是缝隙宽度的 20～30 倍或更大。

芯棒定型段内应开设一个或几个缓冲槽,以便消除芯棒尖处的接缝痕迹。缓冲槽的深度 $G$ 可取$(3.5\sim8)W$,缓冲槽宽度 $b$ 可取$(15\sim30)W$。缓冲槽断面形状为圆弧形,$b$ 是指开口最宽处的尺寸。

5)芯棒的流道角 $\alpha$ 和分料线斜角 $\beta$。侧面进料式机头容易产生出料不均,靠机身一侧出料快,芯棒尖一侧出料慢。其原因是机身一侧流程短、阻力小,自然出料快。为了解决口模出料均匀的问题,其原则是尽量使物料从芯棒两侧到达机头出口处的流动距离相等,并要求料流畅通无死角,不让物料停滞在分料线和芯棒尖处,以免发生分解。所以流道角 $\alpha$(见图 7-15)不可取得过大,通常 $\alpha$ 角取 80°～120°。

分料线斜角取决于物料的流动性,一般 $\beta$ 角以 40°～60°为宜,不应取得太小,如图 7-16 所示。

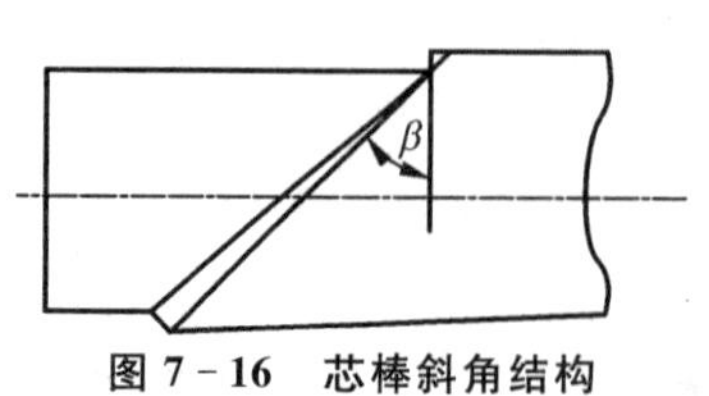


**图 7-16　芯棒斜角结构**

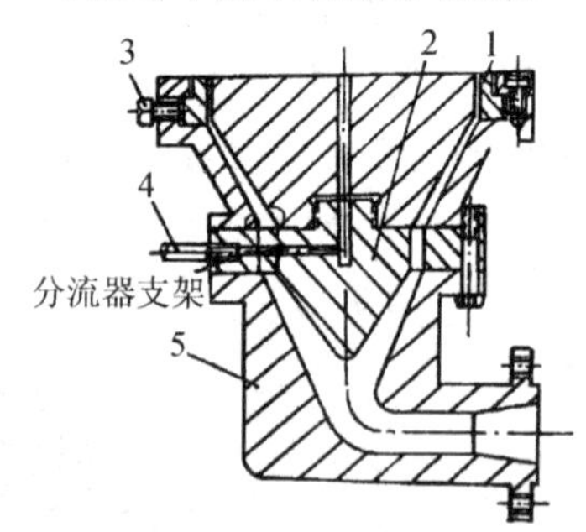


**图 7-17　十字形机头**

1—口模;2—分流器;3—调节螺钉;4—通压缩空气管;5—机头体

6)压缩比。机头出口部分的横截面积应比机头进口处的横截面积小一倍,即压缩比至少应等于 2。但也不可过大,压缩比过大将增大料流阻力,造成物料过热分解。

7)芯棒的刚度要求。由于机头内部料流不平衡,造成对芯棒的不对称侧向压力,使芯棒产生弯曲变形,即所谓“偏中”现象,因此,芯棒要有足够的抗弯刚度,可以选用刚性较大的 Cr12

钢材制造芯棒。

(2)中心进料式("十"字形)机头。吹塑薄膜的"十"字形机头与直通式挤管机头相似,如图 7-17 所示。在设计这种机头时,要注意分流器支架在保证承受物料推力作用而不变形的前提下,分流筋数目应尽可能少一些,宽度和长度应尽可能小一些。否则料流通过支架时,易产生明显的接合线。为了消除接合线,可在支架上方开设一个缓冲槽。

中心进料式机头主要优点有:①出料均匀,薄膜厚度较容易控制。②芯棒不受侧向力,因此不会产生"偏中"现象。

其主要缺点是:①机头内存料多,不适宜加工聚氯乙烯等热敏性塑料。②因分流器支架有多条分流筋,所以挤出薄膜上形成的接合线也较多。这种机头适宜于加工聚乙烯、聚丙烯、尼龙等塑料薄膜。

(3)螺旋式机头。螺旋式机头结构如图 7-18 所示。塑料从中心流入,然后分成 4～8 股料流通过各个螺纹槽作旋转运动,多股料流从槽中流出并汇合进入缓冲槽,然后均匀地从定型段挤出。熔融物料不是全部通过螺纹槽挤出,有一部分在螺纹顶端与芯模套之间漏流。这种机头内压力较高,物料在机头内停留时间长,只适宜加工不易分解的塑料如聚乙烯、聚丙烯、尼龙和聚苯乙烯等。它的主要优点是:①物料的熔合性好,薄膜无接合线。②机头内压力较大,吹出薄膜的物理机械性能好。③薄膜厚度较均匀。④芯棒受力均衡,不会产生"偏中"现象。⑤机头安装和操作方便,且使用寿命较长。其不足之处是机头体积较为庞大。

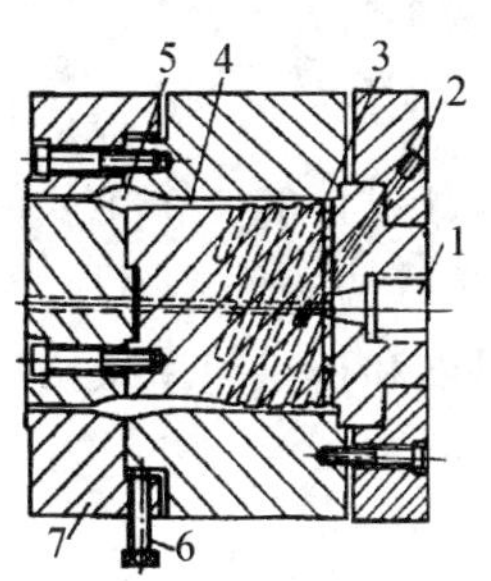


**图 7-18　螺旋式机头**

1—进料口;2—通气孔;3—芯棒;4—流道;5—缓冲槽;6—调节螺钉;7—口模

(4)旋转式机头。由于机头结构和制造安装误差以及挤出过程中物料温度的不均匀,经常出现出料不均的现象。因此,为了使薄膜更为均匀和易于卷取,近年来发展起一种新型结构的机头,即旋转式机头。机头的旋转方式有:口模转动,芯棒不动;口模不动,芯棒转动以及口模与芯棒一起同向或反向转动等形式。旋转机头可以达到型腔压力和流速沿圆周均匀分布,同时促使整个流动过程中物料均匀熔合、流速平稳。因此,吹出薄膜的厚度均匀性有明显提高,膜的熔合强度好,物理机械性能指标基本一致。

旋转机头设计应保证传动的可靠性,因此,机头传动结构的零件磨损、密封和配合是机头寿命的关键。密封元件一般由青铜或聚四氟乙烯制成。根据试验,密封处间隙大致在 0.06～0.08 mm 范围,此外,还应注意轴承在高温下的润滑和加热电刷的调整绝缘,以及便于操作和维修问题。

(5)共挤出机头(又称多层薄膜吹塑机头)。"共挤出法"是指用两台或多台挤出机,经过一个公用的吹膜机头将几种塑料同时挤出并吹塑成多层薄膜的方法。所获薄膜的最大优点是各种塑料可以取长补短，从而具有较为理想的物理机械性能和其他性能。例如，聚丙烯具有良好的耐热性、透明性，低密度聚乙烯的低温黏结性、耐冲击性较好，这两种塑料相结合可兼具二者的优点，还可弥补聚丙烯低温脆性大和聚乙烯耐热性差和透气性大的缺点，可用作优良的食品包装袋；离子聚合物和尼龙的复合薄膜具有高度的透明性、良好的真空成型性和焊接性能，可用作肉类真空包装。

图 7－19 和图 7－20 所示为共挤出吹膜机头的基本构造。其中图 7－19 所示为中心与侧面同时进料的双层吹塑薄膜机头，图 7－20 所示为中心与侧面进料的三层复合吹膜机头。

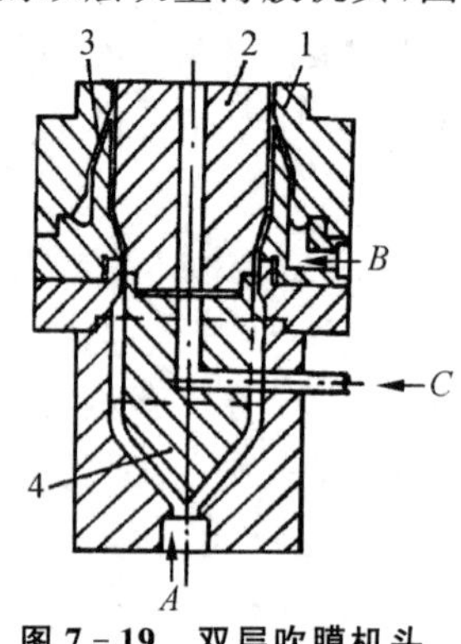


**图 7－19　双层吹膜机头**

1—口模；2—芯棒；3—分流道套；4—分流器；
A—内层树脂入口；B—外层树脂入口；C—压缩空气入口

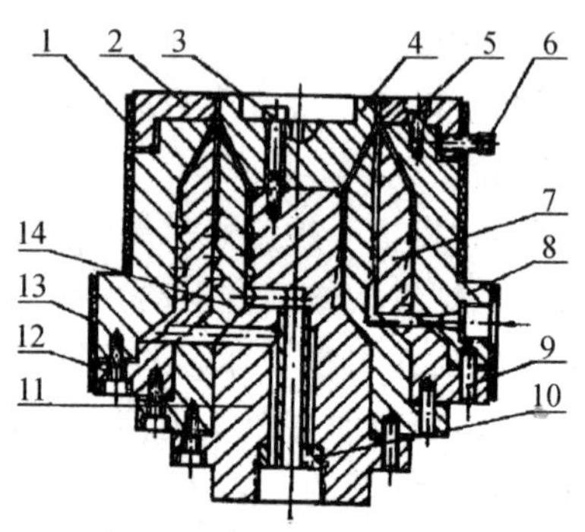


**图 7－20　三层复合吹膜机头**

1,13—加热圈；2—口模；3,5,12—连接螺钉；
4—芯棒；6—调节螺钉；7—外芯棒；8—机头过渡；
9—定位销；10—分流支架；11—内芯棒；14—中层芯棒

吹塑多层薄膜的关键在于机头，其设计的一个主要问题是要控制机头中流动阻力的比例，一般应要求达到各层薄膜的线速度相等的条件。另一个重要问题是各层薄膜间的黏合，其关键是温度控制，往往各层的膜厚对温度和挤出速率很敏感。设计机头的温度控制系统时，应按要求高温的塑料设计，并应使其易于调节。

**2. 吹塑薄膜的冷却定型**

泡管刚从机头挤出时，温度较高，在 160℃以上，呈半流动状态或塑性状态，从吹胀到进入牵引导辊，时间较短，仅有几秒钟到 1 min 左右，单靠自然冷却，薄膜厚度不均匀，热的管膜两层夹紧后易“黏着”，所以必须强制冷却。风环是比较常用的冷却装置，其结构如图 7－21 所示。风环对管膜起冷却定型作用，调节风环中风量的大小，还可以控制薄膜的厚薄。对风环结构有以下三点要求。

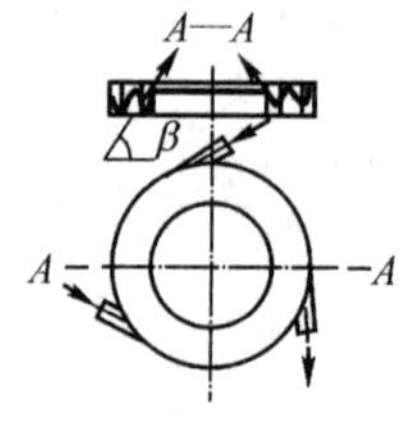


**图 7－21　风环示意图**

（1）出风量均匀。冷却风环与模口距离一般为 30～100 mm，冷却环的内径为机头内径的 1.5～3 倍，出风口缝隙宽度为 1～4 mm。

风环进风口通常有三个，压缩空气沿切线方向同时进入。风环内上、下各设有几圈挡板，起缓冲作用，保证风环口出风量均匀。因为出风量如果不均匀，则膜管冷却速度就不一样，结果冷却快的地方膜就厚，冷却慢的地方膜就薄，造成薄膜厚度的偏差。

(2)风环与吹胀比的关系。风环的口径应与吹胀比相适应，最好是一种吹胀比使用一种与其相配套的风环。

另外，牵引速度快时，要求冷却作用也应加强，若一个风环冷却达不到要求时，可以使用两个或两个以上的风环进行冷却。

(3)$\beta$角的确定。从风环吹出的风相对于薄膜应成一定的角度(见图 7-21 中的$\beta$角)，如果$\beta$角太小，大量的风近似垂直地吹向膜管，会引起膜管周围空气的骚动，致使膜管产生飘动，薄膜形成横向波纹，影响厚薄均匀，有时甚至会将膜管卡断。实践证明，$\beta$角最好选用 40°～60°，这样角度吹出的风还有托膜作用。

## 7.3.2 棒材挤出成型机头

塑料棒材一般是指实心的圆棒，塑料棒主要用于制造机器零件，如齿轮、螺栓、螺帽和轴承等。生产棒材的原料主要是工程塑料，如尼龙、聚甲醛、聚碳酸酯、ABS、聚砜、聚苯醚等。

**1. 棒材挤出成型机头的结构**

机头是棒材成型的主要部件之一，它的合理设计较为重要。图 7-22 所示为圆形棒材挤出机头的典型结构。

棒材挤出机头与挤管机头的结构是不同的，它没有芯棒，也不需要分流器。由于棒材是实心的，其截面积比管材大得多，因而机头阻力较小。为了获得密实的实心棒，必须增加机头压力，使物料进入冷却定径套处的压力约为 125 kg/cm$^2$ 左右，为此，机头应采取如下结构：

(1)机头平直部分直径较小，具有阻流阀的作用，以增加机头压力。一般平直部分直径约为 16～25 mm，它随棒材直径的增大而增大。平直部分长度一般为直径的 4～10 倍。棒材直径小时取大值。

(2)机头进口处的收缩角约为 30°～60°，收缩部分长度约为 50～100 mm。

(3)机头出口处为喇叭形，以便于塑料棒中心熔融区快速补料。喇叭口的扩张角为 45°以下，扩张角不能过大，否则会产生死角。应严格控制出口处的直径等于定径套的内径。

(4)机头内表面应光滑无死角。

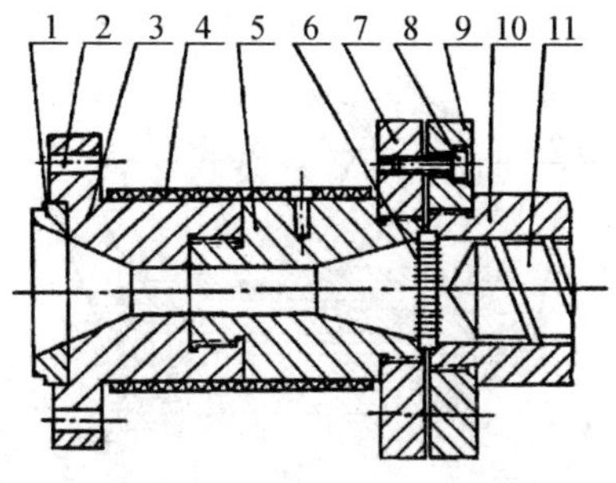


**图 7-22 圆形棒材挤出机头的典型结构**

1—口模；2—定径套连接螺栓孔；3—机头口模过渡体；4—加热圈；5—机头过渡体；6—多孔板；7—机头法兰盘；8—连接螺钉；9—机筒法兰盘；10—机筒；11—螺杆

**2. 棒材挤出成型机头的定径套**

挤出棒材的定径套结构比较简单，与挤管机头定径套相似，其结构如图 7－23 所示。离开机头的棒材型坯进入定径套定型，基本定型的棒材在芯部尚未硬化时，就立即进入水冷装置，最后使棒材完全硬化定型，所以定径套应能使制品通过后不因自重作用而变形，并能保证一定的表面质量。由于棒材挤出机头内有一定的压力，使在定径套内尚未完全硬化的棒材芯部能够得到机头的补料。所以，定径套内孔应做成一定的斜度，以减少棒材通过定径套的阻力，否则会经常发生塑料堵在出料口，使棒材挤不出来的现象。定径套的内径应稍大于棒材直径，主要根据收缩率适当放大。定径套长度可适当取短些，因为棒材中心部分不需要在定径套内硬化。一般当棒材直径小于 50 mm 时，定径套长度可取 200～350 mm，当棒材直径在 50～100 mm 范围时，定径套长度可取 300～500 mm。定径套进口与出口直径误差应严格控制，只允许出口处直径比进口处直径大 0.5～1 mm。

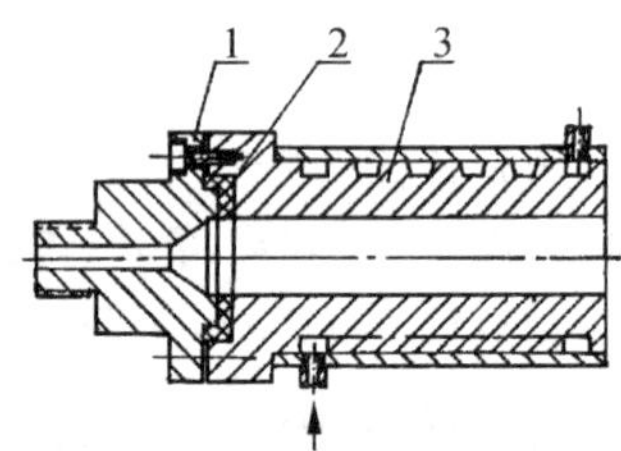


**图 7－23 挤出棒材定径套**

1—机头；2—绝热板；3—定径套

## 7.3.3 线、缆覆层挤出成型机头

金属芯线通常包覆一层塑料作为绝缘层，当芯线是多股或单股金属线时，通常用挤压式包覆机头，挤出制品即为电线，当芯线是一束互相绝缘的导线或不规则的芯线时，使用套管式包覆机头，其挤出制品即为电缆。

**1. 挤压式包覆机头**

典型的挤压式包覆机头结构如图 7－24 所示。这种机头呈直角式，俗称“十”字机头。通常被包覆物的出料方向与挤出机呈直角。有时为了减少塑料熔体的流动阻力，也可将角度降低为 45°～30°。

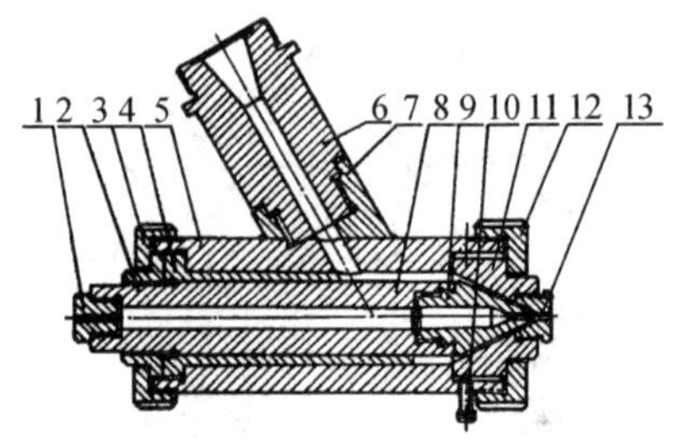


**图 7－24 挤压式包覆机头**

1—导向套；2—螺母；3—盖螺母；4—流道芯；5—机头体；6—接颈；7—接块；8—芯棒体；9—芯棒；10—调节螺钉；11—口模体；12—压帽；13—口模

物料通过挤出机的多孔板进入机头体中，转过 90°角遇到流道芯。这个流道芯一端要与机头内孔严密配合，不能漏料。物料向另一端运动，包围芯棒体，其作用与吹膜机头中的芯棒作用相同。物料从一侧流向另一侧汇合成一个封闭的物料环后，再朝口模流动，经过口模成型段，最终包覆在芯线上。由于芯线连续地通过芯棒中心向前运动，因此，电线包覆挤出可以连续地进行。

口模和机头分为两体，靠口模端面保证与芯棒的同心度，并可靠螺栓进行调节。改变机头口模的尺寸、挤出速度、芯线移动速度以及变化芯棒的位置，都将改变塑料包覆层的厚度。

这种机头结构简单，调整方便，被广泛用于电线的生产中。它的主要缺点是芯线与包覆层同心度不好，而且由于结构可能引起塑料的不均匀流动，会造成塑料停留时间长，而产生过热分解。

**2. 套管式包覆机头**

典型的套管式包覆机头结构如图 7－25 所示。这种机头也是直角式机头，其结构与挤压式包覆机头相似。其不同之处是挤压式包覆机头在口模内将塑料包在芯线上；而套管式包覆机头是将塑料挤成管状，在口模外包覆在芯线上。一般是靠塑料管的热收缩包紧，有时借助真空使塑料管更紧密地包在芯线上。也因芯线是连续地通过芯棒中心，故电缆挤出生产能够连续地进行。包覆层的厚度随口模尺寸、芯棒头部尺寸、挤出速度、芯线移动速度等因素的变化而改变。

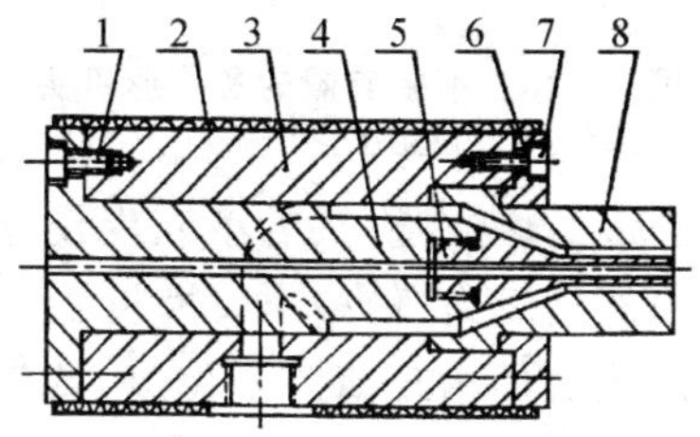


**图 7－25　套管式包覆机头**

1—连接螺钉；2—加热圈；3—机头体；4—芯棒体；5—芯棒；6—压盘；7—连接螺钉；8—口模

## 7.4　板材和片材的挤出成型机头

塑料板材被广泛用作化工防腐、包装、衬垫、绝缘和建筑材料。挤出法生产板材具有使用设备简单、生产连续、成本较低、制品无分层现象、板冲击强度高等优点。其缺点是制品表面粗糙度不大，厚薄均匀性差。

热塑性塑料板材和片材的挤出成型，广泛采用扁机头，它可以制造各种厚度及幅宽的板材。这种机头具有宽而薄的出料口，塑料熔体从料筒挤到机头内，流道由圆形变成狭缝形，物料将沿着机头宽度方向均匀分布，经模唇挤出板材或片材。为了保证板材或片材厚度均匀，表面平整，则必须要求沿机头全宽物料流速相等。

### 7.4.1 板材及片材挤出成型机头的结构

生产板材和片材的挤出机在结构上与其他挤出制品所用挤出机没有大的区别，只是所用机头不同。目前，扁机头按其内部结构可分为鱼尾形机头、支管机头、螺杆机头和衣架式机头四种类型。

**1. 鱼尾形机头**

鱼尾形机头的型腔因似鱼尾而得名，如图 7－26 所示。熔融物料由机头中部进入后，即由中部流向两侧，最后在口模处被挤出。但由于进口处物料的压力和流速都较机头两侧为大，而两侧较中部散热快，物料黏度增大，因此，物料从模具中部出料多，两侧出料少，这样容易造成塑件厚薄不均。为避免此情况，在设计时则必须使“鱼尾形”部分的扩张角不能太大，一般扩张角为 80°。这种机头一般只能生产幅宽为 500 mm，厚度为 1～3 mm 的薄板材，而且幅宽不能调整。

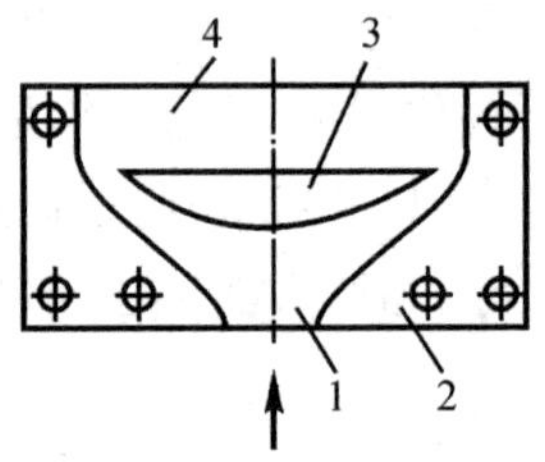


**图 7－26 带阻流器的鱼尾形机头**

1—进料口；2—机头体；3—阻流器；4—口模

为了获得厚薄均一的塑料制品，通常在机头的型腔内设置阻流器或阻力调节装置（见图 7－27），以增大物料在机头型腔中部的阻力，使整个口模长度上物料流速趋于相等，压力均匀。机头口模最好设置模唇调节装置，当塑件出现薄厚不匀时，首先调节料流阻力，在口模压力大致一样的情况下，再调节模唇间隙，使塑件厚度均匀一致。一般模唇间隙调到等于或小于塑件的厚度。

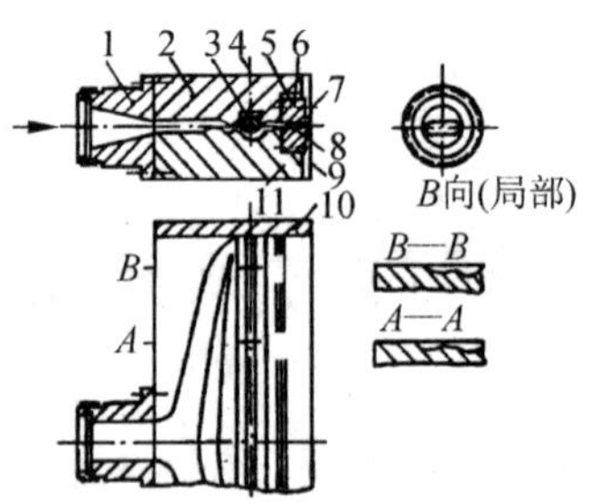


**图 7－27 带阻流器和阻力调节装置的鱼尾形机头**

1—进料口；2—上机头体；3—阻力棒；4—阻力棒调节螺钉；5—上口模；6—上口模唇调节螺钉；7—上口模固定螺钉；8—下口模；9—下口模固定螺钉；10—侧盖板；11—下机头体

**2. 支管机头**

支管机头由一个纵向切口为管状的型腔构成，即在机头内有与模唇平行的圆筒形（管状）槽，可以贮存一定量的物料，如图 7－28 所示。支管的作用是对熔体的稳压和分配作用，使料流稳定并均匀地挤出宽幅制品。

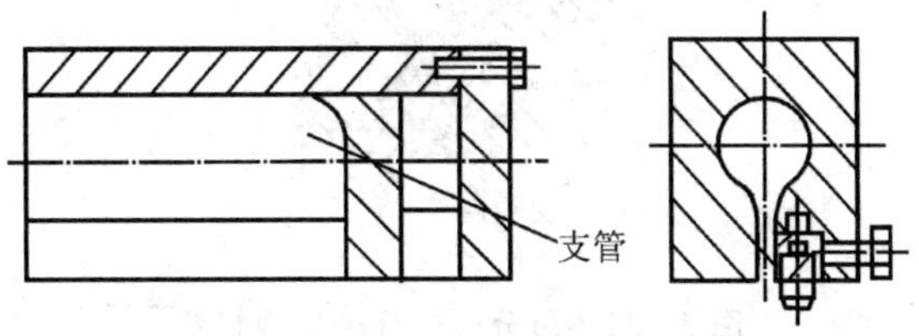


**图 7－28　一端供料直支管型机头**

根据机头与挤出机连接的形式又可分为“T”形支管机头和“I”形支管机头。“T”形支管机头指挤出机垂直于机头，物料由管中间进入，支管两端封闭的机头，如图 7－29 所示。“I”支管机头是指机头与挤出机平行，物料由支管一端进入，另一封闭的机头，如图 7－28 所示。

根据支管的形状，支管机头又可分为直型支管机头(见图 7－28)和弯型支管机头(见图 7－30)。

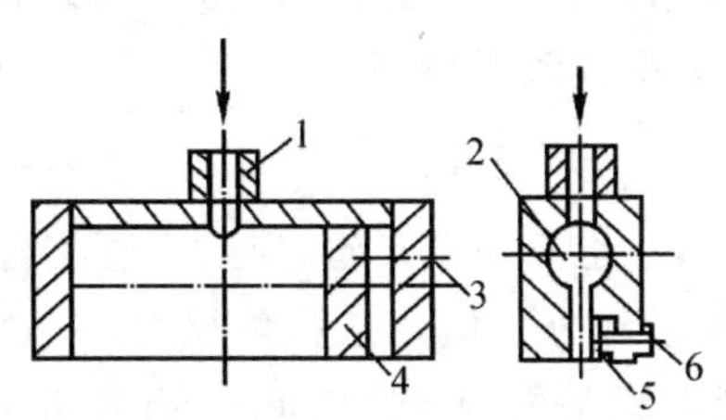


**图 7－29　中间供料支管机头**

1—进料口；2—支管；3—幅宽调节螺钉；
4—幅宽调节块；5—模唇调节块；6—模唇调节螺钉

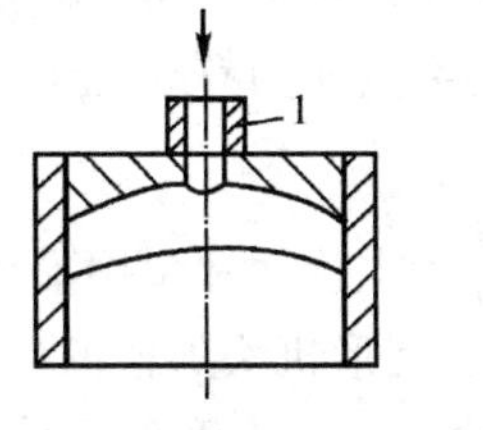


**图 7－30　弯形支管机头**

1—进料管；2—支管；3—调节螺钉；
4—口模调节块

直型支管机头的优点是结构简单，能调整幅宽，能生产宽幅产品，适用于聚乙烯和聚丙烯塑料的生产。弯型支管机头的优点是流线型好，无死角，因此，不但适用于聚乙烯、聚丙烯类塑料，也适用于加工聚氯乙烯类的热敏性塑料，但制造较困难。

由于支管机头支管的各横断面完全相同，所以在支管处压力降较大时，挤出制品沿宽度方向的厚薄不均匀性就增大。为了使制品获得好的均匀性，增大支管的直径是有利的，但这样就造成型腔容积增大，使物料在机头内的时间延长，这对热敏性的塑料是不适宜的。

为了调节机头阻力，获取均一厚度的制品，支管式机头也设有阻力调节和口模调节装置。对于低黏度的低密度聚乙烯薄板的生产，机头可不设阻力调节装置。

支管机头与鱼尾形机头相比，其优点是结构简单、制造容易、能调整幅宽、温度较易控制、体积小、重量轻，因而使用广泛。一般聚乙烯、聚丙烯、聚酯等板材挤出多采用这种机头。

**3. 螺杆机头**

螺杆机头又称螺杆分配机头，其特点是在“T”形支管机头的支管内插入一根分配螺杆，如图 7－31 所示。

螺杆靠单独的电动机带动旋转，通过无级调速装置进行调速，使物料不停滞在支管内，并均匀地将物料分配在机头整个宽度上。改变螺杆转速，可以调整板材的厚度。一般分配螺杆直径应比挤出机螺杆直径小一些，使主螺杆的挤出量大于分配螺杆的挤出量，这样，就能保证板材连续挤出，不断料。分配螺杆一般为多头螺纹。螺纹头数 $z=4\sim6$。因为多头螺纹挤出量大，可减少物料在机头内的停留时间，使流动性差，热稳定性不好的塑料挤出也变得容易。

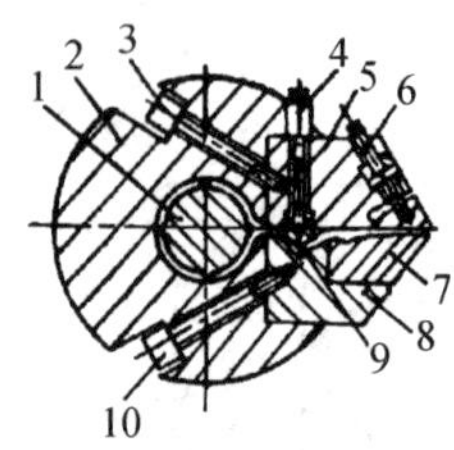


**图 7-31　带分配螺杆的挤板机头**

1—分配螺杆；2—机头体；3—上口模固定螺钉；4—阻力棒调节螺钉；5—上口模；
6—上口模调节螺钉；7—下口模；8—下口模座；9—阻力棒；10—下口模座固定螺钉

螺杆机头的温度控制比鱼尾形机头容易。由于分配螺杆的转动，塑料熔体在机头内流动时，受剪切、摩擦作用产生热量，升高温度，更进一步塑化，所以机头温度控制应沿进料口向末端逐渐低一些。

这种机头可生产厚度在 20 mm 以内、宽在 2 m 以内的板材与片材。这种机头的缺点是物料随螺杆作圆周运动突然变为直线运动，制品上易出现波浪形痕迹。

**4. 衣架式机头**

衣架式机头吸取了支管式和鱼尾形机头的优点，它也有一个支管，但没有直支管机头的支管那样大，也有一个鱼尾形机头那样的扇形(即鱼尾形部分)，但其扩张角很大，一般为 160°～170°，如图 7-32 所示。由于支管小，而缩短了塑料在机头内的停留时间，由于有扇形部分，而提高了制品厚薄的均匀性，所以，衣架式机头越来越广泛地得到应用。目前，大部分“T”形机头都采用衣架式机头，其生产的制品宽度一般为 1 000～2 000 mm，最宽可达 4 000～5 000 mm。

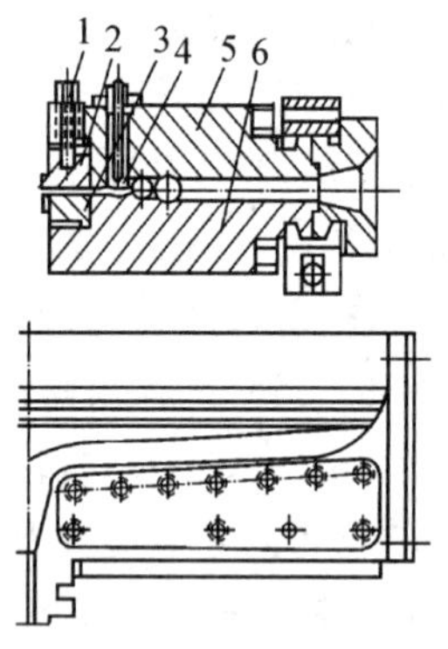


**图 7-32　衣架式机头结构图**

1—调节螺钉；2—上模唇；3—下模唇；4—阻力调节块；5—上模体；6—下模体

衣架式机头又可分为衣架直支管型，衣架递减型和衣架浅支管型三种，而衣架浅支管型机头是挤出热稳定性较差的聚氯乙烯专用机头，这里不作介绍。

(1)直支管衣架式机头。如图 7-33 所示，支管呈衣架形，支管断面为圆筒形，其直径在中部与两端相同，可以从支管的两端插入幅宽调节棒，以调节塑料的流动宽度。因此，可用一个机头生产各种宽度的制品。这种机头适用于热稳定性较好的树脂，如聚乙烯、聚苯乙烯、ABS 塑料等。

(2)支管递减衣架式机头。如图 7-34 所示，这种机头的支管直径从中部到两端逐渐减少，减小的趋势是随熔料的温度、定型段长度和间隙及支管的倾斜角等成对数函数关系减小。

表 7－5 给出的是根据这一理论计算所得的数据，并表示在图 7－34 中。这种机头的流道利于熔料的流动，无滞流现象，产品厚薄均匀度好，不论厚、薄和宽、窄的制品都能生产，对热稳定性差的 PVC 塑料也可用此机头加工，因此，适应性很广。但与直支管机头相比，这种机头制造较困难。

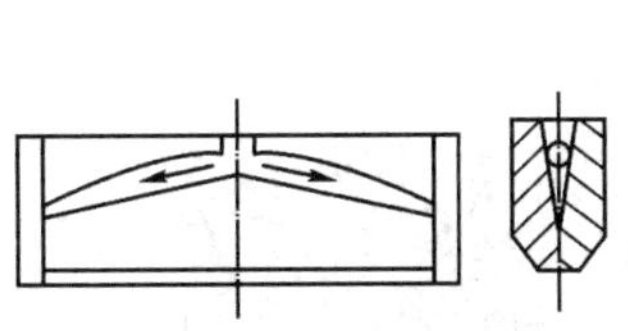

图 7－33　直支管衣架机头

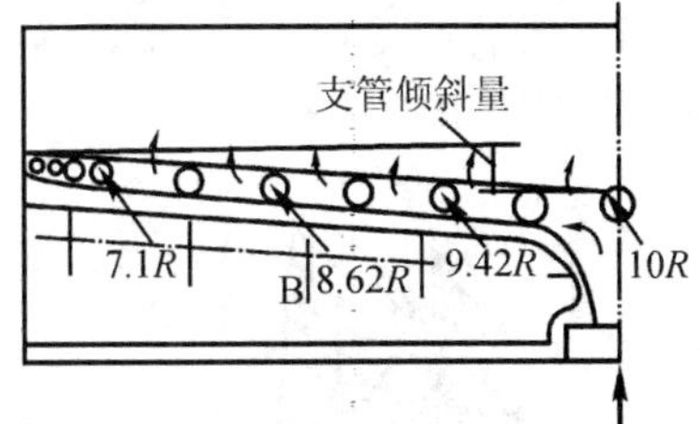


图 7－34　支管递减衣架型机头

**表 7－5　700 mm 宽递减支管形衣架式机头的设计参数实例　单位:mm**

| 至末端的距离 | 0 | 20 | 30 | 40 | 50 | 100 | 150 | 200 | 250 | 300 | 350 |
|---|---|---|---|---|---|---|---|---|---|---|---|
| 支管半径 $R$ | 0 | 6.04 | 6.09 | 6.82 | 7.10 | 8.02 | 8.62 | 9.06 | 9.42 | 9.72 | 10 |

## 7.4.2　制品厚度调节装置

为了获得不同厚度的板、片制品，需要调节口模的间隙。间隙调节方法中采用螺钉直接调节移动口模的方法，容易形成死角，且属一种“粗调”的方法，很少采用。更换口模装置的方法虽可取，但要求口模与机头体的连接部分光滑、无死角，以防止熔料在此积留引起分解。

常选用的是使口模产生微量弹性变形的调节装置，这是一种用于调整板、片产品厚薄均匀度的“微量”调节装置。它是在可调模唇上开一个小沟槽，通过螺栓的调节作用，使模唇产生微量的弹性变形，从而达到改变口模间隙的方法，如图 7－35 所示。

此法在口模的全幅宽上设置推、拉螺栓，靠转动螺栓来改变间隙大小，从而达到调节厚薄的目的。这种方法结构简单、加工方便，但调整不便。

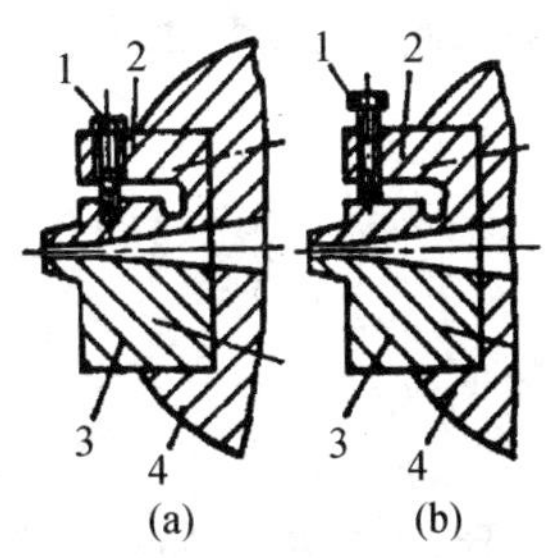


图 7－35　调节口模间隙法

(a)拉；(b)推

1—调节螺栓；2—可调口模；3—固定口模；4—机头体

图 7－31 所示是用同一根螺栓而能兼推(使口模间隙变小)和拉(使口模间隙增大)的方法来达到调整厚薄均匀度的，其结构简单，调整方便，因此目前应用较多。

图 7－36 所示也是用同一个能兼“推”和“拉”的螺栓调整结构，在同一个螺栓上车有两段不同直径的螺纹，靠两个不同螺距之差，带动口模产生弹性变形而达到调整间隙的目的。这种

方法调整精度高，且结构简单，调整方便。一般，生产板的扁机头都兼用阻流块、阻塞棒和口模间隙调节装置，如图 7－31 所示效果更好，更易于调整。

对于低黏度的、流动性好的塑料，为了进一步提高制品的厚薄均匀度，可在口模前开设压力支管——又称第二支管或稳压支管，如图 7－37 所示。这种方法可提高厚薄均匀度 10%，但对热敏性的 PVC 不适用。

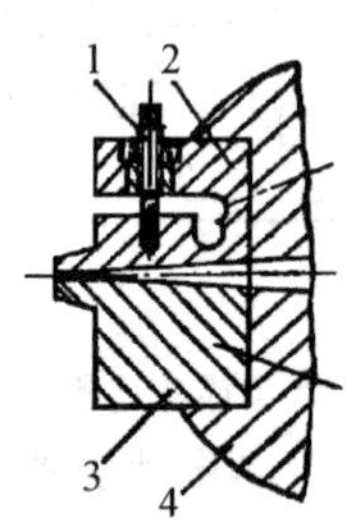


**图 7－36　用差动螺栓调整间隙法**

1—调整螺栓；2—可调口模；
3—固定口模；4—机头体

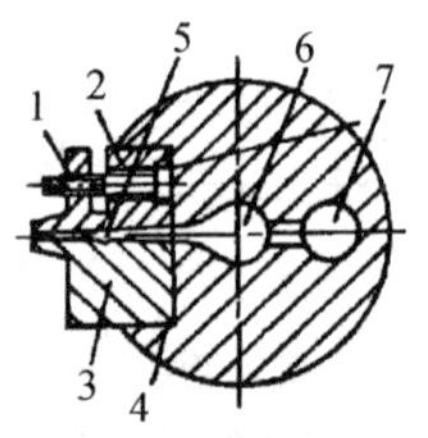


**图 7－37　带稳压支管的机头**

1—调节螺钉；2—可调节口模；
3—固定口模；4—机头体；5—稳压支管；
6—支管；7—进料口

# 7.5　异型材挤出成型

## 7.5.1　概述

塑料异型材由于其优良的使用性能和独特的技术特性，使其在土木建筑、家用电器、汽车零件和各种杂用件上被普遍的使用。

所谓异型材是除了圆管、圆棒、片材、薄膜等挤出制品外的具有其他断面形状的塑料挤出制品。由于塑料具有可塑性，所以异型材的形状特别多，按形状不同大致可以将异型材分为六个大类(详见图 7－38)。

(1)异型管材：其特性是壁厚均匀且无锐角(角呈圆角)。常采用通用的直管机头或圆机头制成。

(2)中空异型材：用肋把型材的断面分隔成中空状，并具有从中空室伸出分支且壁厚不均匀的异型材。

(3)空腔异型材：中空异型材呈封闭状的中空断面，壁厚不一致并有凸缘，且带锐角。

(4)开放式异型材：其断面形状完全不带中空室，并具有各种各样的断面。

(5)复合异型材：有组合式异型材和带嵌件的异型材两种。组合式异型材可以用具有不同色泽或不同硬度的同种树脂组成，也可以用不同树脂组合而成。这种型材一般用两台以上的挤出机通过一个共用的机头挤出而成。其断面形状与上述(1)～(4)同。带嵌件的异型材一般由两种不同质地的材料复合而成。即在异型材挤出时连续地镶嵌入铜、钢、铝等金属型材或织物、木材等使它们作为芯层，而外面是全部或部分用塑料作为包复层。这种型材一般采用“十”字形机头来成型。

(6)实心异型材：这种型材可以有各种形状的断面，比如矩形、三角形、椭圆形等。它可采用普通的棒材机头来成型。

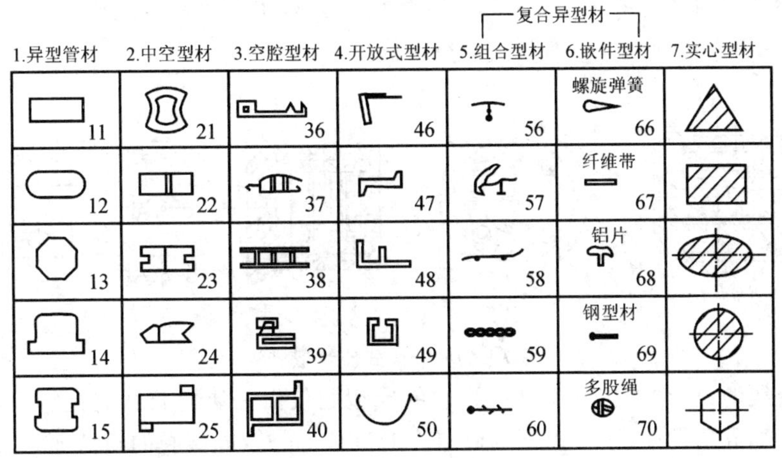


图7－38　异型材的分类

## 7.5.2　异型材挤出成型机头结构

要想挤出理想的异型材，必须对异型材制品的设计、材料的选择、公差配合、模具设计、直至精确的机械加工等环节都十分重视，而机头设计是最关键的一环。

异型机头结构大致可分为板状机头和整体式流线型机头两种。

**1. 板状异型机头**

板状机头其流道有急剧变化，它由数块钢板组成，其厚度一般为5～20 mm。在设计制造挤出厚度不均匀的制品的机头时，必须设法使料流速度均匀，例如在流动速度快的地方设置阻力板。图7－39所示为典型板状机头的结构。板式机头的特点是构造简单、成本低、制造快、调整及安装容易，但熔融物在机头内，从进口的圆形变为接近制品形状的截面，流道断面有急剧的变化，物料在这种机头中流动情况不好，容易形成物料局部滞留、易引起热敏性硬聚氯乙烯分解，连续运转时间短。因此，它多用于软聚氯乙烯制品的生产，对熔融黏度低而热稳定性高的聚乙烯、聚丙烯、聚苯乙烯等塑料也适宜加工。对于硬聚氯乙烯，仅仅在异型形状简单、生产批量小而制造流线型机头又不经济时才使用。

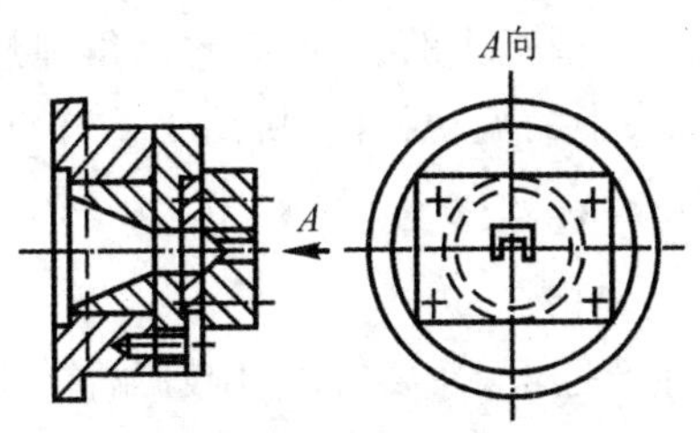


图7－39　板状机头

**2. 流线型机头**

流线型机头又分为分段式流线型机头和整体式流线型机头两类。

分段式流线型机头如图 7－40 所示。这种机头亦是用多块钢板组成，其各块成型腔的连接处加工成曲线，以达到流线形而利于熔料的畅流。

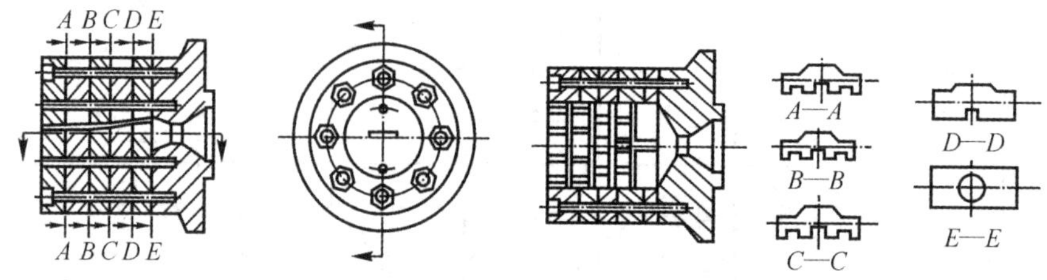


**图 7－40　分段式流线型机头**

整体式流线型机头如图 7－41 所示，它的成型腔仅由一块内腔做成流线型的钢板制成。成型腔的展开部分要设计成 60°以下的倾斜度的流道，同样，成型腔的横截面积要相当于口模面积的 4 倍。

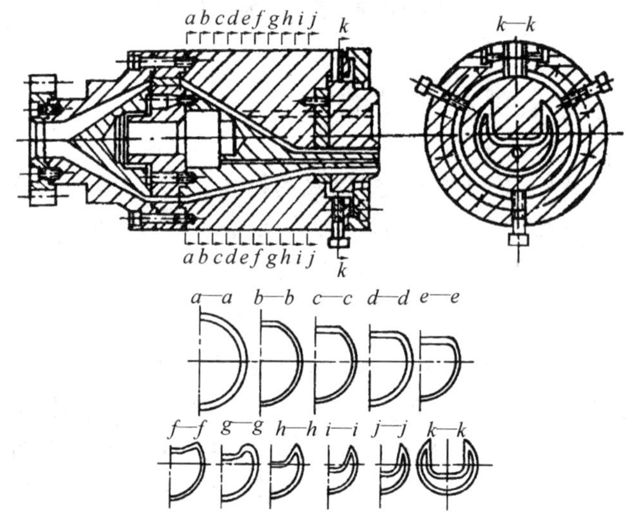


**图 7－41　整体式流线形异型机头**

## 7.5.3　异型机头的设计

异型材挤出成型的关键在于异型机头的设计，要想制得理想的异型材，必须对制品的性能要求及其横截面形状、熔料在机头中的流动特性、挤出工艺特点、加热和冷却方式以及机头的加工制造等因素进行综合考虑。

**1. 制品设计**

制品设计的好坏对异型材的生产是非常重要的，它不仅影响使用，而且对控制生产有重要影响。

(1)断面形状与尺寸精度。异型制品的断面应尽可能设计得简单些，壁厚也要尽可能地均匀。同时薄壁部分比厚壁部分易冷却，冷却速度的不一致也是导致厚壁部分变形的因素。

(2)断面的平衡。各断面的厚度及形状力求对称分布，这样可使物料在机头中流动均衡、冷却也能均匀，压力可趋于平衡，这是异型材制品断面设计最重要一点。一般来说，同一断面壁厚最大相差＜50%较妥。

(3)筋的设计。中空异型制品如有必要设置筋时，应尽可能选用较小的筋厚，因为外壁较易冷却，内筋冷却速度慢，势必引起变形，因此突出的筋厚不要超过外壁厚度。如果是封闭筋的制件，筋的厚度应较壁面薄 20%。

(4)转角处 $R$ 的决定。转角分为外转角和内转角。为了避免异型制品的转角处应力集中，制品形状变化应平滑圆弧过渡，假如转角半径尺寸较大，则可改善物料的流动性，减少制品变形。一般外侧转角 $R$ 不小于 0.5 mm，内侧转角 $r$ 不小于 0.25 mm。

**2. 机头流道设计**

对机头流道设计的要求是流道应与物料流动情况完全相适应，流道截面应呈流线形，避免死角和拐角，使熔融物在所有的截面上流速趋于一致。这样可以防止熔融物在流道内滞留，消除过热分解，从而要求流道不能急剧扩大或缩小，但实际上并不存在这种理想的机头，即使熔融物在完全对称的流道中流动时，如圆形、环形或椭圆形的简单流道，也不能完全避免因口模构造引起的流速滞缓现象。一般情况下，机头入口与口模的断面形状差异很大，机头入口一般为圆形，必须有一个从圆形逐渐变为口模形状的部分，即过渡部分。对异型挤出机头来说，这部分的设计是非常重要的。常可以通过部分改变过渡部分的长度或者是改变各截面的形状来调节机头入口处至口模部分熔融物料的平滑流动。

对厚薄不均的异型材来说，在薄壁处可以采取扩大相应的过渡部分的流道，或者缩短机头口模的成型段长度来达到熔融物均匀流动，而厚壁部分，则必须预留 5%～20%的厚度修整余量，必要时扩大该部分，进行修模。

**3. 异型机头口模形状的设计(口模形状与制品截面形状的关系)**

机头的成型部分的设计应保证物料挤出后具有规定的断面形状。由于塑料的物理性能和压力、温度等因素的影响，成型部分的断面形状与制品相应的断面形状将有很大差异。因此，确定异型机头口模形状和挤出制品的截面形状的关系，即口模尺寸与制品截面尺寸的关系是设计异型机头时一个重要难题。表 7-6 给出了正三角形和正方形口模设计中错误和正确的形状，以及与其相应产品的横截面形状。至于其他形状(例如长方形、梯形等)的口模设计，可按同样方法设计。

由于情况的复杂性，异型口模的设计是很难一次成功的，往往需要经过多次试验和修改，因此还要预留修改的余量。

**表 7-6　口模形状与制品截面形状关系**

| | | | | |
|---|---|---|---|---|
| 口模形状 | 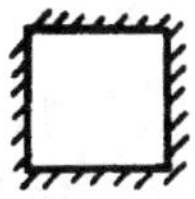 A.错误 |  B.正确 |  C.错误 |  D.正确 |
| 制品截面 | 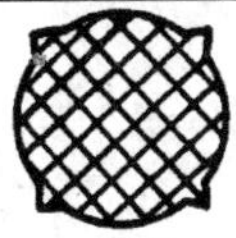 a.畸变 |  b.合格 |  c.畸变 |  d.合格 |

# 思 考 题

1. 管材挤出机头由哪几部分组成？各部分作用是什么？
2. 管材挤出机头的定径方式有几种？分别叙述其原理。
3. 吹塑薄膜如何冷却定型？
4. 电线电缆应采用何种机头成型？机头设计上有何不同？
5. 板材和片材挤出机头中如何得到厚薄均一的制品？
6. 异型材挤出机头有哪些形式？分别叙述其结构特点。

# 第8章　其他塑料成型模具设计简介

塑料制品的成型加工模具中，前几章介绍的压制、铸压、注射、挤出等是应用较为广泛的成型加工模具，绝大多数高分子材料制品都是通过这些加工方法及模具制得的。但在实际生产中，由于某些材料的性能具有特殊性，或某些制品有特别的使用性能要求，上述这些模具难以适应，或者缺乏一定的经济性，因此，在塑料模具设计中，还有一些其他的塑料成型模具用来制造高分子材料制品。本章将分别介绍无浇道凝料注射成型模具、热固性塑料注射成型模具、气体辅助注射成型模具、热成型模具及中空吹塑成型模具等。

## 8.1　无浇道凝料注射成型模具

无浇道模具是采取一定措施使处于浇道内的塑料始终保持熔融状态的一种注射模具，用它成型的塑料不带毫无用处的料把。无浇道模具在近年来引起了人们的广泛注意，因为无浇道模具具有成型效率高、节省原材料、节省人力、可成型较大尺寸的(顺着开模方向)塑件，适于自动化生产以及可以提高塑料制件质量等优点，所以在生产中已逐渐开始扩大使用范围。

利用无浇道模具进行生产，使用的树脂应该具有以下性能：①对温度的敏感度应迟钝，熔融稳定温度宽，黏度变化小，即使在低温流动性也好，不因受热而发生分解和劣化。②对压力敏感，也就是说不加注射压力不流动，必要时在极低的压力下就会开始流动。③热变形温度高，在高温具有充分凝固的性能。④导热性能好，能把树脂所带的热量快速传给模具，以加速材料凝固。⑤为使树脂熔化和凝固快，希望采用比热小的树脂。具备以上性能的材料有聚乙烯、聚苯乙烯、聚丙烯、聚丙烯腈、聚氯乙烯等。但是有人认为，如果考虑到材料的特性，并且设计的模具若与这些特性相符合，则可以说现在几乎所有的热塑性塑料都可以用无浇道模具来加工。

设计无浇道模具时，应该考虑解决以下问题：如何防止浇口的凝固和流涎，供给浇道的热量应该为多少，采用什么样的措施防止散热，怎样进行温度控制等。

设计无浇道模具的种类很多，现在就按照井式喷嘴、绝热浇道、延长喷嘴、热浇道模具、冷浇道模具的顺序加以简要的介绍。

### 8.1.1　井式喷嘴

井式喷嘴是将模具的主浇道部分设计成一个能容纳物料的井坑的一种浇注系统。

采用井式喷嘴的模具是最简单的无浇道模具。井式喷嘴也是最简单的绝热浇道，它适用于聚乙烯、聚丙烯的成型加工，但对于聚苯乙烯、ABS等来说，稍有困难。井式喷嘴的一般形式及尺寸如图8-1所示。在一般情况下，浇口杯的容积取塑料制件体积的1/2以下。与井式喷嘴浇口杯壁接触的一层塑料处于半熔化或者凝固状态,起绝热作用。处于浇口杯中间的塑料,受喷嘴和每次通过的塑料的不断加热,保持流动状态,允许进行连续成型。井式喷嘴的浇口离热源较远,仅适用于周期短的成型(每分钟注射 3 次或者 3 次以上)。对于成型周期长的塑料制件,或者成型温度范围小的塑料,浇口易于凝结固化而堵塞。

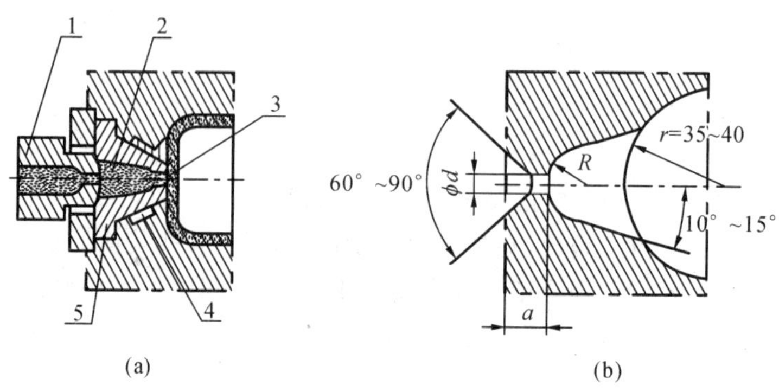


**图 8-1 井式喷嘴**

1—注射机喷嘴;2—蓄料井;3—点浇口;4—空气隙;5—浇口杯

## 8.1.2 绝热浇道

绝热浇道模具是利用塑料导热性差这一特性而设计的,其浇道相当粗大,靠近浇道壁的塑料由于接触冷模具,由浇道外周起约 2～4 mm 厚的塑料层处于半熔融状态或者凝固状态,起绝热作用,处于浇道中心的塑料为流动状态,可以顺利地流入型腔进行成型。绝热浇道模具的一般典型结构如图 8-2 所示。

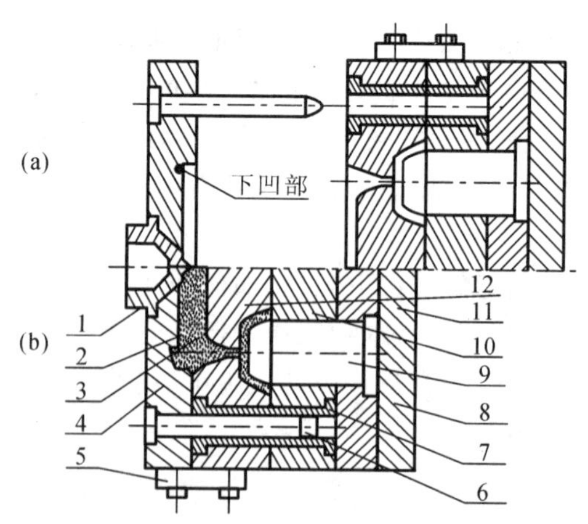


**图 8-2 点浇口绝热浇道模具**

(a)清理浇道时的模具情况;(b)闭模操作的模具情况

1—浇口套;2—凝固塑料;3—塑料熔体;4—定模底板;5—锁链;

6—导柱;7—导套;8—动模垫板;9—型芯;10—脱模板;11—型芯固定板;12—定模型腔板

绝热浇道不需要取出主浇道及分浇道,可以缩短成型周期,提高成型效率,没有原料损失,或者原料损耗极小。若采用点浇口进料，还不需要再进行后加工，模具结构也比较简单。绝热浇道模具适用于大型塑料制件或者多型腔成型。

采用绝热浇道要求成型的塑料在半熔融或者凝固状态时具有绝热性能，如绝热性能好的聚乙烯、聚丙烯等。绝热浇道的浇道大小是重要因素，它决定于塑料制件的重量、成型周期、成型塑料种类等等。绝热浇道的直径一般为 $\phi$13～24 mm，但是对聚苯乙烯类型的塑料往往采用的绝热浇道的直径有达到 $\phi$30 mm 的。

绝热浇道的成型周期不应该超过 1 min，每次注射的塑料量应该是浇道及塑料制件的重量和。为了能顺利地进行注射，浇道的容积应该是制件体积的 1/3。主浇道与分浇道、分浇道与浇口的接合拐角处要圆滑，以利于塑料熔体的流动，防止由于料流滞留而引起的劣化、变色等毛病。停止成型后，浇道很快凝固，需要加以清除，因此设置图 8－2 所示的下凹部，并且在分浇道中心线处进行分型，设置能简单地快速进行开启与闭合的闩锁装置。

## 8.1.3　延长喷嘴

延长喷嘴是使注射机的喷嘴延长至直接与模具浇口处相接触的一种特制的喷嘴。采用延长喷嘴的模具才是真正的无浇道模具。与井式喷嘴相比，浇口不易发生堵塞，适用范围广，可以说只要能以点浇口成型的一切树脂都是可能适用的；但是要按照塑料制件的几何形状，制造专用喷嘴。另外延长喷嘴只适用于单型腔模具。在每次注射完毕后，可以使喷嘴稍稍离开模具，尽量减少喷嘴向模具的热传导。为了防止料流凝固而堵塞浇口，通常采用塑料绝热和空气绝热两种措施。

在图 8－3 中列举了几种延长喷嘴。图 8－3(a)所示为喷嘴前端伸入型腔，喷嘴端面成为型腔的一部分，是空气绝热的延长喷嘴，其浇口不易凝固堵塞，但在滑动配合处由于有间隙，有漏料的危险。另外喷嘴附近的型腔温度较高，在生产某些塑料(例如聚苯乙烯等)制件时，在浇口附近易出现热浑，增大塑料制件表面的粗糙度和降低透明度，在塑料制件上往往也会留下轮状痕迹。

图 8－3(b)所示为锥形延长喷嘴，为了减少喷嘴向模具的传热，在喷嘴前端开设空气槽进行绝热。这种喷嘴的前端很小，因此在塑料制件上留下痕迹亦小。

图 8－3(c)所示为采取了绝热措施的喷嘴结构，是半绝热式延长喷嘴。在喷嘴与型腔之间有一不大的间隙，利用注射时所充满的塑料进行绝热。在台阶部嵌入聚四氟乙烯垫，防止料流泄露和绝热。在浇口处的绝热塑料层厚度为 0.4～0.5 mm，在浇口以外的球面部分塑料层最大厚度取 1.3～1.4 mm。若塑料层过薄，则浇口易凝固。若塑料层过厚，则反推力就可以使喷嘴后退。由于在绝热间隙中存料，所以不适用于热稳定性差的塑料。

图 8－3(d)所示为空气绝热式延长喷嘴，点浇口进料，喷嘴直径为 $\phi$0.75～1.2 mm，台阶长度为1 mm 左右，喷嘴前端不再是成型腔的一部分并增加了一个浇口衬套。为了减少喷嘴向模具的传热量，把喷嘴与浇口衬套的接触面积减小，其余部分留作空气间隙。由于喷嘴尖端处型腔壁很薄，不能依靠它来承受喷嘴的全部推力，因此在喷嘴与浇口衬套之间设计一个环形承压面来承受喷嘴压力，以免型腔被喷嘴顶坏或变形。

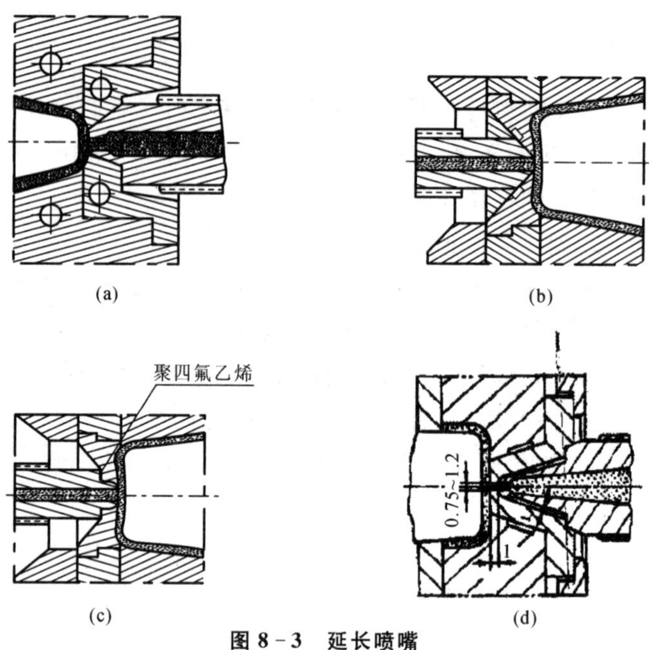


**图 8-3　延长喷嘴**

## 8.1.4　热浇道模具

绝热浇道模具是尽量减少浇道内塑料向模具散热，而热浇道模具则是在浇道内或者在浇道附近设置加热器，使由注射机喷嘴至内浇口为止的整个浇道处于高温，从而使料流保持熔融流动状态，能连续不断进行注射成型的结构。热浇道模具的优点是在停车以后，不需要打开浇道板取出已经凝固的塑料，再开车生产时只需要加热到要求的温度即可。分浇道内压力传递好，可以降低塑料成型温度和注射压力，这样一来就减少了塑料的热降解和塑料制件的内应力，比绝热浇道适用的范围宽。

最简单的适用于单型腔模具的热浇道如图 8-4 所示。其加热器套壁厚为 1 mm，加热器套内孔与轴芯采用滑动配合，加热器外径与槽有一定的间隙，以空气绝热。加热器轴芯最小壁厚约为 2～3 mm，浇道浇口直径一般为 $\phi$0.08～2 mm。

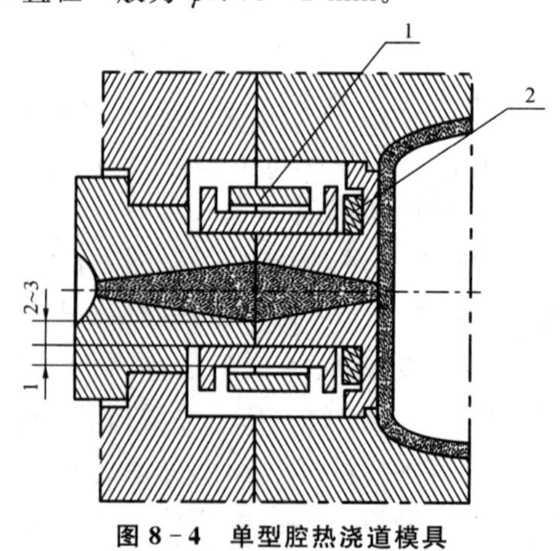


**图 8-4　单型腔热浇道模具**

1—加热器；2—绝热垫

多型腔热浇道模具如图 8-5 所示。它的结构形式很多,但是它们的共同点是在模具内设有浇道加热板。浇道加热板通常安装在定模压板与定模型腔板之间。浇道部件由浇道加热板、加热器、热浇道喷嘴、滑动压环等组成。根据塑料制件的几何形状、浇口位置等,浇道加热板可以具有各种各样的形状。

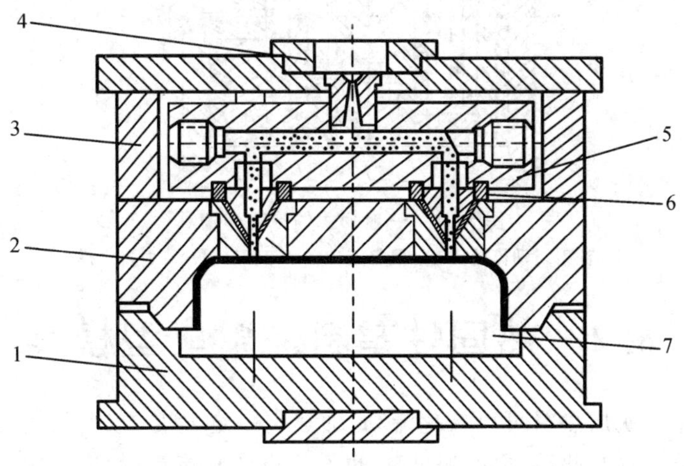


**图 8-5　多型腔热浇道模具**

1—动模固定板;2—定模板;3—支撑板;4—定位圈;
5—浇道加热板;6—滑动压环;7—型芯

## 8.1.5　冷浇道模具

目前,热固性塑料的注射成型不断地推广,这是因为热固性塑料注射成型与压制成型、铸压成型相比,有很多优点的缘故。但是热固性塑料没有热塑性塑料的"可逆性",每注射一次,浇注系统(包括主浇道、分浇道、内浇口)内塑料多填满。成型后,在取出塑料制件的同时,必须把浇注系统中已经固化了的塑料清除掉,不然的话,就不能进行下一次成型。浇注系统已经固化了的塑料再也不能复原和利用,只能当废料丢掉。浇注系统填充的塑料约占塑料制件的 1/10～1/5,对于大批量的生产,原料的浪费是相当惊人的。

冷浇道(又称温浇道)模具是针对较少原料损耗、缩短成型周期、有利于自动化成型,参照热塑性塑料热浇道模具而设计的一种热固性塑料注射模具。其原理就是用冷水或温水把浇注系统的温度控制在 100～110℃,不让浇注系统中已经塑化的塑料固化,使它一直处于良好的熔融流动状态,可以进行连续注射。成型时只有与塑料制件连接的一小部分浇道(隔热板以下部分)固化,原料损失大幅度减少。用冷浇道方式成型,要求成型材料除了符合注射成型的条件外,更需要能迅速固化,以缩短成型周期和塑料在分浇道内的停留时间。其缺点是需要很高的注射压力。

冷浇道模具的结构如图 8-6 所示。这种模具的特点是型腔部分的加热和浇注系统的冷却。设计的关键是浇注系统的冷却,以及型腔部分与浇口部分之间的隔热。把模具装上注射机时,要用隔热板使模具与注射机动模板及定模板隔开。

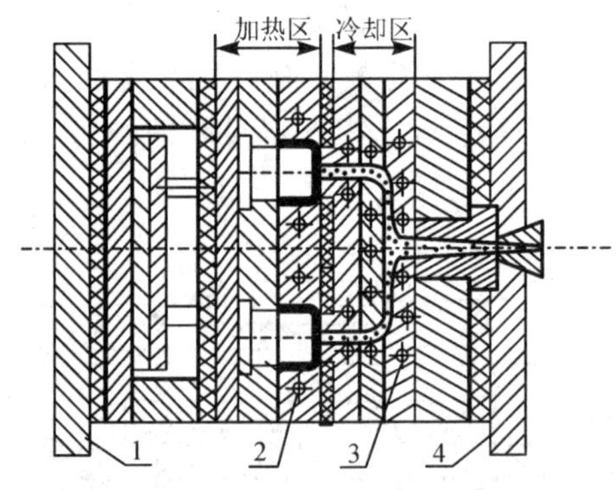


**图 8-6 一般形式的冷浇道模具**

1—注射机动模板；2—加热管道；3—冷却管道；4—注射机定模板

# 8.2 热固性塑料注射成型模具

热固性塑料第一次加热时可以软化流动，加热到一定温度，产生化学交联反应而固化变硬，这种变化是不可逆的，此后，再次加热时，也不能再变软流动，而实际中就是利用第一次短暂的变软流动状态，将其成型为塑料制件的。过去通常都采用压制法、铸压法成型热固性树脂，但其工艺周期长、生产效率低、生产自动化程度低、劳动强度大，因此在最近几十年来，许多国家先后成功研制了热固性塑料注射成型工艺，并且已经运用于热固性塑料制件的实际生产。近 20 多年来，我国的一些工厂和学校也在开展研究，应用热固性塑料注射工艺，并在生产中逐渐地扩大其应用范围。此工艺先应用于粉状塑料，例如塑 11-10 注黑、塑 20-1 注棕等，现在已用于纤维塑料，例如玻璃纤维酚醛塑料等，材料品种在逐年扩大。

热固性塑料注射成型的特点：生产效率高，比压制法成型约提高 6～10 倍；制件的物理机械性能约提高 10%左右；可以成型结构比较复杂的制件；减轻了劳动强度，便于生产自动化。

热固性塑料注射成型模具如图 8-7 所示，其结构与热塑性塑料注射模具的相类似，其设计原理也和热塑性注射模的设计原理基本相同。现在就其不同点或者需要强调点进行略述。

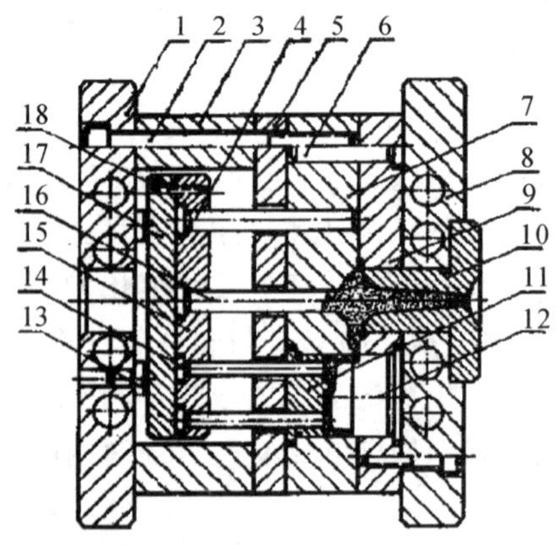


**图 8-7 热固性塑料注射模具**

1—加热板；2—螺钉；3—垫块；4—反推杆；5，17—垫板；6—导柱；7—动模板；8—定模压板；9—定模板；10—浇口套；11—镶件；12—型芯；13—挡钉；14—顶杆；15 -顶杆固定板；16—拉料杆；18—螺钉

## 8.2.1　浇注系统

浇注系统的类型、形状与热塑性注射模具相同，但设计时应该注意采用由热固性塑料注射工艺特点而获得的经验数据。

**1. 主浇道**

热固性塑料注射成型时物料在料筒内没有加热到足够的温度，因此希望主浇道断面面积小些，这样可以增大传热面面积及摩擦热。为了使主浇道脱模顺利，主浇道内壁光洁度要高，斜角 $\alpha$ 取 $1°30'\sim3°$，主浇道与分浇道连接处做成圆角 $R5\sim10$。主浇道小端直径 $d$ 应比注射机喷嘴的直径 $D$ 大 0.5～1 mm，以防产生流动阻力。为了使喷嘴与浇口套紧密吻合，与喷嘴相贴处的浇口套的球面半径 $R$ 应比喷嘴球面的半径 $r$ 大 2～3 mm(见图8－8)。

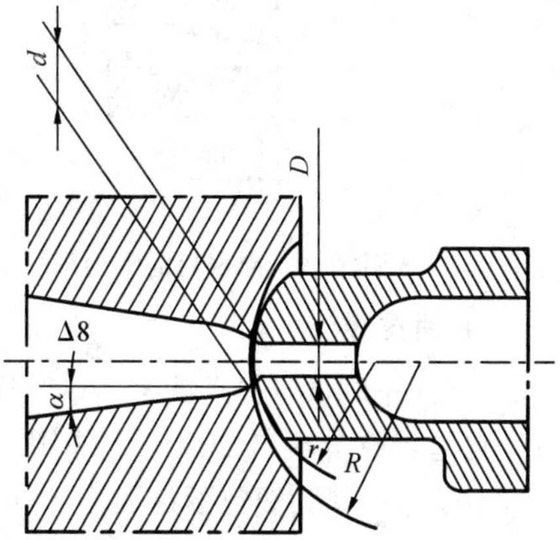

**图 8－8　热固性注射模模具浇口套与注射机喷嘴的关系**

**2. 分浇道**

分浇道截面的大小对压力传递和填充时间有影响。截面太小，就会延长填充时间，且压力损失大；截面过大，不仅增加了型腔内的空气，而且会使废料增加。一般情况下，分浇道的厚度应根据制件的厚度、成型体积及制件的几何形状、复杂程度来决定。按照经验，中、小制件分浇道厚度取 2～4 mm，较大制件取4～8 mm。

分浇道的截面形状要有利于传热，一般选取截面面积相同、周长较长的分浇道截面，同时还要考虑到使分浇道制造容易，使用方便。目前广泛使用梯形截面和半圆形截面。半圆形截面半径一般取 $R=2\sim4$ mm，梯形截面宽度 $L=4\sim6$ mm，深度 $H=(2/3)L$。

对于多型腔模具，应该尽可能地使各分浇道的长短、截面大小相同。

**3. 内浇口**

内浇口的作用是把塑料熔体无遗漏地送入到型腔内去，完成填充后使进入型腔内的物料不会倒流出来。

根据经验数据，内浇口的厚度一般为 0.5 mm。对于纤维状塑料，取 0.8～1 mm。内浇口的宽度，对于中、小制件为 2～4 mm，对于较大制件为 4～8 mm。内浇口的长度一般为1～2 mm。

如果使用点浇口，其直径为 0.4～1.5 mm。塑件较大时，可以采用数点进料。点浇口的最常使用形式如图 8－9 所示。

潜伏式浇口如图 8－10 所示，浇口中心线倾角 $\alpha$ 为 $20°\sim35°$，进料口锥度 $\alpha_1$ 为 $25°\sim30°$。进料口内部粗糙度要小，绝不许可出现横波纹，不然的话，进料口内的凝固料有在进料口中折断的危险。

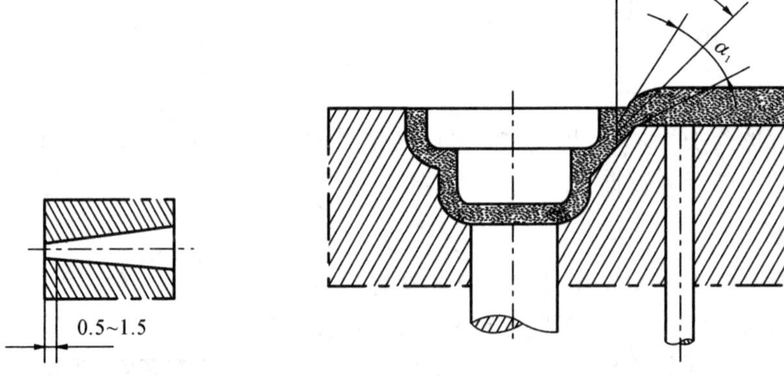


图 8-9　点浇口的常用形式　　　图 8-10　潜伏式浇口

**4. 顶拉腔**

拉料杆顶端与主浇道大端以及模板间所形成的腔体，在热塑性塑料注射成型模内叫冷料井，它起着收容喷口处冷料的作用。对于热固性塑料注射成型模具来说，也是收容硬头塑料的，不过这个硬头塑料不是因为冷却而形成，而是由于局部过热而引起的，所以把这个小腔叫拉料腔或者顶拉腔。在开模时它起着拉下主浇道的作用，随后由拉料杆把主浇道等顶出。

拉料杆的形式基本上与热塑性塑料注射成型模具相同，不再说明。

**5. 排气槽**

排气槽的作用是排气，保证塑料料流顺利填充型腔，减少熔接痕，提高塑料制件质量。

大多数情况下，热塑性塑料注射模具利用分型面及模具成型零件、顶杆等的配合间隙排气即可。只是在利用这些配合间隙不能满足排气要求时，才采用开设排气槽的办法。

在热固性塑料注射成型过程中，除型腔内原来存留的气体外，还有化学反应所产生的挥发物，都需要迅速排出模外。而热固性塑料料流的流动性很好，在注射时极易将型腔中的所有缝隙堵死，所以利用配合间隙排气往往不能满足要求，需要开设专门的排气槽(见图 8-11)。

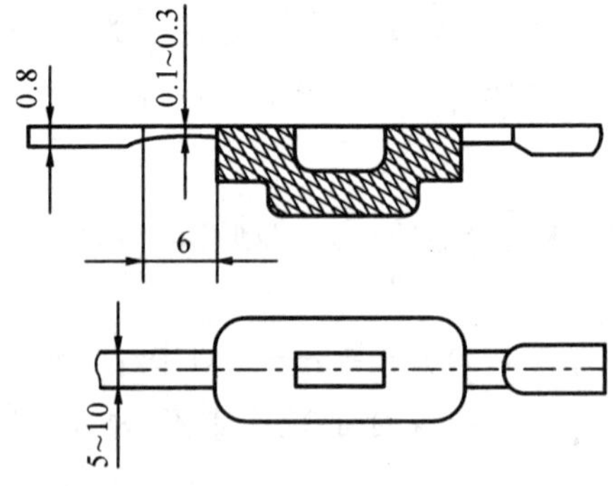


图 8-11　排气槽

如果塑料制件是对称的，可以在进料口的对面开设排气槽。如果塑料制件不对称，排气槽的位置往往无法预先估计，可以在试模之后再开设排气槽。

排气槽的深度为 0.1～0.3 mm，宽度为 5～10 mm，并且在 6 mm 以外加深到 0.8 mm，以免被挤出塑料堵塞。

## 8.2.2　模具的加热

热塑性塑料注射成型时，注射机喷嘴温度高，模具温度低。根据成型时采用的塑料品种不同，有的模具需要加热，有的模具需要冷却，有的模具则不加热也不冷却。

热固性塑料注射成型时，注射机喷嘴温度低，模具温度高，模具都需要加热。加热模具是十分重要的一环，它对塑料制件的成型质量具有直接的影响，因此必须严格控制，一般采用电热棒及电热套加热，并且在模具内要设模温测量装置，以便准确地控制模温，使模具成型表面的温差不大于 5℃。

## 8.2.3　塑料的流动性与模具结构

热固性塑料由于熔化温度比硬化温度低，在成型条件下，注射料流的流动性较好，可以流入细小的缝隙而成为毛边。在设计模具时应该考虑到这一特点。

(1)热固性塑料流动性较好，成型时容易沿分型面溢出。在确定成型腔数目时，应该按注射机锁模力的(0.6～0.8)倍计算，即

$$(0.6\sim0.8)T_{锁}=(F_{制}\,n+F_{浇})q \tag{8-1}$$

式中　$T_{锁}$——注射机的锁模力(N)；

$F_{制}$——塑料制件的投影面积($cm^2$)；

$n$——成型腔数(个)；

$F_{浇}$——浇道的投影面积($cm^2$)；

$q$——成型时模具型腔内单位面积所受的压力(Pa)。

根据经验，酚醛塑料成型时型腔内压力约为 30～40MPa，氨基塑料成型腔内压力为 400～600MPa，聚酯塑料的成型腔内压力为 10～20MPa。

决定成型腔数量时，还要注意以下问题：第一次注射完毕后，在料筒的螺槽中仍然储存着已经塑化而没有被注射出去的塑料，这些塑料只能在以后的注射中被逐渐地推出，很显然，塑料在料筒中存留的时间太长，就有可能被固化。塑料在料筒中的存留时间按下式计算：

$$t_0=\frac{G_1}{G_2}t \tag{8-2}$$

式中　$t_0$——存留时间(min)；

$G_1$——塑料在料筒中的总量(包括螺槽中的存料)(g)；

$G_2$——每次注射料量(g)；

$t$——注射周期(min)。

这个存留时间不得超过塑料处于流动状态的最大塑性时间，超过了这个限度第二次就无法注射，或者塑料制件上会有明显的早期硬化痕迹。目前一般注射成型的最大塑性时间采用 4～6min，所以在设计模具型腔总容积时，应该计算每次注射料量 $G_2$，使每次注射料量 $G_2$ 达到料筒中塑料总量 $G_1$ 的 70%～80%较为合适。否则在成型过程中，在成型保持时间内，要经常不断地对空喷射，以防止塑料硬化在料筒中，喷射出的塑料不能回收再用，造成很大的浪费，这

显然是不合理的工艺过程。

(2)成型零件的尺寸计算。在热固性塑料注射过程中,分型面上易出现溢料。针对这一特点在确定型腔尺寸时,要从型腔尺寸的计算结果中减去分型面上的毛边值,一般取毛边值为0.05~0.1 mm。

成型零件工作尺寸的计算方法与热塑性塑料注射成型模具相同,但是选用收缩率时应特别注意,因为塑料的收缩率不是一个定值,而是一个在一定范围内的变值。采用的成型方法不同,则塑料的收缩率值不同。例如对于酚醛压塑粉来说,采用直压法成型时其收缩率值为0.8%;采用铸压法成型时,其收缩率为1.0%;而采用注射法成型时,其收缩率值则为1.2%。因此在确定模具成型零件工作尺寸时,必须注意采用根据不同成型材料、不同成型方法而由实践中积累的塑料收缩率数值,否则就会导致塑料制件尺寸超差,严重时会使模具报废。

(3)考虑模具结构方案时,也应该考虑到热固性塑料熔化后流动性好这一特点。因为热固性塑料注射料流的流动性好,容易充满型腔,但是往往在分型面上产生较厚的毛边。根据这一特点,在选择分型面时尽量使其产生垂直于分型面的毛边,减少或避免在水平分型面上产生毛边。

(4)尽量避免采用镶拼件。成型时热固性塑料流动性好,应该尽量不要采用镶拼结构,以免塑料流入镶拼缝隙中去,影响塑料制件脱模。在分型面上也要避免凹坑、孔等,以免塑料流入其中。

(5)尽量避免采用推板式脱模机构,图8-12所示为常用的推板脱模结构形式。热固性塑料由于流动性好,会给这种脱模机构带来复杂性和使用上的不方便,除非在不得已的情况下,应尽量避免用此种结构为好。

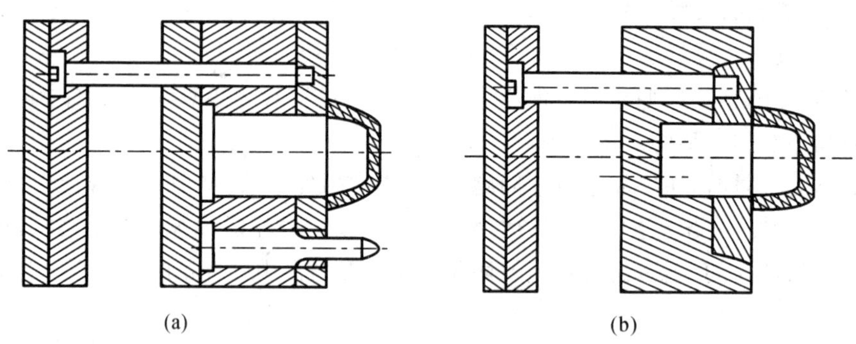


**图8-12 常用的推板脱模结构**

推板是与塑料直接接触的零件,一般要求淬硬并抛光镀铬。如果脱模板上型芯孔较多,在制造时如何保证推板与型芯座板的同心度,即如何保证型芯与推板之间的严密配合,以及如何保证定模板、推板及型芯座板的导向孔同心,是十分重要的问题。

(6)模内活动嵌件的安放。热固性注射塑料在模内流动性极大,如果嵌件杆与插孔间的间隙稍大,钻入塑料后使嵌件涨刹,无法从插孔内取出。

进行热固性塑料注射成型时,由于模温较高,安装嵌件不方便,同时安装嵌件时间一长,喷嘴内塑料就会硬化,因此可采用在模外装好嵌件,整体装入模内,或采用套筒夹头,旋转钩式结构紧固嵌件。

### 8.2.4　模具成型零件的设计

热固性塑料注射成型时料流易进入细小缝隙(0.01～0.02 mm)，因此应尽量避免组合式，而采用整体式零件结构。

考虑到溢料问题，可以使动、定模在分型面处的贴合面减小，使两半模贴得更紧些。

模具工作温度比室温高得多，由于自然对流而发生散热现象，使模具上、下面产生温差，因此设计模具时要把加热器、型腔配置得在型腔内不产生温差，并有必要分别控制动、定模的温度。

热固性塑料注射成型模在高温、高压下工作，一般来说要严格控制模具零件的尺寸精度，例如顶杆之类活动件，配合太松，则产生钻料现象；配合太紧，往往因热膨胀而卡死，进而使其弯曲、折断。

若塑件尺寸要求严格，计算模具成型零件工作尺寸时一般要把分型面上产生的毛边值考虑在内，该毛边值一般为 0.05～0.1 mm。

一般来说，热固性塑料注射模具的成型零件是在加热及往往有腐蚀的条件下工作的。同时热固性塑料毛边硬度大，对模具零件磨耗大，因此要用较合适的模具材料。凡与塑料接触的表面，要抛光、镀铬、再抛光，铬层厚度为 0.01～0.015 mm。实践经验证明，对于塑料制件的脱模来说，保证塑料制件的外观质量和保护模具成型面是完全必要的。

模具零件的滑动配合部分，需要经常做氮化处理，因为氮化处理有润滑作用，可以防止零件卡住。

模具的主要成型零件应该具有 57～52HRC 的硬度，因为模具使用次数多，要求在长时间的工作中不变形，清除毛边时不碰伤零件表面，就必须具有高的硬度，以增加模具的使用寿命。再者，小的粗糙度需要有高的硬度来保证。

此外，将热固性塑料注射模具向注射机上安装时，应该在模具与注射机移动模板间和模具与注射机固定模板间垫以绝热材料如石棉板等，以防止模具热量过多的散失。

## 8.3　气体辅助注射成型模具

注射成型时要求塑件的壁厚尽量均匀，否则在厚壁处容易产生缩孔和凹陷等缺陷。对于厚壁制品，为了防止凹陷产生，在注射时需要加强保压补料时间，但是若厚壁的部位离浇口较远，即使过量保压，在常用的注射模具中也常常难以奏效。同时，由于浇口附近保压压力过大，残余应力增高，所以很容易造成塑件翘曲变形或开裂。目前使用气体辅助注射成型的新工艺，可以较好地解决壁厚不均的塑件以及中空壳体的注射成型问题。

### 8.3.1　气辅成型概述

**1. 气辅成型基本工艺过程**

气辅成型基本工艺过程主要包括以下阶段：①熔体注射，即聚合物熔体注入模具型腔，该过程与传统注射成型相同，一般熔体充满型腔的60%～97%(随产品而异)；②气体注射，把高压氮气注入熔体芯部，熔体流动前沿在高压气体驱动下继续向前流动，直至充满整个型腔；③气体保压，制件在保持气体压力情况下冷却，在冷却过程中，气体由内向外施压，保证制品外表面紧贴模壁，并通过气体二次穿透从内部补充因熔体冷却凝固带来的体积收缩；④气体泄压并回收循环使用；⑤模腔打开，取出制件。整个过程如图8-13所示。

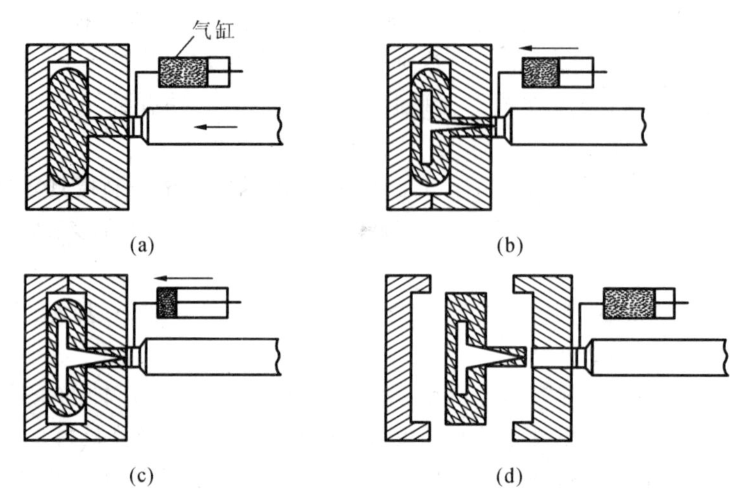


**图8-13 典型气体辅助注射成型过程示意图**

(a)注入塑料熔体；(b)注入气体；(c)保压冷却；(d)塑件脱模

**2. 气辅成型的应用**

(1)厚壁、偏壁及管棒状制件。对于厚壁、偏壁及管棒状制件，由于气体导入至厚壁或掏空制件内部，因而减小或完全消除了缩痕，节约材料可高达50%。由于壁厚减小，制件生产时冷却时间减少，缩短了生产周期，大大提高了劳动生产率。气体在气道中压力均匀传递，因而降低制件的翘曲和变形。一体化程度提高，可将多个部件利用气体的掏空作用一次成型，减少后续工作量并降低由于多部件粘贴不牢而造成的成品率低、返工次数多等不利于正常生产的因素。如莲蓬头和电话机听筒，传统注塑将两个注塑件分别注塑后再粘贴或焊接成一体；采用气辅注塑则可通过气体的作用将中心直接掏空，从而一次成型得到所需制件。

(2)平板状制件。对于大型平板制件，传统注塑最容易发生的问题是翘曲，而且生产时由于流程长、投影面积大，锁模力较高。采用气辅注塑后，由于气道的引流作用和“短射”，大大降低锁模力，翘曲减少或完全消除，提高了尺寸稳定性和刚度，避免熔体堆积造成的缩痕。

## 8.3.2 气辅成型模具设计制造

**1. 模具设计**

气辅注射成型模具与普通注射成型模具相比，在结构上除同样具有基本框架、浇注系统、冷却系统、成型机构、脱模机构等部分之外，所特殊的是必须具有气体注入系统(采用喷嘴式注气方式，从主流道注气时，熔融树脂与气体采用同一通道)。

(1)浇注系统。一般情况下，普通注射成型制品均可采用热流道浇注系统、保温式流道浇注系统及冷流道浇注系统 3 种方式的模具机构形式成型，而气辅注射成型制品一般只能采用冷流道浇注系统成型。

采用主流道注气方式成型制品时，在浇口设计上无法采用扁平状浇口形式。采用布点式气针注气方式成型制品时，气体入口与熔体入口不在同一通道则可采用任何形式的浇口；若气体入口设置在树脂入口同一通道的分流道上，则浇口截面的最窄处一般要大于 2.5 mm，并且为了防止气体窜入料筒，在分流道上设置扼流段。

(2)注气位置。注气位置的设置是气辅注射成型模具设计成功的关键。若采用主流道注气方式时，则气体入口位置是惟一的，只能从喷嘴进气；若采用埋入式气针注气方式时，气针的位置可设置在分型面、型腔和分流道等任何位置。

注气位置的确定一般有以下原则：①注气点的位置，尽可能靠近浇口部位；②注气口注入的气体流动方向，应与树脂流动方向相同；③设置的注气位置不能形成气体环流状态；④有气道交叉的制品成型时，在交叉结构上只能设置一个注气口；⑤由于气辅注塑成型实行的是“欠料”注射方式，所以注料及注气均最好采用自下而上的注入方式，或水平注入方式以避免采用自上而下的注入方式，防止因树脂自重而产生的流涎现象；⑥注气口应避免设置在与树脂入口轴线相对的位置。

(3)气针的结构与安装。气针的结构形式要根据成型制品的形状结构及注气位置选择设计，气针的设计原则是可以注入气体，但必须防止树脂从注气间隙溢出。

气针的安装有以下要求：①气体注射成型一段时间后，熔融树脂可能“黏附”气针、堵塞通气间隙，需进行清理，所以气针的安装结构应尽可能便于模具安装在注射机的状态下进行拆卸；②气针除设置在型腔或分流道(成型后树脂包容)外、在气针的周围部位应设置溢料井，以防止气体窜出模具。

(4)冷却系统。气辅注射成型模具的冷却系统设计与普通注射成型模具的冷却系统有些差异。普通注射成型模具的冷却系统设计，一般应遵循制品各部位同时冷却固化的原则；而气辅注塑模具设计应考虑充气效果及需求，在不需充气的薄壁部位应先期冷却固化，防止气体进入。气道部位的冷却状态与注气延迟时间有密切关系，所以设计此部位的冷却结构时，要考虑在注气延迟时间形成冷凝层的厚度，以保持气体的规则流动。

(5)脱模结构。气辅注塑脱模结构的设计基本上与普通注射成型模具的脱模结构设计相同，只需注意在设计推杆时，应避免将其设置在制品的气道部位。

**2. 模具制造技术**

气辅注射成型模具制造技术与普通注塑基本相同，而以下方面稍有不同。

由于采用气辅注塑可用较低的注射压力成型制品，模具单位面积承受的型腔压力及锁模力较小，所以除采用一般模具钢制作模具外，还可采用锌基合金、锻铝等轻合金材料制造模具，这样既便于切削、节约加工工时、降低制造成本，又便于模具搬运、安装。

采用气辅注塑工艺后，制品的设计自由度较大。一般情况下，采用气辅注塑成型的制品由于其加强筋兼作气道，所以比较宽大，而且在制品设计时最大限度地减少了侧抽芯部位，所以在制造上比普通注射成型模具简单、方便。但是由于气体流动的敏感程度远大于树脂流动，所以对气道的制品部位型腔加工精度要求相对较高，尤其对拐角部位的加工精度及光洁性要求更高一些。

为了防止气体从注射机喷嘴与进浇口(或称浇口套)接触处间隙泻出，对进浇口的弧面加工精度要求较高，以确保与喷嘴接触时的密闭性，并建议最好采用自锁喷嘴式的注射机。

### 8.3.3 气辅成型产品设计准则

气体辅助注塑由于其特殊的工艺过程，因而在产品设计中具有一些特殊的设计原则。气体通道的选择与确定，应以气体流动而不穿透为原则；熔体入口与气体入口的选择与搭配，应以气体阻力较小而又能使熔体均匀充填为原则；气体通道的几何形状相对于浇口应该是对称或单方向的，气体通道必须是连续的，但不能是连通的环路。最有效的气体通道是圆形截面，气体通道的体积应小于整个制件体积约10%。

气辅注塑的产品基本分为棒状和板状制件。棒状制件的壁厚一般较厚，设计时一般应设计为接近圆形，外轮廓最好为圆形。由于气泡对压力很敏感，气泡的截面并非完全圆形，研究表明，具有方形外轮廓的注塑件会形成椭圆的气泡截面。当不能采用圆形外轮廓时，应避免尖锐的边及尖角。弯曲部位易发生熔体堆积现象，引起翘曲，因而要选择最大可能的弯曲半径，如图8-14所示。浇口和气孔位置是两个重要的参数，熔体和气体注入时，应从较大截面处注入较小截面处，在截面改变处应确保壁厚与流通截面成正比，即截面较大的壁厚也较大。熔体应从制件前端纵向注入模腔，气体注入点也应避免设置在可见表面或作用力集中的部位上。

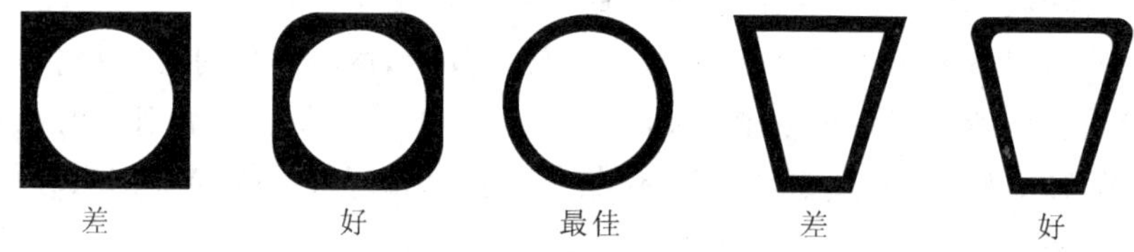


**图8-14 棒状制品截面图**

板状制件采用气辅注塑技术，能充分体现气辅的优势，可以得到表面积较大而厚度较小的扁平制件。它的设计原则简单概括为一句话就是“全面减薄，局部加厚”。在板状注塑件上加筋，一方面可以增加注塑件的强度，另一方面可以使平板部分减薄，此时，气体通道的布置显得非常重要。布置气道时，有两个互相矛盾的要求：一方面要求筋越大越好，有助于更好地填充，增加刚性；另一方面，气体通过的截面越大，所形成的壁厚也越大，因此可能会产生不必要的熔体堆积，引起翘曲。一般原则是，气体通道宽度 $b$ 约为基本厚度 $s$ 的2～4倍；气体通道高度 $h$ 约为气体通道宽度 $b$ 的0.7～1倍；加强筋高度 $h$ 约为基本壁厚 $s$ 的5～10倍；加强筋宽度 $d$ 约为基本厚度 $s$ 的0.5～1倍；基本壁厚 $s$ 不应超过4 mm，如图8-15所示。

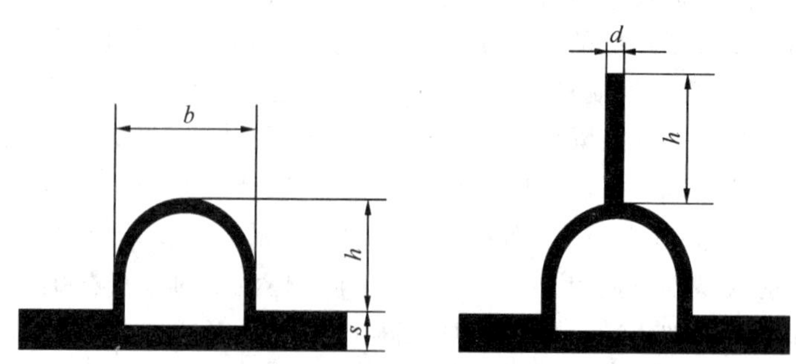


**图8-15 气辅注塑气道尺寸比较**

下面介绍气辅成型中一些基本结构的设计原则。

**1. 壁厚分布**

传统注塑设计中，一般制件尺寸越大，所需的壁越厚，壁厚与流程有密切的关系。所谓流程是指熔体从浇口流向型腔各部分的距离。实验证明，在一定的条件下，流程与制品壁厚呈直线关系，制品壁厚越厚，所允许的流程越长，反之亦然。

壁厚分布均匀是传统注塑设计中的一条基本原则，壁厚均匀有利于制品内应力的消除或减小，防止制品变形和开裂。气体辅助注塑中，可以利用加强筋等作为压力分布的通道，使压力在制件中均匀分布，因而制件壁厚可以较薄。气辅注塑制件的厚度一般为 3～6 mm，在一些流道较短、尺寸较小的制件中，壁厚还可减至 1.5～2.5 mm，但在减薄的同时，应将流道、加强筋和浇道设计得大一些。另外，气辅注塑中薄壁和厚壁可以和谐地统一在同一制品中，较薄的地方可以通过加气道引流而使之也能够得到良好的填充。

**2. 加强筋**

合理地布置加强筋对于熔体理想地充满模具并在制件中形成均匀的空腔是非常重要的，传统注塑中，加强筋的厚度一般不大于与之相接壁壁厚的 50%；气辅注塑中，加强筋的厚度可以达到与之相接壁壁厚的 100%～125%而不会产生表面凹陷。

**3. 凸台**

凸台一般用来作塑料制品与装配零件的连接固定，是承受应力和应变的部位。传统注塑中，一般凸台的外径是内径的 2 倍；而在气辅注塑中，外径可以是内径的 3 倍而仍然不会产生表面凹陷和较大的内应力。传统注塑中，凸台的芯柱一般只能延伸到连接壁处；在气辅注塑中，较厚的凸台壁可提供更多的余量，且加强筋的厚度仍然可以是所连接壁厚的 100%～125%，芯柱长度比传统注塑的短 20%～25%。

## 8.4　热成型模具

热成型是一种成型薄壳状塑料制品的方法，其工艺过程是将热塑性塑料片材加热，使之达到软化温度以上，或将挤出成型的热片材调节到适当的温度，迅速移送到成型模具上方，将片材与模具边缘紧固，然后靠真空或压缩空气使片材变形，紧贴在模具外轮廓上，冷却定型后经切边修剪得到薄壳状的敞口制品。

热成型的工艺方法很多，相应模具结构也各不相同，目前最为常用的两种为真空成型和压缩空气成型。

### 8.4.1　真空成型模具

真空成型是把热塑性塑料坯材（板、片）固定在模具上，使其加热至塑性状态，用真空泵把坯料与模具之间的空气抽掉，借助大气压力使坯材覆盖于模具成型表面上而成为塑件。待塑件冷却之后，再用压缩空气脱模。

### 1. 真空成型的特点及模具类型

真空成型的优点：不需要整副模具，仅制作阳模或阴模中的任何一个即可；能自由地设计、制作模具，易于修整，易变更塑件的厚度、材质及色彩；可以制作大、薄、深及具有侧凹的塑件，模具结构简单、成本低廉，可以观察塑件的成型过程。

真空成型的不足是要把塑件设计成在成型之后容易修整的形状，往往成型的塑件壁厚薄厚不均匀。当模具上凸、凹厉害，且其距离较近时和凸型拐角处为锐角时，在成型的塑件上容易出现皱折。另外由于真空成型的压差有限，不超过一个大气压，因而不能成型厚壁塑件。

根据真空成型的特点，可把真空成型模具分为以下几类。

(1)抽真空成型模具。仅用阴、阳模中的任何一个都可以进行真空成型，用阴模成型的塑料制件外表面精度较高，但因用阴模成型是把坯材固定在模具上加热的，固定部分的塑件厚度接近原坯材的厚度，而弯曲部分的壁厚变得较薄，故成型的塑件壁厚均匀性差些。如果塑件内腔很深，特别是小件，其底部拐角处就变得很薄，因此内腔深度不大的塑件适于用阴模抽真空成型。

用阳模进行抽真空成型时，加热时使坯材悬空，避免了使加热的坯材过早地与冷模具接触而黏附于阳模上，使塑件的壁厚均匀性变差，因此用阳模抽真空成型的塑件的壁厚均匀性比用阴模抽真空成型的塑件的壁厚均匀性较好。有凸起形状的薄壁塑件适于用阳模抽真空成型，所成型的塑件内表面精度较高。

图 8-16 所示为用阴模进行抽真空成型的成型原理示意图。图(a)中把坯材固定在阴模的上方，用密封圈密封，防止空气进入坯材与型腔之间，然后把加热器移至坯材的上方进行加热，待坯材达到塑化状态后移去加热器。图(b)中把型腔中的空气抽去，使已塑化的坯材在大气压力作用下覆盖于型腔表面而成为塑料制件。图(c)中待成型的塑件冷却之后，通入压缩空气使塑件脱模。

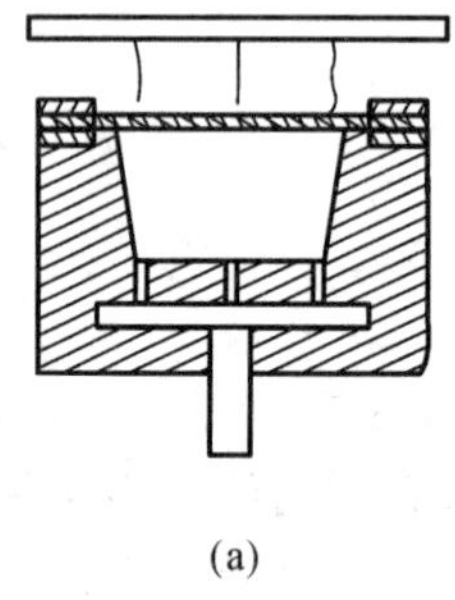

(a)

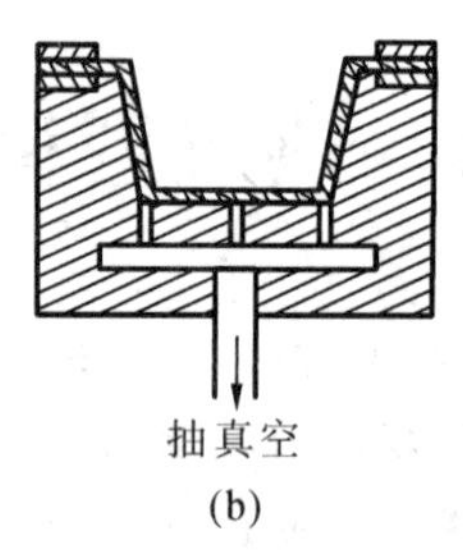


(b)

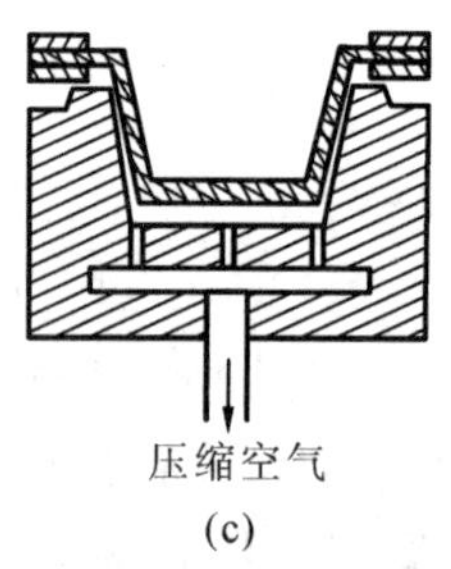


(c)

**图 8-16　阴模真空成型**

图 8-17 所示为用阳模进行真空成型的成型原理示意图。图(a)中把坯材夹持在框架上加热使其软化；图 3-28(b)所示中把坯材及框架固定在阳模上；图(c)中抽真空使坯材包覆阳模而成型为塑件；图(d)中待已成型的塑件冷却之后，用压缩空气使其脱模。

(2)延伸抽真空成型模具。为了提高塑件的质量，成型内腔较深而壁厚比较均匀的塑件时可以采用延伸真空成型，即在成型过程中使坯材先延伸，然后再成型。

图 8-18 所示为利用活动阳模进行延伸成型的图例。用夹紧框架 1 把热塑性塑料片材固定到模具上，用橡胶垫 3 密封，用加热器加热片材至软化状态后移开加热器；使活动阳模 5 上升，延伸片材，使片材包在阳模上；然后通过管接头 9 抽真空进行成型；待已成型的塑件冷却后，停止抽真空，使活动阳模 5 下降，从模具上取下塑件。

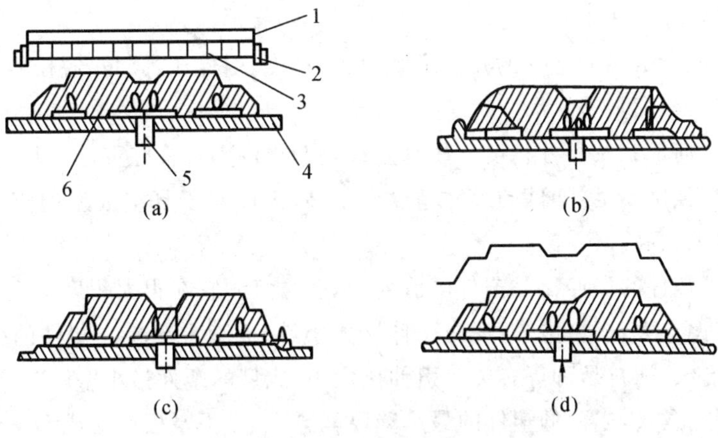


**图 8-17 阳模真空成型**

1—加热器;2—框架;3—坯材;4—底板;5—气管;6—阳模

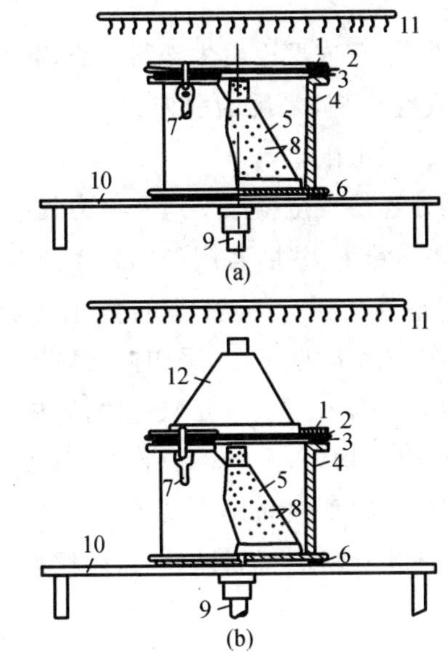


**图 8-18 用活动阳模进行延伸真空成型**

1—夹紧框;2—热塑性塑料片材;3—橡胶垫;4—模身;
5—活动阳模;6—橡胶垫;7—偏心锁模装置;8—排除空气的孔;
9—接真空泵的管接头;10—装置的工作台;11—加热器;12—塑件

此外还可利用压缩空气的作用进行延伸真空成型,例如:①用阴模或阳模进行成型,待夹在模具上的坯材加热软化之后,向阴模或阳模通入压缩空气,使坯材延伸,然后再抽真空。在另一侧依靠大气压力或通入压缩空气使坯材紧贴模具的成型表面而成为塑件,冷却后使塑件脱模。②采用阴模成型,待夹在模具上的坯材加热软化之后移去加热器,依靠柱塞由坯料上方向下面推压坯材和处于坯材与阴模之间的空气移动而使坯材延伸,然后抽真空使坯材紧贴阴模型腔而成为塑件,待塑件冷却后脱模,这种成型方法柱塞会在塑件上留下痕迹。③待夹在模具上的坯材加热软化之后移去加热器,在软化的坯材两侧依次吹入压缩空气使软化的坯材延伸。再在成型面一侧抽真空,在另一侧依靠大气压或压缩空气的作用使坯材紧贴于模具成型表面而成为塑件,待塑件冷却之后,用压缩空气脱模。所成型的塑件表面质量好,无柱塞印痕。

**2. 塑件设计**

真空成型对其所成型的塑件的几何形状、尺寸精度、引伸比、圆角、脱模斜度等都有一定的要求，现简叙如下：

(1)塑件的几何形状及尺寸精度。用真空成型制得的塑件往往壁厚不均匀，特别是塑件的凸起部分壁较薄，强度不足，塑件的尺寸精度也不高，因此对于真空成型的塑件的几何形状及尺寸精度不能要求太高。

(2)引伸比。塑件的引伸比是塑件的深度与宽度之比，它在很大程度上反映了塑件成型的难易程度。引伸比愈大，成型愈难；反之引伸比愈小，则成型愈容易。塑件的引伸比与塑件的最小壁厚、几何形状、塑料品种等有关。引伸比愈小，成型的塑件最小壁厚就愈大，可用薄板材成型塑件。引伸比愈大，成型的塑件的最小壁厚就愈小，要用厚板坯材成型塑件。引伸比大要求采用拉伸性大的塑料成型，同时要求塑件具有较大的脱模斜度。引伸比过大，在成型中会出现塑件起皱、破裂等现象。

极限引伸比就是在成型条件下，在成型中发生塑料破裂、起皱等不良现象之前的最大引伸比。通常是在极限比以下进行真空成型，采用的引伸比为 0.5～1。利用阴模成型时，引伸比取下限。利用阳模成型时，引伸比取上限。

(3)圆角。由于塑件在角隅处容易发生壁厚变薄及应力集中现象，因此要求塑件在角隅处不许出现锐角。角隅处的圆角要尽量取大些，角隅处的最小圆弧半径要大于坯料板材的厚度。

(4)脱模斜度。与一般模制塑件一样，真空成型的塑件也需要有脱模斜度。脱模斜度在 0.5°～ 4°的范围内选取，采用阴模成型时取下限，采用阳模成型时取上限。

(5)加强筋。通常真空成型的多为大面积敞开型塑件，坯料板材的厚度不可能太厚。在成型过程中，板材还要延伸，塑件壁厚不均匀，凸起部分很薄，强度不足，易变形。因此为了增加塑件的刚性，可在塑件的适当部位设置加强筋。

(6)塑件坯材大小。为了把坯料板材夹持到模具上，坯料板材应在所有方向上留有余量。

**3. 模具设计**

模具设计的主要内容是了解塑件的几何形状与尺寸、需要数量、成型塑料的性能，如收缩大小，有无透明度等，来确定坯材的形式、大小、厚度；而后选择真空成型方法及设备，确定用阳模成型还是用阴模成型，以及模具的形状、大小、材质，并了解其制作方法。

(1)模具结构设计。

1)抽气孔的大小和位置。通常成型的塑料流动性好，成型温度低，则抽气孔小些。坯料板材厚度大，则抽气孔大些。坯料板材厚度小，则抽气孔小些。总之对抽气孔大小的要求是既能在短时间内把坯材与模具成型面之间的空气抽出，又不在塑件上留下抽气孔的痕迹。一般在0.5～1 mm 的范围内选取抽气孔的直径，抽气孔的直径最大不超过坯料板材厚度的 50％。

在一般情况下，抽气孔应处于成型中坯料板材与模具最后相接触的地方，即模具型腔的最低点及角隅处。对于轮廓复杂的塑件，抽气孔应集中。对于大的平面塑件，抽气孔需要均布。成型小塑件时，抽气孔间距离为 20～30 mm。成型大塑件时，抽气孔间距离应适当地增加。

抽气孔的加工方法。模具材料为石膏、塑料、铝等时，用浇铸方法制造模具多可以在浇注过程中放入铜丝，浇铸好后抽去铜丝即成抽气孔。模具材料为木材、金属等时宜钻孔。模板厚时先用大钻头钻，钻至距成型表面 3～5 mm 处，改用小钻头钻孔。

2)型腔尺寸。真空成型模具成型零件工作尺寸的计算方法与注射模具成型零件工作尺寸的计算方法相同。真空成型的塑件的收缩量大约有 50%是塑件脱模后产生的，有 25%是塑件脱模后在室温下保持 1 h 后产生的，其余的 25%是在以后的 8～24 h 内产生的。影响塑件收缩量的因素很多，如塑件的几何形状、成型材料、模具结构，坯材的加热温度、模温等。通常用凸模成型的塑件的收缩量比用凹模成型的塑件的收缩量小。由此可见，要预先精确地估计某一塑件的成型收缩量是困难的。当需要塑件量大，对塑件的尺寸精度要求较高时，可以先用石膏模具试生产，待测得收缩率后再计算模具成型零件的工作尺寸。

3)模具成型零件的粗糙度。通常真空成型模具都不设脱模装置，成型后靠压缩空气吹出塑件。如果模具成型零件表面粗糙度太小，则塑件易黏附于模具成型表面不易脱模，即使有顶出装置可以顶出，可是塑件脱模之后仍容易变形。因此对真空成型模具的成型零件表面粗糙度要求不高，在模具加工后最好用磨料打砂或进行喷沙，在模具成型表面上出现一些微凹，这就会导致塑件与模具成型表面之间存在微量空气，容易用压缩空气使塑件脱模。

4)边缘密封。为了使模具外面的空气不进入真空室(模具成型表面与坯材之间)，在坯料板材与模具接触的边缘上应设置密封装置，如图 8 - 18 中的件 3。

5)加热及冷却装置。真空成型模具用电热丝加热器加热，也有用红外线灯加热的。电热丝温度可达 350～450℃。通常是通过调节加热器与坯料板材之间的距离来达到控制成型温度的目的的，常采用的距离为 80～120 mm。

模温过低，坯料板材与模具成型表面一接触就会产生冷斑或内应力，甚至使塑件发生裂纹。模温太高，塑料易黏附于模具成型表面，塑件脱模困难，脱模后会变形，需要冷却时间长，生产周期长。所以应把模具温度控制在一定范围内，一般为 50℃左右。

(2)模具材料。真空成型与其他成型方法相比，成型压力极低，因此真空成型模具的材料种类繁多，而且价廉易得，但必须根据成型的塑料板材的厚度、材质、成型方法、生产批量大小、模具成本等进行对比，选择较为适宜的模具材料。

1)非金属材料。含树脂量少的桧、朴、樱、柳、槭、桦等木材可作为真空成型的模具材料，其中槭木、桦木较为常用。用木材加工的真空成型模具易于修改，但在使用中往往发生龟裂、纹路突起，影响塑件的表面光洁度。木模具适用于试制及小批量生产，以生产批量不超过1 000件为宜。为了改善木模具的耐热性，可在木模具表面涂上环氧树脂。

用石膏制作真空成型模具，制模简便、成本低廉，但是若用纯石膏作模具，在成型加热中其表面成为熟石膏，就会出现碎裂现象。因此为了提高石膏模具强度，可在石膏中混入 10%～30%的水泥，并放置几根纵、横交叉的铁丝起增强作用。也可在石膏中混入尿素树脂，待模具做成后，加以热处理，以增加模具表面的硬度;还可以给模具表面涂上环氧树脂。石膏模具主要用于少量生产及试制。

采用塑料模成型使用设备简单，容易加工，生产周期短，修理及修改容易，复制也容易。同时塑料模具还耐腐蚀、重量轻、比木材及石膏模强度高，适合于批量较大的生产。常用的塑料有酚醛塑料、环氧树脂等。

2)金属材料。采用金属制作的真空成型模具能适用于大批量及高速生产。目前作为真空成型模具材料的金属有铝、铜、低熔点合金、镍、铁、锌、锌合金等。用铝合金制作的真空成型模具最多。铝的导热性能好,容易调节模温,不易生锈和被腐蚀,容易维修、保管,造价低廉、制作时间短,但铝模具质软易划伤,用铸造法制作的铝模易出现气孔,即使精心修理,气孔仍然留于模具表面。

用锑、锡等的低熔点合金制作的模具,适用于成型带有花纹、文字等的小塑件,适于用薄板坯料进行成型。模具表面硬度较低,使用时要特别加以注意。

## 8.4.2 压缩空气成型模具

### 1. 压缩空气成型方法简介

压缩空气成型就是借助于压缩空气的压力,把加热软化后的坯料板材压到模具的型腔表面上进行成型的方法。压缩空气成型的工艺过程如图 8-19 所示。图(a)所示为成型前的开模状态;图(b)所示为向型腔内通入低压空气,迫使坯料板材与加热板接触进行直接加热;图(c)所示为待坯料板材加热软化之后,停止向型腔内通入低压空气,同时从模具的上方,通过加热板向已加热软化的坯料板材吹送压力为 0.8MPa 的预热空气,迫使软化的坯料板材下凹,贴于模具型腔表面而成为塑件;图(d)所示为待塑件完成冷却之后,使加热板下降切除余料;图(e)所示为借助于压缩空气把塑件从模中吹出去的情形。

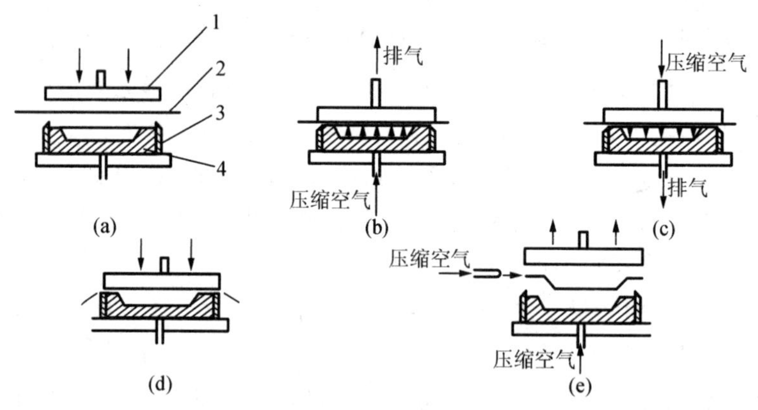


**图 8-19 压缩空气成型的工艺过程**

1—加热板;2—坯料板材;3—型刃;4—阴模

### 2. 压缩空气成型的特点

压缩空气成型是用压缩空气的力量把软化的坯料板材压到阴模或阳模的成型表面上进行成型的方法。在一般情况下,成型压力为 0.3～0.8MPa,最大可达 3MPa。成型压力的大小与坯料板材的加热温度、坯料板材的厚度、塑件的几何形状等有关。坯料板材的加热温度愈高,则所需的成型压力就愈低。坯料板材的厚度大,需要的成型压力也大。平面塑件需成型压力低,结构复杂的塑件需成型压力大。压缩空气成型周期短,通常比真空成型快 3 倍以上。用加热板直接与坯料板材接触加热,加热效果好,需要的加热时间短。可以把加热器作为模具的一个组成部分,还可在模具上装切边装置,在成型过程中切除余边,但复杂的阳模不容易安装切边装置。用压缩空气成型的塑件尺寸精度高,细小部分的再现性好,光泽、透明性也好,但压缩空气成型的装置费用高。

**3. 模具设计要点**

由图 8－19 所示的模具结构示意图可知,该压缩空气成型模具主要是由加热板、阴模及型刃等部分组成的。它与真空成型模具的主要不同点:①在压缩空气成型模具上增加了型刃,塑件成型之后就可在模具上把余料切除。②加热板是模具的组成部分,可以与坯料板材接触直接进行加热,加热效果好,所需加热时间短。

压缩空气成型模具的结构形式与真空成型模具的结构形式基本相同,现就不同点或需要强调的问题叙述如下:

(1)排气孔。在真空成型模具上叫抽气孔,而在压缩空气成型模具上叫排气孔。要求排气孔在成型过程中能快速地将坯料板材与模具成型表面之间的空气排出去。排气孔的尺寸与塑料性能、坯料板材的厚度有关。在不影响塑件外观的前提下,排气孔的直径可以取大些。

(2)吹气孔。在压缩空气成型模具上还必须设置吹气孔,使预先加热的压缩空气通过吹气孔均匀地吹到坯料板材上,使板材软化变形,紧贴于模具的成型表面上而成为所需的塑件。吹气孔的直径尽可能大些,管路要尽力避免弯折,以减小压缩空气的流动阻力。

(3)型刃。为了在成型过程中切除余料,在模具的边缘设置有型刃,型刃的形状与尺寸如图 8－20 所示。型刃如果太锋利,型刃与坯料板材刚一接触,就会把板材切断,影响成型的顺利进行。如果型刃太钝,就不易切除余料。常用的型刃是把顶端削平 0.1～0.15 mm,以 $R=0.05$ mm的圆弧与两侧面相连接。如果型刃的角度为 45°,则需要施加比型刃的角度为 30°时施加的负荷多 50％的负荷。如果型刃角在 20°以下,虽然切除余边时施加的负荷减小,可是型刃使用寿命缩短了,因此型刃的角度以 20°～30°为宜。

型刃尖端必须比放置于型腔端面的坯料板材高＋0.1 mm。在成型中依靠型刃将坯料板材均匀地压在加热板上,防止坯料板材在成型中收缩,保证成型顺利地进行。为此要求型刃与加热板要有极高的平面性和平行度,例如如果要求型刃切入坯料板材深 0.05 mm,型刃的平行度误差若为 0.1 mm,则型刃的低的部分切入坯料板材 0.05 mm,而型刃高的部分则切入坯料板材 0.15 mm。如果坯料板材厚度不大,在成型中坯料板材与加热板接触而软化,因此型刃切入坯料板材深的一端,就有可能把坯料板材部分地切断。如果型刃高的一部分切入坯料板材 0.05 mm,则型刃低的一部分就没有与坯料板材接触,二者之间有缝隙,就会漏气(见图 8－21)。

为了能可靠地夹紧坯料板材,要求型刃的刀尖及底面必须处于同一平面内,型刃四周的平行度必须在 0.02 mm 以下,并要有一定的装配精度。但是不管型刃的机械加工研磨精度如何高,在热及负荷的作用下,加热板和模具也会产生变形,形成误差。为此也常有在型刃的下面设置橡胶缓冲垫,用以补偿误差的情况。每厘米长度的型刃要能承受 900N 的切断负荷。

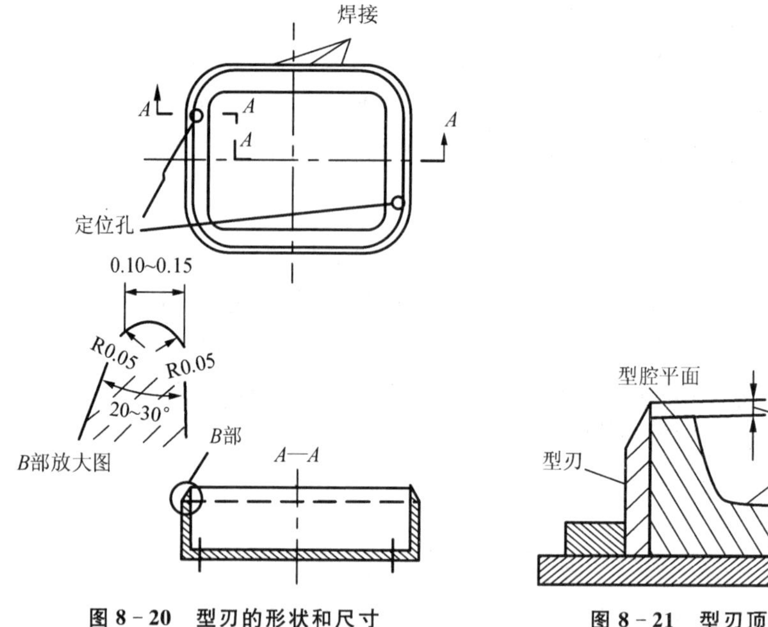


图 8-20　型刃的形状和尺寸

图 8-21　型刃顶端形状

# 8.5　低发泡注射成型模具

高分子泡沫材料具有质轻、吸湿性好、导热系数低、弹性好、隔音绝热等特点，被广泛应用于消音、隔热、绝热、缓冲防震以及轻质结构材料，在高分子材料制品中占有重要的地位。所谓低发泡是指发泡倍数在 1～2 倍左右，而且表皮层不发泡，仅中心部分有气泡存在，又被称为硬质发泡体、结构泡沫塑料或合成木材。低发泡塑料可用注射机及相应的注射成型模具制得。

低发泡注射成型可用于多种塑料，如聚苯乙烯、ABS、聚乙烯、聚丙烯、聚氯乙烯，尼龙等。

用低发泡注射法成型出的塑件有以下优点：

(1)表面平整无凹陷和挠曲，无内应力。

(2)表皮较硬，具有一定的刚度和强度，但内部柔韧且有一定的弹性。外观近似木材，与木材相比又具有耐潮湿、成型加工简便等优点。

(3)密度小，大致为 0.2～1.0 g/cm$^3$，比一般塑料质量减少 15%～50%。

(4)用此法能制得壁厚有突变或壁较厚的塑件。

其缺点是表面粗糙，且颜色不够鲜艳。

## 8.5.1　低发泡注射成型方法及其特点

**1. 成型方法简介**

(1)高压法(或称完全注入法)。要求注射机设有二次移动模板的机构。将塑料熔体注满模腔后，使模腔内表面先冷却硬化，芯部发泡，一部分气体从排气槽排出，使硬化后的塑件表面呈现木材的纹理。或者在塑料熔体注满模腔后，稍停一段时间，把动模略微打开，使芯部熔体发泡膨胀，塑件尺寸是模具略微打开后的尺寸，这种方法的发泡率可以调节。图 8-22 所示为二次开模法的成型过程。其模具特点是发泡时，在弹簧作用下分型面不分开，因此消除了塑件侧面的条纹，使塑件得到光滑的表面。

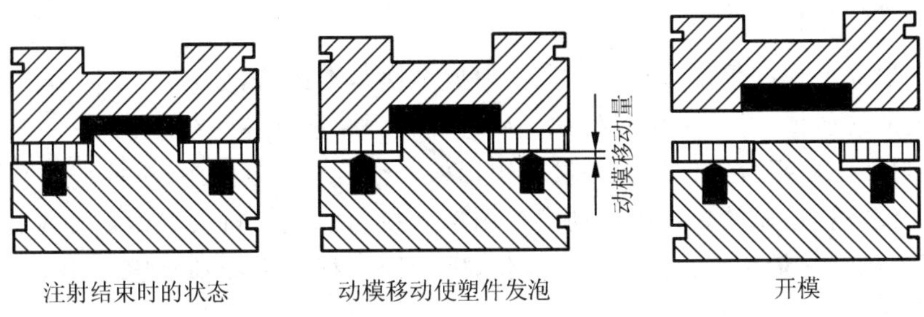


**图 8-22　二次开模法成型**

(2)低压法(或称不完全注入法)。塑料熔体以高速高压注入型腔容积的 75%～80%，靠塑料发泡而充满型腔。通过柱塞施加到熔体上的压力要高于发泡剂气体的发泡压力，从而可阻止熔体在注射机料筒中发泡。采用闭锁式喷嘴可防止含有发泡剂的熔体溢出喷嘴处。低压法成型出的塑料泡孔均匀，但是表面粗糙。

(3)双组分注射法。这种方法的特点是采用两种原材料既能制得类似致密注射制备的良好表面，同时又具有发泡的芯部，而且内芯还可以掺用下角料、填料等，使成本大为降低。

双组分注射法以夹层注射法最为典型。这种方法是首先将不含发泡剂的塑料注入模具型腔；随后，这些先注入的塑料被由同一浇口注入的含有发泡剂的塑料熔体挤压到模具型腔的边缘，使型腔得到完全填充；然后再次注入少量不含发泡剂的原材料使浇口封闭；关闭分配喷嘴并保压几秒钟后，把带有浇口的模具开启一定的距离，由于型腔内压力降低，含发泡剂的芯部材料开始发泡。

用双组分注射法成型的低发泡塑料制品表面反光，均匀而且平滑，其表面粗糙度可与致密注射制品相比，而且这种制品的表面能与型腔表面精确吻合，因此，可以复制出像仿皮纹或木纹等表面结构。

生产夹芯塑件的注射机要有两个注射装置，两个料筒的加料量要能控制和按比例进行调节。在两个料筒和模具之间要设有专门的分配喷嘴，并要求有较高的注射速度，且能准确地实现各步动作。

**2. 低发泡注射成型对模具提出的要求**

(1)由于注射压力小，所以模具的机械强度不需要很高，可以用铝合金、锌合金等易加工的金属制造。

(2)由于注入模腔内的熔体要发泡膨胀，所以要严密控制每次注入的料量，而且注射喷嘴要有防止塑料倒流的装置。

(3)由于注射压力低，模腔的排气就不能像普通注射成型模那样仅利用分型面和顶杆等的间隙就能起排气作用了，而是必须开设排气槽。这是因为发泡时，发泡剂产生的气体有很大一部分是多余的，必须使它能顺利地排出。

(4)由于发泡后的塑件芯层导热性变差，所以冷却硬化所需的时间也较长。为了使塑件冷却均匀并缩短冷却时间，设计模具的冷却装置时要特别予以注意。

### 8.5.2 低发泡注射成型模设计中应注意的问题

**1. 模具的整体结构形式**

低发泡注射成型模的整体结构与普通注射成型模基本相同。用铝合金或锌合金等易于加工的材料制造的注射模,可以采用板材加工后组合成型腔和型芯的结构。

(1)用板材加工后组合的注射成型模。用铝板或铝合金板制造中、小批量生产用的低发泡注射模是较为经济且迅速的。定模和动模都用铝板拼合而成。拼块的组成要求是,各拼块要有互锁面(即止口),尽量少用或不用销子定位,因为销子往往和冷却水道互相干涉,或者引起漏水。

由于铝板不是太厚,定位可不用导柱或者用直径较小的导柱,在相对的一侧嵌入导套。对于小型模具也可用定位块定位。由于铝质较软,为了防止分型面和定位面损伤,这些部位上都应嵌以钢制的增强件。定位块也应用钢板制造,并加以热处理。如果采用顶出杆脱模,顶出杆及与其相配的顶杆孔套都要用钢材制造。

(2)用整块材料机械加工的注射模。用整块铝材经车削加工制成的注射模。这种结构只适用于小型塑件,对于大型塑件就不经济了。此类模具浇口套也用铝制造,所以要加钢制的定位圈。顶出杆与顶杆套都用钢材制造,并要加以热处理。

由于低发泡成型不适宜于多型腔注射,多型腔时浇道较长,各个型腔的发泡程度不均,所以一般低发泡注射模都采用单型腔形式,故有利于用整块材料制造,结构较为简单。

**2. 浇注系统的设计**

(1)主浇道。主浇道的锥度和尺寸与普通注射成型模相同,但由于发泡材料的冷却速度较慢,故当主浇道较长时,在浇口套的外部要通冷却水。

(2)分浇道。在低发泡成型过程中,应尽量使塑料熔体在注入型腔以前不产生气泡,所以分浇道应尽量短一些,而且断面尺寸比普通注射模所用尺寸要大。断面形状以圆形为最好,大型塑件直径可选 6～10 mm,小型塑件直径采用 4～6 mm。除非有一面模板不便于加工,才可采用梯形断面,因其比表面比圆形断面大,熔料流过时热量损失大,故应尽量避免采用这种形式。

(3)浇口。低发泡注射成型模浇口的设计直接关系到塑件的质量,特别是对于要求仿木纹的塑件,浇口位置、数量以及着色剂和其他助剂的配合与木纹的形成密切相关。浇口形式有直接浇口、薄膜浇口、扇形浇口和多点侧浇口等。采用直接浇口时,直径一般为 4～14 mm,这种浇口料流阻力小,有利于发泡,但是过量地填充将造成浇口附近密度增大,颜色变深,而且浇口截面不宜大于塑件最厚截面,否则冷却时间必将延长。同时由于这种浇口比较大,使成型出的塑件外观纹理紊乱和粗糙。一般来说,直接浇口适用于大型塑件或厚壁塑件,主要解决塌坑收缩现象。采用其他窄浇口,成型出的塑件纹理比较细微,但料流阻力比较大,因此需要较高的注射压力。同时浇口不能过薄,一般浇口厚度为塑件壁厚的 1/3～1/2,薄膜浇口厚度为 0.6～2 mm。在极端情况下,对难于流动的塑料厚度可达 5 mm。浇口长度应尽量短,一般为 1.5～3 mm。

浇口位置和数量的选择取决于塑件的大小,形状复杂程度以及对塑件表面质量的要求等。

总之，既要考虑熔接痕，发泡倍数等问题，又要照顾塑件表面质量和纹理要求。大型塑件可适当增加浇口数量，这样可使料流均一，发泡均匀，但同时也使熔接痕增多。

**3. 排气槽的设计**

在低发泡注射成型模中，排气问题很重要。由于塑件壁厚较厚，注射速度又较快，气体不易排出，更主要的是发泡剂分解产生较多的气体，如果不及时排掉多余的气体，就会影响塑料的流动，导致充填不足的缺陷。

(1)排气槽的尺寸和形式。由于模腔压力低，排气槽深度可较普通注射成型模略深些。根据经验，排气槽深度最好是 0.1～0.2 mm。排气槽应开设在料流的末端，或两股料流的熔合处。

(2)排气槽的位置。一般情况下排气槽均开在分型面上。

通常，模腔的体积越大，排气槽也应越多，但也并不是越多越好，过多时反而使发泡不均匀。

**4. 顶出机构的设计**

低发泡注射成型模的顶出机构基本上与普通注射成型模相同。但由于低发泡塑件的表面虽然是较坚韧的皮层，而其中心部则是泡沫状的弹性体，如果顶出面积过小，会把塑件顶坏或产生凹入变形。因此，顶出面积应尽量大，以减少单位面积上的顶出力。如果采用顶杆结构时，顶杆直径应比普通注射模用的大 20%～30%。

当采用直接浇口时，可不设冷料井与拉料杆。

对于大型环形件，也可采用压缩空气顶出。

**5. 冷却装置设计**

冷却对低发泡塑件很重要，因为低发泡塑件的壁厚比普通塑件厚，其最小壁厚为 3.5～4 mm，否则不能发泡；又由于低发泡塑件内部有很多微小气孔，其导热系数比实体塑件小很多，约为实体塑件的 1/4，所以散热较慢。因此低发泡塑件成型的冷却时间要比普通塑件长，而且要求冷却均匀，否则塑件外观会出现明显差别。不同塑料对模具温度有不同的要求，聚烯烃发泡塑件的外观质量与模温关系较小，而聚苯乙烯或 ABS 发泡塑件的外观受模温的影响则较大。一般来说，对聚烯烃塑件模温为 30～40℃，而对聚苯乙烯和 ABS 则为 35～65℃。

设计冷却水的流路时，必须考虑其温度差。当塑料熔体从主浇道经分浇道、浇口进入模腔时其温度也逐渐降低。为了使冷却均匀，要使温度低的水先流经浇道附近，最后由最终充填处排出，以免产生发泡不均匀的缺陷。对采用直接浇口的塑件，冷却水应先进入中心部即浇口附近，经盘旋水道外周排出。

**6. 脱模斜度**

由于低发泡成型的注射压力低，而且塑件的表面强度也较普通塑料低，脱模斜度应比普通注射模大一些，以减少脱模力。

## 8.6　中空吹塑成型模具

中空吹塑是借助气体压力使闭合在模具型腔中的处于类橡胶态的型胚吹胀成为中空制品

的二次成型技术。

目前中空吹塑成型主要用于吹制包装容器和中空成型制品，因此也叫中空成型。适用于吹塑成型的塑料有高压聚乙烯、低压聚乙烯、硬聚氯乙烯、纤维素塑料、聚苯乙烯、聚酰胺、聚甲醛、聚丙烯、聚碳酸酯等。其中应用最多的主要是聚乙烯，其次是聚氯乙烯。其中聚乙烯无毒，加工性能好。而聚氯乙烯价廉，透明性及印刷性能较好。吹塑成型使用的主要设备是挤出机、挤出机头、吹塑成型模具及供气装置等。

### 8.6.1 吹塑成型原理及方法简介

吹塑成型的基本过程：制造所要求的型坯，把型坯夹持固定到模具中，通入空气、吹胀型坯，使型坯紧贴模腔而成为塑件。压缩空气的压力一般为 27～50 N。保持成型压力下使塑件在模内充分地冷却，然后放出制品内的压缩空气，开启模具，取出塑件。根据成型方法的不同，通常可把吹塑成型分为以下几种。

**1. 挤出吹塑成型**

挤出吹塑成型是成型中空制品的主要方法，其成型过程是挤出管状型坯，把型坯夹到模具中，向型坯中通入压缩空气，使型坯膨胀贴于模具成型表面而成为塑件，待保压、冷却定型后，放出压缩空气，取出塑件。这种成型方法使用的设备及模具简单，但是成型的塑件壁厚不均匀。

**2. 注射吹塑成型**

注射吹塑成型是用注射成型制造型坯，然后把型坯移装入吹塑模具中进行中空成型。这种成型方法适用于小塑件的大批量生产，所生产的塑件壁厚均匀，无毛边，不需要后加工修饰。塑件底部无接缝，强度好，生产效率高，但生产费用大。

**3. 注射延伸吹塑成型**

注射延伸吹塑成型的成型过程是注射成型有底型坯，加热型坯使其软化，对型坯进行延伸(约延伸 2 倍)，再进行吹塑成型、冷却脱模。用这种方法生产的塑件透明性好，强度也有所提高。注射延伸吹塑成型可用于聚氯乙烯、聚丙烯等塑料的成型。

**4. 多层吹塑中空成型**

多层吹塑中空成型的关键是首先用注射法或挤出法制造出壁厚均匀的多层型坯，然后进行吹塑成型。成型过程、模具结构基本上与一般吹塑成型的过程及模具结构相同。

采用多层吹塑成型的目的是为了通过材料的不同组合，互相弥补不足，改善塑件的使用性能。例如为了降低渗透性，可与渗透性低的聚酰胺、聚偏氯乙烯等塑料组合，把着色遮光层和一般的着色层组合制作遮光容器，把发泡层和非发泡层组合用作保温瓶的绝热层，还可以把再生料与一般料组合使用等等。

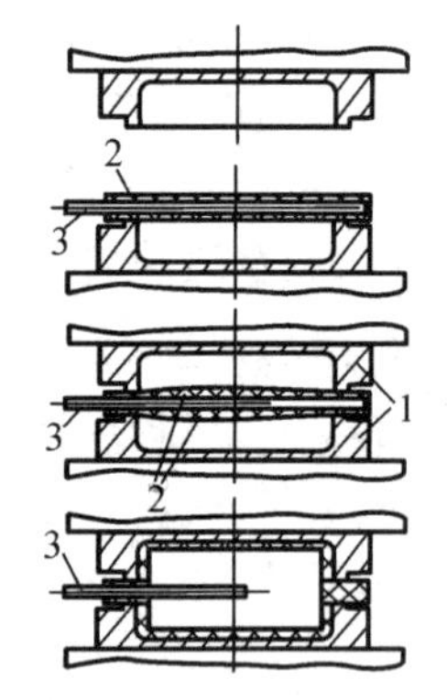


**图 8-23 片材吹塑成型**

1—阴模；2—塑料片材；3—管接头

**5. 片材吹塑成型**

片材吹塑成型是最早采用的中空塑件的吹塑成型方法。采用这一方法的成型过程是把已加热软化的两片塑料放在两半模之间，闭合模具，两半模沿塑件轮廓把两片塑料牢牢地钳夹住，同时使受管接头挤压的塑料成型为螺纹。通过管接头用压缩空气吹胀塑料片材，使其紧贴于型腔而成为塑件，进行冷却之后抽出管接头，分开模具，取出塑件（见图 8－23）。

## 8.6.2　中空塑件的设计

应根据中空塑件的吹塑成型特点来确定塑件的膨胀比、延伸比、螺纹、圆角、支承面、外表面等，现就它们的具体要求叙述如下。

**1. 膨胀比**

型坯由挤出机头被挤出后常因本身自重而伸长，造成塑件壁厚不均匀。通常以加快挤出型坯的速度，减少型坯在空间的停留时间等来解决这一缺陷。除此之外，在挤出型坯的过程中，物料在挤出机头内因受压而体积缩小，当被挤出机头后又因解除压力而使型坯膨胀变粗。型坯的膨胀比可按下式计算：

$$X=\frac{D-d}{d} \tag{8-3}$$

式中　$X$——膨胀比；

$D$——型坯离开口模之后的实际直径；

$d$——机头口模的直径。

通常依靠提高料温、降低挤出速度、选择合适的机头口模定型部分的长度等办法来控制型坯离模以后的膨胀量值。

**2. 吹胀比**

吹胀比是指塑件最大直径和型坯直径之比。只要能选择恰当的吹胀比，就能顺利地成型，并能成型出合格的塑件。吹胀比过大，会使塑件壁厚不均匀，加工工艺不易掌握。通常吹胀比为 2∶1～4∶1，多采用 2∶1 左右。吹胀比可按下式计算：

$$B=\frac{D_1}{d_1} \tag{8-4}$$

式中　$B$——吹胀比；

$D_1$——塑件外径；

$d_1$——型坯外径。

**3. 延伸比**

延伸比是塑件长度和型坯长度之比，根据延伸比可以确定有底型坯的长度。

延伸吹塑成型的塑件，延伸比越大，即塑件壁厚愈薄，塑件强度愈高，但是在实际应用中必须保证塑件的实用壁厚和刚度，通常取 $S_R=4\sim6$ 较为合适。延伸比可按下式计算：

$$S_R=\frac{L}{b} \tag{8-5}$$

式中　$S_R$——延伸比；

$L$——塑件长度；

$b$——型坯长度（除瓶口螺纹部分外）。

**4. 塑件设计问题**

（1）型坯形状与塑件的壁厚。中空塑件的形状是评价塑件质量的重要因素。中空塑件是利用挤出的型坯在模具中吹胀而成型的，膨胀大的地方塑件壁薄，膨胀小的地方塑件壁厚。膨胀量相同，则塑件壁厚均匀。另外由于材料的熔融指数关系及型坯的自重影响而造成型坯下部偏厚，进而影响塑件壁厚的均匀性。以瓶为例，它的壁厚与直径之间存在着以下关系：

$$T=\frac{K}{D} \tag{8-6}$$

式中 $T$——塑件在直径 $D$ 方向上的壁厚；

$D$——塑件的直径；

$K$——与型坯直径和厚度有关的常数。

由式(8-6)可见，随着瓶的直径增大，瓶的壁厚就变薄。瓶口处与筒体处直径差愈大，这两处的壁厚差别也就愈大。不难想象，塑件的形状、壁厚直接受型坯的形状与壁厚的影响。塑件的横断面积大时，角部为锐角和凸起凹下部分难以成型，膨胀、收缩、壁厚变化大，要特别注意。就以瓶类吹塑来说，要特别注意瓶口的根部、肩部及瓶底。图 8-24 所示为瓶类塑件吹塑成型后的壁厚分布情况。

为了保证塑件质量，壁厚均匀，可以根据塑件的几何形状来确定型坯的形状及壁厚。例如吹塑圆形的瓶子，型坯应为圆管形。若吹塑成型的塑件为方桶，则应把型坯做成方管形。

又如图 8-25 所示塑件的断面为椭圆形，则应把型坯作成厚薄不一样的。在图中处于外面的是塑件断面形状，处于中间的部分是型坯的形状及各部分的厚度情况。

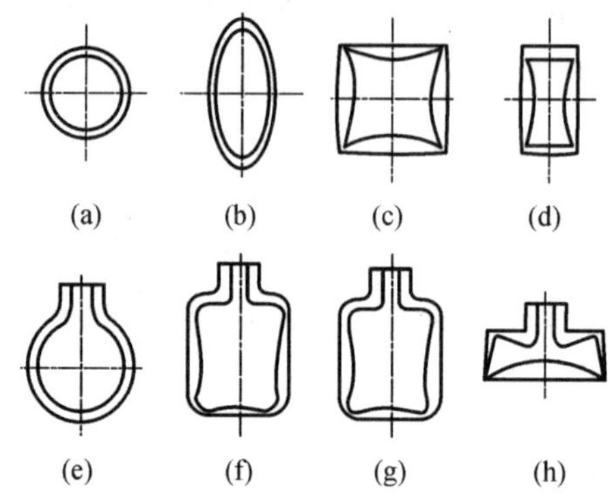


**图 8-24 瓶类塑件壁厚不均匀情况**

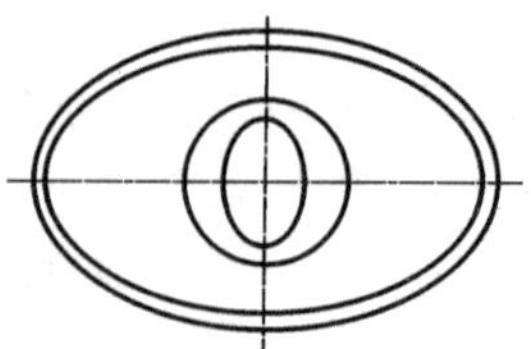

**图 8-25 塑件与型坯的断面形状及厚度情况**

（2）螺纹。由于吹入的空气压力低，模具温度低，坯料温度低，并且在螺纹处的塑料层厚度大，塑料与模具成型面之间的空气不能完全排出去，因此成型的塑件螺纹比模具螺纹小或者难以成型。通常都采用梯形断面的螺纹，不能选用细牙螺纹。在螺纹牙齿的根部希望有最低限度的圆角，以保证螺牙的强度。

为了便于清除塑件上的毛边余料，可在不影响使用的前提下，把螺纹做成断续状的，在接近模具分型面的一部分塑件上不带螺纹，如图 8－26 所示，图(a)所示塑件比图(b)所示塑件清理毛边容易。

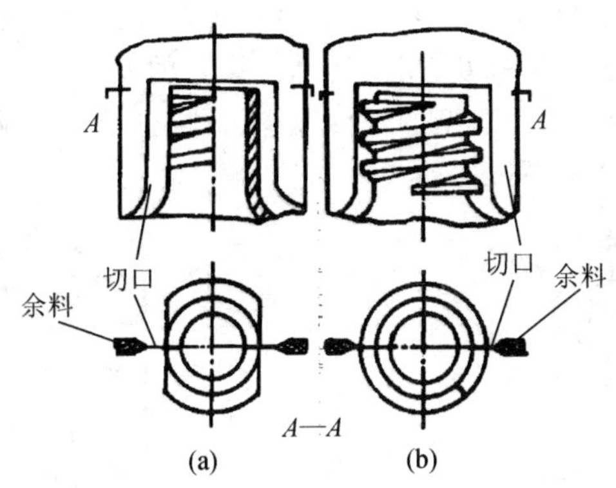


**图 8－26　螺纹形状**

(3)塑件上的圆角。在塑件的角隅处应采用圆弧过渡，二界面角采用圆弧过渡，三界面角用球面过渡，这样就可以增加塑件的强度和美观，且容易成型，壁厚均匀。对于某些要求造型美观的塑件，则圆角可以很小，甚至可以没有圆角。譬如暖水瓶套外观要求凸凹部分明显，而强度并无多大要求，圆角就可以很小。

(4)塑件的支承面。通常很少以整个平面作为塑件的支承面，同时要尽量减小支承面。对于瓶类塑件来说，一般采用环形支承面。

(5)塑件的外表面。对于聚乙烯塑件来说，精美地加工模具成型表面似乎没有必要，因为均匀的粗糙的聚乙烯塑件表面，并不影响外观，还解决了光滑的表面易被划伤的问题。因此常对模具成型表面进行喷砂处理，使获得的聚乙烯塑件表面的粗糙程度类似于磨砂玻璃。同时在吹塑成型中粗糙的模具成型表面可使在塑料与模具成型表面之间储存微小量的空气，利于塑件脱模。

(6)吹塑塑件的尺寸。通常容器类塑件对尺寸要求并不严格，成型收缩率对塑件尺寸的影响并不大，同时吹塑成型不使用成型塑件内腔的模具成型零件，而是以在压缩空气下的型坯自由表面成型。塑件尺寸与空气压力、坯料温度、坯料厚度、成型周期、几何形状等有关，要获得极高精度尺寸的塑件是有困难的，但是对于有刻度的定容量的瓶类和螺纹件来说，就要求严格，成型材料的成型收缩率就有相当的影响。塑件体积愈大，其影响就愈显著。

## 8.6.3　吹塑成型模具的设计

吹塑成型的塑件的质量的好坏往往受成型条件、成型模具所左右。设计模具时要了解所使用的吹塑机的结构及技术规范，模具的形状、结构及尺寸要符合成型设备的要求。

**1. 吹塑模具的类型及组成零件**

成型设备不同，模具的外形也不同。根据吹塑模具的工作情况，吹塑模具可分为以下两种类型。

（1）手动铰链式模具。手动铰链式模具是依靠人工开、闭模具的，它是由玻璃吹塑模具延用过来的，现在已基本上不使用，仅用于小批量生产及试制。它的结构形式如图 8－27 所示，模腔是由两个半片组成的，在它的一侧装有铰链；在另一侧装有开、闭模手柄及闭锁销子。模具主体可用铸造法制作。

（2）平行移动式模具。平行移动式模具是由两个具有相同型腔的半模组合而成的，吹塑机上的开、闭模装置有油压式、凸轮式、齿轮式、肘节式等多种。通常都是直接用螺钉把模具安装在吹塑机上，依靠开、闭模装置进行开、闭模运动。模具的安装方法、安装尺寸、模具外形大小等都受到所用吹塑机的限制，因而成型的塑件大小、形状也受到相应的限制。应用范围窄是其缺点。图 8－28 所示就是这种平行移动式模具。

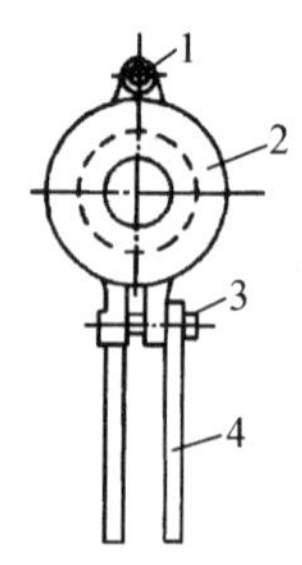


**图 8－27　手动铰链式模具**

1—铰链；2—型腔；3—锁紧零件；4—手柄

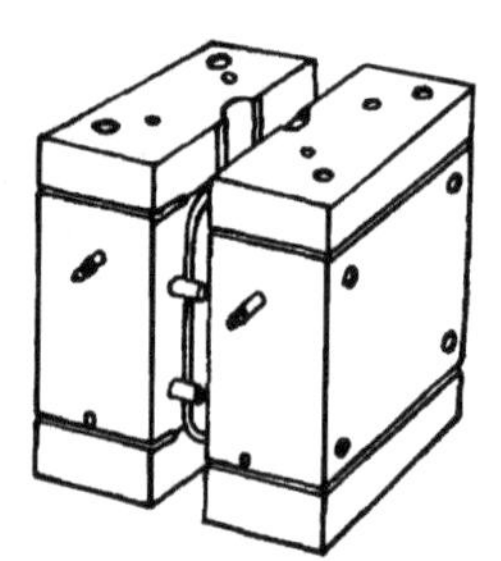

**图 8－28　平行移动式模具**

根据吹塑模具的组装方式，还可以把吹塑模具分为组合式结构及镶嵌式结构两种类型。

（1）组合式结构。模具由两个半模组成，每个半模由口板 1、腹板 2 和底板 5 组合而成。如图 8－29 所示，口板和底板上有钳切刃，钳切刃用强度好的钢材制造，腹板用铝合金等材料制造，三部分用螺钉连接、圆销定位，两个半模的定位由导柱保证。

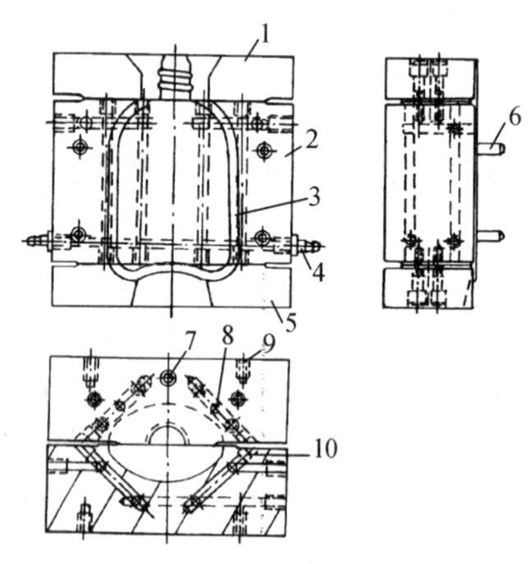


**图 8－29　组合式吹塑模具**

1—口板；2—腹板；3—塑件；4—水嘴；5—底板；
6—导柱；7—固定螺钉；8—水道；9—安装螺孔；10—水堵

（2）镶嵌式结构。模具整体由一块金属构成，一般采用铝合金制造。在其口部和底部嵌入钢件，嵌件可用压入法或螺钉紧固。

图 8－30 所示为用铝锭制造的模体 3，在模体的上、下分别嵌入模口嵌件 1 和模底嵌件 4，在模体上有冷却水通道，两个半模依靠导柱 2 导向定位。

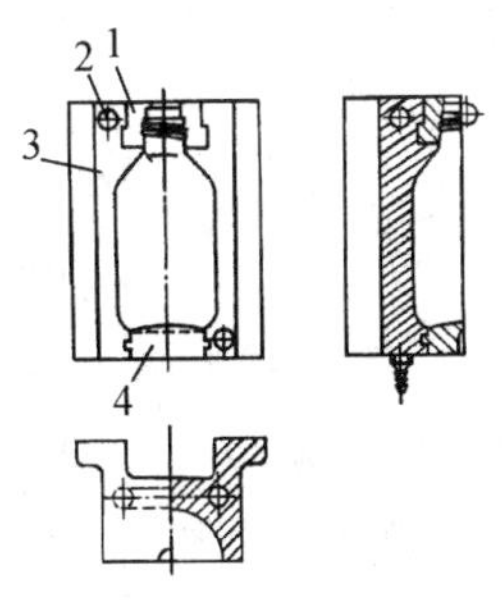


**图 8-30　镶嵌式结构**

1-口部嵌件；2—导柱；3—模体；4—底部嵌件

**2. 模具设计要点**

(1)模口。成型瓶等容器类塑件时，模口成型瓶口部分，校正芯棒挤压成型瓶口内径并切除余料，成型时通过它吹入压缩空气。模口的形式如图 8-31 所示，图(a)所示为具有锥形截断环的模口，图(b)所示为具有球面截断环的模口。

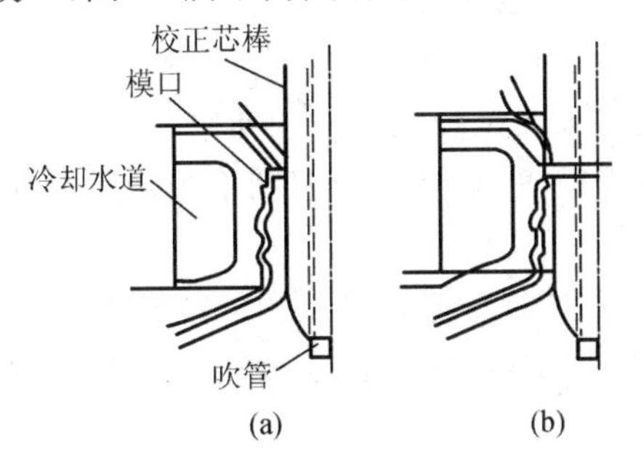


**图 8-31　塑件口部的成型与切断**

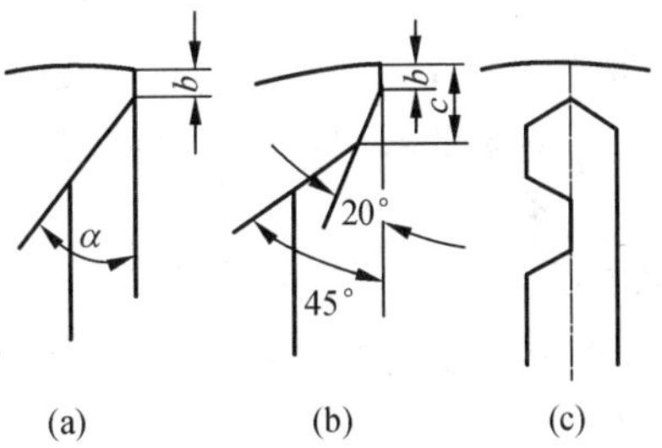

**图 8-32　钳切口的形式**

(2)模底。采用注射吹塑成型时不需要切除余料，整体式模底与模具本体分开，单独安装在机床的取件装置上，兼起取件的作用。若采用管状坯料进行吹塑成型时，模底为两半个，分别装在两半个模具上，在合模时由钳切刃把余料切除，同时钳切刃还起夹持、密封型坯的作用。

钳切刃的宽度太小，角度太大，则钳切刃锐利，就有可能在吹制之前使型坯塌落，也有使熔接线厚度变薄的倾向。如果钳切刃宽度太大，角度太小，则就有可能出现闭模不紧和切不断余料的现象。若依钳切刃平行地切除余料，则熔接线处的强度大有改善。为了防止型坯塌落，又便于清除余料，可以设置二道钳切刃。钳切刃是关键部分。具有钳切的口模，模底应采用像钢材、铍铜合金那样强度好而硬度大的材料。钳切刃处的粗糙度要小。热处理后要研磨抛光，大批量生产时要镀以硬质铬，并加以抛光。

图 8-32 所示为钳切刃的形式，图(a)所示为一般形式，图(b)所示为残留飞边的形式，$b$ 为 0.2 mm，图(c)是二道钳切刃的形式。

(3)余料槽。闭合模具时必须切除多余的型坯，被切下的余料储存于余料槽中。余料槽的大小按照型坯被夹持后的宽度与厚度来确定，以模具能闭合严密为准。

(4)排气孔。模具闭合后型腔是封闭状态，为了保证塑件的质量必须把模具内的原有空气加以排除。如果排气不良，就会在塑件表面上出现斑纹、麻坑、成型不完整等缺陷。应当特别注意的是排气孔的部位应设在成型中空气容易贮留的地方，即最后吹起来的地方，如多面体的角部、圆瓶的肩部等处。

(5)模具的冷却。通常把吹塑模具的温度控制在20°～50°的范围内。模具温度低,则成型周期短,成型效率高。进行中空吹塑成型时,塑件各部分的厚度不一样,若使冷却速度相同,厚壁部分冷却慢、塑件表面凹凸不平,又由于塑件各部分不均匀的冷却,在塑件中存在有残余应力,易变形。耐冲击性和耐应力开裂性减小。由于来自型坯的热量与塑件的厚度成比例,因此有必要根据塑件的壁厚来对模具施行冷却。对于瓶类塑件,根据塑件的壁厚可把模具分为三部分,即首部、圆筒体部、底部。对模具也按此分为三部分进行冷却,以不同的冷却水温度、流速达到使各部分冷却速度相同,保证提高塑件的质量。

(6)模具接触面。模具接触面若粗糙,则塑件上的分型线大而显眼。若对模具接触面进行精细加工,使模具合并线能正确地符合一致,则塑件上的分型线很细微,几乎看不见。为了使塑件上分型线不显眼,必要时还可以使模具的接触面减小。模具接触面处磨损快、易带伤,在使用、保管中要特别加以注意。

(7)模具型腔。在塑件外表面上常常设计有图案、文字、容积刻度等,有的塑件还要求表面为镜面、绒面、皮革面等,而往往由于模具型腔表面的加工情况原封不动地影响塑件表面状态,因此设计模具时应预先考虑到模具成型表面的加工问题。

若对模具成型表面进行研磨、电镀,则塑件表面粗糙度小。但随着使用时间的推移,模具成型面与型坯间的气体不能完全排出,就造成塑件表面出现地图状的花纹。因此对于成型聚乙烯制品的模具型腔表面,多采用喷砂处理过的粗糙表面,这不但有利于塑件脱模,而且也并不妨碍塑件的美观。

(8)锁模力。设计吹塑模具时,所选用成型设备的锁模装置的锁模力要满足使两个半模能紧密闭合的要求。通常锁紧装置的锁模力应大于吹塑成型时在模腔内所形成的打开模具的力的20％～30％。

**3. 模具材料**

选择吹塑模具材质的条件是有一定的强度、容易加工、热传导性能好、来源宽广、价格低廉。现在使用的主要模具材料有铸铁、铜合金、低熔点合金、钢材、不锈钢、铝合金、锌合金、铍铜合金等。

# 思　考　题

1. 无浇道凝料注射成型模具分为哪几类?各有什么特点?
2. 简述气辅成型的基本工艺过程。
3. 真空成型模具与压缩空气成型模具有何异同?
4. 影响中空吹塑工艺的因素有哪些?

# 第 9 章　塑料成型模具主要零件的计算

## 9.1　模具成型零件尺寸计算

模具成型零件是与塑料接触的、决定塑料制件几何形状的模具零件，它包括模套、阴模、阳模、型芯、成型镶块等。成型零件大致可以分为型腔类零件和型芯类零件。型腔是成型塑料制件外形的模具零件，型芯是成型塑料制件内形的模具零件。成型零件工作尺寸是指这些零件上用以直接成型塑件的型面尺寸，如型腔和型芯的径向尺寸，深度和高度尺寸，孔间距离尺寸，凸台间距离尺寸，孔或凸台至某成型表面的距离尺寸，螺纹成型零件的径向尺寸和螺距尺寸等。设计模具时应该对成型零件的结构形式、尺寸进行计算，对零件的强度进行校核。

### 9.1.1　影响塑料制件尺寸精度的因素

影响塑件尺寸精度的因素很多，包括材料、模具制造、模具结构和模具磨损等因素。

**1. 塑料收缩率值的波动对塑料制件尺寸精度的影响**

材料方面的因素主要是收缩率变化，而收缩率变化又与塑件结构和工艺过程密切相关。收缩率波动范围大的塑料，因工艺条件波动造成的成型收缩误差大，难以获得较高尺寸精度的塑件，如聚乙烯；收缩率波动范围小的塑料因工艺条件波动所造成的成型收缩误差小，易获得较高尺寸精度的塑料制件，如聚碳酸酯。成型收缩还与材料成型收缩率的种类、批号、塑料制件结构等有关。图 9-1 所示为成型条件误差与成型收缩误差的关系。

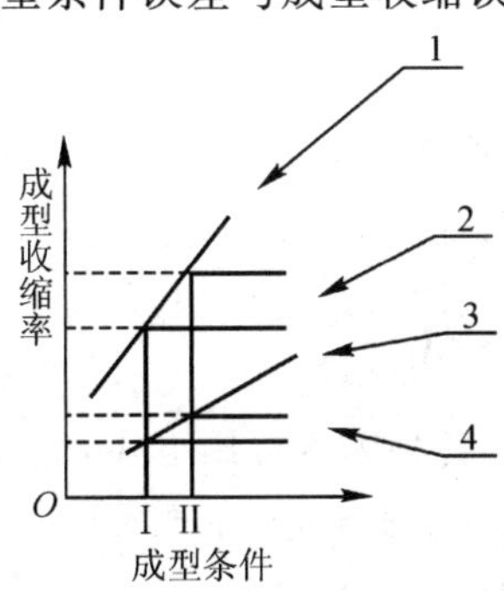


**图 9-1　成型条件误差与成型收缩误差的关系**

1—标准收缩率值波动大的材料；2，4—因成型条件变动而产生的成型收缩误差；
3—标准收缩率值波动小的材料

因材料收缩率波动造成的误差约占塑料制件总成型误差的 1/3。此外影响塑料制件尺寸精度的因素还有模具结构，模具成型零件的安装、工艺斜度等。

**2. 模具成型零件制造误差的影响**

模具成型零件的加工精度直接影响塑件的尺寸精度。实践表明，因成型零件的加工而造成的误差约占塑料制件成型误差的 1/3。通常选取 IT3～4 级精度的公差作为模具制造公差。

**3. 模具成型零件的磨损量**

模具在使用过程中，由于料流的流动，塑料制件的脱模，都会使模具成型零件受到磨损。模具成型零件的不均匀磨损、锈蚀，使其表面光洁度降低，而重新研磨抛光也会造成模具成型零件的磨损，其中以塑料制件的脱模对模具成型零件的磨损最大。因此通常认为凡与脱模方向垂直的面不考虑磨损，与脱模方向平行的面才加以考虑。磨损量随着生产批量的增大而增大。计算模具成型零件工作尺寸时，对于生产批量较小的模具(如万件以下)取小值，甚至可以不考虑其磨损量。以玻璃纤维等硬质无机物作填料的塑料，对模具成型零件的磨损较为严重，可以取大值。热塑性塑料对模具成型零件的磨损小，可以取小值。当然在选取磨损量时，还应该考虑模具材料的耐磨性及模具成型零件的表面处理、热处理等情况。对于中、小型模具，最大磨损量可以取 0.02～0.05 mm。通常因模具成型零件的磨损而造成的塑料制件的误差约占塑料制件总成型误差的 1/6 左右。

**4. 毛边厚度对塑料制件尺寸精度的影响**

在敞开式和半闭合式压模中，沿塑料制件型腔周围设有挤压边，把在该挤压边框上形成的塑料层叫毛边。毛边的厚度与加入的压制材料的数量及压制压强有关。利用铸压模、垂直分型面压模、注射成型模成型塑料制件时，同样也会产生毛边。由于分型面上有渣滓，或者锁模力不够大，或者模具零件加工精度不高，使模具零件不能紧密黏合也会形成毛边。

毛边是影响塑料制件尺寸精度的因素之一。模具类型不同，往往毛边值不同。例如敞开式与半闭式压捧，其毛边值约为 0.1～0.2 mm。在垂直分形面压模的两半阴模接合面间产生的毛边，其毛边值为 0.05～0.1 mm，在该模具的装料室一端形成的毛边，其毛边值为 0.1～0.2 mm。对于铸压模和注射成型模来说，分型面间的毛边值约为 0.02～0.03 mm。

设计模具时应根据成型材料、接触面积大小及模具类型在 0.02～0.2 mm 范围内选取毛边值。对于注射模、铸压模来说，当塑料制件尺寸精度要求不高时，可以不考虑毛边对塑料制件尺寸精度的影响。

**5. 成型工艺条件的控制及操作技术对塑料制件尺寸精度的影响**

合理可行的成型工艺条件对塑料制件的尺寸精度有一定的影响，因此对料筒温度、注射压力、保压时间、模具温度、每次注射量、注射速度、冷却时间、成型周期、原料的预热及干燥等工艺条件进行正确地控制和管理，这对于获得尺寸稳定、质量优异的塑料制件有显著的影响。

归纳起来，引起塑件尺寸偏差的各种因素可用下式表示：

$$\delta_{总}=\delta_s+\delta_z+\delta_c+\delta_j+\delta_a \tag{9-1}$$

式中 $\delta_{总}$——由各种因素引起的塑件尺寸偏差；

$\delta_s$——塑件成型收缩差异引起的塑件尺寸误差；

$\delta_z$——成型零件制造偏差引起的塑件尺寸误差；

$\delta_c$——成型零件磨损前、后的尺寸差异引起的塑件尺寸误差；

$\delta_j$——模具零件间配合间隙变化以及模具安装误差引起的塑件尺寸误差；

$\delta_a$——模具成型零件安装固定误差引起的偏差。

影响塑料制件尺寸精度的因素多，累积误差大，成型的塑料制件的尺寸精度往往较低，因此应该慎重选择塑料制件的尺寸精度，使塑料制件的规定公差值 $\Delta$ 大于或者等于以上各个因素所带来的累积误差值。塑件成型时的尺寸总偏差不能超过塑件图纸中的规定公差 $\Delta$，即

$$\delta_{总} \leqslant \Delta \tag{9-2}$$

以上各种因素引起的偏差不是对所有塑件都存在的，例如用整体式模具成型的塑件不存在 $\delta_j$ 或 $\delta_a$。同时，上述各种因素对塑件尺寸偏差的影响程度也不相同。一般而言，$\delta_s$ 和 $\delta_z$ 的影响较大，$\delta_c$ 的影响次之，$\delta_j$ 和 $\delta_a$ 的影响较小。$\delta_s$ 与 $\delta_z$ 相比较，在塑件基本尺寸较小时，二者的影响接近；随着基本尺寸增大，$\delta_z$ 的影响更显著。无论采用哪种结构的模具所成型的塑件，$\delta_s$，$\delta_z$ 和 $\delta_c$ 的影响都存在，一般情况下 $\delta_j$ 和 $\delta_a$ 的影响可以忽略不计。这时，式(9-1)可改写为

$$\delta_{总} = \delta_s + \delta_z + \delta_c \tag{9-3}$$

由于塑件尺寸的多样性和影响因素的复杂性，精确计算满足塑件尺寸精度要求的模具成型尺寸，一直是困扰模具设计的重大难题。

$\delta_z$ 的选取既与塑件要求的精度有关，也与塑件基本尺寸有关，且随塑件基本尺寸的增加，在塑件公差中占愈来愈小的比例。考虑到塑件的正常生产和模具加工时的合理造价，对 $\delta_z$ 的选取推荐按表 9-1 所列的方法，或按表 9-2 选取模具设计和制造的精度等级。

**表 9-1　模具制造公差在塑件公差中所占比例**

| 塑件基本尺寸/mm | $\delta_z$ 占塑件公差比例 |
|---|---|
| 0～50 | $\frac{1}{4}$～$\frac{1}{3}$ |
| 50～140 | $\frac{1}{5}$～$\frac{1}{4}$ |
| 140～250 | $\frac{1}{6}$～$\frac{1}{5}$ |
| 250～355 | $\frac{1}{7}$～$\frac{1}{6}$ |
| 355～500 | $\frac{1}{9}$～$\frac{1}{7}$ |

**表 9-2　模具制造精度和塑件精度对应关系**

| 塑件精度(GB14486—2008) | 1 | 2 | 3 | 4 | 5 | 6 | 7 | 8 |
|---|---|---|---|---|---|---|---|---|
| 模具精度(GB/T1800.1—2009 和 GB/T1804—2000) | 7 | 8 | 9 | 10 | 10 | 11 | 11 | 12 |

模具型面磨损主要是塑件脱模时造成的，磨损程度与塑料中所含填料品种和成型次数有关。成型热固性塑料和含玻璃纤维的热塑性塑料的模具，允许磨损量 $\delta_c$ 可取 0.02～0.04 mm，其他塑料的 $\delta_c$ 数值应小于这一数值。

## 9.1.2　模具成型零件的工作尺寸计算

所谓成型零件的工作尺寸就是成型零件上直接用以成型塑料制件部分的尺寸。计算成型零件工作尺寸的内容有型腔和型芯的径向尺寸(包括矩形型腔、型芯的长和宽)、型腔的深度和型芯的高度、中心距尺寸等。

目前工程实践中通用的设计方法是：以塑件尺寸及允许偏差为设计依据，考虑塑料成型收

缩率$\delta_s$，成型零件的制造偏差$\delta_z$，和磨损误差$\delta_c$三项主要因素对塑件尺寸的影响，计算确定模具成型尺寸。必要时，再根据制模、修模工艺加以修整。

三种常用的模具成型零件工作尺寸的计算方法是：①平均收缩率法；②极限尺寸法（公差带法）；③成型零件成型尺寸的近似计算方法。以下分别对这三种方法进行介绍。

**1. 平均收缩率法计算法**

塑件的收缩率是指塑件成型时从模腔中取出冷却收缩后尺寸缩小的程度，用百分数表示。在实际应用中，应该对实际收缩率和计算收缩率加以区别。实际收缩率可表示为

$$S_{实}=\frac{L_{Mt}-L}{L_{Mt}} \tag{9-3}$$

式中 $L_{Mt}$——模具成型零件工作尺寸在模具工作温度下的数值；

$L$ ——塑件冷却收缩后的尺寸。

计算收缩率$S_{计}$是指塑件收缩缩小量占收缩前塑件尺寸的比率（即模具成型部分的型面尺寸），可表示为

$$S_{计}=\frac{L_M-L}{L_M} \tag{9-4}$$

式中，$L_M$为模具成型零件工作尺寸在室温下的数值。

因为设计模具式成型零件的尺寸、塑件的尺寸以及收缩率通常都是指室温数值，所以计算成型零件工作尺寸一般按照计算收缩率进行。在以下内容中，将$S_{计}$通称收缩率$S$。

式(9-4)可改写为

$$L_M=\frac{L}{1-S}=L(1+S+S^2+S^3+S^4+\cdots)$$

塑料的收缩率一般为$10^{-2}$或$10^{-3}$数量级，所以在工程应用中可以忽略上式中的$S^3$及三次方以上的数值，由此可将上式改写为

$$L_M=L(1+S+S^2) \tag{9-5}$$

式(9-5)是计算所有成型零件工作尺寸的基本关系式。由式(9-5)结合塑件图纸中的具体尺寸公差和模具制造公差导出具体尺寸的计算公式。

在采用平均收缩率法计算塑件尺寸对应的模具尺寸及其偏差时，首先应将塑件图纸中的尺寸按照以下方法进行标注，然后再用于计算。

(1)外形尺寸（轴类尺寸，如型芯、凸模等）：取最大极限尺寸为名义尺寸，标注单向负偏差。如塑件凸台高度尺寸为$100^{+0.5}$，应该标为$100.5_{-0.5}^{0}$。

(2)内形尺寸（孔类尺寸，如型腔）：取最小极限尺寸为名义尺寸，标注单向正偏差。如塑件孔径尺寸为$\phi 20_{-0.15}^{+0.15}$，应该标为$\phi 19.85_{0}^{+0.30}$。再如孔深度尺寸为35，自由公差为±0.4，应该标为$34.6_{0}^{+0.8}$。

(3)定位尺寸（孔、槽、台等结构的中心距尺寸，单边位置尺寸等）：取最大、最小极限尺寸的平均值为名义尺寸，标注双向等值偏差。如两型芯间距为$50^{+0.8}$，改标为$50.4_{-0.4}^{+0.4}$。

计算所有成型零件工作尺寸的计算依据为相应于塑件尺寸、允差及所用物料的平均成型收缩率。计算步骤如下。

(1)根据塑件名义尺寸及允差，计算塑件平均尺寸。

(2)根据塑件平均尺寸和物料平均收缩率，计算成型零件平均尺寸。

(3)根据塑件精度等级，选取模具成型尺寸精度等级，按照 GB/T1800.1—2009(标准公差和基本偏差数值表)选取成型尺寸制造公差。

(4)考虑成型零件制造误差，磨损误差及修模要求等，对成型零件平均尺寸进行修订，求得成型零件名义尺寸。

(5)按规定标上制造公差。

下面以模具型腔外形尺寸为例，采用平均收缩率法对尺寸及偏差的计算式进行推导。

例：塑件外形尺寸为 $L_{-\Delta}^{\ 0}$，计算所对应的型腔径向尺寸。

解：①该塑件外形平均尺寸

$$L_{cp}=L-\frac{\Delta}{2} \tag{9-6}$$

②设塑件的平均收缩率为 $S$，则型腔平均尺寸为

$$L_{Mcp}=L_{cp}+SL_{Mcp}=\frac{L_{cp}}{1-S}\approx L_{cp}(1+S+S^2) \tag{9-7}$$

③设型腔制造公差为 $\delta_z$，最大磨损误差为 $\delta_c$，则型腔名义尺寸(最小尺寸)$L_M$ 与平均尺寸 $L_{Mcp}$的关系为

$$L_M=L_{Mcp}-\frac{\delta_z}{2}-\frac{\delta_c}{2} \tag{9-8}$$

考虑型腔尺寸容易修大，则预留修模余量 $\delta_r$，并标上制造公差，则

$$L_M=(L_{Mcp}-\frac{\delta_z}{2}-\frac{\delta_c}{2}-\delta_r)_{\ 0}^{+\delta_z} \tag{9-9}$$

④经验表明，当型腔磨损量不大时，单边磨损量与修模余量之和可取制造公差的一半，即

$$\frac{\delta_c}{2}+\delta_r=\frac{\delta_z}{2} \tag{9-10}$$

将式(9-10)带入式(9-9)，有

$$L_M=(L_{Mcp}-\delta_z)_{\ 0}^{+\delta_z} \tag{9-11}$$

将式(9-6)和式(9-7)带入式(9-11)，则可得型腔径向尺寸为

$$L_M=[(L-\frac{\Delta}{2})(1+S+S^2)=\delta_z]_{\ 0}^{+\delta_z} \tag{9-12}$$

同理可对型芯径向尺寸，型腔深度尺寸，型芯高度尺寸，模腔结构中心距等定位尺寸的计算式进行推导，结果如下：

型芯径向尺寸
$$L_M=[(L+\frac{\Delta}{2})(1+S+S^2)+\delta_z]_{-\delta_z}^{\ 0} \tag{9-13}$$

型腔深度尺寸
$$H_M=[(H-\frac{\Delta}{2})(1+S+S^2)-\frac{\delta_z}{2}\pm\delta_r]_{\ 0}^{+\delta_z} \tag{9-14}$$

型芯高度尺寸
$$h_M=[(h+\frac{\Delta}{2})(1+S+S^2)+\frac{\delta_z}{2}\pm\delta_r]_{-\delta_z}^{\ 0} \tag{9-15}$$

模腔结构中心距等定位尺寸
$$L_M=[L(1+S+S^2)+\delta_z]_{-\delta_z/2}^{+\delta_z/2} \tag{9-16}$$

式(9-14)和式(9-15)中 $\delta_r$ 的符号选择原则：若尺寸属于修模时易于修大(如型腔)的尺寸，则 $\delta_r$ 取负号；如尺寸易修小(如型芯)，则 $\delta_r$ 取正号。

**2. 成型零件成型尺寸近似计算法**

采用成型零件成型尺寸近似计算方法时，可忽略磨损误差，不考虑修模余量，这时可对平均收缩率法进行简化计算。

具体方法为依据塑件平均尺寸和物料平均收缩率，计算成型零件平均尺寸，并标注双向等值制造公差。即各类成型尺寸的计算公式均为

$$L_M=[L(1+S+S^2)]^{+\delta_z/2}_{-\delta_z/2} \tag{9-17}$$

若再忽略二阶无穷小，则可得成型零件成型尺寸近似计算公式为

$$L_M=[L(1+S)]^{+\delta_z/2}_{-\delta_z/2} \tag{9-18}$$

成型零件成型尺寸近似计算法的特点是简单、方便，但仅适用于塑件尺寸不大、精度要求不高、生产批量较小的情况。如果塑件尺寸较大、尺寸精度要求高或生产批量较大，还需要考虑 $\delta_z$，$\delta_c$ 和 $\delta_r$，这时不宜采用尺寸近似计算法。

**3. 按公差带法计算模具成型零件工作尺寸(极限尺寸近似计算法)**

按公差带方法计算成型零件的工作尺寸的主要依据是塑件允许的极限尺寸——最大尺寸 $L_{max}$、最小尺寸 $L_{min}$ 及其差值 Δ(最大允差)。极限尺寸近似计算法的思路和方法：①以所要计算的模具基本尺寸作为零线，将制件尺寸、成型零件尺寸及各种误差之间的关系绘成公差带图。②根据制件尺寸公差要求，求得制件尺寸在允差范围内时成型零件尺寸的名义尺寸(最大或最小尺寸)。③校核另一种极限情况(成型尺寸为最小或最大)时塑件尺寸是否在允差范围内。④校核无误后，按规定标上制造公差。

(1)型腔径向尺寸和深度尺寸。型腔径向尺寸和相应的塑件尺寸公差带如图 9-2 所示。由图 9-2 可得

$$D_M=(D-\Delta)=(D-\Delta)S_{max}=(D-\Delta)(1+S_{max}) \tag{9-19}$$

式中，$S_{max}$ 为塑料的最大收缩率。

标上制造公差后得

$$D_M{}^{+\delta_z}_{0}=[(D-\Delta)(1+S_{max})]^{+\delta_z}_{0} \tag{9-20}$$

采用公差带法同理可得型腔深度尺寸的计算公式为

$$H_M{}^{+\delta_z}_{0}=[H(1+S_{max})]^{+\delta_z}_{0} \tag{9-21}$$

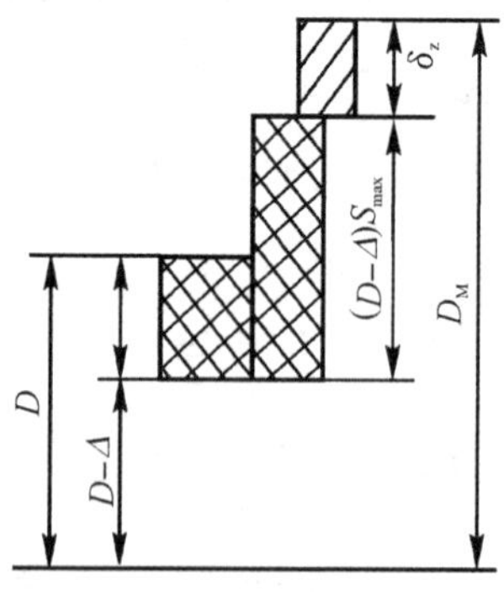


**图 9-2　型腔径向尺寸和相应的塑件尺寸公差带**

(2)型芯径向尺寸和高度尺寸。型芯径向尺寸和相应的塑件尺寸公差带如图 9-3 所示。由图 9-3 可得

$$d_M=(d+\Delta)+(d+\Delta)S_{min}=(d+\Delta)(1+S_{min}) \tag{9-22}$$

式中，$S_{min}$ 为塑料的最小收缩率。

标上制造公差后得

$$d_{M-\delta_z}^{\ \ 0}=[(d+\Delta)(1+S_{min})]_{-\delta_z}^{\ \ 0} \tag{9-23}$$

采用公差带法同理可得型芯高度尺寸的计算公式为

$$H_{M\ 0}^{\ +\delta_z}=[H(1+S_{max})-\delta_z]_{\ 0}^{+\delta_z} \tag{9-24}$$

$$h_{M-\delta_z}^{\ \ 0}=[h(1+S_{max})+\delta_z]_{-\delta_z}^{\ \ 0} \tag{9-25}$$

其中,式(9-24)适用于型芯容易修短时的高度计算,式(9-25)适用于型芯容易修长时的高度计算。

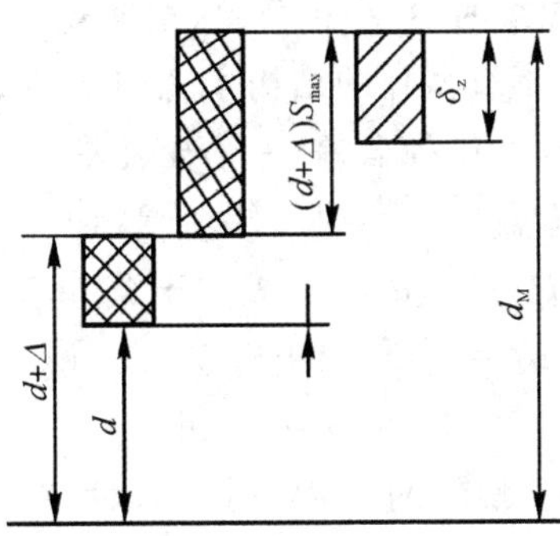


**图 9-3　型芯径向尺寸和相应的塑件尺寸公差带**

(3)中心距尺寸计算。中心距尺寸(如两个孔中心线之间的尺寸,两个凸台中心线之间的尺寸)在模具和塑件上的尺寸是双向对称偏差,并且模具的磨损不会影响到中心距尺寸。

模具成型零件上中心距与塑件上相应的尺寸公差结构如图 9-4 所示,由图 9-4 可得

$$L_M=L+L(S_{max}+S_{min})/2=L(1+S_{平}) \tag{9-26}$$

式中,$S_{平}$ 为塑料的平均收缩率,$S_{平}=(S_{max}+S_{min})/2$。

标上制造公差后得

$$L_{M\ -\delta_z/2}^{\ +\delta_z/2}=[L(1+S_{平})]_{-\delta_z/2}^{+\delta_z/2} \tag{9-27}$$

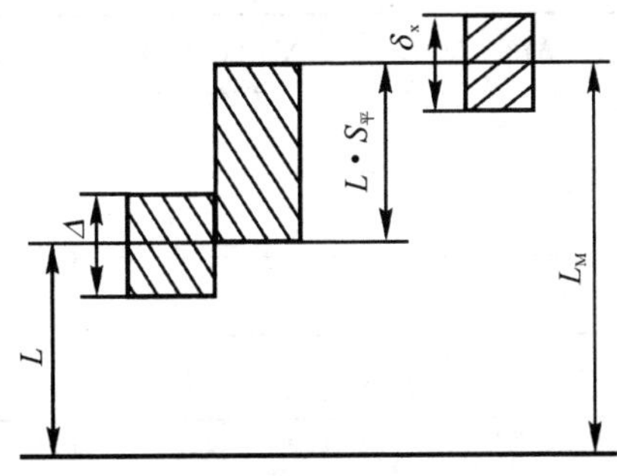


**图 9-4　塑料制件为正负偏差**

(4)螺纹成型零件工作尺寸计算。螺纹塑件从模具中成型出来后,径向和螺距尺寸都要收缩变小。为了使螺纹塑件能与标准金属螺纹配合,成型塑件的螺纹型芯或型环的径向尺寸和螺距都应考虑收缩率的影响。但是对于同种塑料的螺纹塑件或收缩率相近的螺纹塑件之间的配合,成型零件可以不考虑收缩率的影响。

1)螺纹型芯径向尺寸计算。螺纹型芯的结构示意图如图 9-5 所示。螺纹型芯用于成型塑件的内螺纹,内螺纹规定有小径和中径公差,无大径公差。

$$d_{M中}=[d_{中}(1+S_{平})+\Delta_{中}]_{-\delta_z}^{0} \tag{9-28}$$

$$d_{M大}=[d_{大}(1+S_{平})+\Delta_{中}]_{-\delta_z}^{0} \tag{9-29}$$

$$d_{M小}=[d_{小}(1+S_{平})+\frac{3}{4}\Delta_{小}]_{-\delta_z}^{0} \tag{9-30}$$

式中 $d_{M中}$,$d_{M大}$,$d_{M小}$——螺纹型芯中、大、小径尺寸；

$d_{中}$,$d_{大}$,$d_{小}$——塑件上螺纹的中、大、小径尺寸；

$\Delta_{中}$,$\Delta_{小}$——塑件螺纹的中、小径公差,按金属标准螺纹 7 级公差考虑。

2)螺纹型环径向尺寸计算。螺纹型环的结构示意图如图 9-6 所示。螺纹型环用于成型塑件的外螺纹,外螺纹规定有大径和中径公差,无小径公差。

$$D_{M中}=[D_{中}(1+S_{平})-\Delta_{中}]_{0}^{+\delta_z} \tag{9-31}$$

$$D_{M大}=[d_{大}(1+S_{平})+\Delta_{中}]_{-\delta_z}^{0} \tag{9-32}$$

$$d_{M小}=[D_{小}(1+S_{平})-\Delta_{中}]_{0}^{+\delta_z} \tag{9-33}$$

式中 $D_{M中}$,$D_{M大}$,$D_{M小}$——螺纹型芯中、大、小径尺寸；

$D_{中}$,$D_{大}$,$D_{小}$——塑件上螺纹的中、大、小径尺寸；

$\Delta_{中}$,$\Delta_{大}$——塑件螺纹的中、大径公差,按金属标准螺纹 8 级公差考虑。

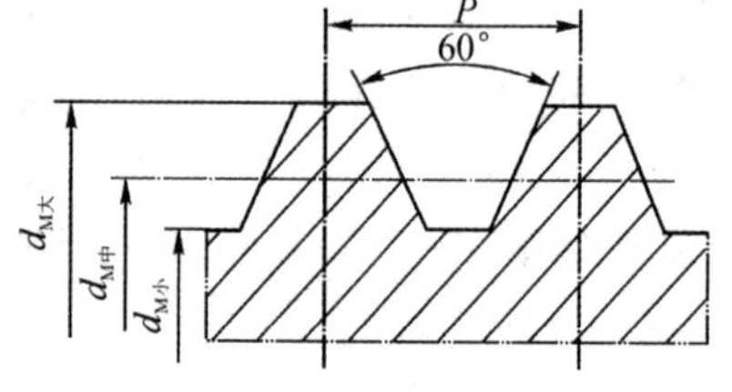


图 9-5 螺纹型芯

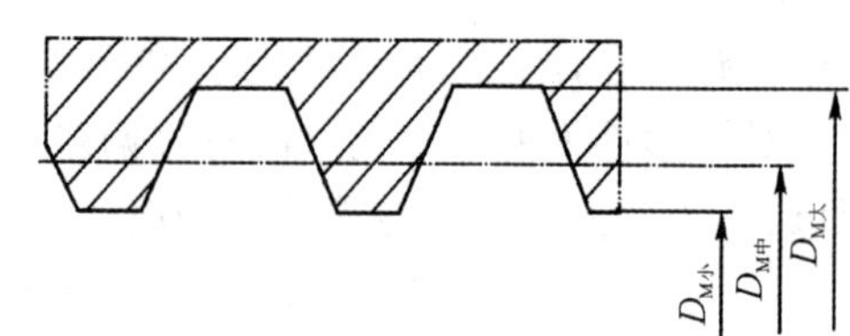


图 9-6 螺纹型环

不论螺纹型芯或螺纹型环,制造公差 $\delta_z$ 都按表 9-3 所列数据选用。

**表 9-3 普通牙形螺纹的螺纹型芯、型环制造公差** 单位:mm

| | | | | | |
|---|---|---|---|---|---|
| 粗牙螺纹 | 螺纹大径 | M3～M12 | M14～M33 | M36～M45 | M48～M68 |
| | 中径制造公差 | 0.02 | 0.03 | 0.04 | 0.05 |
| | 大、小径制造公差 | 0.03 | 0.04 | 0.05 | 0.06 |
| 细牙螺纹 | 螺纹大径 | M4～M22 | M24～M52 | M56～M68 | |
| | 中径制造公差 | 0.02 | 0.03 | 0.04 | |
| | 大、小径制造公差 | 0.03 | 0.04 | 0.05 | |

3)螺距尺寸计算。无论螺纹型芯或螺纹型环,其螺距尺寸都采用下式计算：

$$P_M=P(1+S_{平})_{-\delta_z/2}^{+\delta_z/2} \tag{9-34}$$

式中 $P_M$——螺纹型芯或型环上的螺距尺寸；

$P$——塑件上的螺距尺寸。

**4. 塑件成型尺寸的验算**

采用平均收缩率法或按公差带法计算出模具成型零件各类工作尺寸后,需要对成型出的塑件相应尺寸是否合格进行验算。采用的方法:分别用模具的最大极限尺寸减去最小收缩量得到塑件的最大实际尺寸，或用模具的最小极限尺寸减去最大收缩量得到塑件的最小实际尺寸，对照塑件图纸上的尺寸，检查是否在允许范围内。整个过程可用以下关系式表示：

$$L_{实大}=L_{M大}(1-S_{min})\leqslant L_{max} \tag{9-35}$$

$$L_{实小}=L_{M小}(1-S_{max})\leqslant L_{min} \tag{9-36}$$

$$\delta_{总}=L_{实大}-L_{实小}\leqslant\Delta=L_{max}-L_{min} \tag{9-37}$$

同时满足式(9－35)和式(9－36)，必然满足 $\delta_{总}\leqslant\Delta$，这时成型出的塑件公差合格。

如果满足式(9－37)，但不满足式(9－35)和式(9－36)其中之一，可通过模具成型尺寸修正加以补救。但如果不能满足满足式(9－37)，则必然不能满足式(9－35)或式(9－36)两式或其中之一，塑件尺寸超差，且无法补救。这时只能调整塑件公差或从材料等方面解决，如检查塑件图纸中所给公差是否合理(偏严)，或引用的收缩率数据是否可靠。

# 9.2　模具零件的强度计算

设计小型塑料模具时，很少进行强度计算，而是直接凭生产经验确定模具零件的尺寸，如型腔壁厚、模套壁厚、导柱直径、螺钉大小等。在生产中如果遇有大型塑料制件，或者形状比较特殊的塑料制件，或者采用新的塑料时，往往缺乏经验，有必要进行强度计算。

所谓强度通常主要包括模具零件的刚性和韧性。在模具设计中，强度是指模具零件发生与模具零件材料的屈服强度相对应的破坏的条件。模具零件在使用中往往发生裂口破碎，其原因主要是没有掌握模具零件在使用中的受力状态，模具零件为几何形状及尺寸精度不合适，使它在使用中受到大于模具零件材料屈服强度以上的应力所致。

模具刚度是指模具零件受力时抵抗弹性变形的能力。受力时完全不变形的物体叫刚体，除去所施加的压力之后物体的变形完全消失即为弹性变形。在弹性范围内，零件所受的应力与变形量大小之比即为刚度。

对于注射成型模具来说，注射时型腔内塑料熔体产生很大的模腔压强，型腔应具有足够的壁厚承受这一压力，否则会产生过大弹性变形引起塑件尺寸超差或脱模困难，对于非整体式型腔，过大弹性变形会使拼缝产生溢料现象。型腔壁厚偏小时表现为模具强度不足，工作中产生破坏现象。

## 9.2.1　壁厚的强度和刚度设计依据

对于一套模具，对型腔壁厚的设计应该是以强度还是以刚度为依据，这依赖于模腔的尺寸大小。理论分析和实际生产都证明，随模腔基本尺寸不同，强度或刚度都可能成为主要问题。对于小尺寸模具，强度是主要问题，满足强度条件一般能够同时满足刚度条件。随着基本尺寸的增大，刚度问题逐渐成为主要问题，大模具需要进行刚度计算，满足刚度条件通常能够同时满足强度条件。表 9－4 给出了组合式圆形型腔当型腔压力 $P=49$MPa，型腔允许变形量 $[\delta]=0.05$，型腔材料许用拉应力 $[\sigma]=157$MPa 时，随型腔基本尺寸增大，分别按强度条件和刚度条件计算的型腔壁厚数据比较。这些数据的相应曲线如图 9－7 所示。

**表 9-4 组合式圆形型腔壁厚与半径关系**

| 型腔半径/mm | 20 | 50 | 86 | 100 | 130 | 140 |
|---|---|---|---|---|---|---|
| 按强度计算的壁厚/mm | 13 | 31.5 | 54 | 63 | 76 | 88 |
| 按刚度计算的壁厚/mm | 2.1 | 15 | 54 | 85 | 149 | 280 |

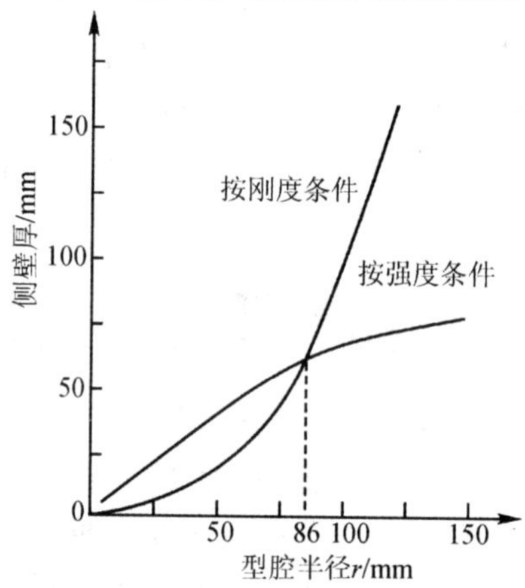


**图 9-7 组合式圆形型腔壁厚与内半径的关系**

弹性变形量可以根据塑料制件的大小,尺寸精度等级来决定。最大弹性变形量可以取塑料制件允许的公差的 1/5 左右。常见的中、小型塑料制件公差为 0.13～0.25 mm(非自由尺寸),因此允许弹性变形量为 0.026～0.05 mm。

在生产中也出现总变形虽然不大,但是发生模具零件开裂或者屈服破坏的现象。所以要求塑料模具零件既不允许因强度小而发生屈服破坏,也不允许由于模具零件刚度不足而变形溢料,影响塑料制件的尺寸精度和脱模。最常用最大允许变形量为 0.05 mm 左右。

大型模具当产生 0.05 mm 的弹性变形时,其内应力远未达到其许用应力,所以从刚度条件出发计算的型腔壁厚,就已满足强度条件的要求,可以不进行强度计算。小型模具当发生同样的变形量时,内应力就可能超过许用应力,因此小型模具应该进行强度计算;按刚度条件计算的型腔壁太薄,不能满足强度要求。

按强度计算和刚度计算的结果如图 9-7 所示,以型腔内半径 $r=86$ mm 为分界值,大于此值仅作刚度计算,小于此值仅作强度计算。等于此值按强度计算或者按刚度计算均可。

模具零件形状很复杂,多种多样,同时在成型过程中,模具的受力情况也是很复杂的,因此很难进行精确的强度及刚度计算,往往根据模具零件的结构、几何形状、受力情况,按下列简易方法进行近似计算:①按厚壁圆筒(带底与不带底)计算;②把型腔侧壁看作两端固定的梁或者板计算;③把每个型腔侧壁看作简支梁或者简支板进行计算;④按方形板计算等等。

按强度条件计算壁厚,应使型腔所受应力不超过型腔材料的许用应力,即

$$\sigma \leqslant [\sigma] \tag{9-38}$$

按刚度条件计算壁厚,应使型腔的弹性变形不超过型腔材料的允许变形量,即

$$\delta \leqslant [\delta] \tag{9-39}$$

## 9.2.2 组合式矩形凹模

**1. 按强度计算型腔壁厚**

如图 9-8 所示，矩形型腔四壁都受到塑料熔体压强 $q$ 的相互影响，使每个壁的截面都产生不同的抗拉应力 $\sigma_1$ 及抗弯应力 $\sigma_2$。

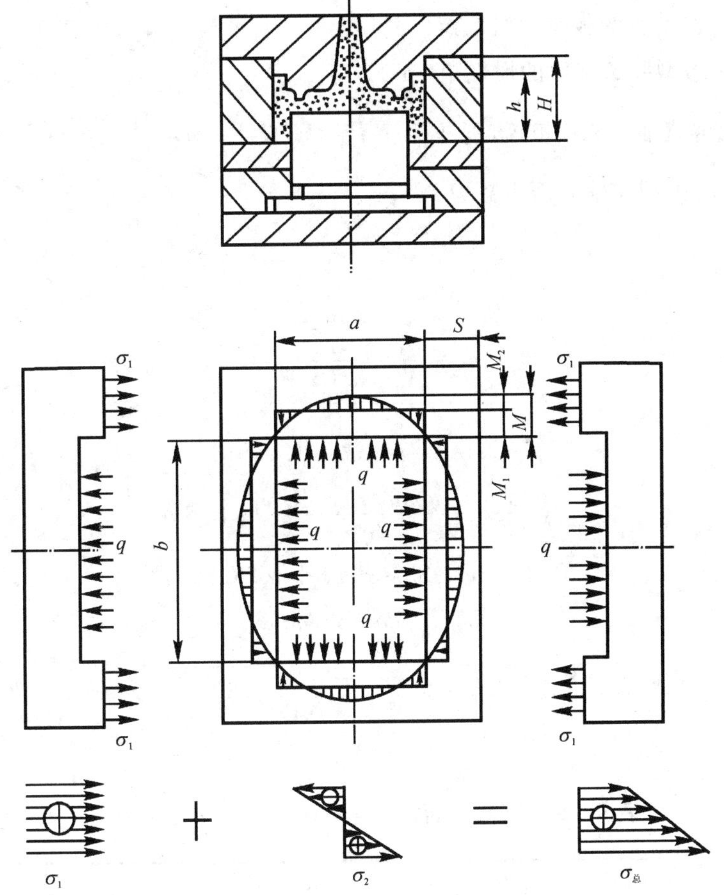


**图 9-8　组合式矩形凹模**

抗拉应力 $\sigma_1$：因两侧内壁面积 $h$，$b$ 上受到熔体压强 $q$ 的向外拉力，使另外两侧壁断面 $2HS$ 共同负担所产生的抗拉应力 $\sigma_1$。

$$qhb=2\sigma_1 HS \text{ 或 } \sigma_1=\frac{q}{2}\frac{h}{H}\frac{b}{S} \qquad (9-40)$$

式中　$q$——塑料熔体进入型腔内的压强(Pa)；

$h$——型腔内壁盛放塑料的高度(m)；

$b$——型腔内壁的长边尺寸(m)；

$\sigma_1$——型腔壁截面的抗拉应力(Pa)；

$H$——型腔壁的高度(m)；

$S$——型腔壁的厚度(m)。

抗弯曲应力 $\sigma_2$:型腔内壁受到熔体压强 $q$ 而产生弯矩,并且相邻的两壁互相影响,合成最大弯矩(见图 9-8,弧形假想线部分受长方形假想线部分干扰后的最大弯矩处)。由于抵抗最大弯矩 $M_1$ 而产生了抗弯曲应力 $\sigma_2$。

$$M_1=\frac{qh(J_b a^3+J_a b^3)}{12(J_b a)+J_a b}=\frac{qha^2 K}{12} \tag{9-41}$$

式中 $M_1$——因邻壁受力互相影响而合成的最大弯矩(N·m);

$a$——型腔内壁的短边尺寸(m);

$J_a$——短边型腔壁截面的惯性矩($m^4$)

$J_b$——长边型腔壁截面的惯性矩($m^4$)。

设型腔的四壁截面($HS$)相等,则 $J_a=J_b$;系数 $m=\frac{a}{b}$,$n=\frac{H}{h}$,$L=\frac{[\sigma]}{q}$,$K=\frac{1+m^3}{1+m}$,$m$,$K$ 的取值见表 9-5,则型腔壁截面系数为

$$W=\frac{HS^2}{6} \tag{9-42}$$

$$\sigma_2=\frac{M_1}{W}=\frac{\frac{qha^2K}{12}}{\frac{HS^2}{6}}=K \tag{9-43}$$

$$\sigma_{总}=\sigma_1+\sigma_2=K=$$

$$\frac{q}{2}\frac{a^2}{nS^2}K=\frac{qmas+qa^2K}{2nS^2}\leqslant[\sigma]\leqslant Lq \tag{9-44}$$

$$2nLqS^1=qamS+qa^2K$$

$$2nLqS^2-qamS-qa^2K=0$$

$$S=\frac{qam+\sqrt{q^2a^2m^2+8nLq^2a^2K}}{4nLq}=\frac{qam+qa\sqrt{m^2+8nLK}}{4nLq}=\frac{a\sqrt{m+\sqrt{m^2+8nLK}}}{4nLq} \tag{9-45}$$

**表 9-5 系数 $m$,$K$ 对照表($K=\frac{1+m^3}{1+m}$,$m=\frac{b}{a}$)**

| $m$ | $K$ | $m$ | $K$ | $m$ | $K$ | $m$ | $K$ | $m$ | $K$ |
|---|---|---|---|---|---|---|---|---|---|
| 1 | 1 | 2 | 3 | 3 | 7 | 4 | 13 | 5 | 21 |
| 1.1 | 1.01 | 2.1 | 3.31 | 3.1 | 7.51 | 4.1 | 13.71 | | |
| 1.2 | 1.24 | 2.2 | 3.64 | 3.2 | 8.04 | 4.2 | 14.44 | | |
| 1.3 | 1.39 | 2.3 | 3.99 | 3.3 | 8.59 | 4.3 | 15.19 | | |
| 1.4 | 1.56 | 2.4 | 4.36 | 3.4 | 9.16 | 4.4 | 15.96 | | |
| 1.5 | 1.75 | 2.5 | 4.75 | 3.5 | 9.75 | 4.5 | 16.75 | | |
| 1.6 | 1.96 | 2.6 | 5.16 | 3.6 | 10.36 | 4.6 | 17.56 | | |
| 1.7 | 2.19 | 2.7 | 5.59 | 3.7 | 10.99 | 4.7 | 18.39 | | |
| 1.8 | 2.44 | 2.8 | 6.04 | 3.8 | 11.64 | 4.8 | 19.24 | | |
| 1.9 | 2.71 | 2.9 | 6.51 | 3.9 | 12.31 | 4.9 | 20.11 | | |

**2. 按刚度计算型腔壁厚**

对于图 9－9 所示的组合式凹模，一般可以按两端固定承受均布载荷的梁进行计算，其计算式为

$$S=\sqrt[3]{\frac{qb^4h}{32EH\delta}} \tag{9-46}$$

式中　$S$——型腔侧壁厚度(m)；

$q$——型腔内熔体压强(Pa)；

$b$——型腔内壁(梁)的长度(m)；

$h$——型腔内壁受压部分高度(m)；

$E$——弹性模量，钢为 210GPa；

$H$——型腔外壁高度(m)；

$\delta$——许用弹性变形量(m)。

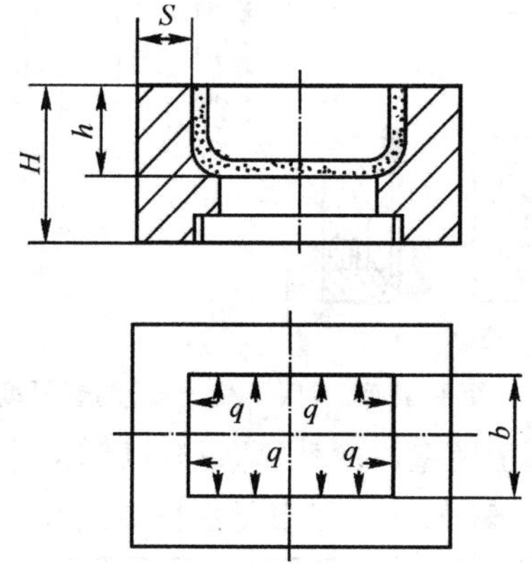


**图 9－9　组合式矩形凹模**

当预先确定了弹性变形量，求型腔侧壁厚度时，就用式(9－46)。但是有时先进行强度计算，然后再求出型腔的侧壁厚度，校验弹性变形量是否在许可的范围以内，为此把式(9－46)改写为

$$\delta=\frac{qb^4h}{32EHS^3} \tag{9-47}$$

现把式(9－46)汇总成图，如图 9－10 所示。

图中：

$S$——型腔壁厚(m)；

$q$——型腔内压强(Pa)；

$b$——型腔长度(m)；

$h$——受压部分高度(m)；

$E$——弹性模量，钢为 210GPa；

$H$——型腔高度(m)；

$\delta$——允许弹性变形量(m)。

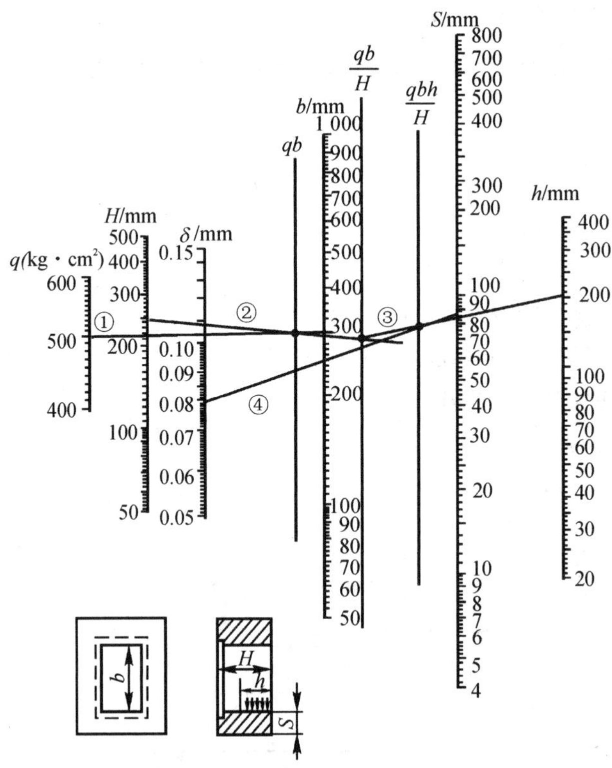


图 9-10　矩形型腔(与底不是一体)侧壁厚度计算图

表 9-6 中列举了一些矩形型腔壁厚的计算数据,以供设计矩形凹模时选用。

表 9-6　矩形型腔壁厚尺寸

| 矩形型腔内壁短边 $a$/mm | 整体式型腔 | 镶拼式型腔 | |
|---|---|---|---|
| | 型腔壁厚 $S$/mm | 型腔壁厚 $S_1$/mm | 模套壁厚 $S_2$/mm |
| 40 | 25 | 9 | 22 |
| >40～50 | 25～30 | 9～10 | 2～225 |
| >50～60 | 30～35 | 10～11 | 25～28 |
| >60～70 | 35～42 | 11～12 | 28～35 |
| >70～80 | 42～48 | 12～13 | 35～40 |
| >80～90 | 48～55 | 13～14 | 40～45 |
| >90～100 | 55～60 | 14～15 | 45～50 |
| >100～120 | 60～72 | 15～17 | 50～60 |
| >120～140 | 72～85 | 17～19 | 60～70 |
| >140～160 | 85～95 | 19～21 | 70～78 |

注：(1)表中参考尺寸，系按$\frac{[\delta]}{q}\approx 3.3$倍，$\frac{b}{a}\approx 1.8$倍，$\frac{H}{h}=1.4$倍时计算的，如果实际情况$\frac{[\delta]}{q}>3.3$倍，上述壁厚可以适当减小。如果实际情况$\frac{b}{a}>1.8$倍，上述壁厚可以适当增大。

(2)矩形型腔壁厚系按四角危险处截面进行强度计算的，因此模具上的螺钉孔销孔等只要选在比较安全的位置上，可以不增加或者少增加壁厚数值。

## 9.2.3　整体式圆形凹模

图 9-11 所示整体式圆形凹模可以按照封闭的厚壁圆筒进行强度计算，确定其型腔壁厚。

如果以 $\sigma_z$，$\sigma_r$，$\sigma_t$ 表示轴向应力、法向应力、切向应力，则有

$$\sigma_z=\frac{q\pi r_2^2}{\pi(r_1^2-r_2^2)}=\frac{qr_2^2}{r_1^2-r_2^2}=\frac{q}{K^2-1}=A \tag{9-48}$$

$$\sigma_r=\frac{qr_2^2}{r_1^2-r_2^2}\left(1-\frac{r_1^2}{r_2^2}\right)=A\left(1-\frac{r_1^2}{r_2^2}\right)=A(1-K^2) \tag{9-49}$$

$$\sigma_t=\frac{qr_2^2}{r_1^2-r_2^2}\left(1-\frac{r_1^2}{r_2^2}\right)=A(1+K^2) \tag{9-50}$$

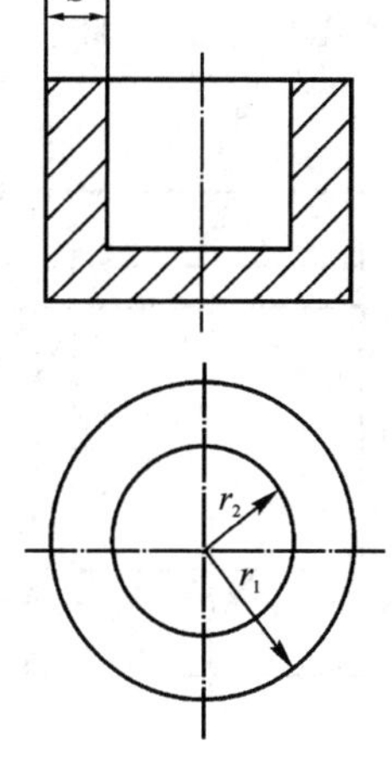


**图 9-11　整体式圆形凹模**

式中　$K$ ——比例系数，$K=\frac{r_1}{r_2}$；

$[\sigma]$ ——模具材料的许用应力(Pa)；

$q$ ——压制压强(Pa)。

型腔的壁厚为

$$S=Kr_2-r_2=r_2(K-1) \tag{9-51}$$

根据第二强度理论，综合应力为

$$\sigma_{ra}=[\sigma_t-m(\sigma_r+\sigma_z)] \tag{9-52}$$

式中，$m$ 为泊松比，对于钢材来说，$m=0.3$。

因为

$$[\sigma]\geqslant\sigma_{ra} \tag{9-53}$$

所以
$$[\sigma]=\frac{q}{K^2-1}(1.3K^2+0.4) \tag{9-54}$$

$$K=\sqrt{\frac{0.4q+[\sigma]}{[\sigma]-1.3q}} \tag{9-55}$$

将 $K$ 值代入式(9-64)可得

$$S=r_2\left(\sqrt{\frac{0.4q+[\sigma]}{[\sigma]-1.3q}}-1\right) \tag{9-56}$$

圆形凹模侧壁厚度的近似计算公式为

$$S=\frac{qr_2h}{[\sigma]H} \tag{9-57}$$

式中 $r_2$ ——圆型整体式凹模内径(m)；

$h$ ——型腔受压部分高度(m)；

$H$ ——型腔外壁高度(m)。

按刚度计算整体式圆形凹模侧壁厚度的假设如下所述：整体式圆形型腔受力图如图9-12所示。在侧壁下端的内半径因受底的约束，不能自由膨胀，故其膨胀值 $\delta$ 比自由膨胀时小。$l_1$ 值愈小，则受影响愈大。为简化计算，可假设底板处膨胀为零，但到一定界限值以上，则基本上不受底的约束而自由膨胀，与组合式型腔一致。此外，因侧壁与底受力时不会产生任何间隙，故侧壁受力变形仅对塑件尺寸精度有影响。

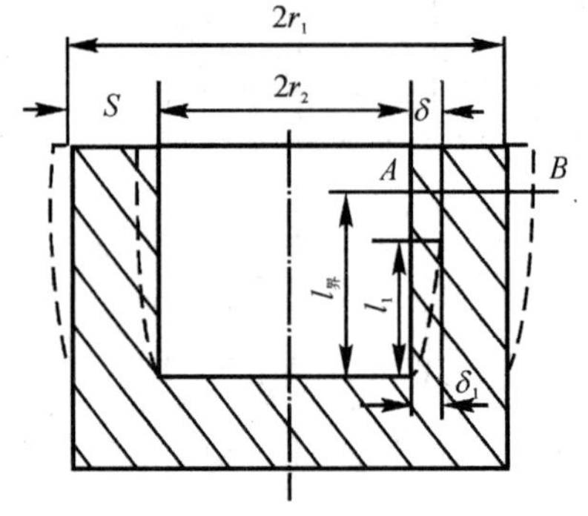


**图9-12 侧壁受力变形情况(整体式)**

按上述假设求整体式圆形凹模侧壁厚度的步骤如下：

(1)用通过轴线的两平面在侧壁上截取单位宽度的长条，按受均布负荷作用的悬臂梁处理，可得

$$l_{界}=\sqrt[4]{\frac{2}{3}r_2(r_1-r_2)^3}=\sqrt[4]{\frac{2}{3}r_2S^3} \tag{9-58}$$

式中 $l_{界}$——型腔侧壁受约束膨胀区的界限高度(m)；

$r_1$，$r_2$——整体式圆形凹模的外、内半径。

(2)设侧壁在 $AB$ 线以上的径向伸长值为 $\delta$，在侧壁其他任意高度 $l_1$ 外的径向伸长值 $\delta_1$ 可用下式求得：

$$\delta_1=\delta l_{界}^4/l_1^4 \tag{9-59}$$

式中 $\delta_1$——$l_1$ 高度时径向伸长值(m)；

$\delta$——自由膨胀时的径向伸长值(m)。

$\delta$ 按下式计算：

$$\delta_1=\frac{r_2 q}{E}\left(\frac{r_1^2+r_2^2}{r_1^2-r_2^2}+m\right) \tag{9-60}$$

式中　$q$——型腔压强(Pa)；

$m$——泊松比，碳钢取 0.25。

## 9.2.4　组合式圆形凹模

从强度观点出发，以塑性材料的第三强度理论推导出的计算组合式圆形凹模的侧壁厚度 $S$ 的公式为

$$S=r\left(\sqrt{\frac{[\sigma]}{[\sigma]-2q}}-1\right) \tag{9-61}$$

式中　$S$——组合式圆形凹模的侧壁厚度(m)；

$r$——型腔内半径(m)；

$[\sigma]$——模具材料的许用应力(Pa)；

$q$——型腔压强(Pa)。

按刚度计算组合式圆形凹模的侧壁厚度的公式为

$$S=r_2\left(\sqrt{\frac{1-m+\dfrac{E\delta}{r_2 q}}{\dfrac{E\delta}{r_2 q}-(m+1)}}-1\right) \tag{9-62}$$

式中　$S$——组合式圆形凹模的侧壁厚度(m)；

$r_2$——组合式圆形凹模的内径(m)；

$q$——成型时熔融成型材料对型腔的压强(Pa)；

$E$——弹性模量，钢为 210GPa；

$m$——泊松比，钢材为 0.25；

$\delta$——允许的变形量(m)。

表 9-7 中列举了一些圆形型腔壁厚的参考尺寸，仅供设计圆形型腔时选用。

**表 9-7　圆形型腔参考尺寸**

| 整体式型腔 | | 镶拼式型腔 | |
|---|---|---|---|
| 圆形型腔内壁直径 $d$/mm | 型腔壁厚 $S$/mm | 型腔壁厚 $S_1$/mm | 模套壁厚 $S_2$/mm |

续表

| 整体式型腔 | | 镶拼式型腔 | |
|---|---|---|---|
| ～40 | 20 | 8 | 18 |
| >40～50 | 25 | 9 | 22 |
| >50～60 | 30 | 10 | 25 |
| >60～70 | 35 | 11 | 28 |
| >70～80 | 40 | 12 | 32 |
| >80～90 | 45 | 13 | 35 |
| >90～100 | 50 | 14 | 40 |
| >100～120 | 55 | 15 | 45 |
| >120～140 | 60 | 16 | 48 |
| >140～160 | 65 | 17 | 52 |
| >160～180 | 70 | 19 | 55 |
| >180～200 | 75 | 21 | 58 |

注：以上型腔壁厚均为淬硬钢数据，如系未淬硬钢，应该乘以 1.2～1.5。

### 9.2.5 动模垫板厚度的计算

动模垫板由于受到成型压力的作用而发生变形，若此变形过大，就会导致塑料制件的壁厚发生变化，还会发生溢料现象，因此必须将其最大变形量限制到 0.2 mm 以下。图 9－13 所示是动模型芯受力的情况。动模垫板的厚度计算公式为

$$h=\sqrt[3]{\frac{5qbL^4}{32EB\delta}} \tag{9-63}$$

假设 $L=l$，则有

$$\delta=\frac{5qbL^4}{384El} \tag{9-64}$$

在式(9－63)、式(9－64)及图 9－13 中：

$h$ ——垫板厚度(m)；

$l$ ——受成型压力的长度(m)；

$L$——垫块间的距离(m)；

$b$ ——受成型压力的宽度(m)；

$B$——模具的宽度(m)；

$E$——弹性模量，钢材 210GPa；

$J$ ——动模垫板的截面惯性矩，$J=\frac{Bh^3}{2}$。

当塑料制件的投影面积大时，该垫板的厚度需加大，模具的高度也就随之增大，因此开模距离就会变小。在这种场合，如果按图 9－14 所示在垫板下放置支柱，则可增加垫板的刚性、减少垫板的厚度。这时支柱必须具有一定的粗度，不至于因加在支柱断面上的压力而使支柱曲折。

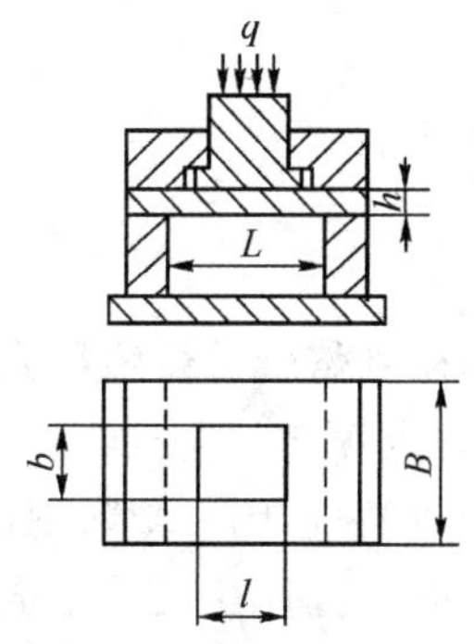


图 9-13　动模型芯受力图

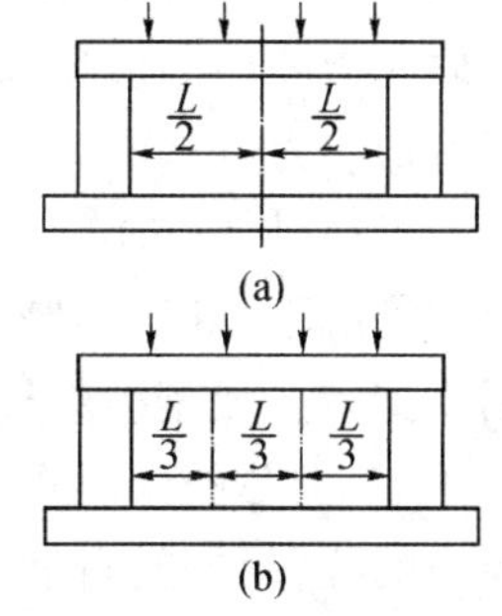


图 9-14　增设补强支柱

(1)在两块垫中间加入一根支柱时(见图 9-14(a)),有

$$h=\sqrt[3]{\frac{5qb(L/2)^4}{32EB\delta}} \tag{9-65}$$

由式(9-65)所得的 $h$ 值为由式(9-63)求得的 $h$ 值的 1/2.5。

(2)把两垫块之间的距离等分而放入两根支柱时(见图 9-14(b)),有

$$h=\sqrt[3]{\frac{5qb(L/3)^4}{32EB\delta}} \tag{9-66}$$

由式(9-66)求得的 $h$ 值为由式(9-63)求得的 $h$ 值的 1/4.3。

动模型芯如果定位不好,填充中有发生型芯歪斜的危险。因此在可能的范围内,动模垫板应有足够的厚度。表 9-8 列举了一些动模板的参考尺寸,仅供设计选用。

**表 9-8　动模垫板参数参考尺寸**

| 塑料制件在分型面上的投影面积 $A_n$/cm² | 垫板厚度/ mm |
|---|---|
| ≤5 | <15 |
| >5～10 | 15～20 |
| >10～50 | 20～25 |
| >50～100 | 25～30 |
| >100～200 | 30～40 |
| >200 | >40 |

注:$A$ 为型腔的投影面积;$n$ 为型腔个数。

## 9.2.6　型芯的强度计算

当进行注射成型时,型腔内的型芯(见图 9-15)往往因其侧面受熔融液体塑料的剪切作用而损坏,因此设计模具时必须使这些型芯成型时受到的剪切应力小于模具型芯材料的许用剪切应力才不致损坏。

$$\tau=\frac{2ql}{\pi r}\leqslant[\tau] \tag{9-67}$$

$$r=\frac{2ql}{\pi[\tau]} \tag{9-68}$$

式中　$\tau$——型芯所受的剪切应力(Pa);

$q$ ——型芯单位侧面积所受的压力(Pa)；

$l$ ——型芯伸入型腔内的成型部分的长度(m)；

$[\tau]$ ——许用剪切应力(Pa)；

$r$ ——型芯的半径尺寸(m)。

在大部分的成型情况下，处于型腔内的型芯的侧面受到熔融液体塑料流的作用，在注射成型时型芯常因侧面受到熔融成型塑料流强烈地推压而有点倾斜。通常希望型芯倾斜量最好比成型塑料的收缩量小，若型芯的倾斜量大于成型材料的收缩量，则在塑料制件上由该型芯所成型的孔就会偏离原来的位置，使塑料制件的尺寸精度下降。但往往很难完全防止型芯倾斜，必须依靠控制倾斜量来调整型芯的粗细程度。

如图 9－16 所示，根据型芯在模具中的装固情况，可以把型芯看作是一端固定的悬臂梁(A)和简支梁(D)。前者型芯的最大倾斜量产生在型芯的自由的一端，而后者型芯最大倾斜量出现在型芯的中间。

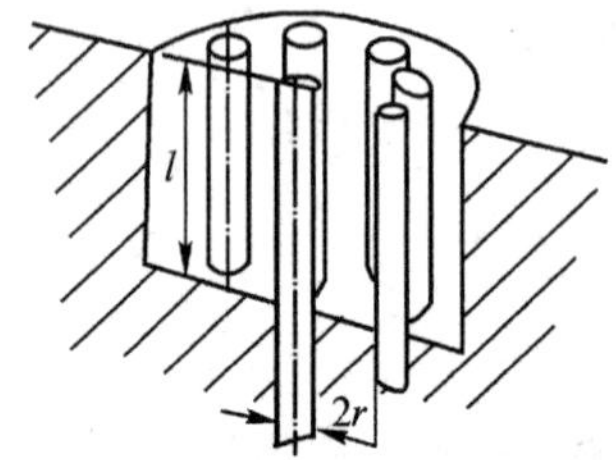


**图 9－15 型腔内的型芯**

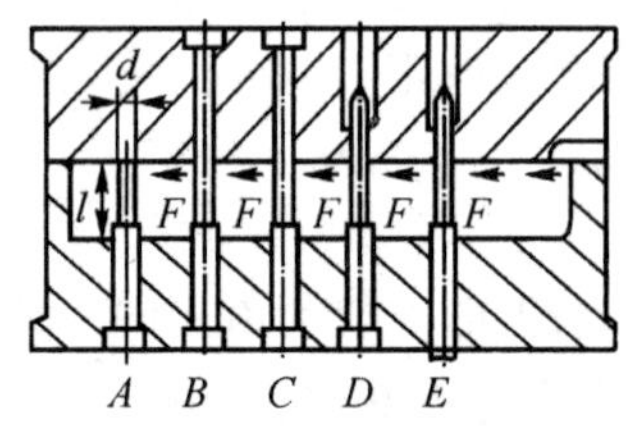


**图 9－16 型腔的各种装固方法和受力情况**

对于一端固定的型芯(A)，有

$$\delta_{最大}=\frac{Fl^3}{3EJ} \tag{9-69}$$

$$d=\sqrt[3]{\frac{64ql^4}{3\pi E\delta_{最大}}} \tag{9-70}$$

对于二端固定的型芯(D)，有

$$\delta_{最大}=\frac{Fl^3}{192EJ} \tag{9-71}$$

$$d=\sqrt[3]{\frac{ql^4}{3\pi E\delta_{最大}}} \tag{9-72}$$

$$F=qld \tag{9-73}$$

式中 $\delta_{最大}$——允许型芯的最大倾斜量(m)；

$F$——型芯在成型中所受的侧压力(N)；

$q$——型腔内单位面积上所受的熔融成型塑料的压力(Pa)；

$l$——型腔中型芯的长度(m)；

$d$——型芯直径(m)。

# 第 10 章　塑料模具的计算机辅助设计简介

## 10.1 概　　述

塑料模具的设计和制造以及成型过程的分析是一个繁琐且繁重的任务，仅靠设计人员的经验和模具工人的手艺，很难保证塑料模具的精密设计与制造及满足制品高精度的要求。计算机辅助设计、计算机辅助制造与计算机辅助工程技术的出现，彻底改变了塑料模具传统的设计与制造方法，显著提高了塑料模具的设计制造效率和塑料产品的质量。

### 10.1.1　塑料模具 CAD/CAM/CAE 技术的基本概念

计算机辅助设计(Computer Aided Design，CAD)，是人和计算机相结合、各尽所长的新型设计方法。在设计过程中，充分发挥计算机的强大运算功能、信息存储与快速查找的能力，完成信息管理、数值计算、分析模拟、优化设计和绘图等任务，而设计人员则集中精力进行创造性的思维活动，完成设计方案构思、工作原理拟定等，并将设计思想、设计方法经过综合、分析、转换成计算机可以处理的数学模型和解析这些模型的程序。而所谓塑料模具 CAD 是指在塑料模具设计过程中采用 CAD 系统来辅助设计人员进行模具设计，将大量有关材料参数、工艺参数、设计参数及标准件等信息存入计算机，并同时采用参数化设计，以便提高塑料模具设计的水品和效率。

计算机辅助制造(Computer Aided Manufacturing，CAM)是一项利用计算机帮助人们完成有关产品制造工作的技术。它包括狭义和广义两个概念：CAM 的狭义概念是指从产品设计到加工制造之间的一切生产准备活动，包括计算机辅助工艺规程设计 CAPP(Computer Aided Process Planning)、计算机辅助 NC 编程、工时定额的计算、生产计划的制订、资源需求计划的制订等。CAM 的狭义概念甚至更进一步缩小为 NC 编程的同义词。CAM 的广义概念除了包括上述 CAM 狭义定义所包含的所有内容外，还包括制造活动中与物流有关的所有过程，即加工、装配、检验、存储、输送的监视、控制和管理。

计算机辅助工程技术(Computer Aided Execution，CAE)，是一个包含数值计算技术、数据库、计算机图形学、工程分析与仿真等在内的综合性软件系统，其核心技术是工程问题的模型化和数值实现方法。就塑料模具计算机辅助工程技术而言，它主要是利用高分子流变学、传热学、数值计算方法和计算机图形学等基本理论，对塑料成型过程进行数值模拟，在模具制造之前就可以形象、直观地在计算机上模拟实际成型过程，预测模具设计和成型条件对产品的影响，模拟成型过程中熔体充模、保压与冷却过程以及预测塑料制品在脱模后的翘曲变形，发现可能出现的缺陷，为判断模具设计和成型条件是否合理提供科学的依据。

### 10.1.2 国内外塑料模具CAD/CAM/CAE技术的发展历程与现状

国外模具CAD/CAM技术的研究始于20世纪60年代，1963年MIT学者I. E. Sutherland发表了题为“人机对话图形通讯系统”的论文，首次提出了计算机图形学等术语。由他推出的二维SKETCHPAD系统，允许设计者操作光笔和键盘，在图形显示器上进行图形的选择、定位等交互作业，对符号和图形的存储采用分层的数据结构。这项研究为交互式计算机图形学及CAD技术奠定了基础，也标志着CAD技术的诞生。到20世纪70年代国外已经研制出了模具CAD/CAM的专门系统，推出了面向中小型企业的CAD/CAM的商业软件，可应用于各种类型的模具设计和制造。20世纪80年代后期，人们认识到计算机集成制造(CIM)的重要性，开始强调信息集成，出现了CIMS，将CAD/CAM技术推向了更高的层次。20世纪90年代以来，CAD/CAM/CAE技术更加强调信息集成和资源共享，出现了产品数据管理技术，CAD建模技术日益完善，出现了许多成熟的CAD/CAE/CAM集成化的商业软件，如采用变量化技术的I-DEAS、应用复合建模技术的UG等。20多年来，随着计算机硬件的不断提升，工业发达国家的CAD/CAM技术不断创新、完善、逐步发展，已经形成一个从研究开发、生产制造到推广应用和销售服务的完整的高技术产业。

我国模具CAD/CAM技术开始于20世纪70年代末，与国外相比尚有一段距离，但目前也趋于成熟，并在模具生产企业得到广泛应用。特别是20世纪80年代后期，我国进入了CAD/CAM技术迅猛发展的时期，各大院校和科研单位不仅自主研发适合国情、专业化极强的CAD/CAM实用系统，也引进国外先进CAD/CAM，同时在国外的CAD/CAM系统之上进行二次开发。如吉林大学依托一汽对汽车覆盖件CAD/CAM系统的研究已经取得显著成效，华中科技大学模具技术国家重点实验室在AutoCAD软件平台上开发出基于特征的级进模CAD/CAM系统HMJC，上海交通大学为瑞士法因托(Finetool)精冲公司开发成功精密冲裁级进模CAD/CAM系统，西安交通大学开发出多工位弯曲级进模CAD系统等，这些CAD/CAM系统的研发促进了国内模具行业快速发展。

近30年来塑料流变学、计算机技术、计算数学、图形学等技术的突飞猛进，为塑料模具CAE技术的发展创造了条件。从20世纪70年代起，塑料模具CAE技术就成为塑料成型领域的热门研究课题，从分散、零星的研究发展为集中、系统的开发，研究机构层出不穷，如澳大利亚的Moldflow公司、美国AC-Tech公司、德国IKU研究所、法国GISI-GRAPH公司等。而早在20世纪80年代，国内就有一批科研单位和高校投入CAE的研究、开发和应用中。在此背景下，国内相继取得了可喜的成绩，如大连理工大学的JIFEX，郑州机械研究所的紫瑞和北京农机学院的有限元分析系统。在塑料模具CAE方面，华中科技大学、上海交通大学、浙江大学、天津轻工业学院、成都科技大学等都先后取得了一批科研成果。其中华中科技大学于1988年底研制出了塑料模具CAD/CAM/CAE系统的原型版本HSC1.0，该系统经过了十余年时间的推广，国内近百家工厂的验证。经过20多年的努力，该系统已经发展成为一套适用范围广、运行稳定、结果可靠、使用方便并具有自主版权的基于实体模型的软件。

### 10.1.3　塑料模具 CAD/CAM/CAE 技术的发展趋势

目前模具市场要求高质量、低成本的产品，并且要求对各种不同的市场需求做出快速的反应，因此模具制造技术的发展更加趋于专业化、标准化、集成化、智能化、虚拟化、网络化。

**1. 专业化**

任何一种模具软件不可能包罗万象，能完全适应不同的模具产品、不同生产企业的需求。这就要求有针对性地开发专用模具 CAD/CAM/CAE 系统软件，或者根据模具生产企业自身的特点对软件系统进行二次开发。这样才有可能一切从实际出发，最大地发挥出软件的潜能，充分利用好企业自身的设备，制造出高质量的模具产品。

随着塑料模具工业的快速发展，各大主要软件开发商和有独立科研实力的企业已经开始有针对性地开发专用模具 CAD/CAM 使用软件系统，并取得了巨大的经济效益。如：专用的塑料注射成型模系统 MoldWizard，法国 Misslelsoftware 公司的注射成型模专用软件 Top-Mold，日本 UNISYS 株式会社的塑料模具设计和制造系统 CADCEUS 等。这些专用模具软件的产生，大大地提高了塑料模具设计人员的工作效率，让塑料模具设计人员从繁琐的劳动中解放出来，可以进行创造性的设计活动。

**2. 标准化**

标准化塑料模具 CAD/CAM 系统可建立标准零件数据库、非标准零件数据库和模具参数数据库。标准零件库中的零件在模具 CAD 设计中可以随时调用，并采用 GT(Group Technology，成组技术)生产。非标准零件库中存放的零件，虽然与设计所需结构不尽相同，但利用系统自身的建模技术可以方便地进行修改，从而加快设计过程，使典型模具结构库在参数化设计的基础上实现。

数据的传递、转化成为企业之间、企业与客户之间、软件之间、软件与设备之间进行信息传递的最大障碍。在模具 CAD/CAM/CAE 软件系统中也存在这样的问题，为保障数据在传递、转化的过程中不丢失，建立数据转换的标准显得非常重要，这样可以使塑料模具 CAD/CAM/CAE 软件系统内部的信息交流成为整体，从而在真正意义上实现模具制造业信息传递的畅通。

**3. 集成化**

国内塑料模具制造企业虽然也采用了 CAD/CAM/CAE 技术，但模具的设计尚未形成成熟的理论指导和设计体系，各类设计工具更多地表现为单一学科的软件，其相互集成也是以软件接口实现的数据集成。而塑料模具 CAD/CAM/CAE 技术与 GT，CE(Concurrent Engineering)，CAE，CAPP(Computer Aided Process Planning)，PDM(Product Data Management)等技术密切相连，可组成一个有机的整体，建立一个统一的全局模具产品数据模型，在模具开发、模具设计中，提供全部的信息，使信息共享、交换处理和反馈，综合了计算机技术、系统集成技术、并行技术和管理技术，最终将发展成为 CIMS(Computer Integrated Manufacture System，计算机集成制造技术)。

**4. 智能化**

塑料模具 CAD/CAM/CAE 技术中的智能化是指由模具 CAD/CAM/CAE 软件系统和人

类专家共同组成的人机一体化系统，它能在模具生产过程中进行分析、推理、判断、构思和决策等智能活动，有效地实现了人与模具设计系统的有机融合及人的智能的充分发挥。近年来，人工智能在模具CAD/CAM/CAE系统中的应用主要集中在知识工程的引入和模具设计专家系统开发上。

目前，塑料模具的设计和制造过程中，在很多环节上仍然依靠模具设计人员的经验，如模具设计方案的选择、工艺流程和参数的选择、模具结构的优化等。模具CAD/CAM/CAE设计系统只是完成一些简单建模和数值计算，缺乏灵活性和可靠性。这就要求模具设计系统必须利用KBE(Knowledge-Based Engineering)技术进行深入的改造，充分发挥、利用知识库和专家系统设计出高质量的模具。这在模具行业已有成功案例，如华中科技大学模具技术国家重点实验室在国内注射成型模拟软件HSCAE6.10中成功地引入了人工智能技术。

**5. 虚拟技术**

虚拟制造(VM)是一种新的制造技术，它以仿真技术、信息技术、虚拟现实技术为支撑，对产品设计、工艺规划、加工制造等生产过程进行统一建模。虚拟制造技术应用于塑料模具生产实际是模具CAD/CAM/CAE技术的集成和延伸，因此，模具工业今后推广应用虚拟制造技术，必须首先对当前应用于模具生产的各种先进设计与制造技术和方法进行全面、深入地消化吸收和推广应用。虚拟制造技术在国外模具工业中已有成功的应用。如美国的Foundry Service(FSC)公司采用虚拟制造技术对整个工艺生产过程进行仿真，并根据仿真结果更改设备参数后，成功地完成了生产系统的改造工程，节约了大量的资金。

**6. 网络化**

网络化敏捷制造与塑料模具CAD/CAM/CAE技术的结合是当今模具制造业中的主流方向之一。随着信息技术、网络技术的发展，网络化制造的研究已经达到了前所未有的高度。网络化模具制造指的是：面对模具市场机遇，针对模具市场需要，利用以因特网为标志的信息高速公路，灵活而迅速地组织社会模具制造资源，快速地组合成一种超越空间概念的、靠电子手段联系的、统一指挥的经营实体网络联盟模具制造企业，以便快速推出高质量、低成本的模具产品。此类的研究已经相当多，如针对东莞地区模具行业敏捷化趋势的分析与研究。目前模具网络化制造研究的重点是如何有效地实现不同模具企业之间的资源共享，达到多种高新技术的集成，从而集成多方面的资源，使具有多种功能的网络化模具制造平台成为网络化模具制造的技术支持，能使模具企业快速的应对市场的变换。

## 10.2 塑料模具CAD/CAM技术

塑料模具CAD/CAM技术是模具设计工程师和模具制造工程师在计算机系统的辅助下，根据塑料产品的综合特性即几何特性和非几何特性进行模具设计和制造的一项先进技术。模具设计工程师根据塑料产品的综合特性进行模具结构方案设计，经过初步分析和论证，在满足特定技术条件后进行模具结构的详细设计，同时进行详细的工艺和力学分析，最终输出相关的技术文档。而模具制造工程师则根据设计信息，进行模具零件的制造工艺设计和NC编程，最终生成模具零件制造加工过程的控制信息。

### 10.2.1　塑料模具 CAD/CAM 系统的基本功能

在 CAD/CAM 系统中，计算机主要帮助人们完成产品结构描述、工程信息表达、工程信息传输与转化、结构及过程的分析与优化、信息管理与过程管理等工作。因此，CAD/CAM 系统应具备图形图像处理、产品与过程建模、信息存储与管理、工程计算分析与优化、工程信息传输与交换、模拟与仿真、人机交互、信息输入和输出等基本功能。而塑料模具 CAD/CAM 系统则支持塑料模具设计的基本流程，提供各个具体模块的设计功能，具体到型腔布置、标准模架设计、浇注系统设计、冷却系统设计等。

**1. 图形图像处理**

在产品设计中，涉及大量的图形图像处理任务，如图形的坐标变换、裁剪、渲染、消隐处理、光照处理等，它是 CAD/CAM 系统所必备的一种技术。而采用几何造型系统如线框造型、表面造型和实体造型，在计算机中生成塑料制品的几何模型，这是塑料模具结构设计的第一步。由于塑料制品大多是薄壁件且又具有复杂的表面，因此常用曲面与实体造型相结合的方法来产生制品的几何模型。

**2. 产品与过程建模**

在 CAD/CAM 系统中，对产品信息及其相关过程信息的描述是一切工作的基础。

对于塑料模具的 CAD/CAM 系统来说，几何造型是其核心技术，即通常所说的几何建模，因为在塑料模具设计与制造过程中，必然要涉及大量的结构体描述与表达。在产品设计阶段，需要应用几何造型系统来表达塑料模具结构形状、大小、装配关系等；在有限元分析阶段，要应用几何模型进行网格划分、解算器处理等；在数控编程阶段，要应用几何模型来完成刀具轨迹定义和加工参数输入等。

在塑料模具中，凹模用以生成塑料制品外表面，型芯用以生成塑料制品的内表面。由于塑料的成型收缩率、模具磨损及加工精度的影响，制品的内外表面尺寸并不就是模具型腔的尺寸，两者之间需要经过比较繁琐的换算，这也是塑料模具 CAD/CAM 系统中重要的几何造型部分。在塑料模具 CAD/CAM 系统中，线框建模、表面建模、实体建模可以完成描述零件的几何形状数据，而只有特征建模部分才可以表达特征及公差、精度、表面粗糙度和材料特征等信息，更好地表达设计者的设计意图。

**3. 标准模架数据库**

由于 CAD/CAM 系统中的数据量大、种类繁多，既有几何图形数据，又有属性语义数据，既有产品定义数据，又有生产控制数据，既有静态标准数据，又有动态过程数据，数据结构还相当复杂，因此，CAD/CAM 系统应能提供有效的数据存储与管理手段，支持设计与制造全过程的信息流动与交换。

通常，CAD/CAM 系统采用工程数据库系统作为统一的数据环境，来实现各种工程数据的管理。

采用计算机软件来设计模具的前提是尽可能多地实现模具标准化，包括模架标准化、模具零件标准化、结构标准化及工艺参数标准化等。一般而言，用作标准模架选择的设计软件应具有两个功能：一是能引导模具设计者输入本企业的标准模架，以建立专用的标准模架库；二是能方便地从已建好的专用标准模架库中选出在本次设计中所需的模架类型及全部模具标准件的图形和数据。

**4. 工程计算分析与优化**

在产品设计制造过程中，涉及大量的工程计算分析与优化任务。如根据产品的几何形状，计算出相应的体积、表面积、质量、重心位置、转动惯量等几何特性和物理特性，为系统进行工程分析和数值计算提供必要的基本参数；在结构分析中，需要进行应力、温度、位移等计算；在图形处理中，需要进行矩阵变换的运算、体素之间的布尔运算（交、并、差）等；在工艺规程设计中，需要进行工艺参数的计算。因此，不仅要求 CAD/CAM 系统对各类计算分析的算法正确全面，还要有较高的计算精度。

CAD/CAM 系统中结构分析常用的方法是有限元法，这是一种数值近似求解方法，用来计算复杂结构形状零件的静态、动态特性，比如：强度、振动、热变形、磁场、温度场强度、应力分布状态等。

CAD/CAM 系统应具有优化求解的功能，也就是在某些条件的限制下，使产品或工程设计中的预定指标达到最优。

优化包括总体方案的优化、产品零件的结构优化、工艺参数的优化等。而在塑料模具 CAD/CAM 设计中，这部分工作主要包括模具的流道系统设计、顶出机构设计、侧抽芯机构设计、冷却水道设计等。

**5. 工程信息传输与交换**

CAD/CAM 系统不是一个孤立的系统，必须与其他系统相互联系，即使是在 CAD/CAM 内部，各功能模块之间也要进行信息传输与交换。

随着并行作业方式的推广应用，还存在着几个设计者或工作小组之间的信息交换问题，因此，CAD/CAM 系统应具备良好的工程信息传播和交换功能。在塑料模具设计中主要表现为模具设计软件能引导用户根据模具部装图、总装图以及相应的图形库完成模具零件的设计、绘图和标注尺寸。

**6. 模拟与仿真**

在 CAD/CAM 系统内部，可建立一个实际产品或系统的数字化模型，例如，机构、机械手、机器人等，通过运行仿真软件，代替、模拟真实系统的运行，用以预测产品的性能、产品的制造过程和产品的可制造性。

如数控加工仿真系统，从软件上实现零件试切的加工模拟，避免了现场调试带来的人力、物力的投入以及加工设备损坏的风险，减少了制造费用，缩短了产品设计周期。模拟与仿真通常有加工轨迹的仿真，机构运动学的模拟，机器人的仿真，工件、刀具、机床的碰撞、干涉检验等。这一部分功能在塑料模具设计系统中主要表现为初始设计的试模调控等功能。

**7. 人机交互**

在 CAD/CAM 系统中，人机交互接口是用户与系统之间连接的桥梁。

友好的用户界面，是保证用户直接而有效地完成负责设计任务的必要条件，除 CAD/CAM 系统的软件界面设计外，还必须有交互设备，实现人与计算机之间的通信。在塑料模具设计 CAD/CAE 系统中，主要通过不同软件的开发完善来实现人机交互。

**8. 信息输入**

在 CAD/CAM 系统中，大量的信息是以人机交互方式输入系统的，但也有许多情况，如车间运动控制系统、质量保证系统、以反求工程为基础的产品造型系统等，都是以计算机自动信息采集方式输入的，因此 CAD/CAM 系统还应具备自动吸纳采集输入功能。

**9. 信息输出**

CAD/CAM 系统的信息输出包括各种信息在显示器上的显示、工程图的输出、各种文档的输出和控制命令的输出等。

图形和各种信息的显示是实现人机交互的基础。工程图的输出是 CAD/CAM 系统的基本要求，在塑料模具生产制造过程中，二维图形是表达工程信息最直观的手段，在许多场合均需要输出二维图纸，并要求模具设计软件可将理论计算和行之有效的设计经验相结合，为模具设计师提供模具零件全面的计算和校核，以验证模具结构等有关参数的正确性，为生产加工提出指导。

## 10.2.2　塑料模具 CAD/CAM 系统的工作过程

CAD/CAM 系统是设计、制造过程中的信息处理系统，它主要针对研究对象描述、系统分析、方案优化、分析计算、工艺设计、仿真模拟、NC 编程以及图形处理等理论和工程方法，输入的是产品设计要求，输出的是零件的制造加工信息，如图 10 - 1 所示。

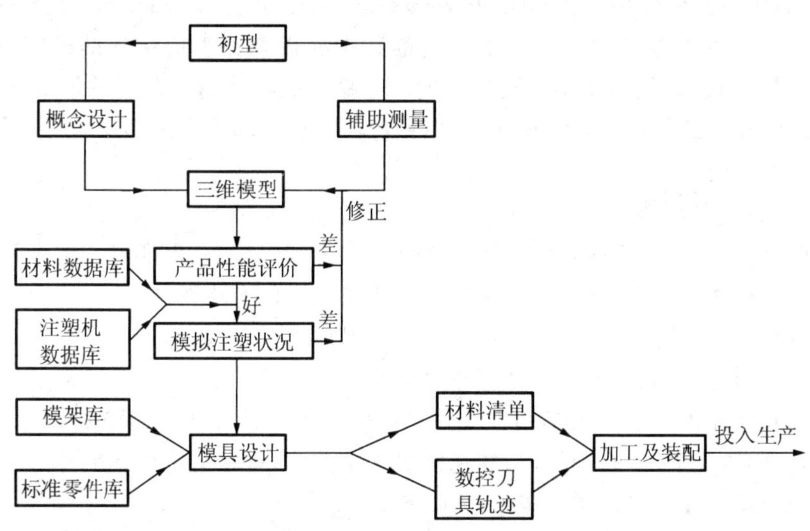


**图 10 - 1　模具 CAD/CAM 的工艺流程**

(1)设计人员通过市场需求调查以及用户对产品性能的需求，向 CAD 系统输入设计需求，利用几何建模功能，构建产品的几何模型，计算机将此模型转换为内部的数据信息，存储在系统的数据库中。

(2)调用系统程序库中的各种应用程序，对产品模型进行详细设计计算及结构方案优化分析，以确定产品总体设计方案及零部件的结构、主要参数，同时，调用系统中的图形库，将设计的初步结果以图形的方式输出到显示器上。

(3)根据屏幕显示的内容,对设计的初步结果做出判断,如果不满意,可以通过人机交互的方式进行修改,直至满意为止,修改后的数据仍存储在系统的数据库中。

(4)系统从数据库中提取产品的设计制造信息,在分析其几何形状特点及有关技术要求的基础上,对产品进行工艺过程设计,设计的结果存入系统的数据库,同时在屏幕上显示。

(5)用户可以对工艺过程设计的结果进行分析、判断,并允许以人机交互的方式进行修改。最终的结果可以是生产中需要的工艺卡片或是以数据接口文件的形式存入数据库,供后续模块读取。

(6)利用外部设备输出工艺卡片,成为车间生产加工的指导性文件,或计算机辅助制造系统从数据库中读取工艺规程文件,生成 NC 加工指令,在相应的数控设备上加工制造。

(7)有些 CAD/CAM 系统在生成了产品加工的工艺规程之后,还会对其进行仿真、模拟、验证其合理性、可行性。同时,可以进行刀具、夹具、工件之间的干涉检验。

(8)最终在数控机床或加工中心上制造出产品的零件。

### 10.2.3 目前重要的塑料模具 CAD/ CAM 软件

塑料模具 CAD/CAM 技术经过多年的发展,形成了许多优秀的软件,下面依次介绍应用面较广的几种软件的特点及其设计流程。

**1. Pro/E**

Pro/ENGINEER 系统是美国 PTC(Parametric Technology Corporation)公司开发的三维建模软件,Pro/E 整个系统建立在统一的完备的数据库以及完整而多样的模型上,由于它有 20 多个模块供用户选择,故能将整个设计和生产过程集成在一起。在最近几年 Pro/E 已成为三维机械设计领域里最富有魅力的软件,在模具行业得到了非常广泛的应用。

(1)Pro/E 的功能。

1)完整的 3D 建模功能;

2)通过自动生成相关的模具设计、装配指令和机床代码,最大程度提高生产效率;

3)能够仿真和分析虚拟样机,从而改进产品性能和优化产品设计;

4)能够在所有适当的团队成员之间完美地共享数字化产品数据;

5)与各种 CAD 工具和业界标准数据格式兼容。

应用 Pro/E 系统的 CAD 功能,可以完成产品的模型设计及相应的模具设计;应用系统的 CAM 功能提供的铣削加工、车削加工、线切割等加工方式,可以完成模具的加工。

(2)Pro/E 模具设计与加工的一般流程如下:

1)设计生成产品三维模型。利用客户要求或设计人员的构思可以绘制产品设计图,依据产品设计图可以利用 Pro/E 系统的三维实体或曲面功能生成产品的三维模型。

2)由产品模型生成凹凸模。在 Pro/E 系统的模具设计模块中,根据产品的三维模型,结合产品材料特性,如收缩率等,生成凹凸模。

3)设计模架。利用 Pro/E 系统的 EMX 系统产生模架。

4)生成凹凸模的刀具轨迹。根据产品凹凸模结构,结合模具材料特性、实际生产条件等因素,生成凹凸模的加工刀具轨迹。这一过程包括机床设定、工件定义、加工方式的选择、加工刀具的选择、加工参数的确定等步骤。

5)仿真加工。依据生成的刀具轨迹,利用 Pro/E 系统的实体加工仿真功能进行实体加工模拟,可以及时发现存在的问题并进行改进,最大限度地降低材料消耗,提高加工效率。

6)进行后置处理生成 NC 程序。在仿真加工结束无误后,可利用 Pro/E 系统提供的后置处理器选取相应的配置文件,将刀具轨迹转化为数控机床可以识别的 NC 程序,再利用 DNC 方式传输给 CNC 控制器进行加工。

(3)Pro/E 软件的界面。

图 10-2 所示为 Pro/E Wildfire 启动后出现的工作界面,界面可分为以下 7 个部分:

1)绘图区。在绘图区,将实时产生软件操作者所构建的模型。

2)下拉菜单栏。下拉菜单栏集合了 Pro/E 的操作命令。系统将各操作命令按其性质进行分类,放置在不同的菜单下,形成下拉式菜单,以级联形式出现。

3)工具栏。工具栏由上工具栏和右工具栏两部分组成,前者是常用的控制功能图标,后者是常用的特征操作工具图标。

4)信息提示栏。信息提示栏是人机交互的重要界面,在进行特征的建构和操作过程中,系统会在信息栏中提示操作者下一步该做什么。

5)命令说明栏。命令说明栏中的文字用来说明鼠标所在的图标或命令选项的功能,并对其进行简要描述。

6)导航窗口。导航窗口用来显示所有零部件、组件的特征模块名称、组织架构、组合顺序以及基准面的组成结构,以方便操作者在编辑时选取各个特征模块。

7)过滤器菜单。在操作特征中,当对象重叠时,可通过过滤器按对象类型等进行过滤,方便选择操作。

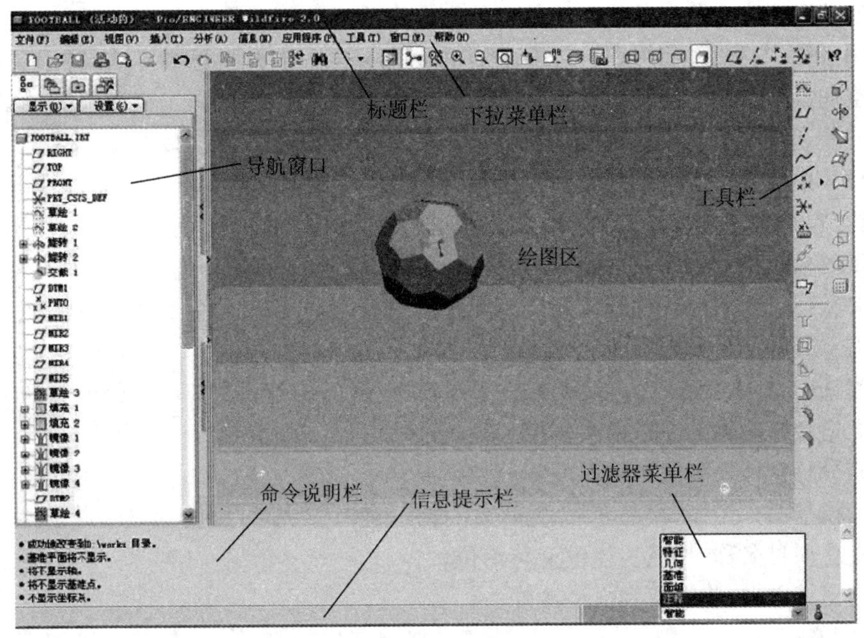


**图 10-2　Pro/E Wildfire 工作界面**

**2. UG NX**

UG NX 软件起源于美国 Siemens PLM Software 公司，目前已成为世界一流的集成化机械 CAD/CAM/CAE 软件，广泛应用于航空、航天、汽车、通用机械、模具和家用电器等领域。UG 软件是 CAD/CAM/CAE 一体化的三维参数化软件，是当今世界上最为先进的计算机辅助设计、制造和分析软件，在国内使用相当广泛。它所提供的二次开发语言模块 UG/Open API，UG/Open GRIP 和辅助开发模块 UG/Open Menu Script 与 UG/Open UIStyler 及其良好的高级语言接口，使 UG 的图形功能和计算功能有机的结合起来，便于用户去开发各种基于自身需要的专用 CAD/CAM 系统。因此，在 UG 环境下完全可以实现先做好型腔模具制造的标准化工作，然后对通用的 CAD/CAM 系统(UG)进行定制化开发，建立适用于处理各类具体情况的专用 CAD/CAM 制造系统，把型腔模具制造知识和制造流程融入到专用系统中，并提出适合 CAD/CAM 系统的工艺解决方案，从而真正发挥 CAD/CAM 系统的优势。

(1)UG 的主要功能模块。

1)UG 计算机辅助设计(CAD)模块包括以下几个应用模块：UG 基础环境(Gateway)，UG 建模(Modeling)，UG 工业设计(Studio for Design)，UG 制图(Drafting)，UG 装配建模(Assembly Modeling)，UG 高级装配(Advanced Assemblies)。

2)UG 计算机辅助制造(CAM)模块包括加工、机床建造器。

3)UG 计算机辅助工程分析(CAE)模块包括结构分析、运动分析等。

4)UG 钣金(Sheet Metal)模块。

5)注塑模具设计模块(Mold Wizard)，冲压模具设计模块。

6)UG 管道(Routing Mechanical)与电气配线(Routing Electrical)。

7)“知识融接”应用模块。

UG/Mold Wizard 是 UG 系列软件中最先向模具行业用户推出的、基于知识驱动自动化理念的应用系统，它摒弃了传统的 CAD 软件重功能轻工程的开发思维定式，跳出了特征或功能的狭隘空间。UG /Mold Wizard 在注塑模具设计自动化方面取得了极其显著的效果，受到用户的普遍欢迎。

在此模块中提供了方便实用的注塑模具设计工具。利用这些工具，可以设计出一套完整的模具结构，包括型芯、型腔、模架、镶件、滑块、浇注系统和冷却系统等。其最大使用性是集成了一套完整的模具标准件库，标准件库中集成了多个有名的模具部件生产厂的标准件，只要设置相应的参数便可调用部件并自动装配到合适的位置，免去部件绘制和重新装配的麻烦。

(2)UG/Mold Wizard 模具设计流程。

UG/Mold Wizard 遵循模具设计的一般规律，使用 UG/Mold Wizard 的流程如下：

1)建立适合模具设计原形的实体模型；

2)观察分析实体模型的出模斜度和分型情况；

3)设计模具的分型面、模腔布局、内嵌件、推杆、浇口、冷却与加热；

4)初始化项目名称、加载实体模型与单位；

5)确定出模方向、收缩率和成型镶件；

6)修补开放面；

7)定义分型面；

8)加入标准模架、推杆、滑块和内嵌件；

9)最后设计浇口、流道、冷却、加热、建腔和列材料清单。

(3)UG 软件的界面。

图 10－3 所示为 UG NX 3.0 的工作界面，界面由以下 7 个部分组成：

1)标题栏。标题栏位于操作界面的顶部，在标题栏上显示 UG 软件的版本号、当前的应用模块、当前工作部位的名称以及部件的状态。

2)菜单栏。UG 的菜单栏根据激活的模块不同而有所不同。

3)工具栏。UG 的工具栏是一组可以执行标准 UG 菜单项目的图标。UG 的工具栏可以根据操作者的需要，选择菜单的“工具”—“工具栏”进行定制。

4)信息提示栏。默认情况下，信息提示栏固定在界面下方，用来提示用户操作。

5)状态栏。状态栏用来显示系统状态及其执行情况。

6)资源条。资源条在系统默认情况下位于 UG 操作界面窗口右侧。包括装配导航器、模型导航器、知识熔接导航器、网络浏览器、培训和历史记录等。

7)绘图区。绘图区是 UG 图形的交互区域，实现对图形的创建、显示和编辑等操作。

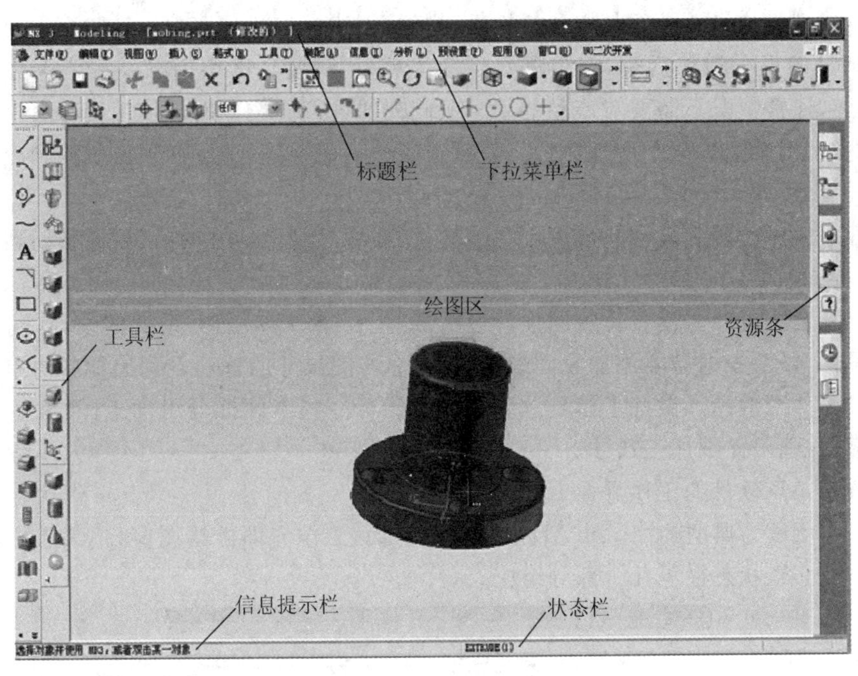


**图 10－3　UG NX 3.0 工作界面**

**3. AutoCAD**

AutoCAD 是美国 Autodesk 公司开发的一个具有交互式和强大二维功能的绘图软件，具有二维绘图、编辑、剖面线和图案绘制、尺寸标注以及二次开发等功能，同时有部分三维功能。AutoCAD 软件是目前世界上应用最广的 CAD 软件，占全球整个 CAD/CAM 软件市场较大份额。国内一些软件开发商已自主开发出许多类似的实际应用的软件，如中科院凯思软件集团及北京凯思博宏应用工程公司开发的具有自主知识产权的 PICAD，京高华计算机有限公司推出的高华 CAD 及华中理工大学机械学院开发的具有自主知识产权的开目 CAD 等，这类软件绘图功能强大、操作方便且价格便宜。

(1)AutoCAD 的主要功能。

AutoCAD 具有以下功能特点:

1)具有完善的图形绘制功能;

2)有强大的图形编辑功能;

3)可以采用多种方式进行二次开发或用户定制;

4)可以进行多种图形格式的转换,具有较强的数据交换能力;

5)支持多种硬件设备;

6)支持多种操作平台;

7)具有通用性、易用性,适用于各类用户。

(2)AutoCAD 模具设计的一般流程。

1)产品缩小设置。由于刚成型出来的塑料产品带有一定的温度,在室温下放置一段时间后,产品的尺寸会缩小,所以设计模具之前,必须考虑材料的收缩并按比例增加参照模型的尺寸,以保证常温下的产品尺寸和图纸尺寸最为接近。

2)模具成型结构设计。这其中包括拆面、排位、创建模仁和分型面设计四个方面。拆面就是把塑料产品图拆分为前后模,确定哪些特征留后模,哪些特征留前模。排位也称为模型布局、一模多腔,通常情况下需要对产品的主、俯、侧视图进行排位。而后使用偏移命令创建模仁的长、宽、高;再用倒圆角命令清理周边。最后选取分型面,以利于后期顶出机构和冷却系统的设计。

3)标准模架。使用工具创建或调用标准模架,并将已经设计好的前、后模移动到模架合适的位置,进行装配模仁。

4)模具总装图设计。模具总装图设计包括浇注、顶出、冷却三大系统的设计,同时也包括了镶件的设计,以及根据需要添加紧固螺钉、模具总装图尺寸的标注及列出材料清单。

5)模具零件图拆画。做好了模具总装图后还要对一些零件拆分出加工图,确定零件归属于哪块模板,并画出详细加工尺寸。

(3)AutoCAD 软件的工作界面。

图 10-4 所示为典型的 AutoCAD 软件工作界面,工作界面由绘图窗口、菜单栏、工具栏、命令窗口、滚动条、状态栏等几个部分组成。

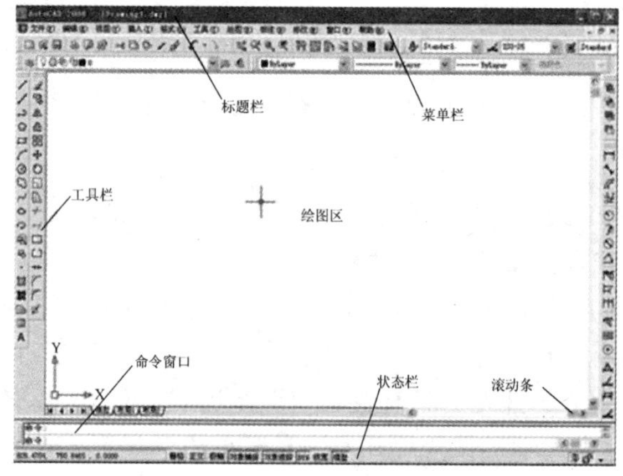


**图 10-4　AutoCAD 2006 工作界面**

1)标题栏。标题栏前面显示的是软件的名称和版本信息,其后显示的是当前绘制的图形文件名,初始文件名为“Drawing1.dwg”。

2)菜单栏。菜单栏共有 11 个菜单项,包含了 AutoCAD 的核心命令和功能。单击某菜单项会弹出相应下拉菜单,在下拉菜单项右边如果带有三角标记,表明该菜单项有下一层菜单;下拉菜单项结尾如果带有省略“...”标记,选择后则弹出一个对话框。

3)工具栏。工具栏由各类工具条组成,工具条又由若干命令图标按钮组成,图 10-5 所示为系统默认工具条。

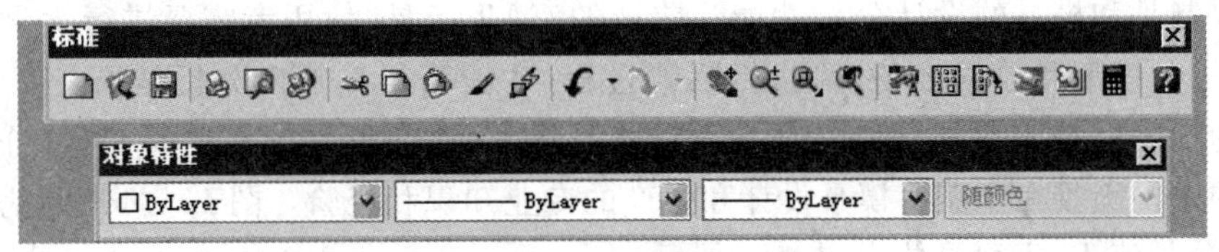


**图 10-5　系统默认工具条**

其他工具条包括绘图、修改、尺寸标注、对象捕捉、实体造型、表面造型、用户坐标、显示、渲染工具条。

激活工具条的方法:将光标置于菜单栏上,单击鼠标右键,在弹出的对话框中选择需要激活的工具条。

4)命令窗口。命令窗口包含两个部分,上半部分是命令历史窗口,可通过滚动条查看,也可通过 F2 功能键切换查看历史信息。下半部分是命令行,“命令”为提示符,在此输入命令,进行相关操作。

5)绘图区。绘图区是用户绘图、编辑对象的工作区域。绘图窗口的底部有一个模型标签和布局标签。通常,用户在模型空间进行设计和绘图,在图纸空间进行布局排版。绘图区的左下角有坐标系图标,使用笛卡儿坐标系,遵守右手法则。

6)滚动条。在绘图区的右边和下边有垂直和水平滚动条,可使图形在垂直和水平方向上移动。

7)状态栏。状态栏位于工作界面的底部,反映当前的作图状态。状态栏的左边显示着当前十字光标的位置坐标,右边有 8 个按钮,分别为各种绘图辅助工具所处的状态。

# 10.3　模具 CAE 系统及应用

## 10.3.1　模具 CAE 系统分析的功能和过程

CAE 分析工具能为工程师提供模塑加工期间在模具的型芯和型腔间聚合物属性的图形和数值分析结果,帮助设计者了解模塑属性和材料的流动现象,了解在设计阶段能避免和限制的塑料制品的一些差错。

在塑料模具设计中应用 CAE 系统较多的为注射成型模设计,注射成型模 CAE 的目标是通过对塑料材料性能的研究和注射成型工艺过程的模拟,为制品设计、材料选择、模具设计、注射成型工艺的制定及注射成型过程的控制提供依据。CAE 技术在塑料模具中的应用能确保成型工艺和装配工艺设计的成功,尤其能缩短新的塑料制品研发和投产时间。

现有的 CAE 软件(如 Moldflow)已经能实现的对塑料注塑成型加工方法的模拟有注射流动充模过程的模拟分析,注射成型模冷却系统的模拟分析,气体辅助注射成型制品的 CAE 模拟等。

综合模具 CAD/CAM/CAE 发展过程,CAE 分析工具能直接输入 CAD 模型到 CAE 分析系统,进行结构和模塑的分析和模拟。随着计算机技术和软件的发展,它又增加了更简明和更方便的塑料制品和模具的设计分析功能。前期的 CAE 工具,使用者需要进行大量的前置工艺操作,要进行模型和数据准备,并执行后置过程,才能获得并输出分析结果。而目前 CAE 的大多数的任务能自动完成,而且最后的结果和输出均以图形呈现。目前 CAE 分析结果的界面阅读的主要困难在于需要模具设计和生产的专业知识和经验。图 10－6 所示为注射成型模具 CAE 分析流程,下面具体说明。

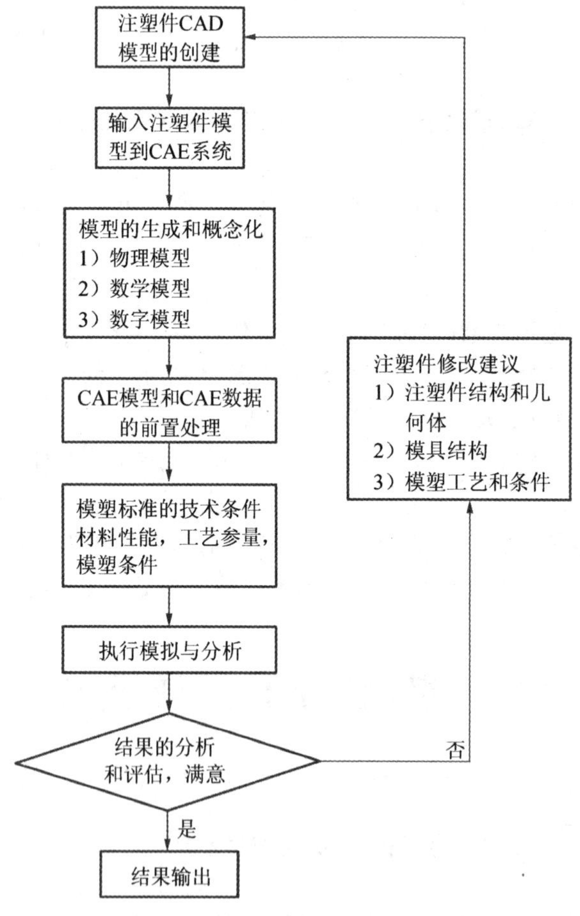


**图 10－6　注射成型模具 CAE 分析流程**

**1. 分析过程**

进行 CAE 分析,首先要创建注射件的 CAD 模型,它描述所有的设计和专业意图。在主流制品开发中,模型可直接输入到 CAE 分析系统,或者以数据交换技术将注射件 CAD 模型转换成标准的 IGES 和 STEP 数据格式。之后，设计者需要解决物理模型、数学模型和数字模型的专业模具设计问题。CAE 分析工具遵照塑料熔体的物理模式，建立起注射过程的物理实体。根据用户的设想需求提供二维、三维或轴对称图形，选择材料类型，决定专门物理边界条件和约束等。在数学模型方面，用户需要考虑单元类型、网格密度、计算参量、迭代次数和收敛准则等。这些信息将支持 CAE 设计数据的前置工艺处理，并进一步生成 CAE 分析模式。在进行分析和模拟之前，用户要根据专门需要处理模塑信息、成型工艺参量和模塑条件。在进行分析和模拟之后必须对计算结果加以分析和评估。如果结果和题解不令人满意，建议修改注射件上相关结构和几何体、模具结构和成型条件，然后再进行下一轮计算。经迭代运行，直到所有的迭代功能、生产率和制品质量都满足设计要求，并得到最佳题解。

**2. 塑料模具 CAE 的主要功能**

CAE 注射成型模具设计应用技术可分为四类常见的分析和模拟功能：流动模拟、冷却模拟、结构分析和纤维取向预测，目前大多数 CAE 模具设计工具能够提供这些功能。

(1)流动模拟。流动模拟是塑料熔体在模具的浇道系统中流动，和在型腔流动充填时的动态分析过程。从注射件和模具设计的角度来看，流动模拟提供了模塑可行性分析，能预测注射件能否被完整地模塑，也能辅助浇口、浇道和它们任何组合的优化设计。在工艺优化方面，流动模拟可帮助估算注射成型周期及锁模力吨位等，确定最佳工艺条件和配置。从保证质量的观点来看，它有助于查明接合线、流动痕和气囊等缺陷的起因，并推荐克服这些缺陷的解决方法。

(2)冷却模拟。冷却模拟呈现了模塑成型中塑料熔融和凝固的过程，也给出了塑料、模具与冷却管道中冷却剂之间的热传递分析。这将为冷却系统设计提供帮助，并能获知最佳冷却时间。此外，它也有助于设计者对模塑中产生的收缩和翘曲进行分析。

(3)结构分析。造型结构分析能验证注射件结构和参数在强度和刚度方面是否符合要求及技术条件，估算注射件最后的形状，并揭示模塑中收缩和翘曲的潜在原因。借助结构分析还可探索研究在最终制品形状下模具与局部冷却过程的关联。

(4)纤维取向分析。纤维取向由塑料熔体流动所促成，对注射制品的力学性能和结构具有显著影响。塑料材料中纤维取向还对注射件的最终翘曲程度有重大影响。纤维取向的预测，能用于估算注射件质量和力学性能，并揭示产生翘曲的根本原因。

## 10.3.2　CAE 系统主要软件及应用

目前最为常用的注射成型模 CAE 软件为 Moldflow。Moldflow 软件是美国 Moldflow 公司的主要产品，Moldflow 公司总部位于美国波士顿，是一家专业从事塑料成型计算机辅助工程分析(CAE)的软件开发和咨询公司，是塑料分析软件的创造者，该公司自 1976 年发行世界上第一套流动分析软件以来，一直主导着塑料 CAE 软件市场。

Moldflow 软件主要用来为客户提供设计分析解决方案和制造解决方案。其中设计分析解决方案应用最为广泛，Moldflow 的产品适用于优化制件和模具设计的整个过程，并提供了一套整体的解决方案。其产品包括产品优化顾问 Moldflow Plastics Advisers (MPA)，注塑成型模拟分析 Moldflow Plastics Insight (MPI)，注塑成型过程控制专家 Moldflow Plastics Xpert (MPX)三个部分。

产品优化顾问 MPA:塑料产品设计师在设计完产品后,运用 MPA 软件模拟分析,在很短的时间内,就可以得到优化的产品设计方案,并确认产品表面质量。

注塑成型模拟分析 MPI:对塑料产品和模具进行深入分析的软件包,它可以在计算机上对整个注塑过程进行模拟分析,包括填充、保压、冷却、翘曲、纤维取向、结构应力和收缩,以及气体辅助成型分析等,使模具设计师在设计阶段就找出未来产品可能出现的缺陷,提高一次试模的成功率。

注塑成型过程控制专家 MPX:集软、硬件为一体的注塑成型品质控制专家,可以直接与注塑机控制器相联,可进行工艺优化和质量监控,自动优化注塑周期、降低废品率及监控整个生产过程。

在注塑模具设计中,Moldflow 的作用主要体现在以下三方面。

**1. 优化塑料制品**

注塑成型过程中,浇口的位置和数量,塑件的厚度以及流道系统的设计将直接影响到制品的质量。传统的工作方式中,工程技术人员依靠经验进行设计,通常效率低下。通过运用 Moldflow 软件,可以对制品的结构进行优化,设计出较合理的制品,降低成本,节省生产时间。

**2. 优化模具结构**

塑料制品种类繁多,结构复杂。在其模具设计的过程中,反复的试模、修模常常无可避免。使用 Moldflow 软件进行设计,可以比对多种设计方案,对浇口的位置和数量进行优化,对冷却系统和流道系统进行合理地设计,优化浇口尺寸、型腔尺寸、冷却系统尺寸和流道尺寸,进行虚拟的试模、修模。这种方法与传统的工作方式相比,可以大大减少修模次数,提高模具质量。

**3. 优化注塑工艺参数**

限于经验,工程技术人员往往难以准确地选择制品的合理加工参数,选用适当的塑料及确定最好的加工方案。Moldflow 软件可以帮助工程技术人员确定最佳的保压压力、注射压力、熔体温度注射时间等加工参数,有利于加工出最佳的制品。

下面对 Moldflow 用户界面进行介绍。图 10-7 所示是 Moldflow 用户工作界面,界面包括以下 8 个部分:

1)标题栏。标题栏显示 Moldflow 的版本及当前项目名称。

2)菜单栏。菜单栏包括多数 Windows 应用程序都具备的 File,Edit 等菜单。

3)工具栏。工具栏用于快捷的执行各种命令,可通过 View—Toolbars—Customize 来进行工具条的打开、关闭或定制等操作。

4)项目管理区。此区域显示当前项目所包含的案例,可进行案例的重命名、复制、删除等操作。

5)案例分析区。此区域显示当前案例的分析状态,包括导入的模型、网格、分析类型材料、浇口、浇注系统、冷却系统工艺条件、分析结果等。

6)图层管理区。图层管理区用于控制主窗口中不同元素的显示,可进行图层的新建、删除、激活、显示、设定等操作。

7)主显示窗口。此窗口用来显示模型或分析结果。

8)状态栏。状态栏用来显示当前程序状态。

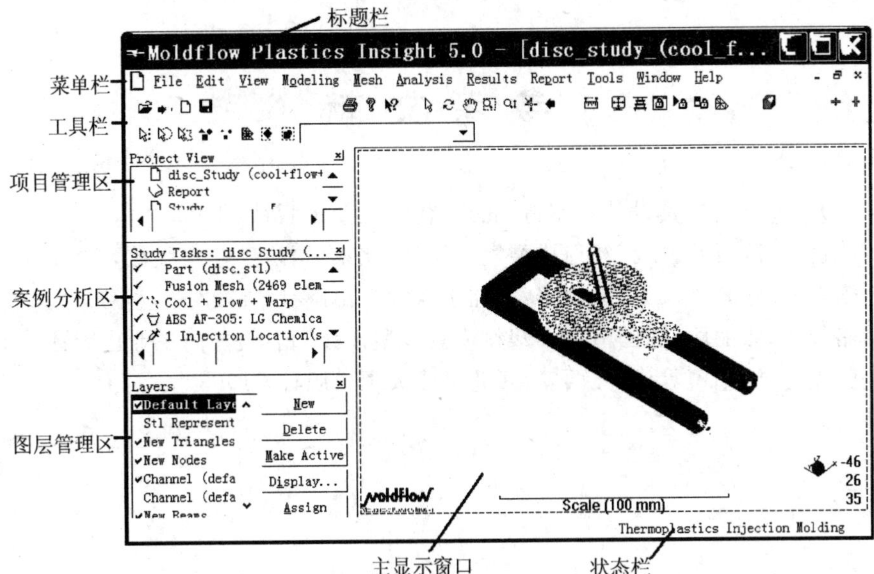


**图 10－7　Moldflow 用户工作界面**

# 参 考 文 献


[1] 申开智.塑料模具设计和制造.北京:化学工业出版社，2006.

[2] 陈世煌,陈可娟.塑料注射成型模具设计.北京:国防工业出版社，2007.

[3] 李秦蕊.塑料模具设计.西安:西北工业大学出版社，1992.

[4] 骆俊廷,张丽丽,陈国清,等.塑料模具成型设计.北京:国防工业出版社，2008.

[5] 张克惠.注塑模具设计.西安:西北工业大学出版社，1993.